人力资源和社会保障部职业能力建设司推荐
冶金行业职业教育培训规划教材

矿山地质技术

主　编　陈国山　张爱军
副主编　贾元新　郝凤平

北　京
冶 金 工 业 出 版 社
2013

内 容 提 要

本书为矿山企业职业技能培训教材，是参照矿山企业职业技能标准和职业技能鉴定规范，根据矿山企业的生产实际和岗位群的技能要求编写的，并经人力资源和社会保障部职业培训教材工作委员会办公室组织专家评审通过。

本书共十二章，主要内容有地质学基础知识、矿床学基本知识、矿床地质勘探工作、矿山矿产资源、常用矿山地质图件的绘制与识读、矿山生产地质工作、地质采样工作、矿山地质钻机的结构及应用、矿山地质管理工作、矿山环境地质工作、矿产资源保护和综合利用、矿山综合地质工作与隐伏矿体勘探。

本书可作为矿山地质、采矿工程、矿山安全及矿山测量等工程的技术工人的培训教材，还可供从事矿山地质、矿山测量、矿山安全监督和矿山企业管理工作的技术人员参考。

图书在版编目(CIP)数据

矿山地质技术/陈国山等主编．—北京：冶金工业出版社，2009.6（2013.5 重印）
冶金行业职业教育培训规划教材
ISBN 978-7-5024-4918-6

Ⅰ.矿…　Ⅱ.陈…　Ⅲ.矿山地质—技术培训—教材　Ⅳ.TD1

中国版本图书馆 CIP 数据核字（2009）第 059166 号

出 版 人　谭学余
地　　址　北京北河沿大街嵩祝院北巷 39 号，邮编 100009
电　　话　(010)64027926　电子信箱　yjcbs@cnmip.com.cn
责任编辑　杨秋奎　美术编辑　李　新　版式设计　张　青
责任校对　石　静　责任印制　李玉山
ISBN 978-7-5024-4918-6
冶金工业出版社出版发行；各地新华书店经销；三河市双峰印刷装订有限公司印刷
2009 年 6 月第 1 版，2013 年 5 月第 3 次印刷
787mm×1092mm　1/16；19.25 印张；511 千字；290 页
48.00 元

冶金工业出版社投稿电话：(010)64027932　投稿信箱：tougao@cnmip.com.cn
冶金工业出版社发行部　电话：(010)64044283　传真：(010)64027893
冶金书店　地址：北京东四西大街 46 号(100010)　电话：(010)65289081(兼传真)
（本书如有印装质量问题，本社发行部负责退换）

冶金行业职业教育培训规划教材
编辑委员会

序

吴溪淳

改革开放以来，我国经济和社会发展取得了辉煌成就，冶金工业实现了持续、快速、健康发展，钢产量已连续数年位居世界首位。这其间凝结着冶金行业广大职工的智慧和心血，包含着千千万万产业工人的汗水和辛劳。实践证明，人才是兴国之本、富民之基和发展之源，是科技创新、经济发展和社会进步的探索者、实践者和推动者。冶金行业中的高技能人才是推动技术创新、实现科技成果转化不可缺少的重要力量，其数量能否迅速增长、素质能否不断提高，关系到冶金行业核心竞争力的强弱。同时，冶金行业作为国家基础产业，拥有数百万从业人员，其综合素质关系到我国产业工人队伍整体素质，关系到工人阶级自身先进性在新的历史条件下的巩固和发展，直接关系到我国综合国力能否不断增强。

强化职业技能培训工作，提高企业核心竞争力，是国民经济可持续发展的重要保障，党中央和国务院给予了高度重视，明确提出人才立国的发展战略。结合《职业教育法》的颁布实施，职业教育工作已出现长期稳定发展的新局面。作为行业职业教育的基础，教材建设工作也应认真贯彻落实科学发展观，坚持职业教育面向人人、面向社会的发展方向和以服务为宗旨、以就业为导向的发展方针，适时扩大编者队伍，优化配置教材选题，不断提高编写质量，为冶金行业的现代化建设打下坚实的基础。

为了搞好冶金行业的职业技能培训工作，冶金工业出版社在人力资源和社会保障部职业能力建设司和中国钢铁工业协会组织人事部的指导下，同河北工业职业技术学院、昆明冶金高等专科学校、吉林电子信息职业技术学院、山西工程职业技术学院、山东工业职业学院、安徽工业职业技术学院、武汉钢铁集团公司、山钢集团济钢公司、中国职工教育和职业培训协会冶金分会、中国钢协职业培训中心、中国钢协人力资源与劳动保障工作委员会教育培训研究会等单位密切协作，联合有关冶金企业、高职和本科院校，编写了这套冶金行业职业教育培训规划教材，并经人力资源和社会保障部职业培训教材工作委员会组织专家评审通过，由人力资源和社会保障部职业能力建设司给予推荐，有关学校、企业的编写人员在时间紧、任务重的情况下，克服困难，辛勤工作，在相关科研院所的工程技术人员的积极参与和大力支持下，出色地完成了前期工作，为冶金行业的职业技能培训工作的顺利进行，打下了坚实的基础。相信这套教材的出版，将为冶金企业生产一线人员理论水平、操作水平和管理水平的进一步提高，企业核心竞争力的不断增强，起到积极的推进作用。

随着近年来冶金行业的高速发展，职业技能培训工作也取得了令人瞩目的成绩，绝大多数企业建立了完善的职工教育培训体系，职工素质不断提高，为我国冶金行业的发展提供了强大的人力资源支持。今后培训工作的重点，应继续注重职业技能培训工作者队伍的建设，丰富教材品种，加强对高技能人才的培养，进一步强化岗前培训，深化企业间、国际间的合作，开辟冶金行业职业培训工作的新局面。

展望未来，任重而道远。希望各冶金企业与相关院校、出版部门进一步开拓思路，加强合作，全面提升从业人员的素质，要在冶金企业的职工队伍中培养一批刻苦学习、岗位成才的带头人，培养一批推动技术创新、实现科技成果转化的带头人，培养一批提高生产效率、提升产品质量的带头人；不断创新，不断发展，力争使我国冶金行业职业技能培训工作跨上一个新台阶，为冶金行业持续、稳定、健康发展，做出新的贡献！

前　言

本书是按照人力资源和社会保障部的规划，受中国钢铁工业协会和冶金工业出版社的委托，在编委会的组织安排下，参照矿山行业职业技能标准和职业技能鉴定规范，根据矿山企业的生产实际和岗位群的技能要求编写的，书稿经人力资源和社会保障部职业培训教材工作委员会办公室组织专家评审通过，由人力资源和社会保障部职业能力建设司推荐作为矿山企业职业技能培训教材。

本书是在总结多年的教学经验，并广泛征求同行专家意见以及深入厂矿收集资料的基础上编写的。同时也是为了能够较全面地体现矿山地质学的本质和基本内容，反映新的科技成果要求，适应矿山企业新工艺、新设备的要求，更加紧密结合实际，以满足当前行业培训的需要。

在编写过程中，把地质作为一门应用技术，以基础理论和基本概念为重点，以基本技术和方法为主要内容，力求理论与实践相结合，内容详实、丰富、完整、系统，既反映了地质学科的最新发展，又兼顾了生产实际的需要。编写由浅入深，循序渐进。主要内容包括地质学基础知识、矿床学基本知识、矿床地质勘探工作、矿山矿产资源、常用矿山地质图件的绘制与识读、矿山生产地质工作、地质采样工作、矿山地质钻机的结构及应用、矿山地质管理工作、矿山环境地质工作、矿产资源保护和综合利用、矿山综合地质工作与隐伏矿体勘探。

本书由吉林电子信息职业技术学院陈国山、张爱军，夹皮沟黄金矿业有限公司贾元新、郝凤平、田绍俭、孙成旭、宋玉莲、马杰、李福祥、金忠福、单伟编写。其中陈国山编写第1~4章、张爱军编写第9章、第10章；贾元新编写第11章、第12章；郝凤平、田绍俭、孙成旭、宋玉莲编写第5章、第6章；马杰、李福祥编写第7章；金忠福、单伟编写第8章。

全书由陈国山、张爱军担任主编，贾元新、郝凤平担任副主编。

由于编者水平所限，书中不妥之处，敬请读者批评指正。

编　者

2008年11月

目　　录

1　地质学基础知识 …… 1

1.1　地球及地质作用 …… 1

1.1.1　地球 …… 1

1.1.2　地质作用 …… 2

1.2　矿物 …… 4

1.2.1　矿物的形态 …… 4

1.2.2　矿物的物理性质 …… 5

1.2.3　矿物的化学性质 …… 6

1.2.4　矿物的鉴别 …… 7

1.3　岩石 …… 8

1.3.1　概述 …… 8

1.3.2　岩浆岩 …… 9

1.3.3　沉积岩 …… 13

1.3.4　变质岩 …… 15

1.4　地质构造 …… 18

1.4.1　地层与地质年代 …… 18

1.4.2　岩层 …… 19

1.4.3　褶皱构造 …… 23

1.4.4　断裂构造 …… 26

复习思考题 …… 29

2　矿床学基本知识 …… 30

2.1　概述 …… 30

2.1.1　矿石 …… 30

2.1.2　矿体 …… 30

2.1.3　矿床的形成 …… 33

2.2　矿床的成因 …… 34

2.2.1　内生矿床 …… 34

2.2.2　外生矿床 …… 36

2.2.3　变质矿床 …… 37

2.3　矿床水文地质 …… 37

2.3.1　地下水基本知识 …… 37

2.3.2　地下水的运动 …… 39

复习思考题 …… 40

3 矿床地质勘探工作 …… 41
3.1 地质普查找矿 …… 41
3.1.1 普查找矿的任务 …… 41
3.1.2 普查找矿的成矿条件 …… 41
3.1.3 普查找矿标示 …… 42
3.1.4 普查找矿方法 …… 43
3.2 矿床地质勘探 …… 44
3.2.1 矿床勘探的任务 …… 44
3.2.2 矿山地质工作的过程 …… 44
3.2.3 矿床勘探的步骤 …… 45
3.2.4 矿床的勘探类型 …… 45
3.2.5 矿山地质勘探的手段 …… 46
3.2.6 矿床勘探准备工作 …… 48
3.3 生产勘探 …… 53
3.3.1 生产勘探目的 …… 53
3.3.2 生产勘探方法 …… 54
3.3.3 生产勘探工程 …… 56
复习思考题 …… 59

4 矿山矿产资源 …… 60
4.1 矿石及岩石质量 …… 60
4.1.1 概述 …… 60
4.1.2 实测统计法 …… 60
4.1.3 核物理测定法 …… 61
4.1.4 矿岩物理性质测定 …… 61
4.2 矿产储量计算 …… 63
4.2.1 矿床储量分级 …… 63
4.2.2 圈定矿体的工业指标 …… 66
4.2.3 储量计算边界线分类 …… 67
4.2.4 矿体边界线的圈定方法 …… 67
4.2.5 确定储量计算的参数 …… 69
4.2.6 储量计算方法 …… 72
4.3 矿山矿床开采 …… 76
4.3.1 矿床开采步骤 …… 76
4.3.2 矿山开采三级矿量 …… 77
4.3.3 三级矿量保有期 …… 79
4.3.4 矿山开采损失贫化 …… 80
复习思考题 …… 82

5　矿山地质图件 …… 83
5.1　矿山地质图绘制 …… 83
5.1.1　地质图的基本信息 …… 83
5.1.2　地质图绘制投影原理 …… 83
5.1.3　地质图的切制方法 …… 86
5.2　矿床区域地质图 …… 87
5.2.1　矿区区域地质图 …… 87
5.2.2　区域构造纲要图 …… 89
5.2.3　矿产分布图 …… 90
5.3　矿区地形地质图 …… 92
5.3.1　地形图简介 …… 92
5.3.2　矿区地形地质图的用途 …… 93
5.3.3　矿区地形地质图的绘制 …… 95
5.3.4　地形地质图的阅读 …… 96
5.4　矿山地下开采地质图 …… 101
5.4.1　矿区地形地质图 …… 101
5.4.2　垂直剖面类地质图 …… 101
5.4.3　水平剖面类地质图 …… 106
5.4.4　矿体投影图 …… 109
5.4.5　等值线类地质图 …… 111
5.4.6　储量计算图 …… 114
5.4.7　单体性地质图件 …… 115
5.5　矿山露天开采地质图 …… 117
5.5.1　露天采场综合地质图 …… 117
5.5.2　勘探线剖面图 …… 117
5.5.3　露天采场平台地质平面图 …… 118
5.5.4　露天采场矿层顶、底板标高等高线图 …… 118
5.5.5　露天采场储量计算图 …… 121
5.6　矿体立体图 …… 121
5.6.1　立体图的分类 …… 121
5.6.2　透视斜投影立体图 …… 122
5.6.3　斜二测投影立体图 …… 123
5.6.4　正等测投影立体图 …… 123
5.6.5　正二测投影立体图 …… 125
复习思考题 …… 126

6　矿山生产地质工作 …… 127
6.1　矿山地质编录工作 …… 127

6.1.1 地质编录 …… 127
6.1.2 原始地质编录 …… 128
6.1.3 坑探工程原始地质编录 …… 130
6.1.4 钻探地质编录 …… 141
6.1.5 采场原始地质编录 …… 151
6.1.6 综合地质编录 …… 153
6.1.7 矿山常用素描图 …… 153
6.2 基建地质工作 …… 157
6.2.1 基建地质工作概述 …… 157
6.2.2 基建前期地质工作 …… 160
6.2.3 矿山设计阶段的地质工作 …… 161
6.2.4 矿山基建施工阶段地质工作 …… 162
6.3 矿山生产勘探工作 …… 163
6.3.1 生产勘探工作的目的和任务 …… 163
6.3.2 生产勘探的技术手段 …… 163
6.3.3 生产勘探工程的总体布置 …… 170
6.3.4 生产勘探的工程网度（工程间距） …… 172
6.3.5 生产勘探设计 …… 173
6.3.6 生产勘探中的探采结合 …… 174
6.3.7 勘探程度的要求 …… 178
6.3.8 矿山探采资料的验证对比 …… 180
6.4 矿山生产地质工作 …… 181
6.4.1 生产地质工作内容 …… 181
6.4.2 地质工作的手段 …… 181
6.4.3 矿山采掘（剥）技术计划编制 …… 182
6.4.4 井巷掘进的地质工作 …… 183
6.4.5 露天开采剥离的地质工作 …… 183
6.4.6 矿山爆破工作的地质工作 …… 184
6.4.7 采场（回采）地质工作 …… 185
6.5 生产结束地质验收工作 …… 193
6.5.1 采场（矿块）验收工作 …… 193
6.5.2 中段及平台结束验收工作 …… 194
6.5.3 矿山开采结束的地质工作 …… 195
6.5.4 闭坑报告的审批 …… 196
6.6 矿山生产水文地质工作 …… 196
6.6.1 地下水的概念 …… 197
6.6.2 矿床充水条件 …… 198
6.6.3 地下水害的治理 …… 199
6.6.4 地面河流防渗方法 …… 201

6.6.5　塌陷区水文地质工作 …… 201
6.6.6　井下水文地质工作 …… 202
6.7　矿山工程地质工作 …… 204
6.7.1　矿山工程地质的主要内容 …… 204
6.7.2　矿山工程地质工作 …… 204
复习思考题 …… 206

7　地质采样工作 …… 207
7.1　概述 …… 207
7.1.1　概念 …… 207
7.1.2　采样种类 …… 208
7.1.3　采样工具 …… 209
7.2　样品采取工作 …… 209
7.2.1　采样方法 …… 209
7.2.2　采样距离 …… 212
7.2.3　生产采样 …… 212
7.2.4　砂矿采样 …… 213
7.2.5　矿石加工取样 …… 213
7.3　样品加工 …… 214
7.3.1　样品的合并 …… 214
7.3.2　样品加工原理 …… 214
7.3.3　样品加工方法 …… 214
7.3.4　样品分析 …… 215
复习思考题 …… 216

8　地质钻探工作 …… 217
8.1　钻探工程 …… 217
8.1.1　钻探的应用 …… 217
8.1.2　钻孔 …… 217
8.1.3　钻孔钻进 …… 217
8.1.4　钻探质量 …… 218
8.1.5　钻机 …… 220
8.1.6　岩芯钻探钻进方法 …… 220
8.1.7　钻进规范与安全 …… 221
8.2　MKG 地质钻机 …… 222
8.2.1　钻机特点 …… 223
8.2.2　钻机结构 …… 223
8.2.3　钻机液压系统简介 …… 225
8.2.4　钻机的安装与管路连接 …… 227

8.2.5　钻机操作 ………………………………………………………………… 228
8.2.6　故障排除 ………………………………………………………………… 232
8.3　SGZ 地质钻机 …………………………………………………………… 234
8.3.1　钻机的结构 ……………………………………………………………… 234
8.3.2　钻机操作 ………………………………………………………………… 235
8.3.3　钻机操作注意事项……………………………………………………… 237
8.3.4　地质液压钻机安全操作规程 …………………………………………… 238
8.3.5　常见故障及排除方法…………………………………………………… 239
复习思考题 …………………………………………………………………… 240

9　矿山地质管理工作 ………………………………………………………… 241
9.1　矿石质量管理工作 ……………………………………………………… 241
9.1.1　矿石质量计划 …………………………………………………………… 241
9.1.2　矿石质量均衡 …………………………………………………………… 244
9.1.3　采场矿石质量管理……………………………………………………… 246
9.2　矿山矿量管理工作 ……………………………………………………… 247
9.2.1　生产矿量的划分………………………………………………………… 247
9.2.2　影响生产矿量保有期的因素 …………………………………………… 248
9.2.3　生产矿量保有期的计算………………………………………………… 249
9.2.4　矿量管理工作 …………………………………………………………… 249
9.3　矿石损失贫化管理……………………………………………………… 250
9.3.1　矿石贫化与损失的统计………………………………………………… 250
9.3.2　贫化与损失的影响因素………………………………………………… 251
9.3.3　降低采矿贫化与损失的措施 …………………………………………… 252
9.4　现场施工的地质管理…………………………………………………… 252
9.4.1　生产期间地质管理工作………………………………………………… 252
9.4.2　采掘结束时的地质管理工作 …………………………………………… 254
复习思考题 …………………………………………………………………… 255

10　矿山环境地质工作 ……………………………………………………… 256
10.1　概述 …………………………………………………………………… 256
10.1.1　矿山环境地质的概念 ………………………………………………… 256
10.1.2　矿山环境地质研究的意义 …………………………………………… 257
10.1.3　矿山环境地质研究的主要内容 ……………………………………… 257
10.2　矿山工程地质研究 …………………………………………………… 258
10.2.1　矿山工程地质 ………………………………………………………… 258
10.2.2　岩土工程地质特征的调查 …………………………………………… 258
10.2.3　岩体结构特征的调查研究 …………………………………………… 259
10.2.4　矿区构造应力场的调查分析 ………………………………………… 259

10.2.5　露天矿边坡岩体稳定性的调查研究 …… 260
10.2.6　井下岩体移动的地质调查 …… 261
10.3　矿山水文地质研究 …… 262
10.3.1　矿山水文地质研究工作的意义 …… 262
10.3.2　矿山水文地质工作的内容 …… 262
10.3.3　水文地质条件复杂的矿山专门水文地质勘探与试验 …… 264
10.3.4　水文地质条件复杂矿山的地下水防治 …… 264
10.4　矿山地热的地质研究 …… 265
10.4.1　地热现象及其研究的意义 …… 265
10.4.2　地热增温率及其影响因素 …… 265
10.4.3　地热变化规律 …… 266
10.4.4　地下热水的运动规律 …… 266
10.4.5　地热的利用 …… 267
10.5　其他矿山地质灾害研究 …… 267
10.5.1　矿岩自燃的地质研究 …… 267
10.5.2　矿山水土污染的地质研究 …… 268
10.5.3　矿山空气污染的地质研究 …… 269
复习思考题 …… 269

11　矿产资源保护和综合利用 …… 270
11.1　矿产资源保护工作 …… 270
11.1.1　矿产勘探阶段资源保护 …… 270
11.1.2　矿山设计阶段资源保护 …… 270
11.1.3　矿山企业资源保护的职责 …… 271
11.2　矿产伴生资源的综合利用 …… 271
11.2.1　伴生矿产的基本概念 …… 271
11.2.2　伴生矿产简介 …… 272
11.2.3　伴生矿产的工业标准 …… 272
11.2.4　提高矿产综合利用的途径 …… 272
复习思考题 …… 274

12　矿山综合地质工作与隐伏矿体勘探 …… 275
12.1　综合地质研究 …… 275
12.1.1　共生组分研究 …… 276
12.1.2　矿区构造研究 …… 277
12.1.3　矿体产状和形态的研究 …… 278
12.1.4　成矿规律研究 …… 278
12.2　隐伏矿体勘探 …… 281
12.2.1　概述 …… 281

12.2.2 隐伏矿体预测的特点 …… 283
12.2.3 隐伏矿体预测的依据 …… 284
12.2.4 隐伏矿体预测方法 …… 286
复习思考题 …… 289
参考文献 …… 290

1 地质学基础知识

1.1 地球及地质作用

1.1.1 地球

1.1.1.1 地球构造

地质学研究的对象是地球。地壳中矿产的形成与地球表面以及地球内部的地质作用有关，而地质学基础知识则着重说明地壳的物质组成、发展变化以及各种矿产资源的蕴藏规律。地球是人类居住的地方。通常说的地球形状指的是地球固体外壳及其表面水体的轮廓。

A 地壳

莫霍面以上由固体岩石组成的地球最外圈层称为地壳（图 1-1）。大陆地区地壳平均厚度约 33km。地壳上部岩石平均成分相当于花岗岩类岩石，其化学成分富含硅、铝，又称为硅铝层；下部岩石平均成分相当于玄武岩类岩石，其化学成分除硅、铝外，铁、镁相对增多，又称为硅镁层。洋壳主要由硅镁层组成，有的地方有很薄的硅铝层或完全缺失硅铝层（图 1-2）。

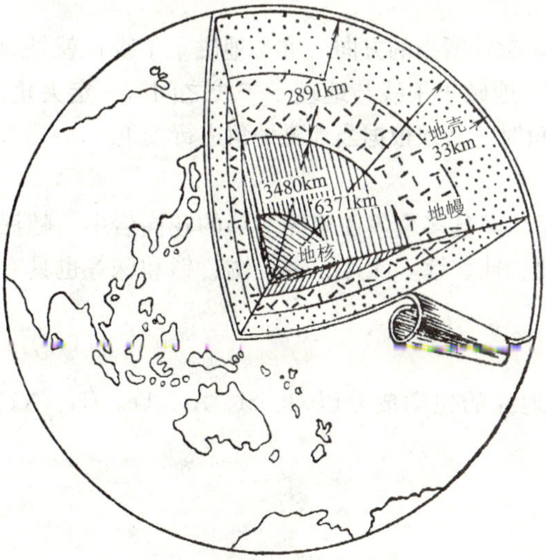

图 1-1 地球构造示意图

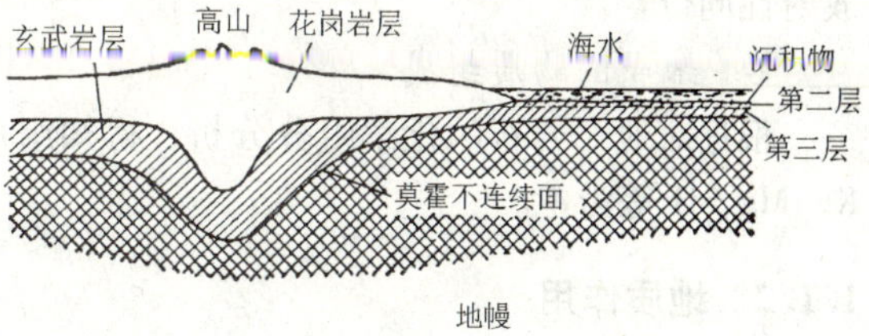

图 1-2 地球构造断面示意图

B 地幔

地幔是位于莫霍面以下、古登堡面以上的圈层。地幔一般分成由浅至深的三个部分：上地幔、过渡层和下地幔。上地幔由二辉橄榄岩组成。过渡层是由橄榄石和辉石的矿物相转变吸热降温形成的。下地幔成分比较均一，主要由铁、镍金属氧化物和硫化物组成。

C 地核

古登堡面以下直至地心的部分称为地核。它又可分为外核、过渡层和内核。地核的物质，一般认为主要是铁，特别是内核，可能基本由纯铁组成。

1.1.1.2　地球性质

人们在生产实践和科学研究中，逐渐积累了有关地球物理性质的知识，这些性质从不同的角度反映了地球内部的物质组成。

A　质量和密度

根据牛顿万有引力定律，可以计算地球的质量，再除以地球的体积，则可得出地球的密度。据地震波传播速度与密度的关系，计算出地球内部密度随深度的增加而增加，地心密度最大。

B　压力

随着地球深部密度的递增，由于上覆岩石重力的影响，地球内部压力随深度的增加而增大。

C　重力

地球对物体的引力和物体因地球自转产生的离心力的合力称为重力，其作用方向大致指向地心。

D　温度

地球热力的来源，外部来自太阳的辐射热，内部主要来自放射性元素蜕变时析出的热以及元素化学反应放出的能。

E　地磁

地球的磁性，明显地表现在对磁针的影响方面。磁针所指的方向（亦称地磁子午线）就是地磁的两极。地磁两极与地理两极是不一致的。因此，地磁子午线与地理子午线之间有一定夹角，称为磁偏角。其大小因地而异。使用罗盘测量方位角时，必须根据当地磁偏角进行校正。

F　放射性

地球内部放射性元素含量虽少，分布却很广泛，而且多聚集在地壳上部的花岗岩中，随深度加大而逐渐减少。地球所含放射性元素主要是铀、钍、镭。此外，钾、铷、钐和铼等也具有放射性同位素。

G　地壳的物质组成

根据对地壳岩石的化学组分分析，得知组成地壳的化学成分以 O、Si、Al、Fe、Ca、Na、K、Mg、H 等为主。

1.1.2　地质作用

地球自形成以来，在漫长的地质历史进程中，其成分和面貌时刻都在变化着。所有引起矿物、岩石的产生和破坏，使地壳面貌发生变化的自然作用，统称为地质作用。地质作用按其能源不同，可以分为内力地质作用和外力地质作用两大类。

1.1.2.1　内力地质作用

由地球转动能、重力能和放射性元素蜕变的热能产生的地质动力所引起的地质作用，它们主要是在地壳中或地幔中进行的，故称为内力地质作用。其表现方式有地壳运动、岩浆作用、变质作用和地震等。岩浆岩、变质岩及其与之有关的矿产，便是内力地质作用的产物。

A　地壳运动

由地球自转速度的改变等原因，使得组成地壳的物质（岩体）不断运动，并改变它的相对位置和内部构造，称为地壳运动。它是内力地质作用的一种重要形式，也是改变地壳面貌的主导作用。地壳运动表现为水平运动和升降运动。

B 岩浆作用

岩浆是地壳深处的一种富含挥发性物质的高温高压的黏稠硅酸盐熔融体，其中尚含有一些金属硫化物和氧化物。在地壳运动的影响下，由于外部压力的变化，岩浆向压力减小的方向移动，上升到地壳上部或喷出地表冷却凝固成为岩石的全过程，统称为岩浆作用。由岩浆作用而形成的岩石称为岩浆岩。岩浆作用有喷出作用和侵入作用两种。

C 变质作用

由于地壳运动及岩浆活动，使已形成的矿物和岩石受到高温、高压及化学成分加入的影响，在固体状态下，发生物质成分与结构、构造的变化，形成新的矿物和岩石，这一过程称为变质作用。根据引起变质作用的基本因素，可将变质作用分为接触变质作用、动力变质作用和区域变质作用三种。

D 地震

地震是地壳快速颤动或摆动的现象，是地壳运动的一种表现。发震时刻、震级、震中、破坏烈度是地震四要素。地壳内部发生地震的地方称为震源。震源在地面上的垂直投影称为震中。震中到震源的距离称为震源深度（图 1-3）。

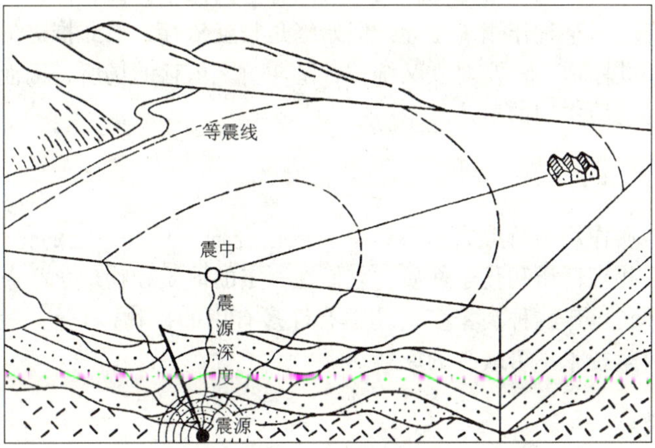

图 1-3 地震示意图

地震分为天然地震和人工地震两大类。此外，某些特殊情况下也会产生地震，如大陨石冲击地面（陨石冲击地震）等。

1.1.2.2 外力地质作用

外力地质作用是由地球范围以外的能源所产生的地质作用。它的能源主要来自太阳辐射能以及太阳和月球的引力、地球的重力能等，其作用方式有风化、剥蚀、搬运、沉积和成岩作用。

A 风化作用

在常温常压下，由于温度、H_2O、O_2、CO_2 和生物等因素的影响，使组成地壳表层的岩石发生崩裂、分解等变化，以适应新环境的作用称为风化作用。按风化作用因素的不同，可以分为物理风化作用、化学风化作用和生物风化作用三种。这三种作用总是同时存在，互相促进的，但在不同地区可以有主次之分。

B　剥蚀作用

将风化产物从岩石上剥离下来，同时也对未风化的岩石进行破坏，不断改变着岩石的面貌，这种作用称为剥蚀作用。按力的作用方向的不同，侵蚀作用可以分为下蚀作用和侧蚀作用两种。

C　搬运作用

在地质应力的作用下，风化剥蚀的产物离开母岩区，经过长距离搬运，到达沉积区的过程称为搬运作用。搬运作用的方式有拖曳搬运、悬浮搬运和溶解搬运三种。

D　沉积作用

被搬运的物质，经过一定距离之后，由于搬运介质搬运能力（风速或流速）的减弱、搬运介质物理化学条件的变化或在生物作用下，从风或流水等介质中分离出来，形成沉积物的过程，称为沉积作用。沉积作用的方式有机械沉积作用、化学沉积作用和生物沉积作用。

E　成岩作用

使松散沉积物转变为沉积岩的过程，称为成岩作用。在成岩作用阶段，沉积物发生的变化有压固作用、胶结作用和重结晶作用三种。

1.1.2.3　内外力地质作用的相互关系

自地壳形成以来，内力和外力地质作用在时间和空间两个方面，都是一个连续的过程。虽然它们时强时弱，有时以某种作用为主导，但始终是相互依存，彼此推进的。由于地壳表层是由内、外力地质作用共同活动，既对立又统一，既斗争又依存的场所，因而自然界中各种地质体无不留有内、外力地质作用的痕迹。

1.2　矿物

矿物是在各种地质作用中所形成的天然单质或化合物；具有一定的化学成分和内部结构，从而有一定的形态、物理性质和化学性质；它们在一定的地质和物理化学条件下稳定，是组成岩石和矿石的基本单位。矿物种类繁多，其中有许多有用的矿物，它们是发展现代化的工业、农业、国防事业、科学技术不可缺少的原料。

1.2.1　矿物的形态

1.2.1.1　概述

在已知的三千余种矿物中，除个别以气态（如 CO_2、H_2S 等）或液态（如水、自然汞等）出现外，绝大多数均为固态。

1.2.1.2　矿物的单体形态

矿物的形态是指矿物的单体及同种矿物集合体的形状而言。在自然界，矿物多数呈集合体出现，但是也出现具有规则几何多面体形态的单晶体，所以矿物单体形态就是指矿物单晶体的形态。单晶体形态可分为两种，一种是由单一形状的晶面所组成的晶体，称为单形。另一种是由数种单形聚合而成的晶体，称为聚形（图1-4）。

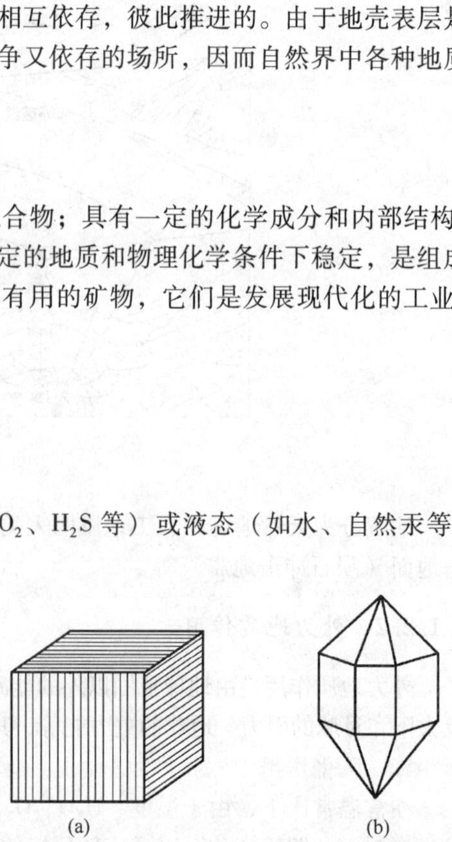

图 1-4　单形和聚形

（a）黄铁矿的单形；（b）石英的聚形

1.2.1.3 矿物集合体的形态

在自然界中，晶质矿物很少以单体出现，而非晶质矿物则根本没有规则的单体形态，所以常按集合体的形态来识别矿物。自然界中矿物的集合体形态很多，常见的有晶簇状、粒状、鳞片状、纤维状和放射状、结核状、钟乳状、树枝状、土状。

1.2.2 矿物的物理性质

每种矿物都以其固有的物理性质与其他矿物相区别，这些物理性质从本质上来说，是由矿物的化学成分和晶体构造所决定的。

1.2.2.1 颜色

颜色是矿物对可见光波的吸收作用所引起的。根据矿物颜色产生的原因，可将颜色分为自色、他色、假色三种。

1.2.2.2 条痕

矿物粉末的颜色称为条痕，通常将矿物在素瓷条痕板上擦划得之。条痕可清除假色，减弱他色而显示自色，所以较为固定，具有重要的鉴定意义。

1.2.2.3 光泽

矿物表面反射光线的能力称为光泽。按反光的强弱，光泽可分为金属光泽、半金属光泽和非金属光泽。

1.2.2.4 透明度

矿物透光的程度称为透明度。透明度取决于矿物对光线的吸收能力。但吸收能力除和矿物本身的化学性质与晶体构造有关以外，还明显地和厚度及其他因素有关。因此，某些看来是不透明的矿物，当其磨成薄片时，却仍然是透明的，所以透明度只能作为一种相对的鉴定依据。为了消除厚度的影响，一般以矿物的薄片（0.03mm）为准。据此，透明度可以分为透明、半透明、不透明三级。

1.2.2.5 硬度

矿物抵抗外来机械作用（刻划、压入、研磨）的能力称为硬度。它和矿物的化学成分及晶体构造有关。

1.2.2.6 解理

很多晶质矿物在受打击后，常沿着一定的方向裂开，这种特性称为解理。裂开的光滑面称为解理面。根据解理面的完善程度，可将解理分为极完全解理、完全解理、中等解理、不完全解理。

1.2.2.7 断口

矿物受打击后，沿任意方向发生不规则的断裂，其凹凸不平的断裂面称为断口。断口可分为贝壳状断口、参差状断口和锯齿状断口。

1.2.2.8　密度

矿物的密度是指矿物单位体积的质量，矿物的相对密度与密度在数值上是相同的，但它更易于测定。矿物的相对密度是矿物在空气中的质量与4℃时同体积水的质量比。

1.2.2.9　其他性质

其他性质主要是指脆性、延展性、弹性、挠性、磁性、导电性、荷电性、发光性、放射性。

1.2.3　矿物的化学性质

1.2.3.1　矿物的化学成分

自然界的矿物除少数是单质外，绝大多数都是化合物。单质就是由同一元素自相结合而成的矿物，如自然金（Au）、自然铜（Cu）、石墨（C）等；化合物则是由两种或两种以上元素化合而成的矿物，如石英（SiO_2）、萤石（CaF_2）、赤铁矿（Fe_2O_3）等。无论是单质或化合物，其化学成分都不是绝对固定不变的，通常都是在一定的范围内变化的。

1.2.3.2　矿物的类型

矿物的化学成分和晶体结构，是决定矿物一切性质的两个最基本的因素。但可以在一定的小范围内有变异。根据它们的变异是否明显，我们可以把矿物分成如下几种类型：

（1）化学组成基本固定的矿物。这类矿物的化学成分基本上是固定不变的，就是说其成分上的变异范围非常小，在一般情况下完全可以忽略不计。

（2）化学组成不固定的矿物。这类矿物的化学组成可以在一定的范围内变化，而这种变化是由于组成矿物本身的组分的变异所造成的。

（3）不符合化合比的矿物。一切晶质矿物的化学组成都遵守定比和倍比定律，各组分间都有一定的化合比。但有些晶体却不遵守这些规律，即属于所谓的非化合比化合物。

1.2.3.3　矿物形态的变化

A　气态变为固态

火山喷出硫蒸气或 H_2S 气体，前者因温度骤降可直接凝华成自然硫，H_2S 气体可与大气中的 O_2 发生化学反应形成自然硫。

B　液态变为固态

液态变为固态是矿物形成的主要方式，可分为从溶液中蒸发结晶、从溶液中降温结晶两种形式。

C　固态变为固态

固态变为固态主要是由非晶质体变成晶质体。火山喷发出的熔岩流迅速冷却，来不及形成结晶态的矿物，却固结成非晶质的火山玻璃，经过长时间后，这些非晶质体可逐渐转变成各种结晶态的矿物。

1.2.3.4　矿物中的水

在很多矿物中，水起着重要作用。水是很多矿物的一种重要组成部分，矿物的许多性质与其含水有关。根据矿物中水的存在形式以及它们在晶体结构中的作用，可以把水分为吸附水、结晶水、沸石水、层间水和结构水。

1.2.4 矿物的鉴别

1.2.4.1 矿物的形成

地壳中的元素是组成矿物的物质基础，各种地质作用的结果都可以形成矿物，但形成的方式是很不相同的。对于固态矿物来说，形成的方式主要有结晶作用和胶体凝聚作用。自然界的矿物都不是孤立存在的，它们之中的某些矿物经常共同出现在同一种岩石或矿石之中。但共同出现在一起的，并不一定就是共生，只有那种由同一时期、同一成因所造成的矿物共存现象，才能称为共生，否则只能称为伴生。在各种不同的成矿过程中，矿物共生常具有一定的组合规律，利用这些规律就有可能找到在工业上非常重要的矿产资源。

1.2.4.2 矿物的分类

为了更好地研究和利用矿物，有必要对种类繁多的矿物，按照它们之间的相互关系和共性，进行系统的归纳、分类。成因分类法是根据形成矿物的主要地质作用进行的分类。地球化学分类法是根据矿物组成中的主要化学元素进行的分类。形态分类法是根据矿物晶形进行的分类。一般将矿物分为自然矿物、硫化及其类似矿物、卤化矿物、氧化及氢氧化矿物、含氧类矿物。

1.2.4.3 矿物鉴定方法

矿物鉴定是借助于各种仪器，采用物理学和化学的方法，通过对矿物化学成分、晶体形态和构造及物理特性的测定，以达到鉴定矿物的目的。

矿物鉴定有许多方法，如根据矿物内部原子排列进行鉴定的 X 光分析法，根据电子射束在矿物上直接测定矿物化学成分来鉴定的电子探针法，以及鉴定矿物显微晶体光学特征的光学显微镜法等，但最常用的还是根据矿物外表特征进行鉴定的肉眼（或放大镜）鉴定法。主要矿物鉴定特征如下：

（1）自然金：多为分散的粒状，或不规则的树枝状集合体。金黄色，随其成分中含银量的增高则渐变为淡黄色。条痕与颜色相同。有强烈的金属光泽。硬度 2.5～3。具强延展性，可以锤成金箔。纯金的相对密度为 19.3。导电性良好，化学性能良好，除溶于王水外，不溶于任何酸类。熔点 1062℃。用于制造货币、精密仪器及装饰品。主要产于石英脉中，自然金常富集成沙金矿床。

（2）金刚石：晶形呈八面体、菱形十二面体，较少呈立方体，而大多数呈圆粒或碎粒状产出。无色透明或带有蓝、黄、褐和黑色。标准金刚光泽。具强色散性。硬度 10。性脆。相对密度 3.50～3.52。在紫外光照射下能发生黄、绿、紫荧光。用于精密及特种切削工具，制造金属钢丝的拉模、钻头及贵重的宝石。常产于超基性岩的金伯利岩（即角砾云母橄榄岩）中。当含金刚石的岩石遭风化后，可形成金刚石砂矿。

（3）高岭石：常呈土状、粉末状、鳞片状。纯净者白色，如含杂质，则染成浅黄、浅灰、浅红、浅绿、浅褐等色。蜡状光泽。硬度极低，1～3 度。相对密度 2.6。吸水性强，舌舔有黏性。为陶瓷、造纸、橡胶等重要化工原料。高岭石的来源，有黏土沉积形成，有长石、霞石等风化而成。

（4）磷灰石：单晶体为六方柱状或厚板状，集合体为块状、粒状、结核状。其颜色因成因而异，纯净者无色或白色，但少见。一般呈黄绿色，也有灰、绿、褐、蓝、紫等色。油脂光泽。主要用于制造磷肥以及化学工业上的各种磷盐和磷酸。海相沉积成因者形成胶磷矿，具有巨大的经济价值。有时与火成岩有关者，也可能有经济价值。

（5）磁铁矿：常呈粒状或致密块状，晶体形状为小八面体与菱形十二面体。颜色呈铁黑色，半金属光泽。硬度5.5～6.5。性脆，具强磁性。为重要的铁矿石。形成于内生作用和变质作用过程。

（6）硬锰矿：通常呈葡萄状、钟乳状、树枝状以及土状集合体。灰黑至黑色，条痕褐黑色至黑色。半金属光泽，如土状者，则无光泽。硬度4～6。性脆。相对密度4.4～4.7。为提炼锰的重要矿物原料。常见于沉积锰矿床和锰矿的氧化带上。

（7）黄铜矿：常为致密块状或分散粒状。黄铜色。条痕墨绿色，金属光泽。硬度3～4。性脆。相对密度4.1～4.3，能导电。它是提炼铜的重要矿物原料。黄铜矿可形成于各种地质条件。

（8）方铅矿：晶体常呈立方体，通常成粒状、致密块状的集合体。颜色为铅灰色。条痕灰黑色。金属光泽。硬度2～3。相对密度较大，为7.4～7.6。具弱导电性和良检波性。它是提炼铅的最重要矿物原料，并常含银、锌作为副产品。自然界分布较广，热液过程者最为重要，经常与闪锌矿在一起形成硫化矿床。

（9）闪锌矿：晶形多呈四面体，菱形十二面体，但常见者是粒状块体。颜色因含铁量的不同而有差异，灰色、浅黄、棕褐直至黑色。条痕白色至褐色。光泽由松脂光泽至半金属光泽。从透明至半透明。硬度3.5～4。相对密度3.9～4.1，随含铁量的增加而降低。闪锌矿是提炼锌的重要矿物原料，并从中可得镉、铟、镓等元素。常产于热液矿床中。

（10）黑钨矿：常呈板状及粒状。颜色棕至黑。条痕暗褐色。半金属光泽。硬度4.5～5.5。相对密度6.7～7.5。含铁较多者具弱磁性。黑钨矿为提取钨的重要矿物原料，主要用于冶炼合金钢及电子工业。常产于高温热液石英脉及与花岗岩有关的矿床中。

（11）锡石：其形态随形成温度、结晶速度、所含杂质的不同而异。晶体常呈双锥柱状、长柱状、针状，集合体呈不规则粒状。一般呈红褐色，无色者极为少见，含钨者呈黄色。条痕淡黄。金刚光泽，断口油脂光泽。半透明至不透明。硬度6～7。性脆，贝状断口，相对密度6.8～7.0，是提炼锡的主要矿物原料。其形成与花岗岩有密切关系，气化-高温热液成因的锡石石英脉最有价值，风化后，常富集为锡矿砂。

1.3　岩石

1.3.1　概述

岩石是矿物的集合体，是各种地质作用的产物，是构成地壳的物质基础。地壳中绝大部分矿产都产于岩石中，它们之间存在着密切的成因联系。如煤产在沉积岩里；大部分金属矿则产在岩浆岩或其形成与岩浆岩有直接或间接联系。研究岩石就是为了发现岩石与矿产的关系，从中找出规律，以便更多更好地找寻和开发矿产资源。

1.3.1.1　*岩石的结构*

岩石中矿物的结晶程度、颗粒大小和形状以及彼此间的组合方式称为结构。这主要决定于地质作用进行的环境，在同一大类岩石中，由于它们生成的环境不同，就产生了各种不同的结构。

1.3.1.2 岩石的构造

岩石中矿物集合体之间或矿物集合体与岩石的其他组成部分之间的排列方式及充填方式称为构造。这反映着地质作用的性质。由岩浆作用生成的岩浆岩大多具有块状构造；由变质作用生成的变质岩，多数情况下它们的组成矿物一般都按一定方向作平行排列，具片理状构造；由外力地质作用生成的沉积岩，是逐层沉积的，多具层状构造。

1.3.1.3 岩石的分类

组成地壳的岩石，按其成因可分为三大类：岩浆岩、沉积岩和变质岩。

（1）岩浆岩是内力地质作用的产物，系地壳深处的岩浆沿地壳裂隙上升，冷凝而成。埋于地下深处或接近地表的称为侵入岩；喷出地表的称为喷出岩。其特征是：一般均较坚硬，绝大多数矿物均成结晶粒状紧密结合，常具块状、流纹状及气孔状构造，原生节理发育。

（2）沉积岩是先成岩石（包括沉积岩）经外力地质作用而形成。其特征是：常具碎屑状、鲕状等特殊结构及层状构造，并富含生物化石和结核。

（3）变质岩是岩浆岩或沉积岩经变质作用而形成与原岩迥然不同的岩石。其特征是：多具明显的片理状构造。

1.3.2 岩浆岩

岩浆岩又称为火成岩，占地壳总质量的95%，在三大类岩石中，岩浆岩占有比较重要的地位。

1.3.2.1 岩浆岩的性质

岩浆岩的性质可以从物质成分、结构构造和产状几个方面研究。

A　岩浆岩的物质成分

岩浆岩的物质成分包括化学成分和矿物成分。

a　岩浆岩的化学成分

地壳中存在的元素在岩浆岩中几乎都有，但各种元素的含量却不相同。O、Si、Al、Fe、Mg、Ca、Na、K、Ti 元素在岩浆岩中普遍存在，其含量占岩浆岩组分的99.25%，其次为P、H、Mn、Ba 等。

b　岩浆岩的矿物成分

组成岩浆岩的大多数矿物，根据其化学成分特征，常常分为硅铝矿物和铁镁矿物两大类：

（1）硅铝矿物。硅铝矿物中 SiO_2 和 Al_2O_3 的含量较高，不含铁、镁。包括石英与长石类矿物，它们的颜色通常较浅，所以，又称为浅色矿物。

（2）铁镁矿物。铁镁矿物中含 FeO、MgO 较多，SiO_2 和 Al_2O_3 较少，包括橄榄石类、辉石类、角闪石类及黑云母类矿物，颜色较深，所以，又称为深色或暗色矿物。

B　岩浆岩的结构构造

岩浆岩的结构构造是岩浆岩生成时，所处外界环境在岩石里的反映，也是岩浆岩分类和命名的重要依据之一。

a　岩浆岩的结构

岩浆岩的结构主要是指组成岩浆岩的矿物颗粒大小和结晶程度等。最常见的结构有：

（1）等粒结构。岩石中的矿物全部为显晶质、粒状，且主要矿物颗粒大小近于相等的结构

（图1-5）。

（2）斑状结构。岩石中较大晶体散布在较细物质之间的结构（图1-6）。大的晶体称为斑晶，细小的部分称为基质。这种结构主要是矿物结晶的时间先后不同造成的。

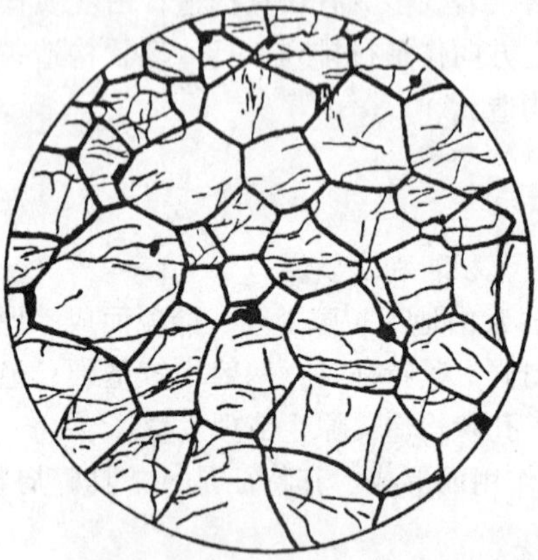

图1-5　岩浆岩等粒结构

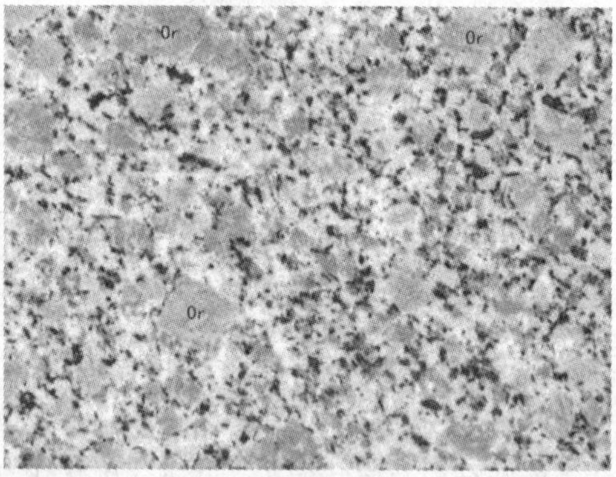

图1-6　岩浆岩斑状结构

（3）隐晶质结构。矿物颗粒在肉眼和放大镜下看不见，只有在显微镜下才能鉴别这种结构。从外表看，岩石断面是粗糙的。它是在岩浆很快冷却的情况下形成的，常为喷出岩所具有。

（4）玻璃质结构。矿物没有结晶。岩石断面光滑，具玻璃光泽，为喷出岩所特有的结构。

b　岩浆岩的构造

岩浆岩的构造指岩石外表的整体特征，它是由矿物集合体的排列方式和充填方式决定的。常见的构造有：

（1）块状构造。组成岩石的各种矿物，无一定的排列方向，而是均匀分布于岩石之中，是侵入岩特别是深成岩所具有的构造（图1-7）。

（2）带状构造。岩石由不同成分的物质条带相间组成（图1-8），主要发育在超基性岩和

图1-7　岩浆岩块状构造

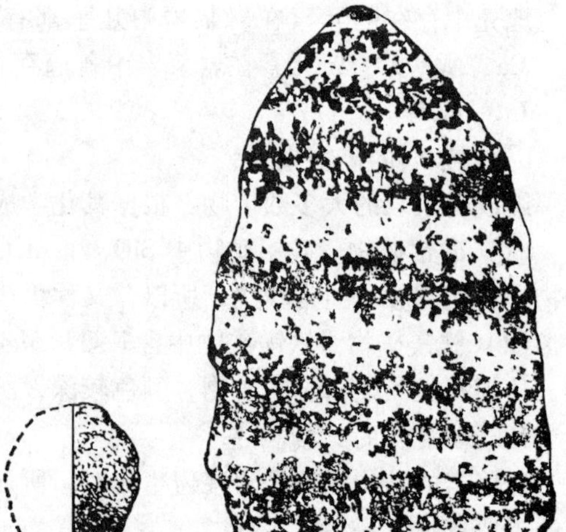

图1-8　岩浆岩带状构造

伟晶岩体中。

(3) 气孔状和杏仁状构造。岩石中分布着大小不同的圆形或椭圆形空洞，称气孔状构造。它是岩浆冷却较快，所含气体占有一定空间位置，气体逸出，便造成空洞（即气孔）。当气孔被后来的硅质、钙质等充填，便形成杏仁状构造（图1-9），为喷出岩所特有的构造。

(4) 流纹构造。黏度大的岩浆在流动过程中，形成不同颜色的条纹或拉长的气孔，长条状矿物沿一定方向排列，所表现出来的熔岩流的流动构造（图1-10）。

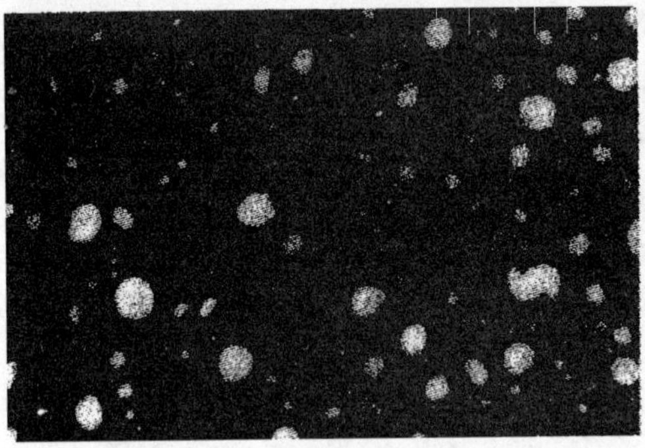

图1-9 岩浆岩气孔状和杏仁状构造

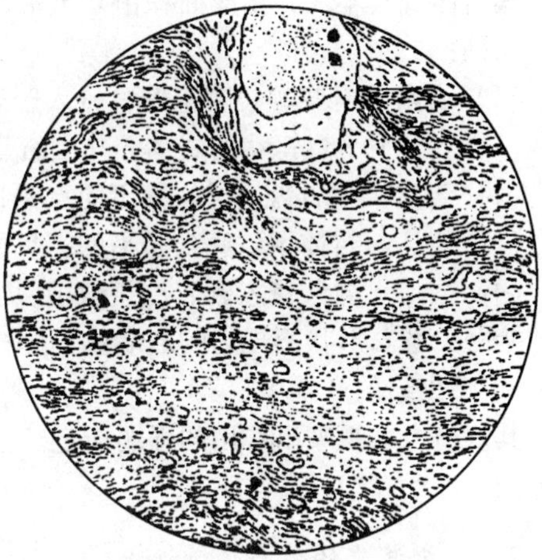

图1-10 岩浆岩流纹构造

C 岩浆岩的产状

岩浆岩产状指岩体形态、大小、深度以及与围岩的关系。由于生成条件和所处环境不同，岩浆岩的产状是多种多样的（图1-11）。

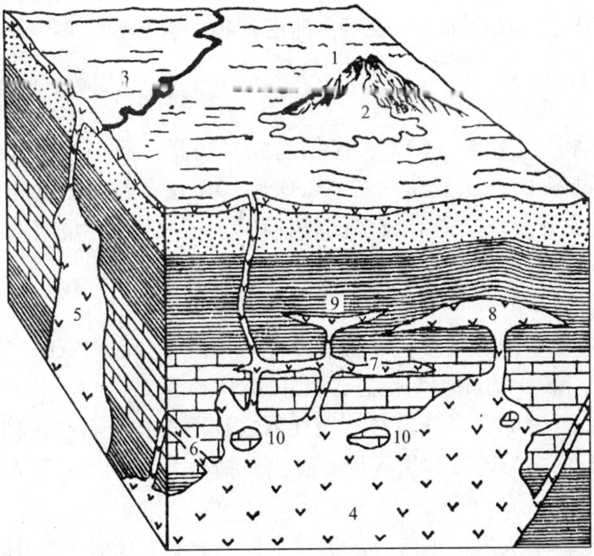

图1-11 岩浆岩的产状

1—火山锥；2—熔岩流；3—熔岩被；4—岩基；5—岩株；6—岩墙；7—岩床；8—岩盘；9—岩盆；10—捕虏体

a　深成岩的产状

深成岩的产状，其规模甚大，面积由几平方千米至几百、几千平方千米。其形态有岩基和岩株两种。

（1）岩基是体积巨大，形状不规则，下大上小的穹隆状岩体。

（2）岩株是岩基边缘的分枝，在深部与岩基相连，在上部则向外伸出。

b　浅成岩产状

其岩体规模不大，出露面积由几十平方米到几平方千米。岩体形态及其与围岩接触关系有以下几种：

（1）岩盘。岩浆顺裂隙上升，侵入于岩层之中，由压力将岩层沿层面撑开，岩浆在其中冷凝成一个上凸下平透镜状的岩体，与围岩呈和谐的接触关系。

（2）岩盆。与岩盘一样，其不同点是顶部平整，而中央向下凹的岩体，形似面盆。

（3）岩床。岩体顶、底都是平的，呈层状夹于沉积岩中，且与之呈整合接触关系。

（4）岩墙。岩浆侵入到岩层裂隙中，冷凝而成的岩体称为岩墙。它切穿围岩并与之成不和谐的接触关系。形状不规则的岩墙或其分枝称为岩脉。

c　喷出岩的产状

其规模大小视喷出作用的强弱而定。常常由熔岩被或熔岩流形成层状及由火山碎屑物形成火山锥。

1.3.2.2　岩浆岩的特点

自然界的岩浆岩种类繁多，它们彼此间存在着物质成分、结构构造、产状及成因等方面的差异。但同时各种岩浆岩之间又有一系列的过渡种属，显示了它们之间存在着十分密切的内在联系。岩浆岩按化学成分及矿物成分分为超基性岩、基性岩、中性岩、酸性岩。

A　超基性岩类

本类岩石含 SiO_2 小于45%，Al_2O_3 1%～6%，不含或少含铝硅酸盐，本类岩石主要为橄榄石、辉石，其次为角闪石、黑云母，一般不含硅铝矿物。岩石颜色很深，密度大，呈致密块状构造。

B　基性岩类

本类岩石 SiO_2 的含量为45%～52%，比超基性岩稍高，但仍低于其他岩类。与超基性岩不同的是出现了多量的 Al_2O_3，达15%左右，CaO 达10%左右；而 FeO 和 MgO 含量较低，约占6%。本类岩石在矿物成分上，除尚有较多的铁镁矿物——辉石、角闪石、橄榄石外，还出现大量的铝硅酸盐矿物——斜长石和少量石英。

C　中性岩类

本类岩石 SiO_2 含量比基性岩增多，一般在52%～65%之间，FeO 、MgO 各约占3%，CaO 约6%，Al_2O_3、K_2O 、Na_2O 均高于基性岩，其中 K_2O 约为2%，Na_2O 约为3%，在正长岩—粗面岩中，两者更高，可达4%～5%，故有碱性岩之称。本类岩石在矿物成分上，铁镁矿物相应减少，主要为角闪石，次为辉石和黑云母；硅铝矿物显著增多，主要为中性斜长石，有时出现少量钾长石和石英。

这类岩石颜色较浅，一般为灰色或浅灰色。常见的岩石有闪长岩、闪长玢岩、安山岩及正长岩、正长斑岩和粗面岩等。

D　酸性岩类

本类岩石 SiO_2 含量特高，超过65%，FeO、MgO 含量低于2%，CaO 低于3%，而 K_2O 和

Na_2O 各约占3.5%左右。本类岩石在矿物成分上，深色矿物大大减少，硅铝矿物大量增多，除含大量石英外，尚有钾长石和斜长石。暗色矿物主要有黑云母和角闪石。

岩石颜色一般很浅，常为浅灰红色，密度较小。本类岩石分布很广，特别是侵入岩常呈岩基大面积分布。常见的岩石有花岗岩、花岗斑岩和流纹岩等。

1.3.2.3 岩浆岩的鉴定

岩浆岩的特征表现在颜色、矿物成分、结构和构造等方面，肉眼或借助于简单工具（放大镜、小刀和三角板等）只能对岩石做宏观的鉴定，并借以观察和区别各种岩石。

A 观察岩石的颜色

岩浆岩的颜色在很大程度上反映了它们的化学成分和矿物成分。

一般超基性岩呈黑色—绿黑色—暗绿色；基性岩呈灰黑色—灰绿色；中性岩呈灰色—灰白色；酸性岩呈肉红色—淡红色—白色。

B 观察矿物成分

认识矿物时，可先借助颜色，若岩石颜色深可先看深色矿物，如橄榄石、辉石、角闪石、黑云母等；若岩石颜色浅时，可先看浅色矿物，如石英、长石等。在鉴定时，经常首先观察岩石中有无石英及其数量，其次是观察有无长石及属于正长石还是斜长石，再就是看有无橄榄石存在。

C 观察岩石的结构构造

岩石的结构构造是决定该类岩石属于喷出岩、浅成岩或深成岩的依据之一。一般喷出岩具隐晶质结构、玻璃质结构、斑状结构、流纹构造、气孔或杏仁构造。浅成岩具细粒状、隐晶状、斑状结构、块状构造。深成岩具等粒结构、块状构造。

1.3.2.4 岩浆岩中的矿产

岩浆岩中蕴藏着许多重要的金属和非金属矿产。在超基性的橄榄岩和基性的辉长岩中，常有铬、镍、铜、铁、钒、钛、金刚石、铂及铂族金属等。

在中性的闪长岩或其接触带中，常有铜、铁及稀土元素矿床等。

在正长岩、石英正长岩和正长斑岩中，常有稀土元素、磷灰石及磁铁矿等。

在酸性的花岗岩和中酸性的花岗闪长岩中，常有钨、锡、钼、铋、铜、铅、锌、金、铀、钍及稀土等。

在花岗伟晶岩中巨大的石英、长石和云母晶体，也是很重要的矿产。

还有一些矿产，如铜、铅、锌、金、银、砷、重晶石、萤石等，虽然有时甚至常常不生在岩浆岩中，但它们在成因上大都与岩浆岩有联系。一般由岩浆冷凝结晶期后所产生的热水溶液，渗入到岩浆岩体附近甚至距离岩浆岩体很远的岩石裂隙中，结晶沉淀而成的。

1.3.3 沉积岩

由沉积物经过压固、脱水、胶结及重结晶作用变成的坚硬岩石，称为沉积岩。沉积岩占地壳总量的5%，但就地表分布而言，则占75%。

1.3.3.1 沉积岩的性质

沉积岩是在常温、常压下，大部分是在地表水体里形成的，氧气充足、水分丰富，因此，它的矿物组成、结构构造以及颜色等，都具有区别于其他两大类岩石的独特特征。

A　沉积岩的物质成分

组成沉积岩的颗粒有岩屑及单矿物两种。岩屑是原先的岩浆岩、沉积岩与变质岩的碎屑。而组成沉积岩的矿物有两类：一类是原来岩石经过风化、剥蚀、搬运来的矿物；另一类是在沉积作用中形成的新矿物。

B　沉积岩的颜色

沉积岩的颜色常常是岩层的特殊标志，它受沉积岩中碎屑成分、矿物成分和胶结物成分的影响。

C　沉积岩的结构

沉积岩的结构是由其组成物质的形态特征、性质、大小及所含数量而决定的，它与岩浆岩的结构差别在于，岩浆岩绝大多数是结晶结构，而沉积岩绝大多数是碎屑结构。根据其成因，沉积岩的结构可分为碎屑结构、泥质结构、结晶结构、胶状结构、生物结构。

D　沉积岩的构造

沉积岩的构造是指其组成部分的空间分布和它们相互之间的排列关系。常见的沉积岩构造有层理（状）构造、块状构造、鲕状构造。

E　沉积岩的其他性质

沉积岩的其他性质主要有波痕、泥裂、叠层构造、皱纹构造、虫迹、雨痕、化石、结核、缝合线。

1.3.3.2　沉积岩的特点

根据沉积岩的成因、物质成分及结构等，可将沉积岩分为三类：碎屑岩、黏土岩、化学岩及生物化学岩。

A　碎屑岩类

碎屑岩类有火山碎屑岩类和正常碎屑岩类。

（1）火山碎屑岩类。火山碎屑岩是沉积岩和喷出岩之间的过渡产物，是由火山喷发的碎屑物质在地表经短距离搬运或就地沉积而成的。

（2）正常碎屑岩类。正常碎屑岩是沉积岩中最常见的岩石之一，特别是在陆相沉积物中，分布极为广泛。一般所指的碎屑岩是由50%以上的碎屑物（包括矿物碎屑及岩石碎屑）组成的岩石。一般有砾岩、砂岩、粉砂岩。

B　黏土岩类

黏土岩又称泥质岩，是沉积岩中最常见的一类岩石，约占沉积岩总体积的50%~60%。它是介于碎屑岩与化学岩之间的过渡类型，一般有黏土、页岩、泥岩。

C　化学岩及生物化学岩类

这类岩石是由于母岩遭受强烈化学分解作用之后，其中某些风化产物形成水溶液（真溶液或胶体溶液）被搬运到水盆地中，通过蒸发作用、化学反应和在生物的直接或间接作用下沉淀而成的。一般有石灰岩、白云岩、泥灰岩、硅质岩。

1.3.3.3　沉积岩的鉴定

在不同的沉积环境中，所形成的沉积岩，具有不同的特征。按自然地理条件，沉积岩相可分为大陆相、过渡相和海相。大陆相包括河流相、湖泊相、沼泽相等大陆沉积物。过渡相是指陆地与海洋之间的过渡地带及其相应的沉积物。海相沉积物的性质主要受海水的物理化学性质、海水深度、海底地形、海洋气候等因素的控制，其中最主要的是海水深度。

由于沉积岩是经沉积作用形成的，所以沉积岩都具有层状构造的特征，在鉴定碎屑岩时，除观察颜色、碎屑成分及含量外，尚须特别注意观察碎屑的形状和大小，以及胶结物的成分。在鉴定泥质岩时，则需仔细观察它们的构造特征，即看有无页理等。在鉴定化学岩时，除观察其物质成分外，还需判别其结构、构造，并辅以简单的化学试验（如用冷稀盐酸滴试，检验其是否起泡）。

1.3.3.4　沉积岩中的矿产

沉积岩中的矿产占世界全部矿产总产值的70%～75%。在我国绝大部分铝矿、磷矿，大多数锰矿、铁矿都蕴藏于沉积岩中或与沉积岩有关。

号称工业粮食的煤，全部蕴藏于沉积岩中。被誉为工业血液的石油，也全部生成于沉积岩中，而且绝大部分都储存于沉积岩中。盐矿是真溶液沉积的矿产。

有的沉积岩本身就是矿产，如作水泥原料和耐火材料的黏土岩；作玻璃和陶瓷原料的石英砂岩；作水泥及冶炼辅助原料的石灰岩和白云岩等。

1.3.4　变质岩

变质岩是由原来的岩石（岩浆岩、沉积岩和变质岩）在地壳中受到高温高压以及化学成分渗入的影响，在固体状态下，发生剧烈变化后形成的新的岩石。

1.3.4.1　变质岩的性质

A　变质岩的矿物组成

组成变质岩的矿物，大致可以分为两部分：一部分是与岩浆岩和沉积岩共有的矿物，主要有石英、长石（正长石、微斜长石和斜长石）、云母、角闪石、辉石、方解石和白云石等；另一部分是变质岩所特有的矿物，主要有石榴子石、红柱石、蓝晶石、阳起石、硅灰石、透辉石、透闪石、矽线石、十字石、蛇纹石、滑石和绿泥石等。

B　变质岩的结构

变质岩几乎都具结晶结构，但由于变质作用的程度不同，又可分为变余结构、变晶结构和压碎结构。

C　变质岩的构造

变质岩的构造是识别各种变质岩的重要标志，一般有如下几类：

（1）片理构造。片理构造是由于岩石中片状、板状和柱状矿物（如云母、长石、角闪石等），在定向压力的作用下重结晶，垂直压力方向呈平行排列而形成的（图1-12），顺着平行排列的面，可以把岩石劈成一片一片的小型构造形态。根据形态的不同，片理构造又可以分为片麻状构造、眼球状构造、片状构造、千枚状构造、板状构造。

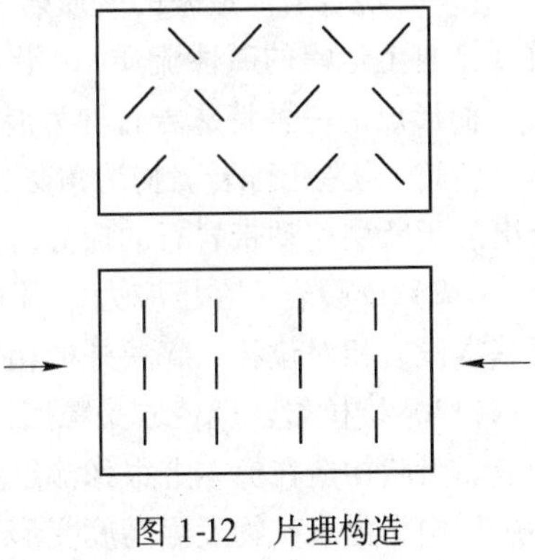

图1-12　片理构造

（2）块状构造。矿物无定向排列，其分布大致呈均一状，如石英岩、大理岩常具这种构造。

（3）条带状构造。岩石中的矿物成分分布不均匀，某些矿物有时相对集中呈宽的条带，有时呈窄的条带，这些宽窄不等的条带相间排列，便构成条带状构造。

(4) 斑点构造。当温度升高时，原岩中的某些成分（如碳质）首先集中凝结或起化学变化，形成矿物集合体斑点，其形状、大小可有不同，某些板岩具有这种构造。

1.3.4.2　变质岩的特点

根据变质岩的成因即变质作用类型，可将变质岩分为三大类：区域变质岩（板岩、千枚岩、片岩、片麻岩、大理岩、石英岩、混合岩）、接触变质岩（大理岩、石英岩、矽卡岩、角页岩）和动力变质岩（构造角砾岩、糜棱岩）。

常见变质岩的主要特征如下：

(1) 板岩。板岩是一种结构均匀，致密且具有板状劈理的岩石。它是由泥质岩类经受轻微变质而成的。

(2) 千枚岩。千枚岩岩石的变质程度比板岩深，原泥质一般不保留，新生矿物颗粒较板岩粗大，有时部分绢云母有渐变为白云母的趋势。主要矿物除绢云母外，尚有绿泥石、石英等。

(3) 片岩。片岩是以片状构造为其特征的岩石。组成这类岩石的矿物成分主要是一些片状矿物，如云母、绿泥石、滑石等，此外尚含有石榴子石、蓝晶石、十字石等变质矿物。

(4) 片麻岩。片麻岩以片麻状构造为特征。片麻岩可由各种沉积岩、岩浆岩和原已形成的变质岩经变质作用而成。这类岩石变质程度较深，矿物大都重结晶，且结晶粒度较大，肉眼可以辨识。

(5) 大理岩。较纯的石灰岩和白云岩在区域变质作用下，由于重结晶而变为大理岩，也有部分大理岩是在热力接触变质作用下产生的。这类岩石多具等粒变晶结构、块状构造。

(6) 石英岩。石英岩由较纯的石英砂岩经变质而成，变质以后石英颗粒和硅质胶结物合为一体。因此，石英岩的硬度和结晶程度均较砂岩高。主要矿物成分为石英，尚有少量长石、云母、绿泥石、角闪石等，深变质时还可出现辉石。

(7) 角岩。角岩由泥质岩石在热力接触变质作用下形成，是一种致密微晶质硅化岩石。其主要成分为石英和云母，其次为长石、角闪石，尚有少量石榴子石、红柱石、矽线石等标准变质矿物。

(8) 矽卡岩。矽卡岩是由石榴子石、透辉石以及一些其他钙铁硅酸盐矿物组成的岩石。它是在石灰岩或白云岩与酸性或中酸性岩浆岩的接触带或其附近形成的。

(9) 蛇纹岩。蛇纹岩是以蛇纹石为主要矿物成分的岩石。成分较纯者和蛇纹石相似，一般呈黄绿色，也有呈暗绿色和黑色者。

(10) 混合岩。原来的变质岩（片岩、片麻岩、石英岩等），由于许多相当于花岗岩的物质（来自上地幔的碱性流质），沿片理贯注或与原岩发生强烈的交代作用（称为混合岩化作用）而形成的一种特殊岩石称为混合岩。

(11) 构造角砾岩。构造角砾岩是高度角砾岩化的产物。碎块大小不一，形状各异，其成分决定于断层移动带岩石的成分。

(12) 碎裂岩。在压应力作用下，岩石沿扭裂面破碎，方向不一的碎裂纹切割岩石，碎块间基本没有相对位移，碎块外形相互适应，这样的岩石称为碎裂岩。

(13) 糜棱岩。糜棱岩是粒度比较小的强烈压碎岩，岩性坚硬，具明显的带状、眼球纹理构造。带状构造在标本上很像流纹，不同条带中矿物粒度、成分及颜色都有所差异，它是在压碎过程中，由于矿物发生高度变形移动或定向排列而成。

1.3.4.3 变质岩的鉴定

常见变质岩的鉴定见表1-1。

表1-1 常见变质岩的鉴定

岩石名称	构 造	矿物成分	一般特征	产状及分布
片麻岩	片麻状	长石、石英、云母、角闪石为主，含石榴子石、绿帘石、硅线石、电气石等	颜色视矿物成分而定，颗粒大小不一，肉眼能够辨认	分布广，变质较深
片 岩	片 状	云母、绿泥石、石墨、阳起石、长石、石英、滑石、角闪石等	易沿片理面劈开，表面有绢丝光泽或珍珠光泽，矿物颗粒常呈粗结晶状	大面积分布，中等变质
千枚岩	千枚状	绢云母、绿泥石、石英等，肉眼较难辨认	外表以黄、绿、灰黑、青褐、红色为多，岩性致密，具丝线光泽	浅变质
板 岩	板 状	肉眼难辨认，含变质矿物绢云母、绿泥石	外表多为深灰色到黑色，大部为隐晶质，致密结构，可分裂成薄层的石板。击之，有清脆的石板声，板石具光泽	浅变质，重结晶作用不明显，未出现新矿物
大理岩	块 状	方解石、白云石、有时含石墨、蛇纹石、橄榄石、石英、云母等	外表多为白色，因含杂质而呈各种不同的颜色和花纹，遇冷稀盐酸起泡，硬度3～3.5	由接触热液变质及区域变质而成
石英岩	块 状	石 英	纯者为白色，含杂质而呈灰、黄、红等各色，具油脂光泽，坚硬，抗风化力强	多为沉积石英砂岩，石英岩接触变质或区域变质而成
角页岩	块 状	黏土矿物	为黑色至暗灰色，根据变质程度的深浅，含有堇青石、石榴石、红柱石等变质矿物，致密	常见于泥质岩石与酸性岩浆岩的接触带
矽卡岩	块状或斑杂状	石榴子石、辉石或绿帘石、符山石等	表面常为暗绿、暗棕色，晶形完整，粗大，常疏松多孔，有时为细粒或致密状，密度较大	中酸性侵入岩与碳酸盐类岩石或中基性火山岩接触变质而成
蛇纹岩	块 状	蛇纹石为主，含磁铁矿、橄榄石、辉石、滑石等	暗灰绿色至黄绿色，质地较软，略具滑润感，常见片理及其他碎裂构造，蜡状光泽	为超基性岩浆岩，经自变质作用而生成，如橄榄岩、蛇纹石化形成
云英岩	块 状	石英、白云母为主，含黄玉、电气石、萤石、绿柱石、金红石等	外表灰黄、灰绿或粉红色，有时疏松多孔	分布在花岗岩侵入体边缘、接触带或矿脉两侧
混合岩	条带状 眼球状	变化大，成分复杂	变质程度不同，岩浆岩与变质岩相互混合，经交代重结晶而成，成为角砾状、条带状、眼球状混合岩，变质岩基体少时，称混合片麻岩	
千糜岩	千枚状	绢云母、绿泥石	重结晶显著，多组片理，矿物定向排列石英重结晶	深变质带
玻化岩	块 状	玻璃质	颜色与原岩性质有关，由剧烈错动产生高温熔融后快速冷凝而成	脉状，剧烈错动带内分布

1.3.4.4　变质岩中的矿产

变质岩中也蕴藏着许多重要的金属与非金属矿产。与接触变质岩有关的矿产有铁、铜、铅、锌、锡、钨、铝、铍、石棉等。与区域变质岩有关的矿产有铁、石墨、滑石、菱镁矿、刚玉及磷矿等。在其他变质作用下，也可形成某些重要矿产，例如超基性岩在热液作用下，可形成石棉、滑石、菱镁矿。在花岗岩经自变质而形成的云英岩中，常有钨矿、锡矿等。

1.4　地质构造

地质构造是指地质体（岩层、岩体或矿体等）存在的空间形式、状态及相互关系，是地质作用（特别是地壳运动）所造成的岩石（或矿体）变形、变位等现象。地质构造是地壳运动的结果，它们主要包括褶皱（背斜、向斜）、断裂（断层、节理、劈理）等。

1.4.1　地层与地质年代

1.4.1.1　地质年代

地壳全部历史划分成若干自然阶段或时期，称为地质年代。它能反映地质事件发生的时间和顺序，地质年代（表1-2）有相对地质年代和绝对地质年代之分。相对地质年代指各地质阶段的先后或早晚关系。绝对地质年代是指各地质阶段距今时间的远近。

表 1-2　地质年代

宙（宇）	代（界）	纪（系）	同位素年龄/Ma		生物进化阶段	
			持续时间	开始时间	植　物	动　物
显生宙（宇）	新生代（界）（Kz）	第四纪（系）（Q）	2	2		人类出现
		新近纪（系）（N）	2.5	3.3		哺乳动物
		古近纪（系）（E）	65	67		
	中生代（界）（Mz）	白垩纪（系）（K）	70	137	被子植物	
		侏罗纪（系）（J）	58	195		鸟　类
		三迭纪（系）（T）	35	230	裸子植物	爬行动物
	古生代（界）（Pz）	二迭纪（系）（P）	55	285		
		石炭纪（系）（C）	65	350	蕨类植物	两栖动物
		泥盆纪（系）（D）	55	405	裸蕨植物	
		志留纪（系）（S）	35	440		鱼　类
		奥陶纪（系）（O）	60	500		无颚类
		寒武纪（系）（∈）	70	570		
隐生宙（宇）	元古代（界）（Pt）	震旦纪（系）（Z）	1930	1000		
				1700		
				2500		无脊椎动物
	太古代（界）（Ar）		2100	4600	菌藻类	

1.4.1.2　地层

地壳是不断运动着的，在某一地质年代中，有的地区因上升而遭受风化、剥蚀；有的地区则不断下降，接受沉积，形成沉积岩层。在地质学上，把某一地质时代形成的一套岩层（不论是沉积岩、火山碎屑岩还是变质岩）称为那个时代的地层。地层指地壳表层成带状展布的层状岩石，地层是指在某一地质年代因岩浆活动形成的岩体及沉积作用形成的岩层的总称。

地层研究的主要范围是地层层序的建立及其相互间时间关系的确定、地层的层序关系、接触关系和空间变化的关系。

1.4.1.3 地层相对年代的确定方法

地层的相对年代主要是根据地层的上下层序、地层中的化石、岩性变化和地层之间的接触关系等来确定的，主要方法有地层层序法、古生物比较法、标准地层对比法、地层接触关系法。

1.4.2 岩层

1.4.2.1 岩层概述

沉积物在大区域内沉积时都是近于水平的层状分布。沉积物固结成为岩石之后，在没有遭受强烈的水平运动，而只受地壳的升降运动的情况下，它仍然保持其水平状态，这种岩层称水平岩层。但是由于地质作用，绝对水平的岩层几乎是不存在的。

1.4.2.2 岩层的产状

岩层的产状是岩层在空间产出的状态和方位的总称。除水平岩层成水平状态产出外，一切倾斜岩层的产状均用岩层三要素（走向、倾向、倾角）表示（图 1-13、图 1-14）。

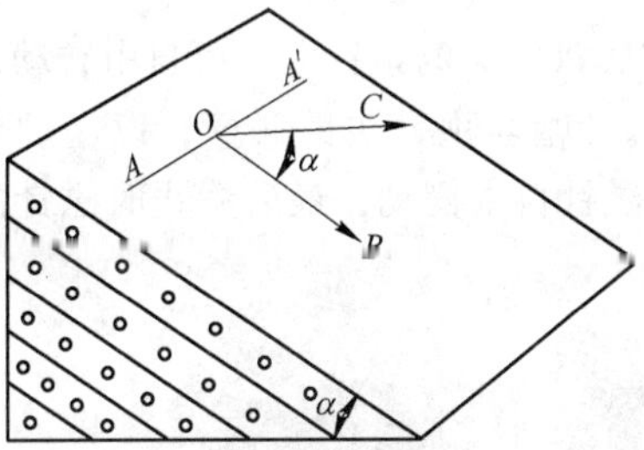

图 1-13 岩层三要素示意图

AOA'—走向；*OB*—倾斜线；

OC—倾向线；α—倾角

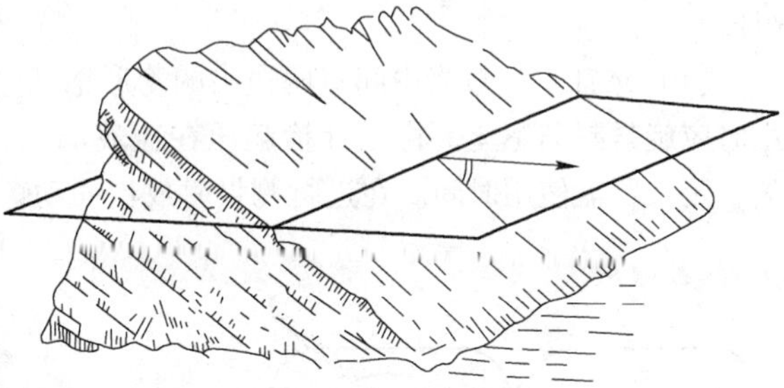

图 1-14 岩层三要素

当 $\alpha=0°$ 时，为水平岩层；当 $\alpha=90°$ 时，为直立岩层；当 $0°<\alpha<90°$ 时，为倾斜岩层。

从图 1-15 中看出真倾角与视倾角的关系。图 1-15 中 $\triangle ABO$ 是垂直岩层走向的剖面，$\angle\alpha$ 表示岩层的真倾角；$\triangle ACO$ 是斜交岩层走向的剖面，$\angle\beta$ 代表视倾角。$\angle\omega$ 代表真倾向和视倾向之间的夹角。γ 代表岩层走向与剖面方向之间的夹角（简称剖面夹角，$\gamma=90°-\omega$）。其三角关系式为

$$\tan\beta = \tan\alpha\sin\gamma$$

当岩层水平时，岩层顶面和底面之间的垂直距离称为真厚度。当岩层倾斜时反映在水平面上的厚度称为视厚度（水平厚度）。岩层顶面和底面之间的垂直距离称为垂直厚度（图 1-16）。

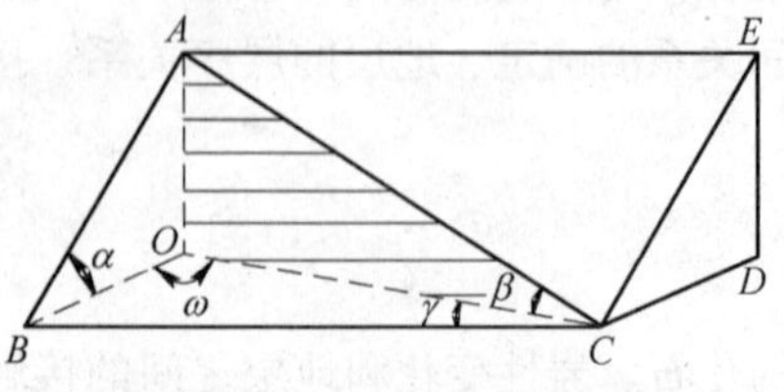

图 1-15　真倾角与视倾角

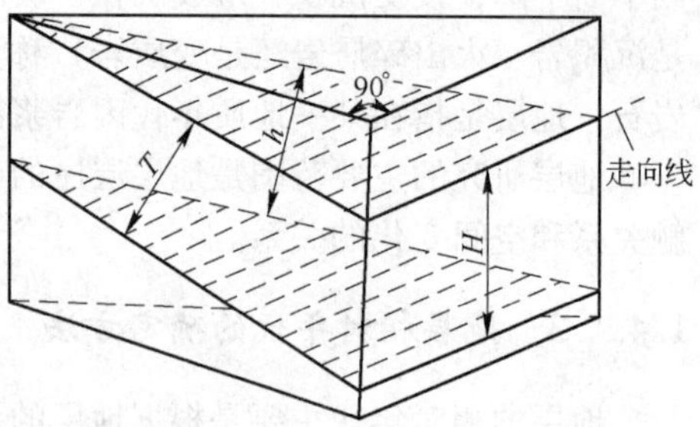

图 1-16　矿体厚度

T—真厚度；*h*—视厚度；*H*—垂直厚度

真厚度和垂直厚度换算关系式为

$$T = H\cos\alpha$$

1.4.2.3　岩层产状的测量

测定岩层产状仍然用地质罗盘。地质罗盘是进行野外地质工作使用的一种工具。借助它可以定出方向，观察点的所在位置，测出任何一个观察面的空间位置（如岩层层面、褶皱轴面、断层面、节理面等构造面的空间位置），以及测定火成岩的各种构造要素，矿体的产状等。

A　地质罗盘的结构

地质罗盘式样很多，但结构基本是一致的（图 1-17、图 1-18），我们常用的是圆盆式地质罗盘仪，由磁针、刻度盘、测斜仪、瞄准觇板、水准器等几部分安装在铜、铝或木制的圆盆内组成。

（1）磁针。一般为中间宽两边尖的菱形钢针，安装在底盘中央的顶针上，可自由转动，不用时应旋紧制动螺丝，将磁针抬起压在盖玻璃上，避免磁针帽与顶针尖的碰撞，以保护顶针尖，延长罗盘使用时间。在进行测量时放松固动螺丝，使磁针自由摆动，最后静止时磁针的指

图 1-17　罗盘仪结构图

1—反光镜；2—瞄准觇板；3—磁针；4—水平刻度盘；
5—垂直刻度盘；6—垂直刻度指示器；7—垂直水准器；
8—底盘水准器；9—磁针固定螺旋；10—顶针；
11—杠杆；12—玻璃盖；13—罗盘仪圆盘

图 1-18　罗盘仪实物

向就是磁针子午线方向。由于我国位于北半球磁针两端所受磁力不等，使磁针失去平衡。为了使磁针保持平衡常在磁针南端绕上几圈铜丝，用此也便于区分磁针的南北两端。

（2）水平刻度盘。水平刻度盘的刻度是采用这样的标示方式：从0°开始按逆时针方向每10°一记，连续刻至360°，0°和180°分别为N和S，90°和270°分别为E和W，利用它可以直接测得地面两点间直线的磁方位角。

（3）竖直刻度盘。竖直刻度盘专用来读倾角和坡角读数，以E或W位置为0°，以S或N为90°，每隔10°标记相应数字。

（4）悬锥。悬锥是测斜器的重要组成部分，悬挂在磁针的轴下方，通过底盘处的觇扳手可使悬锥转动，悬锥中央的尖端所指刻度为倾角或坡角的度数。

（5）水准器。水准器通常有两个，分别装在圆形玻璃管中，圆形水准器固定在底盘上，长形水准器固定在测斜仪上。

（6）瞄准器。瞄准器包括接物和接目觇板，反光镜中间有细线，下部有透明小孔，使眼睛、细线、目的物三者成一线，作瞄准之用。

B 地质罗盘使用的准备

在使用前必须进行磁偏角的校正。因为地磁的南、北两极与地理上的南北两极位置不完全相符，即磁子午线与地理子午线不相重合，地球上任一点的磁北方向与该点的正北方向不一致，这两方向间的夹角称为磁偏角。

地球上某点磁针北端偏于正北方向的东边称为东偏，偏于西边称为西偏。东偏为正，西偏为负。

地球上各地的磁偏角都按期计算，公布以备查用。若某点的磁偏角已知，则一测线的磁方位角A磁和正北方位角A的关系为A等于A磁加减磁偏角。应用这一原理可进行磁偏角的校正，校正时可旋动罗盘的刻度螺旋，使水平刻度盘向左或向右转动（磁偏角东偏则向右，西偏则向左），使罗盘底盘南北刻度线与水平刻度盘0°~180°连线间夹角等于磁偏角。经校正后测量时的读数就为真方位角。

C 目的物方位的测量

目的物方位的测量是测定目的物与测者间的相对位置关系，也就是测定目的物的方位角（方位角是指从子午线顺时针方向到该测线的夹角）。

测量时放松制动螺丝，使对物觇板指向测物，即使罗盘北端对着目的物，南端靠着自己，进行瞄准，使目的物、对物觇板小孔、盖玻璃上的细丝、对目觇板小孔等连在一条直线上，同时使底盘水准器水泡居中，待磁针静止时指北针所指度数即为所测目的物之方位角。若指针一时静止不了，可读磁针摆动时最小度数的二分之一处，测量其他要素读数时亦同样。

若用测量的对物觇板对着测者（此时罗盘南端对着目的物）进行瞄准时，指北针读数表示测者位于测物的什么方向，此时指南针所示读数才是目的物位于测者什么方向。与前者比较这是因为两次用罗盘瞄准测物时罗盘之南、北两端正好颠倒，故影响测物与测者的相对位置。为了避免时而读指北针，时而读指南针，产生混淆，故应以对物觇板指着所求方向恒读指北针，此时所得读数即所求测物之方位角。

D 岩层产状要素的测量

岩层的空间位置决定于其产状要素，即岩层的走向、倾向和倾角。测量岩层产状（图1-19）是野外地质工作的最基本的工作方法之一，必须熟练掌握。

a 岩层走向的测定

岩层走向是岩层层面与水平面交线的方向也就是岩层任一高度上水平线的延伸方向。

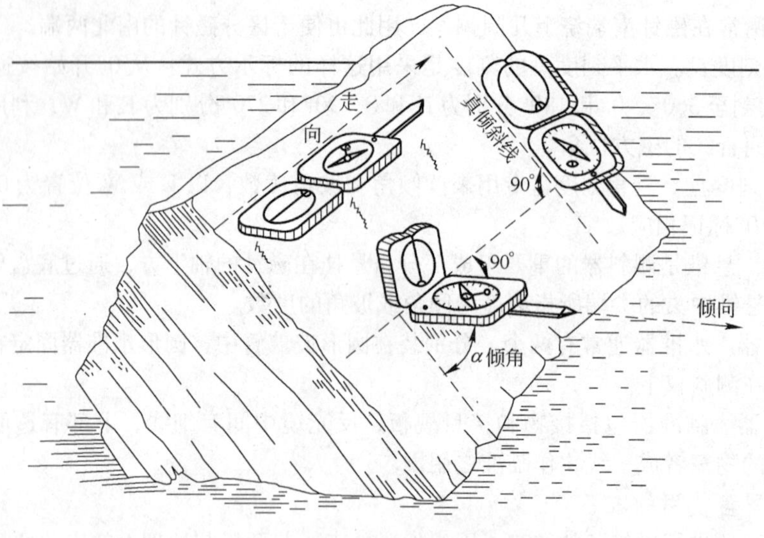

图 1-19　罗盘仪的使用

测量时将罗盘长边与层面紧贴，然后转动罗盘，使底盘水准器的水泡居中，读出指针所指刻度即为岩层之走向。

因为走向是代表一条直线的方向，它可以两边延伸，指南针或指北针所读数正是该直线之两端延伸方向，如 NE30°与 SW210°均可代表该岩层之走向。

b　岩层倾向的测定

岩层倾向是指岩层向下最大倾斜方向线在水平面上的投影，恒与岩层走向垂直。

测量时，将罗盘北端或接物觇板指向倾斜方向，罗盘南端紧靠着层面并转动罗盘，使底盘水准器水泡居中，读指北针所指刻度即为岩层的倾向。

假若在岩层顶面上进行测量有困难，也可以在岩层底面上测量仍用对物觇板指向岩层倾斜方向，罗盘北端紧靠底面，读指北针即可，假若测量底面时读指北针受障碍时，则用罗盘南端紧靠岩层底面，读指南针亦可。

c　岩层倾角的测定

岩层倾角是岩层层面与假想水平面间的最大夹角，即真倾角，它是沿着岩层的真倾斜方向测量得到的，沿其他方向所测得的倾角是视倾角。视倾角恒小于真倾角，也就是说岩层层面上的真倾斜线与水平面的夹角为真倾角，层面上视倾斜线与水平面的夹角为视倾角。野外分辨层面的真倾斜方向甚为重要，它恒与走向垂直。此外还可用小石子在层面上滚动或滴水使其在层面上流动，此滚动或流动的方向即为层面的真倾斜方向。

测量时将罗盘直立，并以长边靠着岩层的真倾斜线，沿着层面左右移动罗盘，并用中指搬动罗盘底部的活动扳手，使测斜水准器水泡居中，读出悬锥中尖所指最大读数，即为岩层的真倾角。

岩层产状的记录方式通常采用方式有方位角记录方式、象限角记录方式。

如果测量出某一岩层走向为 310°，倾向为 220°，倾角 35°，则记录为 220° ∠35° 或 N310°W · SW · ∠35°。

野外测量岩层产状时需要在岩层露头测量，不能在滚石（转石）上测量，因此要区分露头和滚石。区别露头和滚石，主要是多观察和追索并要善于判断。

测量岩层面的产状时，如果岩层凹凸不平，可把记录本平放在岩层上当作层面以便进行测量。

1.4.3 褶皱构造

1.4.3.1 褶皱现象

层状的岩石经过变形后，形成弯弯曲曲的形态，但是岩石的连续完整性基本没有受到破坏，这种构造称为褶皱构造。

褶曲是褶皱中的一个弯曲，即褶皱的基本单位，由一系列的褶曲组成褶皱。褶曲有两种基本形态：背形和向形。背形是两翼岩层相背倾斜，形态上是岩层向上弯曲的褶曲；向形是两翼岩层相向倾斜，形态上是岩层向下弯曲的褶曲。

背斜和向斜，最初是由两翼岩层的倾向相背和相向而得名。后来发现也有相反的情况。例如，两翼形态为扇形的褶曲，其两翼岩层产状，上中下各不相同，有的部分相背，有的部分相向。因此，区别背斜和向斜的主要依据是以核部与两翼岩层的相对新老关系进行判断。背斜核部为相对较老的岩层，而两翼则为相对较新的岩层；向斜核部为相对较新的岩层，两翼则为相对较老的岩层。

1.4.3.2 褶曲的要素

为了表示和描述褶曲的空间形态，习惯上把褶曲的各个组成部分称为褶曲要素。

（1）核部。核部是褶曲的中心部分有时也称轴部。背斜的核部是较老的岩层，向斜的核部是较新的岩层。

（2）翼部。翼部是核部两侧的岩层，即一个褶曲两边的岩层。翼部的形态可以是多种多样的，有开张的（图1-20）、平行的（图1-21）、扇形的（图1-22）、箱形的（图1-23）。

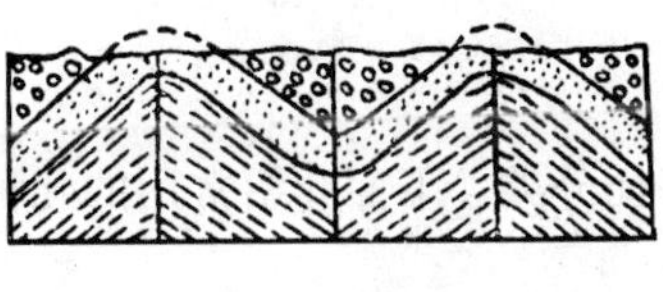

图 1-20 两翼开张的褶曲

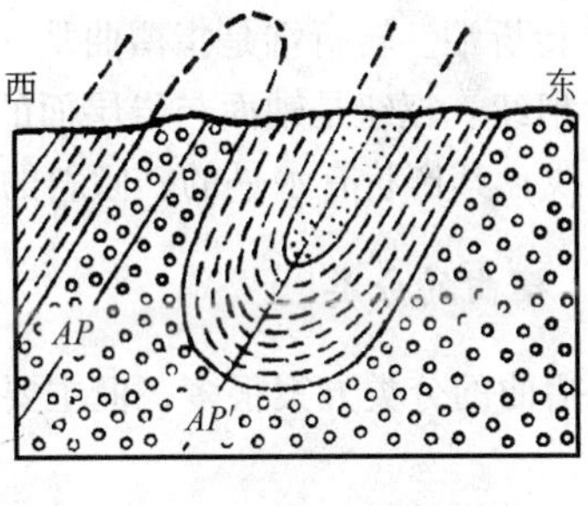

图 1-21 两翼平行的褶曲

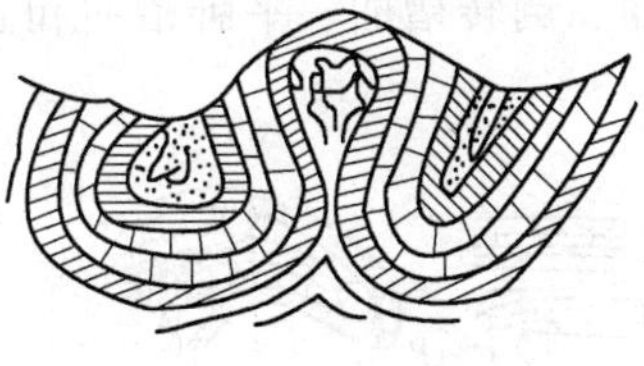

图 1-22 两翼成扇形的褶曲

图 1-23 两翼成箱形的褶曲

（3）轴面。平分褶曲为两部分的一个假想曲面称轴面（图1-24中*ABCD*）。其形态是多种多样的，可以是一个简单的平面，也可以是一个复杂的曲面。轴面的产状可以是直立的

（图 1-25），也可以是倾斜的（图 1-26）或水平的（图 1-27）。

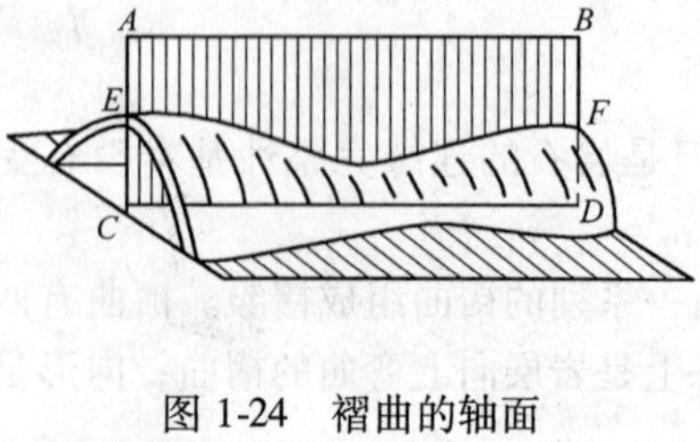

图 1-24　褶曲的轴面

（轴面 *ABCD*、轴 *CD*、枢纽 *EF*）

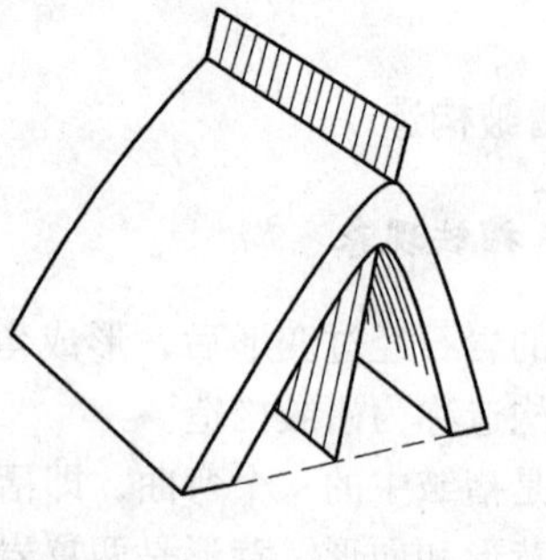

图 1-25　轴面直立的褶曲

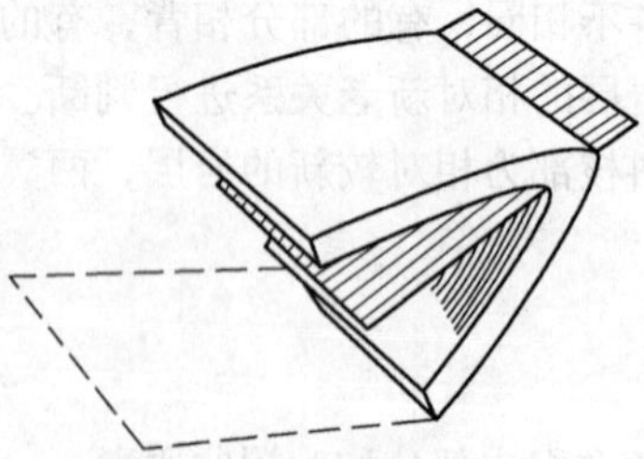

图 1-26　轴面倾斜的褶曲

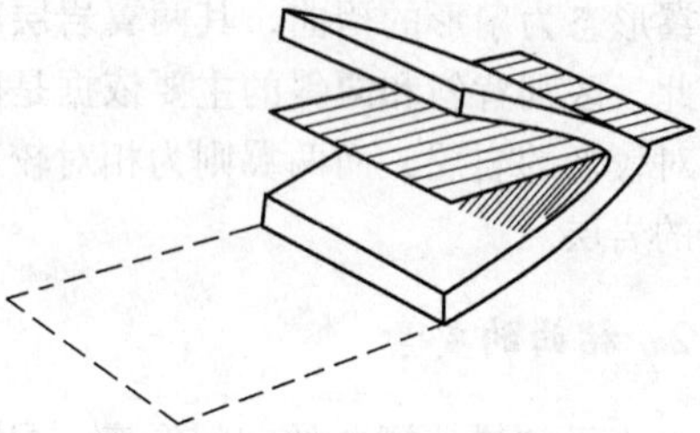

图 1-27　轴面水平的褶曲

（4）轴。轴面与水平面的交线称轴（图 1-24 中 *CD*）。因此，轴总是一条水平线，它表示褶曲在水平面上的延伸方向。当轴面是平面时，轴为水平直线；轴面为曲面时，轴为一水平的曲线。

（5）转折端。转折端是指褶曲从一翼向另一翼过渡的弯曲部分。

（6）枢纽。枢纽是轴面与岩层面的交线（图 1-24 中 *EF*）。枢纽可以是一条直线，也可以是一条曲线；其产状有水平的、倾斜的、直立的及波状起伏的。

1.4.3.3　褶曲的分类

当前褶曲的分类方案很多，但主要是以褶皱的几何特征分类。下面介绍常用的几种分类方案。

A　按轴面和两翼产状的分类

按褶曲的轴面和两翼产状可分为直立褶曲、斜歪褶曲、倒转褶曲、平卧褶曲和翻卷褶曲（图 1-28）。

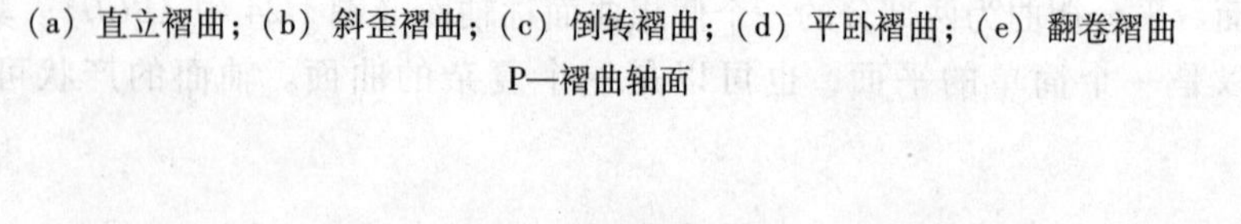

图 1-28　褶曲的分类

（a）直立褶曲；（b）斜歪褶曲；（c）倒转褶曲；（d）平卧褶曲；（e）翻卷褶曲

P—褶曲轴面

B 按枢纽产状的分类

按枢纽产状，褶曲可分为水平褶曲、倾伏褶曲和倾竖褶曲。水平褶曲的枢纽水平，两翼岩层的走向大致平行。在水平面上，褶曲核部出露的宽度大致相同（图1-29）。倾伏褶曲的枢纽倾斜，两翼岩层走向斜交。在水平面上两翼岩层逐渐接近，并汇合起来（图1-30）。按两翼岩层的相对新老关系分为倾伏背斜和倾伏向斜。倾竖褶曲的枢纽是直立的。

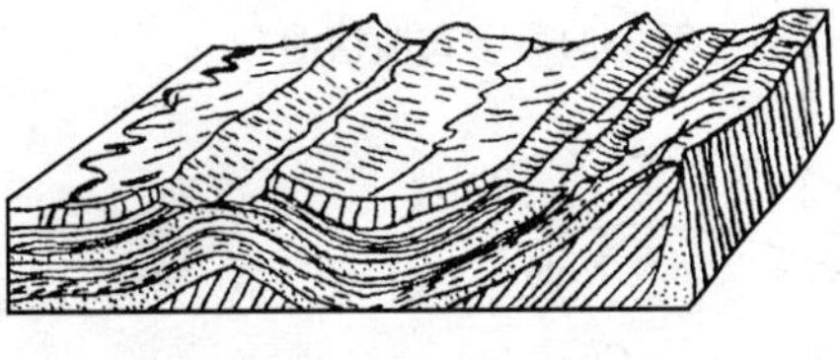

图1-29 水平褶曲

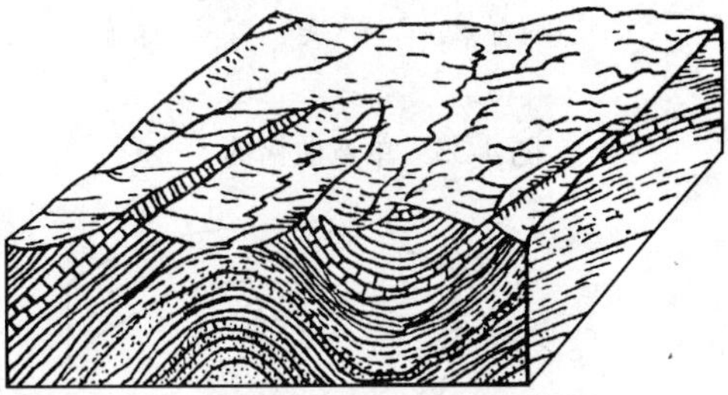

图1-30 倾伏褶曲

C 按褶曲的平面形态的分类

按褶曲核部岩层在平面上出露的长宽比可分为线状褶曲（长短轴比大于10：1，图1-31）、短轴褶曲（长短轴比在3：1 ~ 10：1，图1-32）及穹隆或构造盆地（长短轴比小于3：1，图1-32）。穹隆为浑圆形的背斜构造，构造盆地为浑圆形的向斜构造。

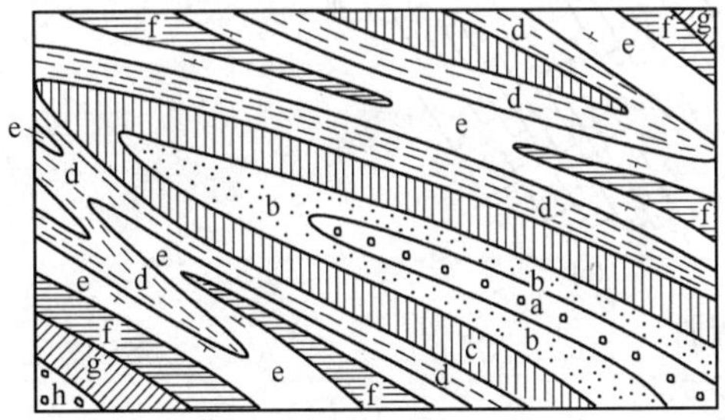

图1-31 线状褶曲
（a ~ h 地层层序）

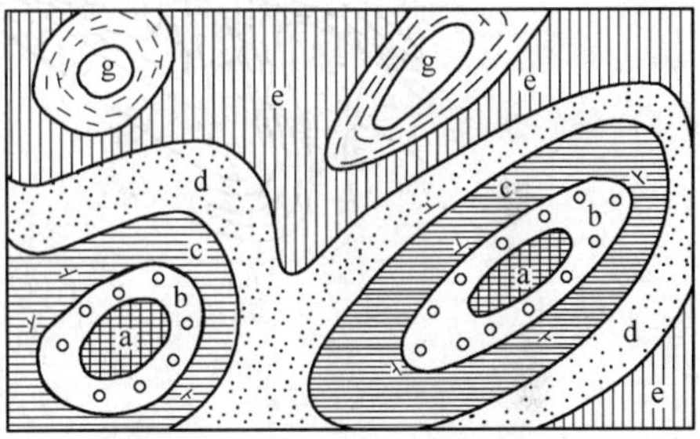

图1-32 短轴褶曲及穹隆或构造盆地
（a ~ g 地层层序）

1.4.3.4 常见褶曲

褶曲按其形成力学方式的不同，可以分为弯曲褶曲、隆曲褶曲、剪褶曲和流状褶曲。

A 弯曲褶曲

弯曲褶曲是地壳中分布最广泛的一种褶曲构造。它们是岩层在长期缓慢的水平侧压力作用下，发生永久性的弯曲变形所造成的。由于受到的地质作用力不同有单弯曲褶曲（图1-33）和多弯曲褶曲（图1-34）。

B 隆曲褶曲

岩层受到垂直于层理方向上的作用力形成的褶曲。由于作用力不同有背斜构造（图1-35a）、正断层和地堑（图1-35b）。

C 剪褶曲

岩层顺着一组大致平行的密集剪切面发生差异滑动所形成的褶曲，也称滑褶曲(图1-36)。

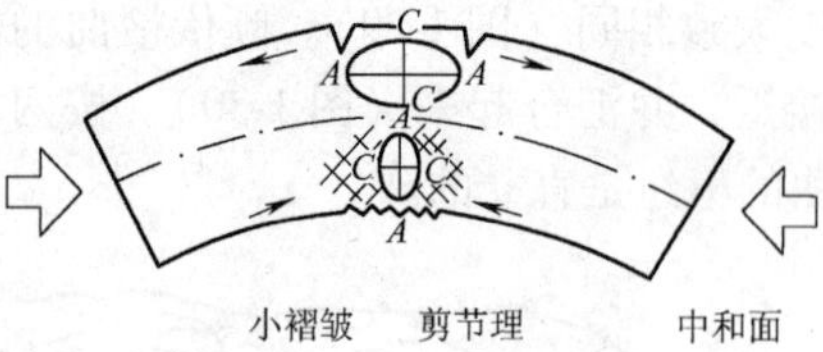

图 1-33　单弯曲褶曲

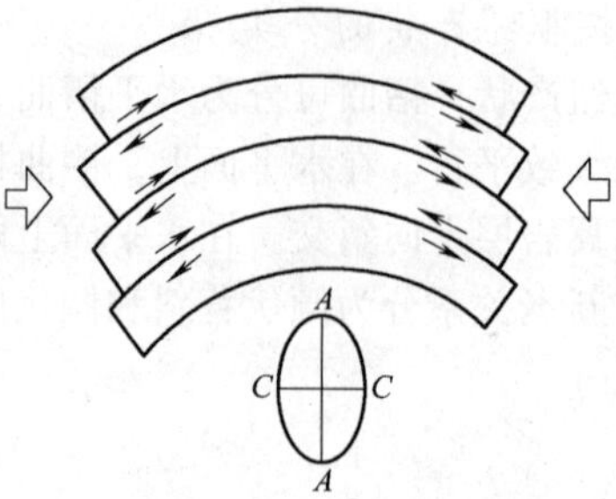

图 1-34　多弯曲褶曲

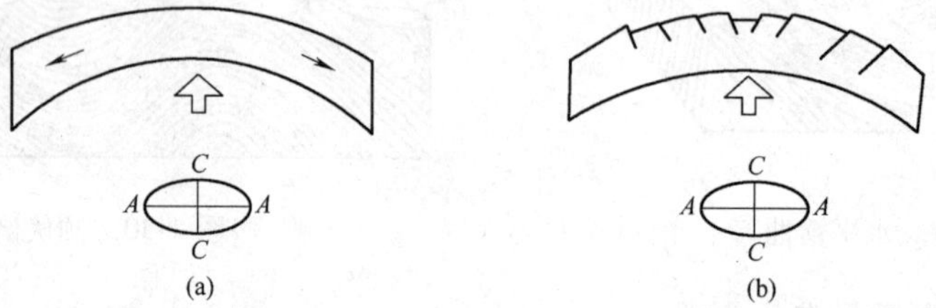

图 1-35　隆曲褶曲

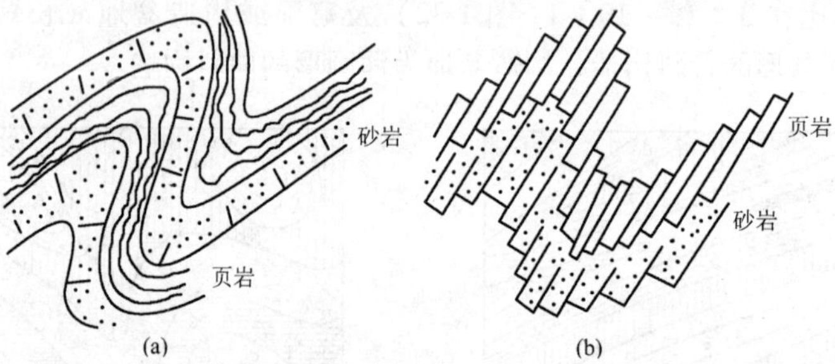

图 1-36　剪褶曲

（a）雏形；（b）完成形

D　流状褶曲

塑性很高的岩层受力作用后，不能将力传递很远，往往形成幅度很小、形态复杂的小褶曲。一般认为是岩层在高温、高压下物质发生类似液体的松滞性流动形成的，这时的原岩层面已全遭破坏。在深度变质的岩石中常见的肠状褶曲即是一种常见的流状褶曲（图 1-37）。

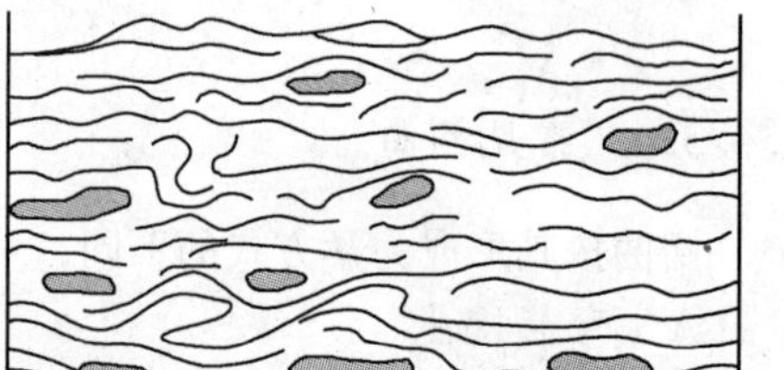

图 1-37　流状褶曲

在自然界中，褶曲的成因是十分复杂的。褶曲可以是几种力学方式联合作用的结果，也可以是不同力学方式先后作用的结果。同一种形态的褶曲，也可以由不同的方式形成。因此，对每一个褶曲进行力学分析时，要作具体分析。

1.4.4　断裂构造

1.4.4.1　断裂现象

岩石受力后发生形变并达到一定程度，使岩石的连续完整性受到破坏，产生各种大小不一的断裂面。岩石在破裂变形阶段产生的构造统称为断裂构造。断裂规模大者沿走向可达几千公里，如岩石圈板块的边界构造；最小的尺度要借助显微镜才能观察到。岩石发生断裂时，沿断裂面两侧的岩块没有显著位移的断裂构造称为节理；两侧岩块有明显位移的断裂构造称为断层。断层、节理等是地壳上常见的地质构造。

1.4.4.2 节理

节理是沿断裂面两侧的岩块没有显著位移的断裂构造，有时也称裂隙。此破裂面为节理面，它和岩层面一样具有不同的产状。

根据节理的成因，节理可分为原生节理、风化节理、构造节理三类。

1.4.4.3 断层

断层是一种有明显相对位移的断裂构造。断层在地壳中分布很广泛，种类很多，规模大小不一。小的断层延长只有几米，相对位移只有几厘米，大的断层可延长几百公里至上千公里，相对位移可达几十公里。因此，断层是地壳中最重要的一种地质构造。

A 断层要素

习惯上把断层的各个组成部分称为断层要素，它包括断层面、断层线、断盘、位移。

B 断层类型

断层分类方案很多，常用的有以下三种：

(1) 按两盘岩块相对位移的方向可分为正断层（图 1-38a）、逆断层（图 1-38b）、平移断层（图 1-38c）和旋转断层（图 1-39）。

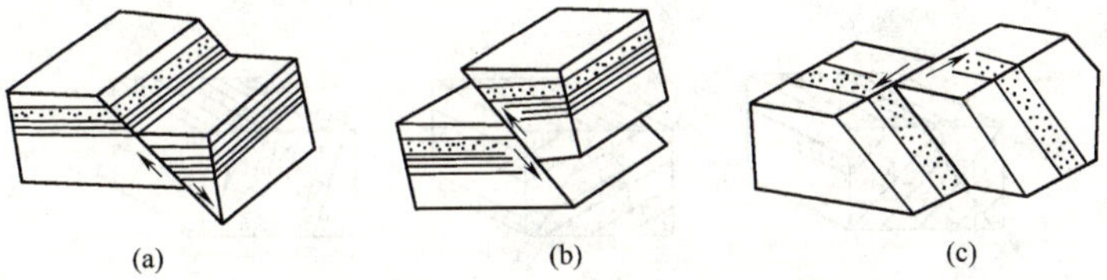

图 1-38 断层类型

（a）正断层；（b）逆断层；（c）平移断层

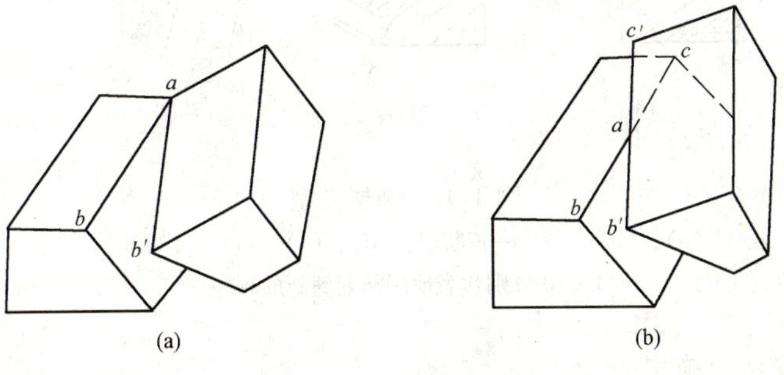

图 1-39 旋转断层

(2) 按断层走向和岩层产状的关系分为走向断层、倾向断层、斜向断层。

(3) 按断层走向和褶皱轴向或区域构造线方向的关系分为纵断层、横断层、斜断层。

自然界的断层往往不是单个出现，有一定的组合规律。其组合形态类型有地垒、地堑、阶梯状构造和叠瓦式构造等（图 1-40）。

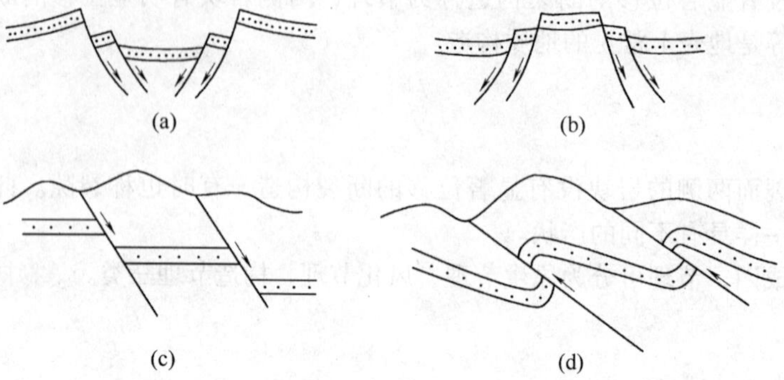

图 1-40　断层组合

（a）地堑；（b）地垒；（c）阶梯状构造；（d）叠瓦状构造

1.4.4.4　断层的鉴定

A　断层的识别

在现场如果能直接见到断层面，就可以肯定有断层。但是断层面往往不易直接观察到，需寻找一些其他的标志来证实断层是否存在。这些标志有地质体的不连续、地层的重复和缺失（图 1-41）、地貌上的标志、水文上的标志、断层泥和断层角砾、断层擦痕和断层擦光面、拨引现象、硅化和矿化现象、顶板压力增大等。

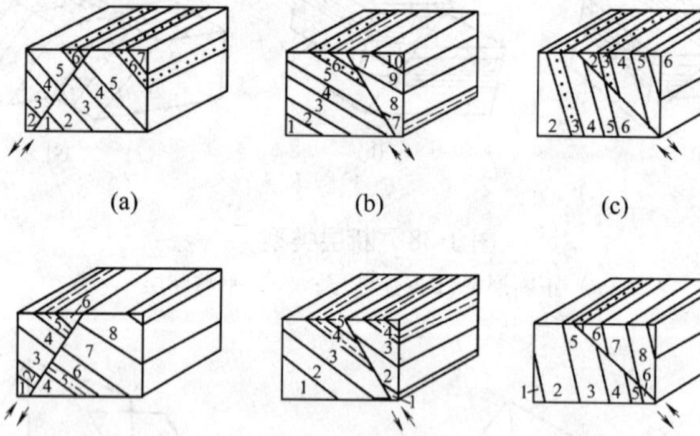

图 1-41　断层类型

（a），（b），（c）—正断层；（d），（e），（f）—逆断层

1～10 分别代表地层从老到新的顺序

B　断层位移方向的确定

在矿山常见到成矿后断层将矿层或矿脉错开。为了找到被错失的那部分矿体，就必须要确定断层两盘相对位移的方向，一般是根据断层擦痕的方向（图 1-42）、断层角砾分布情况（图 1-43）、拨引的方向（图 1-44）、岩层层序的对比（图 1-45）等地质现象来确定。

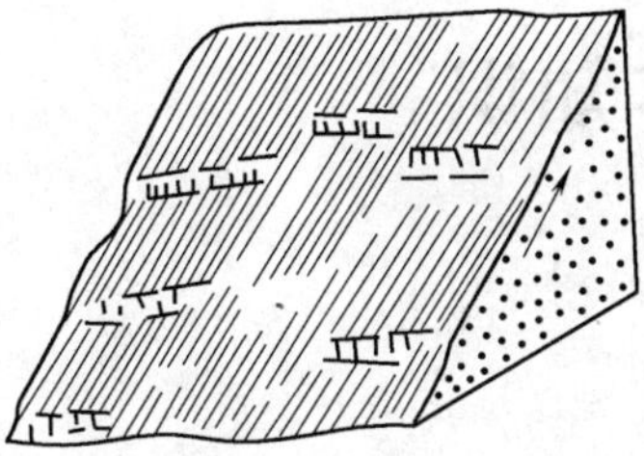

图 1-42 根据断层擦痕判断两盘位移方向

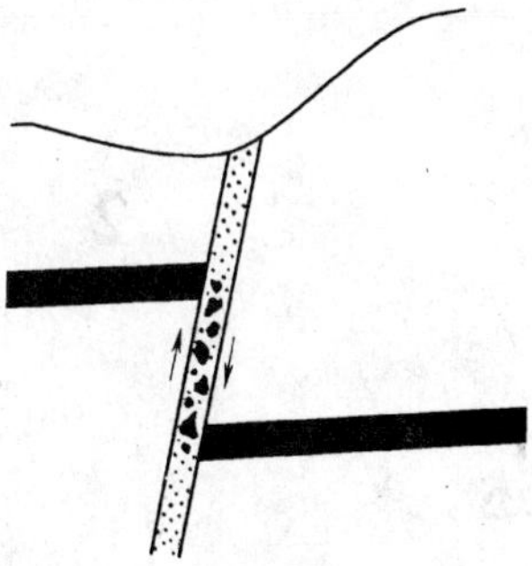

图 1-43 根据断层角砾判断两盘位移方向

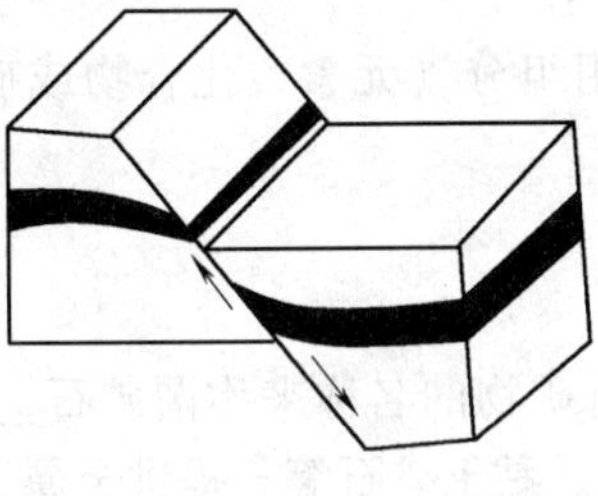

图 1-44 根据断层挨引现象判断两盘位移方向

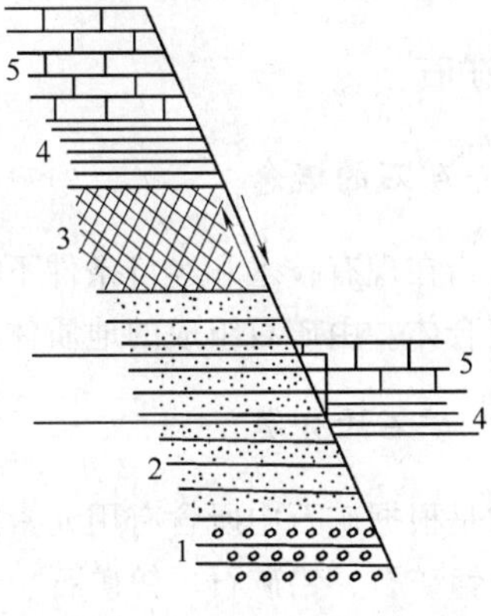

图 1-45 根据岩层层序对比判断两盘位移方向

复习思考题

1-1 简述地球的基本特征及其组成。
1-2 简述地磁的概念，地磁的三要素，地磁的用途。
1-3 简述地球内力作用的种类。
1-4 简述地球外力作用的种类。
1-5 简述矿物的物理性质和化学性质。
1-6 简述岩浆岩的形成及主要性质。
1-7 简述沉积岩的形成及主要性质。
1-8 简述变质岩的形成及主要性质。
1-9 如何测定岩层的产状？
1-10 简述罗盘的结构与使用方法。
1-11 简述地质构造的概念，常见地质构造有哪些？

2 矿床学基本知识

2.1 概述

矿床是地壳中的地质作用形成的，所含有用矿物资源的质量在一定的经济技术条件下能被开采利用的地质体。因此，矿床概念包含地质的和经济技术的双重意义。

2.1.1 矿石

2.1.1.1 *矿石的概念*

矿石指在现有技术和经济条件下，能够从中提取有用组分（元素、化合物或矿物）的天然矿物集合体。由矿石组成的地质体即矿体。

2.1.1.2 *矿石的分类*

通常是根据矿石中所含有用元素或直接被利用的矿石矿物的名称来称谓矿石，如铜矿石、铁矿石、锰矿石、铅矿石、锌矿石、云母矿石、石棉矿石、黏土矿石等。提供金属元素的称为金属矿石；提供非金属元素或有用矿物的称为非金属矿石。

2.1.1.3 *矿石的品位*

矿石的品位是指矿石中有用元素、组分或矿物的含量。金属矿石品位是指其中的金属元素或其氧化物的含量；非金属矿石品位是指其中非金属元素或可利用矿物的含量。

2.1.1.4 *矿石的结构和构造*

矿石的结构和构造，在含义上和岩石的相同。矿石的多数结构需在显微镜下鉴定，也可以用肉眼观察，主要的有块状构造、浸染状构造、对称条带状构造和栉状（或梳状）构造、条带状构造、晶簇状构造、角砾状构造、鲕状、豆状和肾状构造。

2.1.2 矿体

矿体的形状和产状是由多种因素决定的，其中最主要的是矿床的成因，其次则是构造条件及围岩性质等。矿床的成因不同，其矿体形状也往往不同。如沉积矿床的矿体形状多为层状，而热液矿床的矿体则多呈脉状；层状和脉状矿体又各有不同的产状。

2.1.2.1 *矿体的形状*

每一个矿体都有三个可以量取的方向，根据这三个方向的发育情况，矿体的形状大致可分成等轴状矿体、板状矿体、柱状矿体三种。

（1）等轴状矿体一般又称为矿瘤、矿囊、矿巢等。

（2）板状矿体一般有层状矿脉（图 2-1）、切割状矿脉（图 2-2）、鞍状矿脉（图 2-3）。

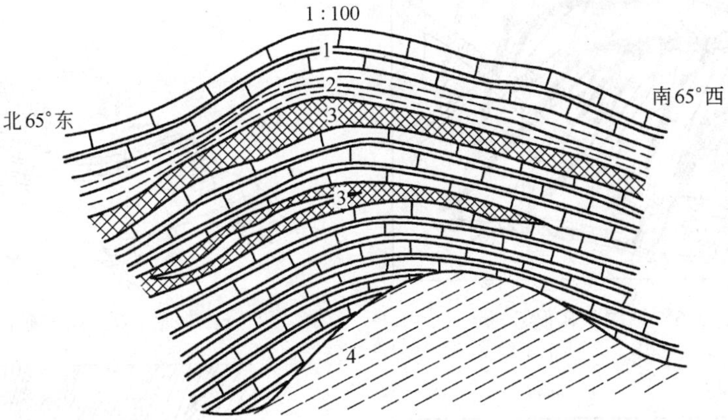

图 2-1　层状矿脉

1—硅质灰岩；2—页岩；3—辉钼矿-黄铜矿-石英脉；4—花岗片麻岩

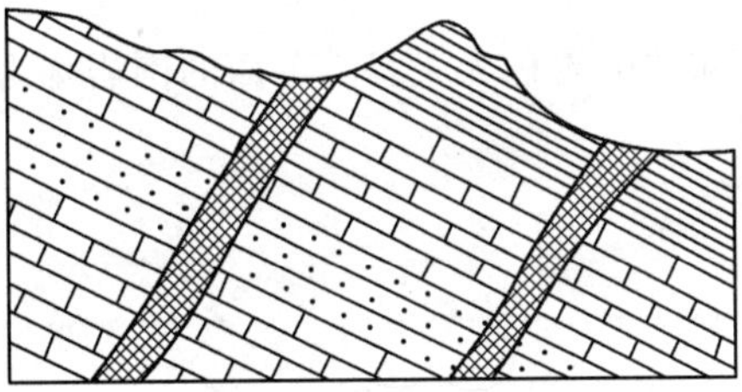

图 2-2　切割状矿脉

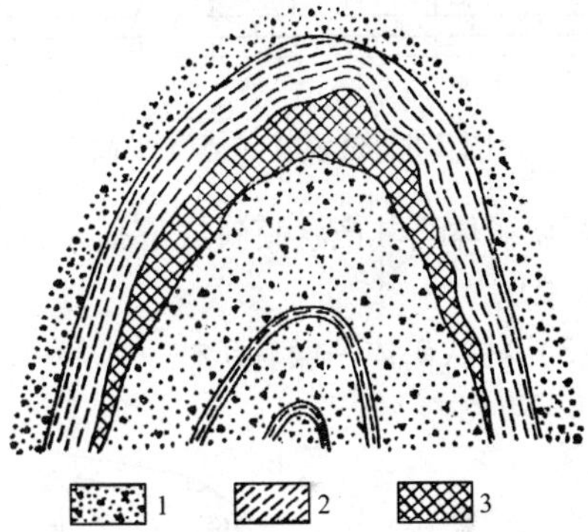

图 2-3　鞍状矿脉

1—砂岩；2—页岩；3—金矿脉

矿脉常规律地成群出现，并可具有各种不同组合形式，构成各种类型的联合矿脉，如平行矿脉（图 2-4）、雁行矿脉（图 2-5）、马尾状矿脉（图 2-6）等。

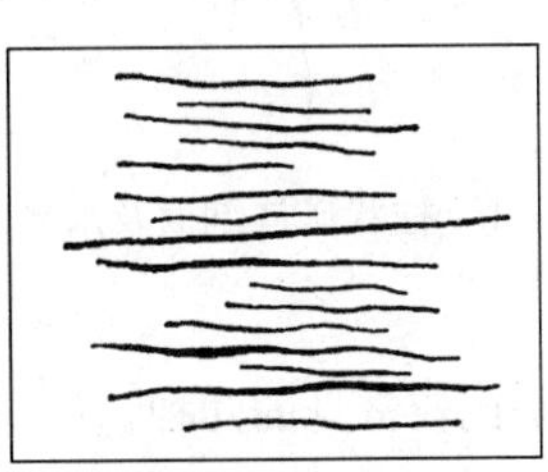

图 2-4　平行矿脉

图 2-5　雁行矿脉

矿层是与层状围岩产状相一致的沉积成因或沉积变质成因的板状矿体，也常称作层状矿体。矿层通常厚度较稳定，在走向和倾向方向都延伸较远（图 2-7）。

另外常见的还有扁豆状或透镜状矿体（图 2-8、图 2-9）、似层状矿体。

图 2-6　马尾状矿脉

图 2-7　层状矿体

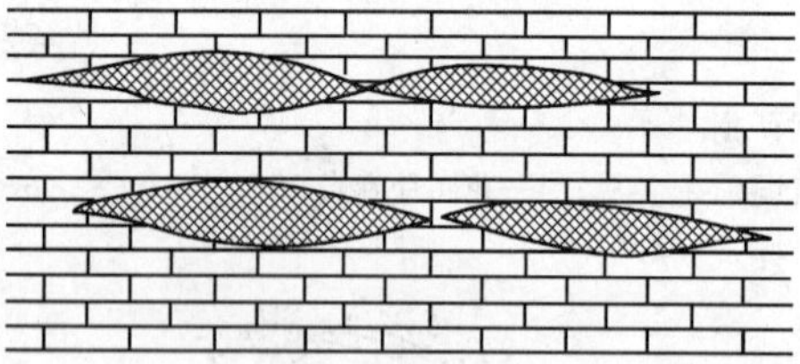

图 2-8　透镜状矿体（平面）

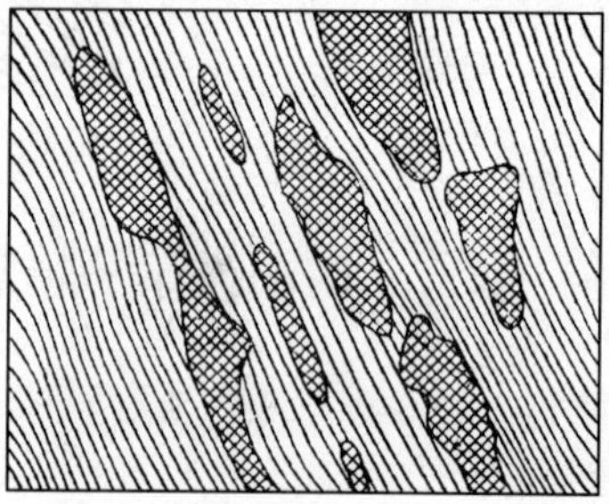

图 2-9　透镜状矿体（剖面）

板状矿体当其产状倾斜或近似水平时，矿体上面的围岩称为上盘，下面的围岩称为下盘（图 2-10）。

（3）柱状矿体一般有矿柱、矿筒（图 2-11）等。

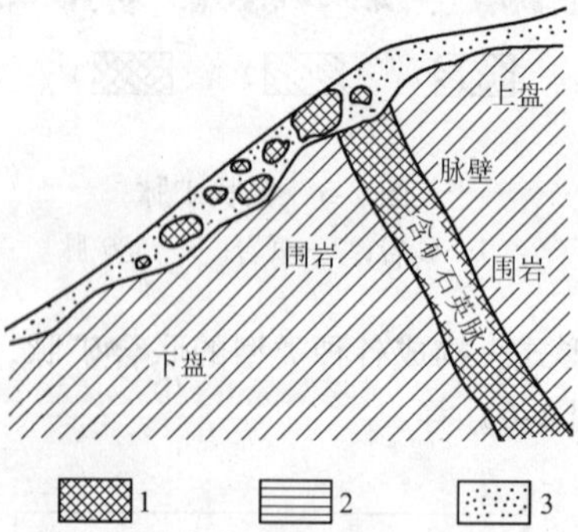

图 2-10　板状矿体上下盘剖面示意图
1—金矿脉；2—页岩；3—浮土

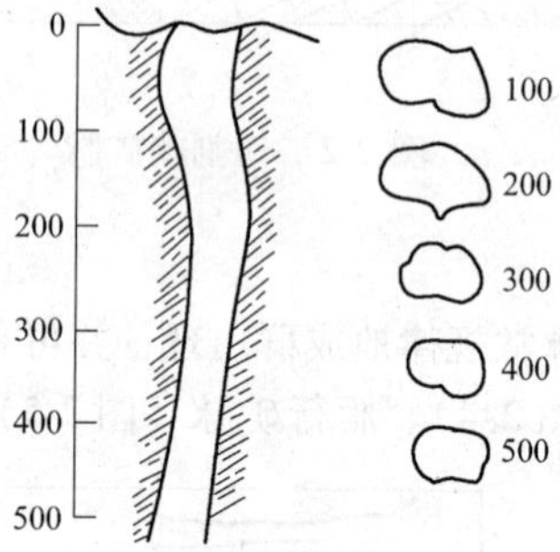

图 2-11　柱状矿体剖面及水平断面图

总之，自然界矿体的形状是多种多样的，以上所述只是比较常见的几种。如矿体受到成矿后的构造变动，从而发生断裂和褶皱，在形状上就更为复杂了。

2.1.2.2　矿体的产状

矿体的产状包括矿体的产状要素、矿体与围岩的关系、矿体与侵入岩体的空间位置关系等 5 个方面。

（1）矿体的产状要素。矿体的产状要素主要是用来确定板状矿体的空间位置，其表示方法与一般岩层的表示方法相同，即用走向、倾向和倾角来表示，如图 2-12 所示。

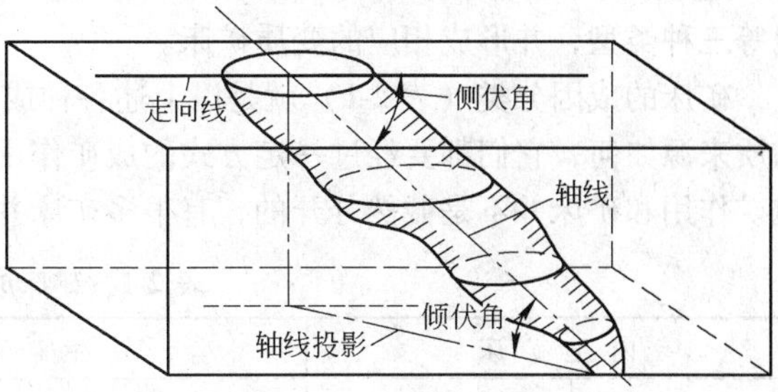

图 2-12　矿体产状要素示意图

（2）矿体与围岩的关系。矿体的围岩或是岩浆岩，或是变质岩，或是沉积岩。矿体或是平行于围岩的层理或片理产出的，或是截穿它们的。

（3）矿体与侵入岩体的空间位置关系。矿体或是产在岩体内部，或是产在围岩与侵入岩的接触带中，或是产在距接触带有一定距离的围岩中。

（4）矿体埋藏情况。矿体埋藏情况指矿体是出露在地表的或是隐伏地下的盲矿体，以及矿体的埋藏深度等。盲矿体又分为隐伏矿体（未曾出露到地表）和埋藏矿体（曾出露到地表，后被掩埋）。

（5）矿体与地质构造的关系。一系列有成因联系的矿体在褶皱、断裂构造内的排列方向和赋存规律。

2.1.3　矿床的形成

各种矿床的形成是地壳中各种有用成分在成矿作用之下得到局部集中富集的结果。所谓成矿作用，就是导致地壳和上地幔中有用组分（元素或化合物）被分离出来集中富集形成矿床的地质作用。

这个局部富集的过程是极为复杂的，因而成矿作用也是多种多样的。如果从成矿地质作用及成矿物质的来源来考虑，成矿作用可概括地归纳为三大类：内生成矿作用、外生成矿作用、变质成矿作用。

2.1.3.1　内生成矿作用

由地球内部各种能量所导致矿床形成的所有地质作用，称为内生成矿作用。根据其所处物理化学条件及地质作用的不同，可分为“侵入岩浆”、“伟晶岩”、“气化-热液”和“火山”等四种成矿作用类型，并分别形成相应的内生矿床。

除与火山活动有关的成矿作用外，其他内生成矿作用都发生于地壳内部，是在较高温度和压力条件下进行的。

2.1.3.2　外生成矿作用

外生成矿作用是指在外动力地质作用下，在地壳表面常温常压下所进行的各种成矿作用。其成矿物质主要来源于出露或接近地表的岩石、矿床、火山喷出物以及生物有机体等。外生成矿作用，就是这些物质在风化、剥蚀、搬运以及沉积等作用过程中，成矿物质富集成为矿床的作用。按其形成时作用的不同，进一步分为风化成矿作用和沉积成矿作用。

2.1.3.3　变质成矿作用

这种成矿作用也发生在地壳内部，主要是由于岩浆侵入和区域变质作用所引起的。其所形成的矿床是由原岩或原矿床在高温高压下得到改造、加工而成。变质矿床虽然也是内动力地质作用下的产物，但成矿作用的方式以及矿床的次生性质，显然和内生矿床有所不同，所以划归另一类型矿床。变质成矿作用和变质作用一样，可进一步划分为接触变质、区域变质、混合岩化等三种类型，并形成相应的变质矿床。

矿床的成因分类（表2-1）就是以上述各种成矿作用为依据所进行的分类。因为无论成矿物质来源如何，它们都要经过一定方式的成矿作用，尔后形成各式各样的矿床。上述三大类型成矿作用和矿床并不是截然分开的，有很多矿床并非单一成矿作用的产物。

表2-1 矿床成因分类

<table>
<tr><th colspan="2">内生矿床</th><th colspan="2">外生矿床</th><th colspan="2">变质矿床</th></tr>
<tr><td rowspan="3">岩浆矿床</td><td>早期岩浆矿床</td><td rowspan="3">风化矿床</td><td>残积、坡积矿床</td><td rowspan="3">接触变质矿床</td><td>受变质矿床</td></tr>
<tr><td>晚期岩浆矿床</td><td>残余矿床</td><td rowspan="2">变成矿床</td></tr>
<tr><td>熔离矿床</td><td>淋积矿床</td></tr>
<tr><td>伟晶岩矿床</td><td></td><td rowspan="5">沉积矿床</td><td>机械沉积矿床</td><td rowspan="6">区域变质矿床</td><td rowspan="3">受变质矿床</td></tr>
<tr><td rowspan="2">气液矿床</td><td>矽卡岩矿床</td><td>真溶液沉积矿床</td></tr>
<tr><td>热液矿床</td><td>胶体化学沉积矿床</td></tr>
<tr><td rowspan="3">火山成因矿床</td><td>火山岩浆矿床</td><td rowspan="2">生物-生物化学沉积矿床</td><td rowspan="3">变成矿床</td></tr>
<tr><td>火山-次火山气液矿床</td></tr>
<tr><td colspan="3">火山-沉积矿床</td></tr>
</table>

2.2 矿床的成因

2.2.1 内生矿床

2.2.1.1 概述

A 岩浆的性质

内生矿床和岩浆及其演化产生的气水热液有着密切的成因联系：矿床中的有用组分多来自于岩浆，并且是在其演化过程中与其余组分分离开而集中富集成矿的。

岩浆在地下深处时呈熔融状态。它的组成除作为主体的硅酸盐类物质外，还含有一些挥发性组分以及少量的金属元素或其化合物。与成矿作用关系最大的是这些挥发性组分。挥发性组分包括水、碳酸、盐酸、硫酸根、硫化氢、氟、氯、磷、硫、硼、氮、氢等。这些挥发性组分的特点是：熔点低，挥发性高，在岩浆活动过程中可以降低矿物的结晶温度，从而延缓其结晶时间；尤其重要的是，它们可以和重金属结合成为挥发性化合物，使这些重金属具有较大的活动性，这就大大地有助于它们的迁移、分离和富集。

B 成矿作用

岩浆侵入时的演化特点及相应的成矿作用可分为正岩浆期、残浆期和气液期三种。

a 正岩浆期

这个阶段是以硅酸盐类矿物成分从岩浆中结晶析出形成岩浆岩为主的阶段；此时，挥发性组分相对数量很少并且是均匀地“溶”于硅酸盐熔浆之中，只在本阶段末期，大部分硅酸盐类矿物已经结晶析出之后才开始活动，在矿床形成上起显著作用。总之，这个阶段是以成岩为主、成矿为辅的阶段。

b 残浆期

这是大部分硅酸盐类矿物已从岩浆中结晶析出成为固体岩浆岩之后，残余下来的那部分岩浆——残浆进行活动的时期。这个阶段的特点是，挥发性组分的相对数量已大大增加，并和硅酸盐类熔浆混溶在一起进行活动。挥发性组分相对集中而产生的内应力，有助于残余的硅酸盐熔浆侵入到周围已固结岩石的裂隙之中，并在挥发性组分的作用之下，形成了伟晶岩脉。伟晶岩脉本身常常具有一定的工业意义，其中又往往含有由挥发性组分所形成的有用矿物，所以伟晶岩脉可以认为同时具有既是岩石又是矿床的双重意义，因而这个阶段也可以说是成岩、成矿平行活动时期。

c 气液期

在上述两个阶段之后，岩浆中大部分造岩组分已固结成为岩石，造岩阶段已经过去，从而进入到岩浆期后阶段。这个阶段的特点是，在岩浆结晶过程中陆续以蒸馏方式从岩浆中析出的挥发性组分开始进入独立活动时期。随着温度的降低，挥发性组分在物态上将由气体，或超临界流体状态，转化为热液；这个时期称为气水热液期，是形成矽卡岩矿床和岩浆热液矿床的时期。当气液从母岩中分离出来向外流动时，由于温度、压力、气液成分以及围岩性质等的改变，气液中有用组分就可在母岩或围岩的裂隙或接触带中沉淀富集成为气水热液矿床。

2.2.1.2 岩浆矿床

A 岩浆矿床成矿环境

岩浆矿床与成矿母岩体之间有明显的成矿专属性，即一定类型的岩浆矿床与一定类型的岩浆岩有关。一般地，铬铁矿床常与 MgO 含量高的超基性岩有关，Cu-Ni 硫化物矿床常与超基性、基性杂岩体有关，而含钒铁磁铁矿床则与 MgO 含量低的基性岩有关。金刚石矿床与金伯利岩有关。

B 岩浆矿床成矿作用

岩浆矿床是在正岩浆期内形成的。在正岩浆期，岩浆中硅酸盐类组分和矿床中的成矿组分原是混溶在一起的，岩浆分异导致它们互相分离，分别形成岩浆岩和岩浆矿床。

2.2.1.3 伟晶岩矿床

伟晶岩是一种矿物晶体巨大、常含有许多气成矿物和稀有、稀土金属矿物的脉状岩体；其中有用组分达到工业要求时，就成为伟晶岩矿床。

根据分异作用的好坏，可把矿床分成带状构造伟晶岩矿床和非带状构造伟晶岩矿床两大类；然后再根据交代作用的情况，把每一类伟晶岩矿床再进一步分成交代型的（交代作用强烈的）和一般型的（交代作用不甚强烈的）两个亚类。

2.2.1.4 气液矿床

A 成矿原因

成矿溶液（或称成矿气液、成矿热液）是在一定深度下形成的，具有一定温度和一定压力的气态、液态和超临界流体。成矿溶液和成矿物质来源一般认为有岩浆热液、地下水热液、海水热液、变质热液。

B 成矿方式

有用组分从气水溶液中沉淀形成矿床，气水溶液的成矿方式可分为充填作用和交代作用两种。

气液矿床的形成经历了很长时期，在形成过程中地质构造条件和热液体系物理化学变化导致不同的矿物组合。一般用矿化期和矿化阶段来说明。矿化期代表一个较长的成矿作用过程，矿化阶段代表一个较短的成矿作用过程。

按成矿作用方式将气液矿床分为矽卡岩矿床和热液矿床。

2.2.1.5　火山成因矿床

火山成因矿床是指那些在成矿作用上直接或间接与火山-次火山岩浆活动有密切关系的矿床。它们均位于与其大约同时形成的火山-次火山岩的分布范围内。

一般将火山成因矿床分为火山-次火山岩浆矿床、火山-次火山气液矿床、火山沉积矿床。

火山成因矿床种类繁多，分布广泛，主要类型有海相火山喷发-沉积铁矿床、火山块状硫化物矿床、斑岩铜矿、玢岩铁矿。

2.2.2　外生矿床

2.2.2.1　成矿原因

外生矿床中的成矿物质，主要是来自于岩浆岩、变质岩的风化产物，少数是来自于沉积岩或先成矿床的风化产物。外生矿床成矿物质的来源以陆源为主，但外生矿床中的沉积矿床，也可以有水底火山喷出物参与。

原岩或原矿床一经暴露地表或接近地表，就要在风化、剥蚀和搬运作用之下，发生一系列破坏性（对原岩、原矿床）和建设性（对成岩、成矿）的变化。这些变化既是成岩物质形成沉积岩的过程，也是成矿物质形成外生矿床的过程。从外生矿床方面来说，这些变化就是成矿作用。

2.2.2.2　风化矿床

A　残积、坡积矿床

这类矿床中的矿石矿物都是原岩或原矿床中化学性质比较稳定而且密度也比较大的有用矿物，当它们从母岩体中散落出来以后，就残积在风化破碎产物底部形成残积矿床。

B　残余矿床

出露地表的岩石或矿床，当其经受化学风化作用和生物风化作用时，常常要发生深刻的变化。如果易溶组分被地表水或地下水带走，难溶组分在原地彼此互相作用，或者单独从溶液中沉淀出来形成新矿物，由这些物质堆积而形成的矿床，称为残余矿床。

C　淋滤矿床

这类矿床是由地表水溶解了一部分可溶盐类向下渗滤，进入到原岩或原矿床风化壳下部或原生带内，由于介质条件改变，发生了交代作用及淋积作用从而形成的矿床。淋滤矿床的矿体形状呈不规则层状、囊状、柱状或透镜状。矿石结构多为土状、胶状。

2.2.2.3　沉积矿床

按成矿物质来源、物理-化学特点、搬运和沉积作用方式，沉积矿床可分为机械沉积矿床、化学沉积矿床、生物化学沉积矿床三类。

A　机械沉积矿床（沉积砂矿）

由于组成沉积砂矿的有用矿物都是经过较长距离机械搬运和机械分选的风化产物，而它们都是：化学上是比较稳定的，在风化和搬运过程中不易分解；机械强度上是坚韧耐磨的，经得起长期磨蚀；密度较大，能在机械分选中富集起来。

B 化学沉积矿床

大多数金属成矿物质都是以溶液状态被地表水搬运入各种水盆之后，经化学沉积分异作用沉积成为化学沉积矿床。化学沉积矿床，可根据搬运及沉积方式分为两个亚类：真溶液沉积矿床和胶体化学沉积矿床。

胶体化学沉积矿床是指成矿物质以胶体状态被搬运，在一定条件下形成的矿床，例如铁、锰、铝等沉积矿床。铁、锰、铝在地壳中的平均含量都较高，在风化过程中，易于引起这些金属的进一步富集，形成铁帽、锰帽、红土和铝土矿等。

C 生物化学沉积矿床（以磷块盐矿床为例）

地壳中磷的含量为0.13%，它是一种典型的生物元素，在生物的生命循环中，磷组成躯体的一部分。在各类成矿作用中均可生成磷矿床，其中最重要的类型是沉积成因的磷块岩矿床。磷块岩矿床的主要类型有层状磷块岩矿床和结核状磷块岩矿床两大类。

2.2.3 变质矿床

变质矿床是原岩或原矿床经变质作用的转化再造后形成的或改造过的矿床。变质成矿作用有脱水作用、重结晶作用、还原作用、重组合作用、交代作用、塑性流动和变形、局部熔融等。

2.2.3.1 成矿原因

按变质成矿作用范围可分为：接触变质成矿作用和区域变质成矿作用。接触变质成矿作用的影响范围较小，在变质过程中，几乎没有或很少有外来物质的加入和原有物质的带出。区域变质成矿作用影响范围很广，可达几百甚至几千平方公里，变质作用复杂而强烈，不仅使岩石或矿石在矿物组成及结构、构造上发生强烈变化，而且可使某些成矿组分在变质热液或混合岩化交代作用之下发生迁移富集现象。

2.2.3.2 区域变质矿床的形成

成矿原岩条件是指沉积型含矿原岩和火山沉积岩型含矿原岩。变质岩和变质矿床的分布与地质时代关系密切。变质矿床形成的温度可从100℃至800℃，不同的温度可生成不同的矿物组合，引起变质的温度常与较高的，地热流有关，这些地区一般有较强的构造-岩浆活动。

在区域变质过程中，含矿原岩在温度、压力增高以及 H_2O、CO_2 等挥发性组分的影响下，发生重结晶、重组合及变形等作用，改变了矿物成分和结构、构造；但一般情况下，含矿原岩总的化学成分基本不变。含矿原岩或矿床，在变质成矿过程中的变化可有以下两种情况：含矿原岩或原矿床的改造、新矿床的形成。

变质热液又称变质水，是在区域变质过程中产生的，这种热液和岩浆成因的气化热液不同，它一部分是来源于原岩颗粒空隙中的水分，一部分则是变质过程中矿物间发生脱水反应时所析出的。

2.3 矿床水文地质

2.3.1 地下水基本知识

自然界中的水，存在于大气中、地壳表面和地壳内。大气中的水呈水蒸气及云、雾、雨、雪和冰雹等形态存在于空气中。地壳表面的水分布在河流、湖泊和海洋中，或呈冰雪覆盖于高山顶部。地壳内的水，存在于岩土空隙中，也有气态、液态和固态等三种不同的形态。

地下水存在和运动于岩石的空隙中。由于各地区的自然地理因素和地质条件的不同，必然会影响到地下水的化学成分、物理性质、循环条件及其动态变化等。

2.3.1.1　上层滞水

它是埋藏在离地表不深，包气带中局部隔水层上的重力水（图 2-13）。上层滞水一般分布不广。季节性存在，雨季出现，干旱季节即告消失，其动态变化与气候及水文因素的变化密切相关。由于上层滞水距地表近，直接受降雨补给，补给区与分布区一致。一般只有当包气带厚度较大时，上层滞水才易出现，当其下部隔水层范围较广时，上层滞水存在时间也较长。

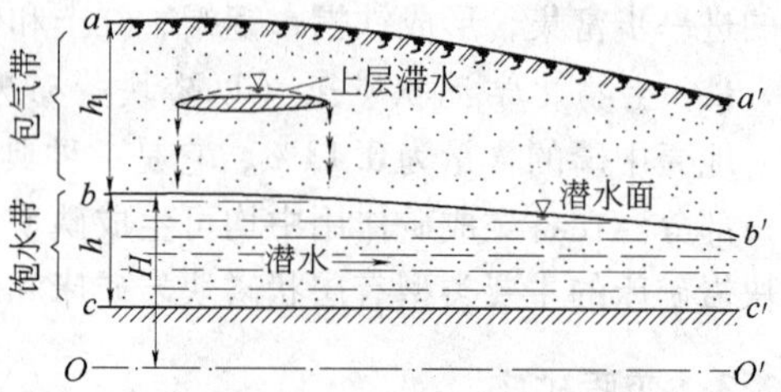

图 2-13　上层滞水和潜水示意图

2.3.1.2　潜水

它是埋藏在地表以下第一个稳定隔水层上具有自由水面的重力水（图 2-13）。潜水在自然界分布极广，一般埋藏在第四纪松散沉积层的孔隙、坚硬基岩的裂隙及可溶岩的岩溶溶洞内。潜水被人们广泛地利用，一般的水井就打在潜水层中，这是因为潜水距地面较近的缘故。但是，它却容易受到人为因素的污染。潜水在重力作用下流动，使潜水面具有一定的坡度，形成了不同形状的潜水面。潜水面的坡度变化很大，一般情况下与地形变化一致，但潜水面的坡度一般总小于地面坡度。如果潜水面是倾斜的，潜水就发生流动形成潜水流。

2.3.1.3　承压水

承压水是充满于两个隔水层间的重力水，又称为自流水。

在适当的地质构造条件下，无论孔隙水、裂隙水和岩溶水都可以形成承压水。最适宜形成承压水的构造条件有向斜（或盆地）构造和单斜构造。承压水含水层与地表之间存在有不透水层相隔，因此承压水受地面气候影响较小，动态变化比较稳定，水质不易受到污染，承压水分为补给区、承压区、排泄区。由于承压水充满于两个隔水层之间，承受静水压力。承压水的运动是由测压水位高的地方流向测压水位低的地方，形成自流水（图 2-14）。

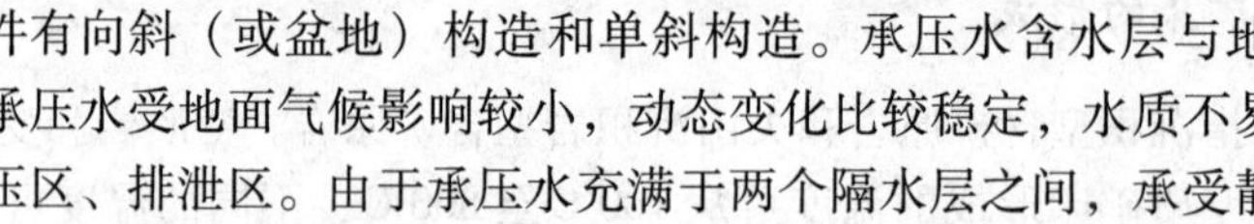

图 2-14　自流盆地构造

a—补给区；b—承压区；c—排泄区

1—隔水层；2—含水层；3—喷水钻孔；4—不自喷钻孔；

5—地下水流向；6—测压水位；7—泉；

H—承压水头；M—含水层厚度

2.3.1.4 孔隙水

孔隙水存在于松散岩层的孔隙中，这些松散岩层包括第四系及部分第三系沉积岩和坚硬基岩的风化壳。孔隙水的存在条件和特征取决于岩土的孔隙情况，因为岩土孔隙的大小和多少，不仅关系到岩土透水性的好坏，而且也直接影响到岩土中地下水量的多少，以及地下水在岩土中的运动条件和地下水的水质。一般情况下，颗粒大而均匀，则含水层孔隙也大，透水性好，地下水水量大，运动快，水质好；反之，则含水层孔隙小，透水性差，地下水运动慢，水质差，水量也小。

孔隙水由于埋藏条件的不同，可形成上层滞水、潜水或承压水，即分别称为孔隙-上层滞水、孔隙-潜水和孔隙-承压水。

2.3.1.5 裂隙水

埋藏在基岩裂隙中的地下水称为裂隙水。它主要分布在山区和第四系松散覆盖层下面的基岩中，裂隙水一般分为风化裂隙水、成岩裂隙水和构造裂隙水。

（1）风化裂隙水是赋存在风化裂隙中的水。风化裂隙是由岩石的风化作用形成的，其特点是广泛地分布于出露基岩的表面，延伸短，无一定方向，发育密集而均匀，构成彼此连通的裂隙体系，一般发育深度为几米到几十米，少数也可深达百米以上。

（2）成岩裂隙水。成岩裂隙为岩石在形成过程中产生，一般常见于岩浆岩中。喷出岩类的成岩裂隙尤以玄武岩最为发育，这一类裂隙无论在水平或垂直方向上，都较均匀，亦有固定层位，彼此相互连通。

（3）构造裂隙水。构造裂隙是由于岩石受构造运动应力作用所形成的，而赋存于其中的地下水称为构造裂隙水。由于构造裂隙较为复杂，构造裂隙水的变化也较大。

2.3.1.6 岩溶水

“岩溶”是发育在可溶性岩石地区的一系列独特的地质作用和现象的总称，也称为喀斯特。独特的地质作用包括地下水的溶蚀作用和冲蚀作用，而独特的地质现象，就是由这两种作用所造成的各种溶洞和溶蚀地形等。埋藏于溶洞中的重力水称为岩溶水或称为喀斯特水，也称为溶洞水。其主要特点是水量大，运动快，在垂直和水平方向上都具有分布不均匀的特性。

2.3.2 地下水的运动

2.3.2.1 地下水的运动状态

地下水在岩层中的运动有两种基本状态，即层流和紊流。

层流的特点是水质点运动连续不断，流束平行而不混杂（图 2-15a）。紊流的特点是水质点运动不连续，流束混杂而不平行（图 2-15b）。当地下水在孔隙和细小的裂隙岩层中运动时，如水流速度缓慢，多为层流状态；当地下水在大裂隙和溶洞中运动时，其流动状态多为紊流。由于地下水主要是在岩石的孔隙和裂隙中运动，运动时受到很大阻力，一般流速很慢，所以，在大多数情况下，地下水运动都反映为层流运动状态。

2.3.2.2 地下水运动规律

垂直地面打的水井或者钻孔，统称为井。

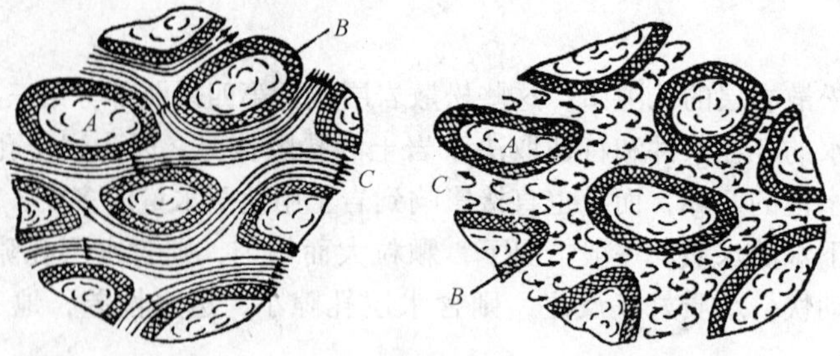

(a)　　(b)

图 2-15　地下水在岩层中运动状态

（a）层流运动；（b）紊流运动

A—岩石颗粒；*B*—薄膜水；*C*—流束

当从井中抽水时，开始水位剧烈下降，井壁周围的地下水形成水头差，于是井壁周围的水向井流动，在井的周围逐渐形成漏斗状的潜水面，称为降落漏斗（图 2-16）。

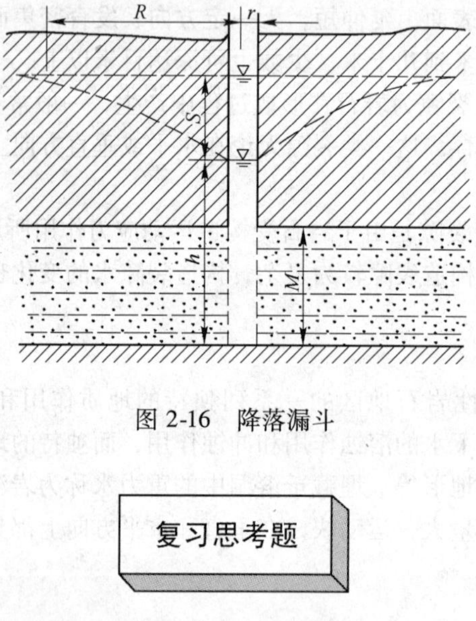

图 2-16　降落漏斗

复习思考题

2-1　简述矿床、矿体、围岩的概念及三者的关系。

2-2　简述内生矿床的种类及其形成原因。

2-3　简述外生矿床的种类及其形成原因。

2-4　简述变质矿场的种类及其形成原因。

2-5　简述常见地下水的存在形态。

2-6　简述水文地质的概念。

3 矿床地质勘探工作

3.1 地质普查找矿

3.1.1 普查找矿的任务

运用地质理论和综合找矿技术，在一定地区寻找矿产，称为普查找矿。其任务是：在找矿地区广泛研究地层、岩性、岩石沉积条件和特征、地质构造、岩浆活动、变质作用、各类矿化现象与标志、区域成矿条件和特征、成矿规律等；对区域成矿地质条件、经济条件及区域发展远景做出正确分析；对找到的矿产进行矿点检查和研究，做出远景评价，为地质勘探提供工作基地。

普查找矿一般分为如下两类：

(1) 区域性普查找矿。以规定图幅为单元，在全国范围内进行，实行填地质图与找矿相结合，也称区域地质测量，一般由专业区测队进行。按区测的比例尺又可分为小比例尺（1∶100万 ~ 1∶50万）、中比例尺(1∶20万 ~ 1∶10万）及大比例尺(1∶5万）三类。

(2) 专门性普查找矿。局限于有利矿化的地区。按工作的详略程度又可分为概略普查及详细普查。矿点检查常属详细普查范围。专门性普查找矿由专业普查队进行。生产矿山矿床深部、边部找矿，即所谓“探边，摸底，找盲”和矿区外围找矿均属专门性普查找矿范围。

3.1.2 普查找矿的成矿条件

矿床的形成和分布受到一定地质因素的控制，研究这些地质因素，了解找矿地区成矿地质条件和背景，可以帮助确定找矿方向，选择找矿方法。

3.1.2.1 侵入岩条件

各类侵入岩具有一定成矿专属性，具有不同岩性的岩体可产出不同的矿产。同时，侵入体存在的不同空间、侵入时代、岩相划分、岩体的形态和大小、形成深度、被剥蚀的深度等均与一定矿产的类型及形成、分布有关。

3.1.2.2 火山岩条件

火山岩产出的层位、岩体的岩性、岩石化学特征、岩石的结构构造、喷发及沉积条件、喷出岩相等对成矿也起控制作用，研究这些条件可以指导找矿。

3.1.2.3 地质构造条件

地质构造对矿产形成和分布有一定控制作用，对内生矿床的成矿尤为明显。研究成矿的构造条件时，一般要注意构造等级、构造体系的控矿作用；构造与成矿的空间关系：导矿、散矿、容矿构造；构造与成矿的时间关系：成矿前、成矿时、成矿后构造，以指导找矿。

3.1.2.4 围岩岩性条件

内生矿床或具有交代、充填成因的其他矿床，矿床的形成要求有一定的容矿、覆矿围岩，研究围岩的物质成分、物理化学性质及产出特征等，可帮助确定矿化的可能存在部位。

3.1.2.5 地层、沉积岩相及古地理条件

层状矿床常产于一定的地层层位，与沉积岩相和古地理环境有关，研究这些成矿条件，可以确定找矿远景和产出部位。

3.1.2.6 变质作用条件

一定的变质矿床产出一定的变质作用类型、变质岩性、变质相系及变质带，充分研究这些条件对于寻找变质矿床或与变质岩系有关的矿床具有指导意义。

3.1.2.7 风化和地貌条件

砂矿和风化矿床形成一定的地貌单元和风化剥蚀条件，某些矿床的氧化露头与风化和地貌条件有关，研究这些条件对于寻找砂矿和风化矿床具有指导意义。

3.1.3 普查找矿标示

直接或间接指示矿产可能存在的现象和线索都称为找矿标示。

3.1.3.1 矿产露头

矿产露头分原生及次生露头两类。次生露头多是矿石在地表或近地表经外力地质作用氧化形成。金属矿床露头多已受氧化次生作用，形成铁帽、锰帽、含矿岩石的风化壳。研究铁帽对寻找金属硫化物矿床及铁矿床有重要意义，找矿时应研究铁帽的颜色、物质成分、结构构造、产状、分布面积等，推断它们原来的物质成分、原生矿产种类、矿床类型、矿体产状和形态特征、可能的规模和埋藏深度，指导揭露工程的布置。

3.1.3.2 围岩蚀变

围岩蚀变必须与成矿有空间及成因关系，通常围绕矿体分布，范围大于矿体，比矿体容易发现，具有垂直或水平分布的围岩蚀变，更可能指示矿体赋存部位和深度。围岩蚀变的种类与岩浆活动类型、矿化类型有关，能帮助确定矿产种类及矿床类型。

3.1.3.3 近矿围岩的颜色

热液矿化或矿床遭受表生作用可使近矿围岩产生特殊的颜色，因其与矿化有关且易于识别而成为找矿标志。常见的如金属硫化物矿床围岩的赭色、褐色、砖红色、黄褐色；含铜砂岩围岩的浅色层等。

3.1.3.4 矿产的分散晕

在矿床形成过程中或成矿以后，一定的地质作用将与成矿有关的元素分散到矿体周围岩石或疏松沉积物、地表及地下水、植物体内、土壤中或近地表大气中，在矿体周围一定范围内形成某些成矿元素比其他地段高的高含量地段，称为矿产的分散晕，矿产分散晕是地球化学找矿

法使用的理论基础。

按成因可将矿产分散晕分为两大类：原生分散晕和次生分散晕。原生晕系成矿元素在成矿过程中由于本身的活动性，通过渗透、扩散、气相运移等方式而分散到围岩中形成。它的产状、形态、分散范围与矿化强度、元素活动性、成矿控制因素有关系。一般原生晕围绕矿体分布，分散距离几米、几十米到几百米。能形成分散晕的元素称为指示元素，它可以是主要成矿元素或其他伴生元素。次生分散晕系由风化剥蚀作用，成矿物质破坏分散形成。各种次生晕是寻找掩盖型、埋藏型盲矿体的找矿标志。

3.1.3.5 物探异常

具有特定物理性质，如导电性、磁性、密度、弹性、放射性的成矿物质组成的矿体，则该矿体占据的空间所显示的某些物理性质必然不同于周围空间。按异常的性质，物探异常可分为电性、磁力、重力、放射性异常等几类。物探异常是寻找各种隐伏矿床和盲矿体的重要标志。

3.1.3.6 标志矿物

标志矿物是指能指示某类矿床存在并具有一定特殊性质的矿物，这些特殊性质可能是矿物的晶形、颜色、成分、物理性质或特殊产状等。

3.1.3.7 指示植物

指示植物是指适于生长在某种元素含量高的土壤中的某种特殊植物，可指示该种元素有关的矿体的存在。

3.1.3.8 古采矿遗迹

古采矿遗迹包括古矿山、古废石堆、古炉渣，是直接找矿标志。

3.1.4 普查找矿方法

3.1.4.1 地质测量法

充分研究找矿地区的成矿地质条件，观察与寻找找矿标志，以求找到矿产。地质测量法是找矿工作的基础。

3.1.4.2 碎屑找矿法

当矿体露头经风化、剥蚀作用，矿石以碎屑形式沿山坡、河谷、冰川向低处迁移，形成矿石碎屑的分散范围。找矿时，沿河谷、冲沟、山坡自下而上追索，观察碎屑成分、粒度、形态、分布特征，发现矿石碎屑，圈定其分散范围，配合工程揭露以找到矿体。

3.1.4.3 重砂法

矿体出露地表，矿石内密度较大、物理化学性质比较稳定的矿物，如自然金、自然铂、锡石、磁铁矿、黑钨矿、白钨矿、锆英石、独居石、金刚石、刚玉、磷灰石、石榴子石等，经外力作用形成单矿物砂粒，称为重砂。重砂沿山坡、山沟、河谷向低处运移，形成机械分散晕。找矿时鉴定重砂种类，圈定重砂分散范围，可帮助寻找与重砂有关的原生矿床、砂矿床及风化矿床。

3.1.4.4　地球化学法

地球化学法，也称为分散晕法，是根据原生分散晕和次生分散晕异常来寻找矿床的方法。

各种找矿方法都是从一个方面研究找矿地质条件和找矿标志进而找到矿产的。每一种方法均有自己的特点、适用范围和局限性。要想提高找矿效果，必须多种方法综合运用。

3.2　矿床地质勘探

3.2.1　矿床勘探的任务

矿床勘探的任务主要有：

（1）深入研究矿床地质构造、特征，矿体分布及矿化富集规律，成矿地质条件及成矿控制因素，总结矿床成矿规律，确定矿床成因。

（2）探明矿产地质储量，确定矿床规模。对储量可靠程度的控制，储量级别、比例、分布，要达到矿山设计建设的要求。

（3）查明矿产质量，包括主要有用矿物，伴生有益、有害组分的含量和分布变化规律；矿石矿物成分，共生组合；矿石工业品级及自然类型和它们的分布规律。

（4）查明矿体的分布、产状、形态、空间赋存条件，以及这些因素的变化规律。

（5）查明矿床水文地质条件，开采技术条件，矿石选、冶的加工技术条件。

（6）调查了解矿区开发的自然和经济条件。

3.2.2　矿山地质工作的过程

我国矿产地质工作的过程大致分为区域地质调查、普查找矿、地质勘探、矿山地质工作四个阶段。

3.2.2.1　区域地质调查

区域地质调查是在选定地区的范围内进行全面系统的综合性地质调查研究。它既是地质工作的先行，又是基础研究工作，主要任务是通过详细的地质填图为经济和国防建设、科学研究和进一步普查找矿提供基础地质数据，其工作详细程度一般为：小比例尺1∶100万、1∶50万，中比例尺1∶20万、1∶10万,大比例尺1∶5万、1∶2.5万。

3.2.2.2　普查找矿

普查找矿又称矿产普查，与区域地质调查不同，普查找矿的目的较明确，它是为寻找和评价矿产而进行的地质调查工作。其任务包括：查明工作区与矿产有关的地质构造、地层、岩石等条件，预测可能存在矿产的有利地段，通过各种有效的方法，如地质学方法、地球化学方法、地球物理方法、航空测量及少量的探矿工程，在有利的成矿地带内找矿，并对发现的矿化点或矿床进行初步评价。

3.2.2.3　地质勘探

地质勘探是指在普查找矿基础上，为查明一个矿床的工业价值而进行的地质调查研究工作。通常将地质勘探和矿山地质工作的开发勘探统称为矿床勘探。

3.2.2.4 矿山地质工作

矿山地质工作是矿山基建和生产过程中对矿床继续进行勘探、研究和生产管理的地质工作。其基本任务是为矿山的生产和建设服务。矿山地质工作内容包括两部分：开发勘探和矿山地质管理。其中开发勘探从时间上讲又分为基建勘探和生产勘探两个阶段。习惯上，矿山地质工作主要包括生产勘探和矿山地质管理工作。

3.2.3 矿床勘探的步骤

矿床勘探步骤基本上按以下三个步骤进行：

(1) 矿床的揭露工作。利用各种勘探工程手段（包括钻探和坑探），布置一定的勘探工程揭露矿体、近矿围岩和有关的地质构造，以便地质人员进行现场地质调查。

(2) 现场地质调查工作。对已被揭露的矿床进行现场地质调查，以获取各种原始资料。包括对坑道和钻孔岩芯进行原始地质编录（观测、记录各种地质现象并绘制原始地质图件），以及通过矿产取样化验了解矿石质量。

(3) 地质调查资料的综合及研究工作。对原始地质编录和矿产取样获得的第一手资料进行综合分析、整理和研究，其主要内容包括综合地质编录（编制综合地质图件数据等）、矿产储量计算和综合地质研究等，最终为矿山开发提供必要的图、文、表数据。

3.2.4 矿床的勘探类型

根据矿床地质特点，尤其按矿体主要地质特征及其变化的复杂程度对勘探工作难易程度的影响，将相似特点的矿床加以归并而划分的类型，称为矿床勘探类型。矿床勘探类型是在大量探采资料对比基础上，对已勘探矿床勘探经验的总结。

影响矿床矿体类型的因素有：

(1) 矿体规模的大小。矿体规模大小是划分勘探类型的依据之一，它直接影响勘探和开采方法。

(2) 矿体形态。勘探与开采的实践证明，对矿体形态变化控制的准确程度，是影响勘探成果精度的主要因素。根据形态的复杂程度可分为两类：1) 简单矿体，层状、似层状、透镜状、脉状等矿体，2) 复杂矿体，矿囊、矿瘤、矿巢、矿条等。

(3) 矿石中有用组分分布的均匀程度。

(4) 矿体的连续性。

(5) 矿床构造的复杂程度。矿床构造的复杂程度直接影响矿床的勘探和开采的难易程度，也是划分矿床勘探类型的重要因素。根据构造复杂程度一般将矿床分为简单、较简单、复杂、较复杂四级。

一般将勘探类型划分为三级：

(1) 第Ⅰ勘查类型。该类型为简单型，主矿体规模大—巨大，形态简单—较简单，厚度稳定—较稳定，主要有用组分分布均匀—较均匀，构造对矿体影响小或明显。

(2) 第Ⅱ勘查类型。该类型为中等型，主矿体规模中等—大，形态复杂—较复杂，厚度不稳定，主要有用组分分布较均匀—不均匀，构造对矿体形态有明显影响、小或无影响。

(3) 第Ⅲ勘查类型。该类型为复杂型，主矿体规模小—中等，形态复杂，厚度不稳定，主要有用组分较均匀—不均匀，构造对矿体影响严重、明显或影响很小。

根据矿体难易程度也可以将勘探类型划分为四级甚至五级。

3.2.5　矿山地质勘探的手段

埋藏在地下的矿床，必须采用一定的探矿工程手段来揭露它，以便进行现场地质调查研究。目前常用的揭露矿体的勘探工程手段有槽井探（地表坑探工程）、坑探（地下坑探工程）和钻探。

3.2.5.1　槽井探

槽井探也称地表坑探工程，包括探槽、浅井、小圆井等，常用在勘探的初期阶段，借以揭露、追索和圈定地表矿体、被覆盖的地质界线以及查清地质构造等。

A　探槽

探槽是一种比较重要的轻型山地工程，广泛地用来揭露 2 ~ 2.5m 浮土下的岩石或矿体，探槽的宽度一般为 0.7 ~ 1.0m，深度一般不超过 3m，长度决定于用途，可由数米到数百米，探槽的布置方向一般是垂直矿体或岩层的走向（图 3-1）。

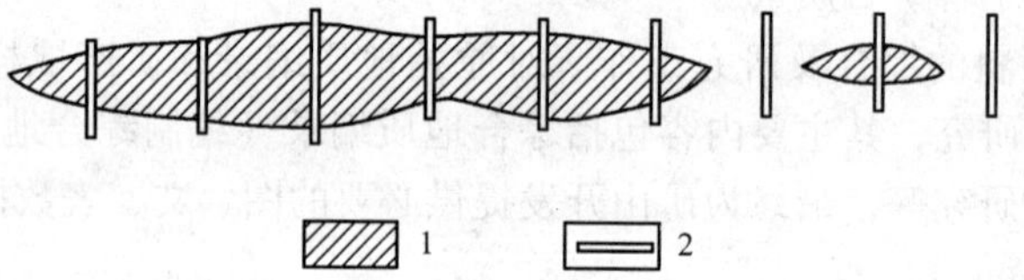

图 3-1　垂直矿体走向布置的探槽（平面图）
1—矿体；2—探槽

B　浅井

浅井是断面为长方形或正方形的地表垂直坑道，一般用于勘探风化壳或浮土掩盖不深的层状、似层状矿体或砂矿床（图 3-2）。在浅井下端时常连接一穿脉坑道，以用来横切矿体，取得沿厚度方向矿体变化的资料（图 3-3）。

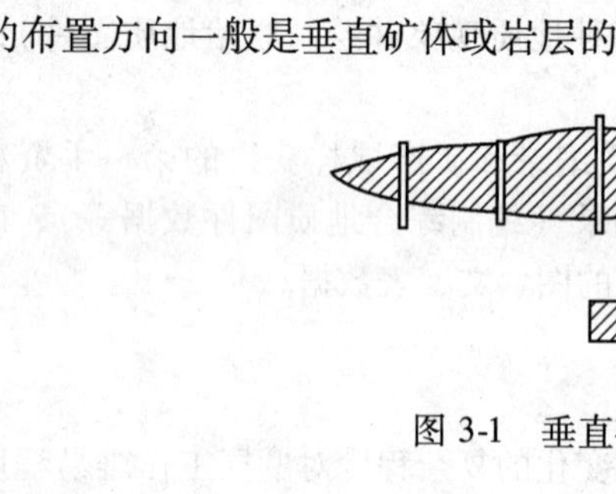

图 3-2　浅井用以揭露浮土掩盖的矿体
1—浅井；2—穿脉；3—钻孔；4—浮土；5—矿体

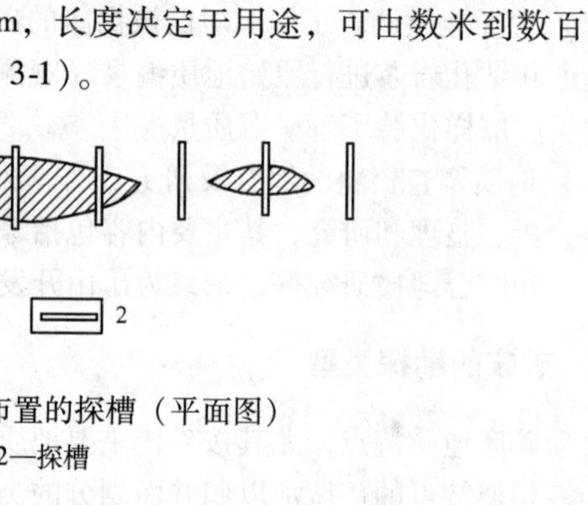

图 3-3　浅井用以揭露矿体浅部
1—探槽；2—浅井；3—穿脉；4—钻孔；5—矿体

C　小圆井

小圆井是断面为圆形的浅井，用于浮土稳定、不需支护的地段，断面一般小于浅井，深度小于20m。

3.2.5.2　坑探

坑探包括平窿、石门、沿脉、穿脉、竖井和斜井等。它们常用在勘探后期，用来追索圈定深部矿体，了解矿床深部地质构造等。常用的勘探坑道有水平的坑探工程、垂直的坑探工程和倾斜的坑探工程三种。

A　水平的坑探工程

(1) 平窿是地表有出口的水平坑道，只在地形有起伏的条件下才能应用。它可以沿矿体走向或垂直矿体走向掘进，若矿体沿倾斜延伸很深时，可用数个平窿进行勘探，一般上下平窿之间垂直距离应不小于30～40m（图3-4）。

(2) 石门是在地表没有出口，在围岩中掘进，而且大致与矿体走向垂直的水平坑道。主要用来连接竖井与沿脉和寻找被断层错失的矿体（图3-5）。

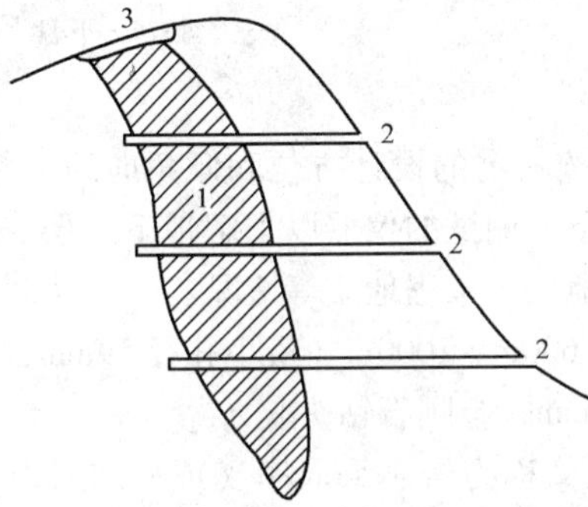

图3-4　矿床的平窿勘探（剖面图）

1—矿体；2—平窿；3—探槽

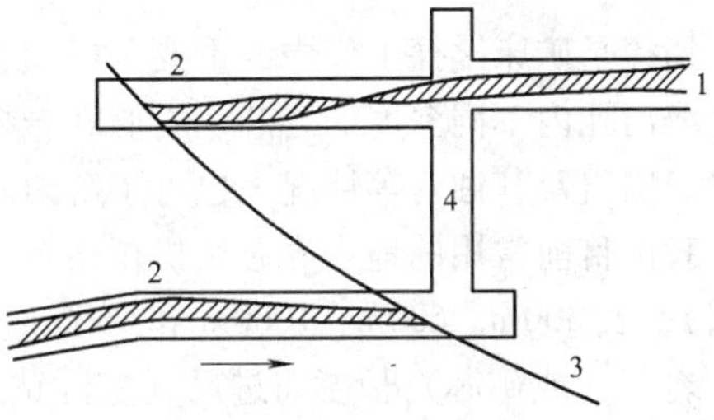

图3-5　用石门寻找矿脉的错失部分（平面图）

1—矿体；2—沿脉；3—断层；4—石门

(3) 沿脉是指在地表无直接出口，在矿体内沿矿体走向掘进的水平坑道（图3-6）。用来了解矿体沿走向方向的变化情况，当矿体厚度较小时（一般小于2m），直接用以揭露矿体；当矿体厚度大时，则用以连接各个穿脉坑道。若沿脉掘进在脉外下盘岩石中，此时就称为脉外平巷或石巷。

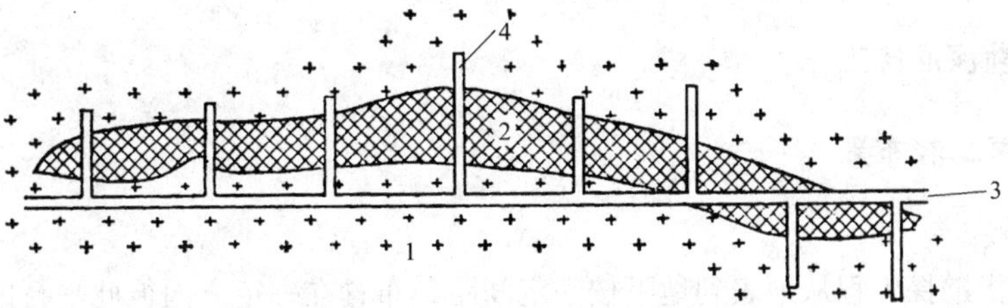

图3-6　沿脉、穿脉勘探矿体示意图（平面图）

1—围岩；2—矿体；3—沿脉；4—穿脉

(4) 穿脉是大致垂直矿体走向，横穿矿体厚度，地面没有直接出口的水平坑道，可以了解矿体在厚度方向上的变化情况，其长度以能揭露矿体全厚度为准（图3-6）。

B　垂直的坑探工程

竖井是地表设有出口的重型垂直坑道，与浅井不同之处在于断面大、深度大，并有较正规的提升、通风等设备。竖井的下部用石门与矿体相连接，勘探竖井常布置在矿体的下盘，以便将来采矿时作为副井或通风井用（图3-7）。

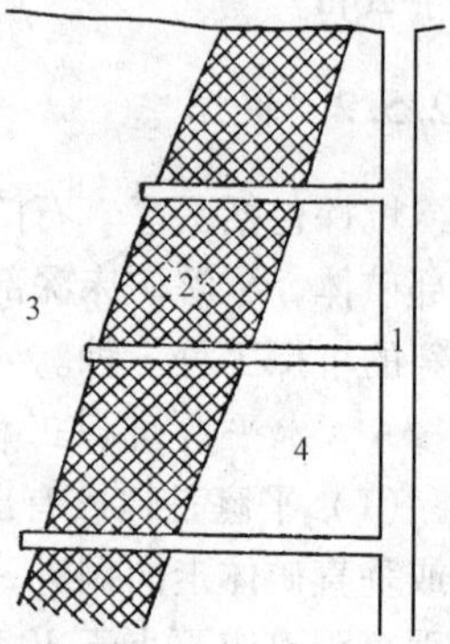

图3-7　矿体下盘布置竖井勘探示意图
1—竖井；2—矿体；3—上盘；4—下盘

C　倾斜的坑探工程

倾斜的坑探工程有斜井、天井、上山与下山等。

（1）斜井是一种地表有出口的倾斜坑道，用来勘探产状稳定和倾角较小（小于45°）的矿体，其优点在于可节省石门。

（2）天井是地表没有直接出口的垂直或陡倾斜坑道。天井用于贯通上下两层水平坑道或揭露矿体沿倾斜方向的变化。

（3）上山与下山是地表没有直接出口的缓倾斜坑道。由沿脉顺矿体倾斜方向，向上开掘的倾斜坑道称为上山，向下开掘的倾斜坑道称为下山，主要用来了解矿体沿倾斜方向的变化情况。

3.2.5.3　钻探工程

钻探是矿床勘探工作中的重要手段。它是利用钻机按一定的设计方位和倾角向地下钻孔，通过取出孔内不同深度的岩芯、岩屑和岩粉，或在孔内下入测试的仪器以了解地下岩层、矿石质量、围岩及其蚀变等情况，也可了解地质构造、水文地质、工程地质等情况。

我国目前常用的地表岩芯钻机规格有150m、300m、600m、1000m（最小孔径59mm，合金钻头），及300m、600m、1000m和1500m（最小孔径46mm，金刚石钻头）。

岩芯（或矿芯）长度与进尺（实际钻进距离）的比值称为岩芯采取率（或矿芯采取率）。一般情况下，岩芯采取率小于60%，矿芯采取率小于70%，就被认为不符合钻探质量的要求。

岩芯钻探不受地形条件的影响，而且可打任何方向、任何倾斜角度的钻孔。不仅适用于地表，也适用于在坑道中进行钻探；既可垂直探矿，也可倾斜或水平探矿。探矿成本也比坑道低，故目前在地质勘探工作中得到广泛应用。当矿体倾角较平缓时多采用直钻，当矿体倾角较陡时（大于45°时）多采用斜钻。

目前，各勘探队开始普遍使用人造金刚石钻头进行钻探，其速度快，岩芯采取率高。除上述各种勘探手段外，还有地球物理勘探（简称物探）和地球化学勘探（简称化探）等勘探技术手段。物探与化探可用来寻找、追索盲矿体。

3.2.6　矿床勘探准备工作

3.2.6.1　勘探工程布置

A　勘探线

勘探线是指勘探工程从地表到地下按一定间距，布置在一定方向彼此平行的垂直面上。由于在地表上看，好像各工程都分布在许多平行的直线上，所以又称为勘探线。在同一走向勘探线（实际为垂直面上）可以有不同类型的勘探工程（图3-8），勘探线的方向应与矿体走向或平均走向垂直。这种布置方式多适用于矿体呈两个方向延长（走向及倾斜），产状较陡的层状、似层状、透镜状和脉状矿体。

B　勘探网

勘探网是指勘探工程有规律地布置在两组互相交叉的勘探线交点上，组成网状系统，其网形有正方形、长方形、菱形等（图 3-9），最常用的是正方形和长方形。

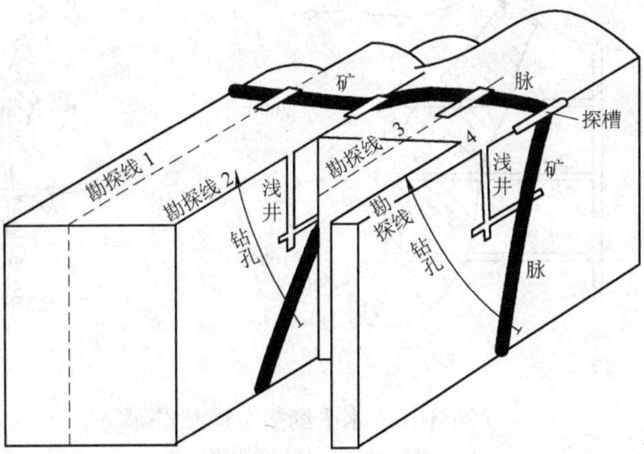

图 3-8 沿勘探线勘探矿脉（立体图）

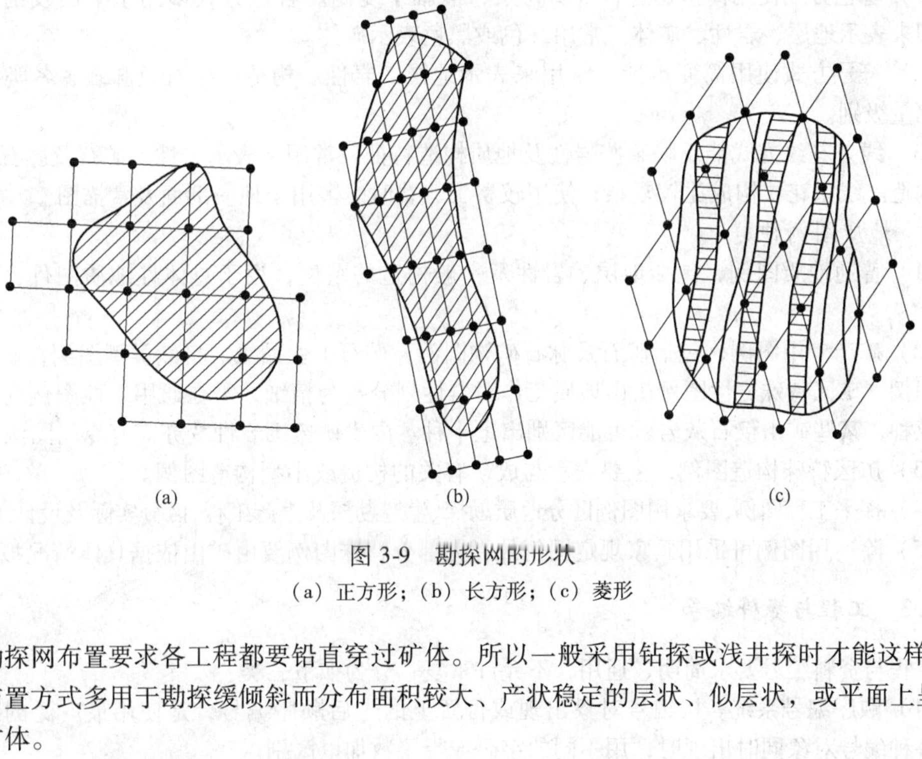

图 3-9 勘探网的形状

（a）正方形；（b）长方形；（c）菱形

勘探网布置要求各工程都要铅直穿过矿体。所以一般采用钻探或浅井探时才能这样布置。这种布置方式多用于勘探缓倾斜而分布面积较大、产状稳定的层状、似层状，或平面上呈等轴状的矿体。

C 水平勘探的勘探工程布置

水平勘探的勘探工程布置在不同标高的水平面上（图 3-10）。这种布置方式中，主要采用穿脉及沿脉进行探矿，有时也用些坑内水平钻。多用于陡倾斜筒状矿体，或陡倾斜、走向延长短、延深大的复杂厚矿体，或地形陡峻的山区。

3.2.6.2 地质图例制定

A 图例表示方法

图例要求简明、易绘、通用、说明问题。

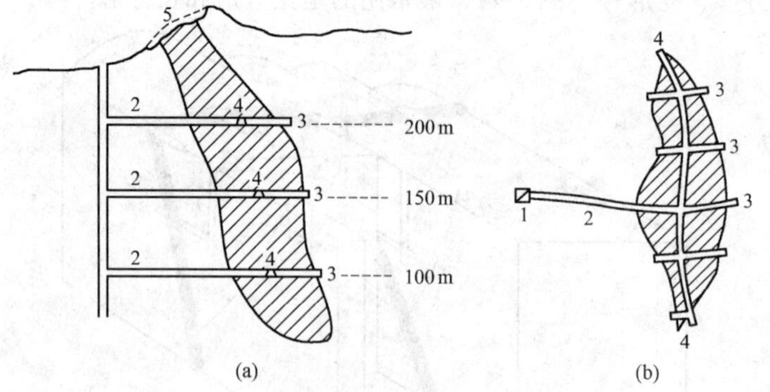

图 3-10　水平勘探布置方式
（a）垂直断面；（b）水平断面
1—竖井；2—石门；3—穿脉；4—沿脉；5—探槽

（1）着色方式使用简便迅速，鲜明易辨，但难于复制。着色方式多用于平面及剖面地质图，用来表示地层、岩性、矿体。常用红色或黑色表示矿体。

（2）符号方式使用简便迅速。常用来表示地层、岩性、构造、矿石及脉石、各类探采工程、储量级别。

（3）线条花纹方式能反映某些岩性及地质构造特征，常用来表示岩性、矿石及脉石、各种地质构造。线条花纹构成比较复杂，使用较费工、费时。多用于地质剖面及素描图。

B　地质图例种类

（1）普通地质图例，包括地层、岩性及一般构造的图例，用于总体性地质图件，多属通用。

（2）矿产专用图例，包括矿石及脉石矿物图例，矿石工业品级、自然类型图例，矿石结构构造图例。矿区特殊岩性图例矿山地质工作对岩性划分甚为精细，需在通用岩性图例的基础上划分亚种，某些矿山仅石灰岩就可能区别出上十种。内生矿床围岩蚀变亦需有专门图例。

（3）矿区特殊构造图例，主要表示与成矿有关的构造或小型构造图例。

（4）探采工程图例，要求用图例区分地质勘探、生产勘探及生产工程，区分实际及设计工程。

（5）除通用图例可采用国家规定图例外，大部分特殊图例要由矿山依据具体情况拟定。

3.2.6.3　工程与资料编号

工程与资料编号要求简明、通用，不允许重复，分为如下三类：

（1）顺序编号系统。按编号对象出现或位置上的先后顺序编号，是使用最广泛的编号系统。多种编号对象同时出现时，用不同的字码或带尾数加以区别。

（2）预备数编号系统。同类编号对象需要分几组按同一编号系统顺序编号时，事先预计各组编号的最大数值，将编号号码相应地分为几组，各组占用一定预备数号码。

（3）特定数字或符号系统。利用编号对象所处特定条件，如中段及平台标高，资料出现的年份等作为编号的基数，再按顺序编号。此种系统适用于处理大量编号对象，使用广泛。如中段、平台及中段、平台内的矿块、坑道编号，勘探线上工程编号，常年进行的取样资料编号。

3.2.6.4　地质常用图例

主要矿物图例、岩石图例、地质构造图例、矿山工程图例分别如图 3-11 ~ 图 3-14 所示。

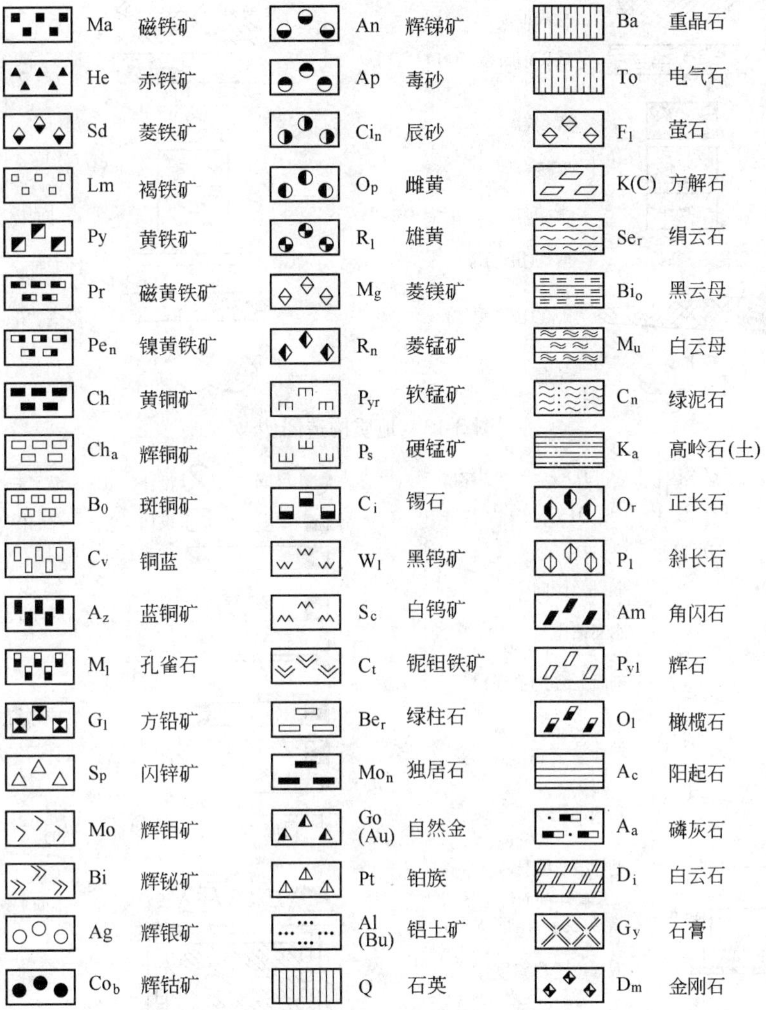

图 3-11 主要矿物图例

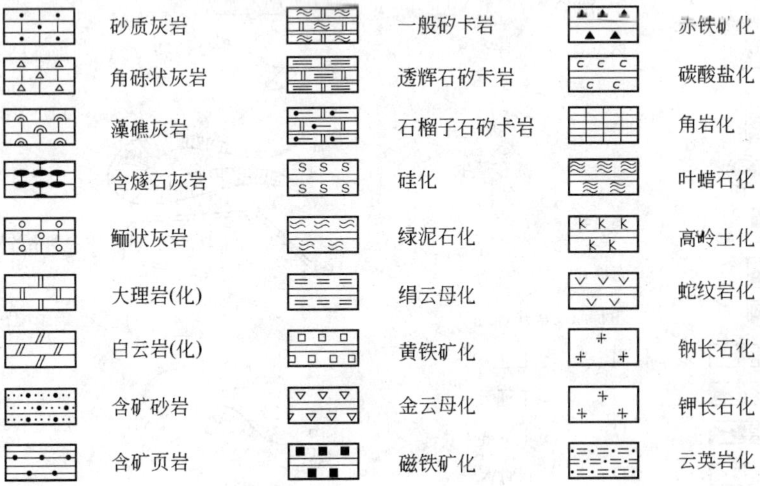

图 3-12 岩石图例

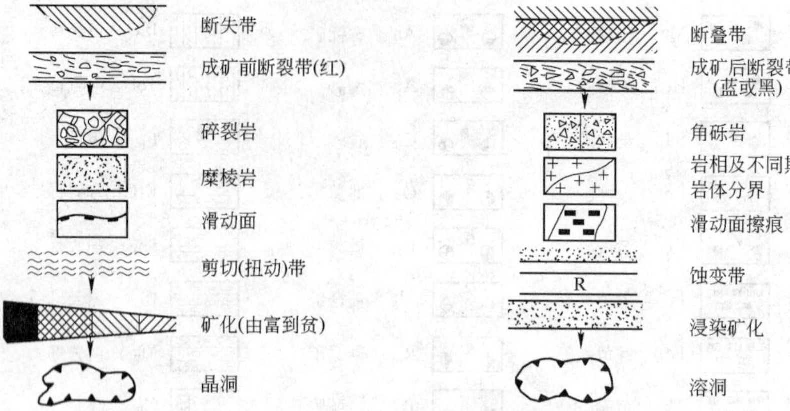

图 3-13　地质构造图例

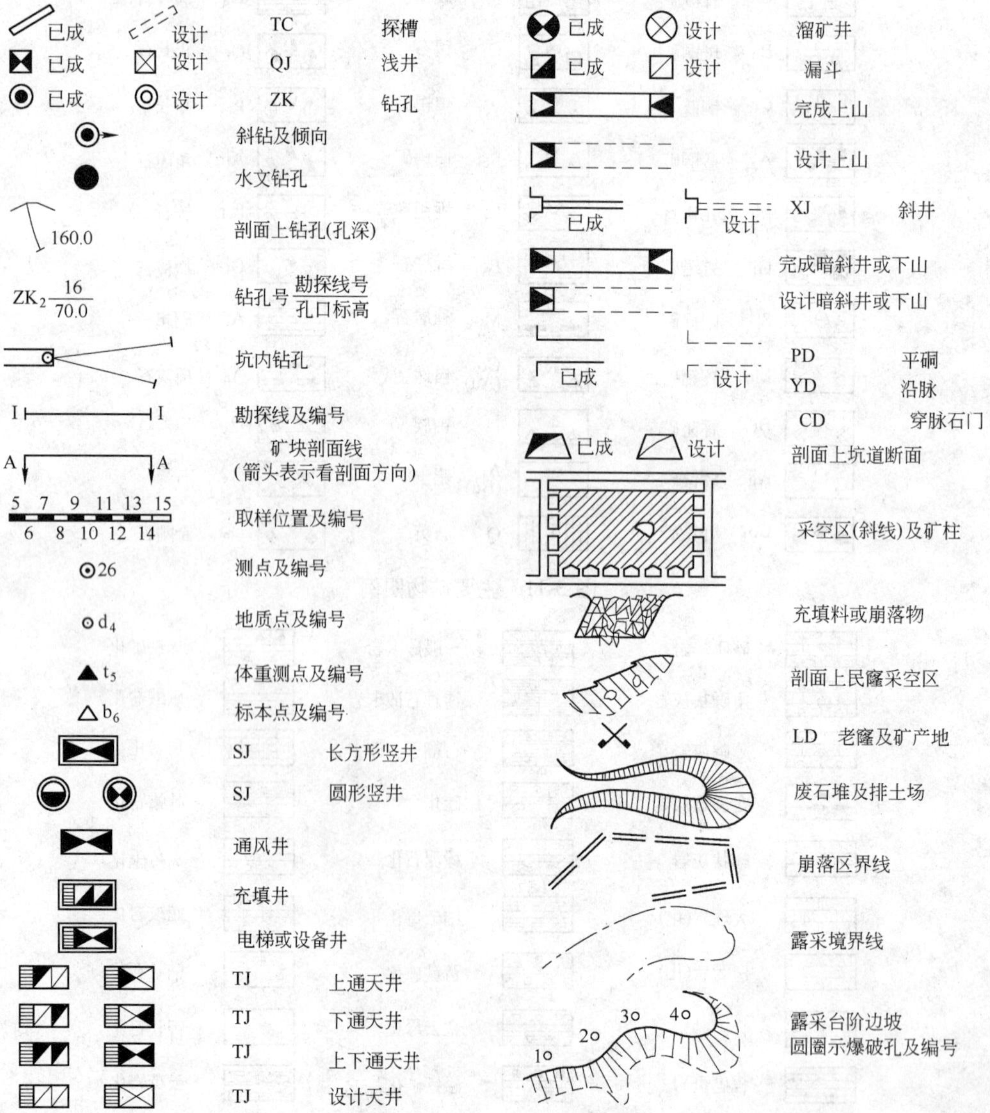

图 3-14　矿山工程图例

3.3 生产勘探

生产勘探是在地质勘探的基础上，在紧邻近期开采地段，与生产工作结合进行的深入一步的勘探工作。目的在于提高矿床勘探程度，达到储量升级；并在一定条件下探明新增矿产储量，延长矿山服务年限。生产勘探的特点是勘探程度进一步提高，地质研究更加深入细致。与生产紧密结合，且超前生产工作。

3.3.1 生产勘探目的

3.3.1.1 生产勘探任务

（1）采用一定勘探手段，加强端部、边界部位的控制，加强下垂和上延矿体、夹石及破坏矿体的断层、破碎带、火成岩体的控制，修正矿体的边界线，调整矿体产状、形态、空间位置，使之更近于实际。

（2）进一步查明矿产质量，修正矿石主要有用组分及伴生有益、有害组分的品位，并按生产单元的需要重新计算，准确地划分矿石品级和类型，圈定矿体的氧化带、混合带、原生带，为储量计算、矿石质量管理、矿产资源的合理利用提供依据。

（3）按生产单元重新计算矿产储量，提高储量的可靠程度，为制订生产作业计划，进行矿产储量的统计、平衡和管理提供依据。

（4）确定近期开采地段的矿床水文地质条件、采矿技术条件、矿石加工技术条件，为矿山安全生产作业和矿石的合理加工利用提供必要资料。

（5）认真研究伴生组分的综合利用，低品级及表外矿石的利用，探明原地质勘探漏掉的存在于主矿体顶、底盘或边部的分支、平行、再现的次要小盲矿体，增加矿山矿产保有储量。

（6）进行矿床综合地质研究。

3.3.1.2 生产勘探程度

A 确保地质储量的可靠

生产勘探程度应确保储量升级，达到采矿生产步骤（开拓、采准、切割、回采）的要求，保证储量的可靠程度，储量的升级和可靠程度关系到矿山生产计划的正确制订与执行，以及生产的正常可持续发展。

B 严格控制矿体产状、形态、空间位置

矿体产状、形态、空间位置的控制程度不足，将严重地影响矿山生产，对露天开采，影响采场底界标高、最终境界线位置、分期扩建范围及期限、边坡角及台阶高度、开沟位置、剥离方案、排土系统、运输线路、地面建筑等生产要素的确定；对地下开采，影响井筒位置、采区及中段划分、中段高度、开拓方案、开拓运输系统、采矿方法及开采单元构成、矿石回采工艺的确定；还影响生产的各项技术经济指标，如采掘或采剥比、贫化及损失率、生产成本及效率等。

a 严格控制矿体边界

矿体与围岩（或夹石）的实际边界与生产勘探圈定的边界位置不一致而发生的边界位移，对采掘、采剥工作的正确布置有较大影响，矿体边界的误差如果在一定范围内是允许的，允许误差决定于储量级别、位移的方向、矿体倾角、矿体顶盘或底盘、夹石边界、开采方式、矿床开拓方案、采矿方法、露采基建方式等。相同的数值由于以上因素不同，产生不同的结果。例如同样发生 1m 位移，产生的贫化范围为 0.1% ~5%。

b　严格控制矿体的深度

产于向斜或呈向斜状产出的矿体，其底界标高是确定露天采场底界和地下开采运输平巷标高位置的重要参数，特别是露天开采的境界一经确定，改变很困难。生产勘探深度应根据工作目的、矿山服务年限、矿体的延深及生产接替情况来决定。小矿体、薄矿体一次穿过矿体，厚大而深的矿体则采用多年持续分段勘探。生产勘探的合理范围与超前期限，是生产勘探程度在空间及时间上的反映，超前期限应符合三级矿量的要求。

c　严格控制矿体产状

当矿体倾角及倾向没有准确控制时，可能造成采掘工程布置错误，特别是当矿体倾角接近自然安息角时，要准确地控制矿体倾角，保证放矿顺利进行。

d　严格控制矿体厚度及长度

矿体厚度及长度误差对采矿生产的影响是巨大的，有可能造成开拓工程、采准工程的浪费，储量落空。

C　注意发现盲矿体

主矿体顶底盘或采区附近常存在地质勘探无法控制的小盲矿体。当矿床开拓后，这些小矿体的实际价值就显露出来，如不及时探明，在主矿体开采后，将造成永久损失。要求生产勘探对它们进行必要的控制。

D　提高矿石质量的准确性

矿石中主要有用及伴生有用、有害组分的品位及其变化规律均必须准确控制。需要选别开采的矿山，矿体内部矿石工业品级和自然类型的种类、比例、分布应准确控制。矿石质量关系到矿石质量管理、出矿品位均衡、选冶技术方法及流程的选择与调整、选冶的技术经济指标(回收率、尾矿品位、精矿品位、产品工效与成本等)，也影响到产品质量。要求对矿石化学成分、工艺矿物成分加强研究。

E　准确掌握矿体内部结构

准确掌握矿体内部结构，对多品级、多类型矿石的矿山有较大影响，关系到采矿工艺技术的选择、矿石质量均衡，产品的品种和质量。

F　准确控制矿体地质构造

矿床及矿体地质构造特征的研究应是决定生产勘探程度的基础。构造复杂的层状、似层状矿床，对采区内出现的较大褶曲、断裂，破坏矿体的火成岩体应加强控制。矿床及矿体地质构造的研究程度对生产有直接影响，主要有：(1) 一定程度上决定矿山设计规模和建设速度。(2) 露天开采境界的确定、边坡的稳定性。(3) 地下开采开拓方案的选择及开采单元划分。(4) 矿床透水条件、井下安全条件。(5) 开采方法的选择及采矿的技术经济指标。

3.3.2　生产勘探方法

3.3.2.1　坑探与钻探联合勘探

有色金属矿床地下开采矿山的生产勘探如果依靠坑道来实现，勘探周期长，经济效果差。应该采用坑钻组合勘探，即“以钻代坑，坑钻结合”，能改进生产勘探效果。实行坑钻组合勘探，要求坑钻两者能有机联系地进行布置，以发挥彼此工程的长处，弥补其短处。

坑钻组合勘探有两种方式：(1) 以坑为主，坑钻组合。用坑道探明矿体主要部位的地质构造特征。矿体局部复杂地段利用坑内钻探，指导坑道掘进。(2) 以钻为主，坑钻组合。用坑内钻，探明矿体主要部位的地质构造特征，取代大量坑道。对于矿体分布不集中，规模较小，变化较大的矿床，多采用这一种组合方式。坑钻组合勘探常见形式见图 3-15。

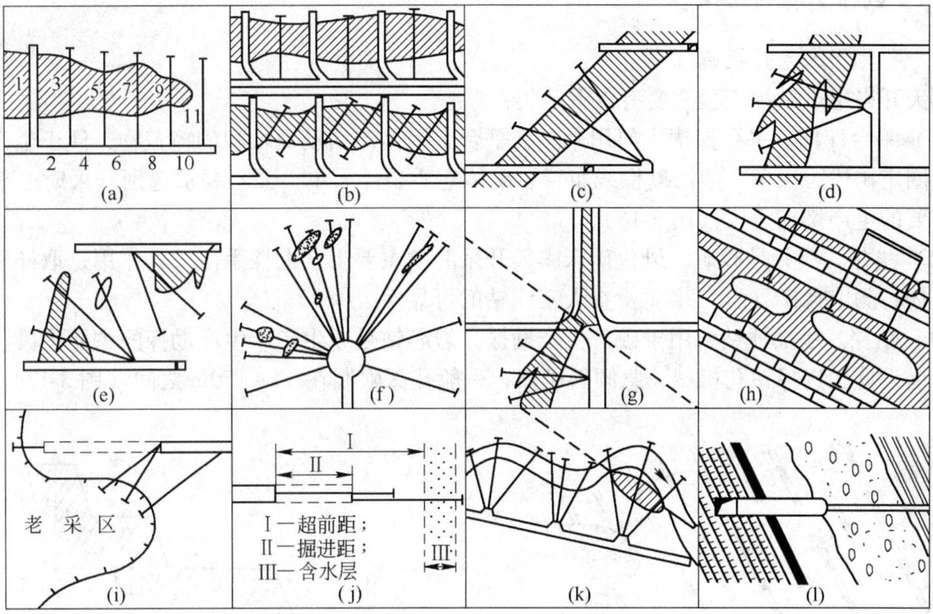

图 3-15 常用坑钻组合勘探方式

3.3.2.2 勘探与生产相结合

实行探采结合时，要求矿山地质与采矿部门彼此配合，统筹规划，统一施工，联合设计，既要达到勘探要求，又要满足采矿生产的需要。

A 露天开采的探采结合

露采剥离前，矿山地质部门已进行工程密度很大的生产勘探工作，矿体总的边界已经控制。因此露采的探采结合主要存在于爆破回采阶段。能利用于生产勘探的生产工程为采场平台、台阶边坡、爆破孔、爆破砌井、爆破矿堆。编制平台地质平面图时要利用平台与探槽结合的资料，编制地质剖面图时要利用岩芯钻及爆破孔揭露的资料。

B 地下开采的探采结合

（1）矿床开拓时期探采结合，能实现探采结合的工程包括脉内沿脉、运输穿脉，这些坑道大部分切穿矿体，能起探矿作用。脉外开拓工程可以采用与钻探结合对矿体产状、形态、边界的空间位置起控制作用。完成中段地质平面图时，采矿与地质共同设计、兼顾探矿及开拓。

（2）采准时期的探采结合，采准阶段的探采结合以采矿块段（矿块、采区、盘区）为单元，属于单体性生产勘探范围。地质及采矿人员共同商定采准阶段的探采结合方案，兼顾矿块地质工作及采矿方法及初步的采准方案，采准工程尽量利用探矿工程。

（3）切割及回采时期的探采结合，利用切割巷及切采层控制矿体，指导矿石回采，利用切割巷道及其他巷道，或稍加延长，即可探明矿块内分支小脉、下垂或上延矿体。采用深孔凿岩的采场，可利用部分深孔取样圈定矿体。

3.3.3　生产勘探工程

3.3.3.1　勘探工程的选择

A　露天开采生产勘探工程

露天开采生产勘探工程主要有以下几类：

（1）平台探槽。平台探槽主要用来剥去平台上因生产活动而堆积的掩盖物，便于生产取样及准确圈定矿体。探槽一般沿勘探线布置。矿体地质条件简单，又不要求选别开采时，平台探槽是主要的生产勘探手段（图3-16）。

（2）浅井。浅井是砂矿、风化矿床露天开采时的主要生产勘探手段。其作用是取样并准确圈定矿体，测定含矿（石）率，检查人工浅钻的可靠性。

（3）钻探。手摇浅钻，用于砂矿生产勘探。岩芯钻是原生矿床生产勘探的主要手段。根据矿体厚度设计和选择钻孔机械，急倾斜矿体，一般孔深限制在50～150m之间（图3-17）。

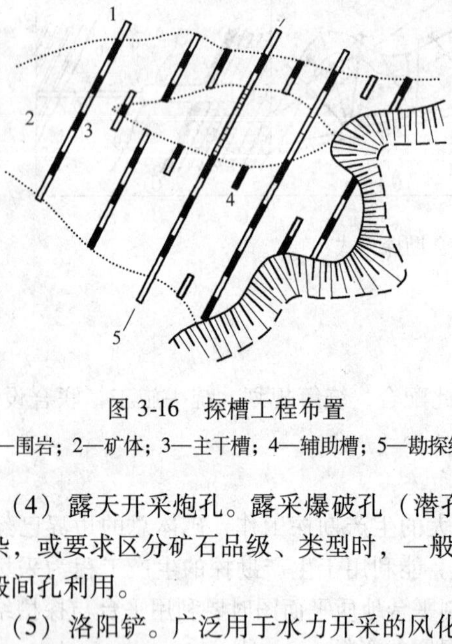

图3-16　探槽工程布置

1—围岩；2—矿体；3—主干槽；4—辅助槽；5—勘探线

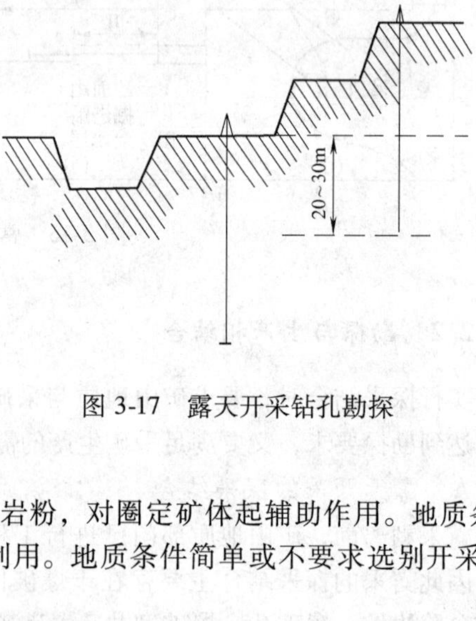

图3-17　露天开采钻孔勘探

（4）露天开采炮孔。露采爆破孔（潜孔钻）取岩粉，对圈定矿体起辅助作用。地质条件复杂，或要求区分矿石品级、类型时，一般每孔均利用。地质条件简单或不要求选别开采时，一般间孔利用。

（5）洛阳铲。广泛用于水力开采的风化矿床，效率高而成本低，钻深可达30m，用以代替浅井，效果良好。

B　地下开采生产探矿工程

（1）坑道。坑道是地下开采时的主要生产勘探手段。所获资料准确可靠，能为生产利用，做到探采结合。沿矿体走向时，主要使用脉内、外沿脉或带穿脉的沿脉；沿矿体倾向时，主要使用天井（急倾斜）、上山（缓倾斜）、斜天井（中等倾斜）；沿厚度方向切穿矿体，主要使用穿脉、天井。各类坑道探矿的具体应用见图3-18。

（2）钻探。只有埋藏不深的矿体或浅部生产勘探，才使用地表岩芯钻。大量使用的是坑内岩芯钻。具体应用布置见图3-15。

3.3.3.2　勘探工程的布置

A　勘探工程的位置

生产勘探是在地质勘探的基础上进行的，为了利用原地质勘探资料，提高生产勘探资料质

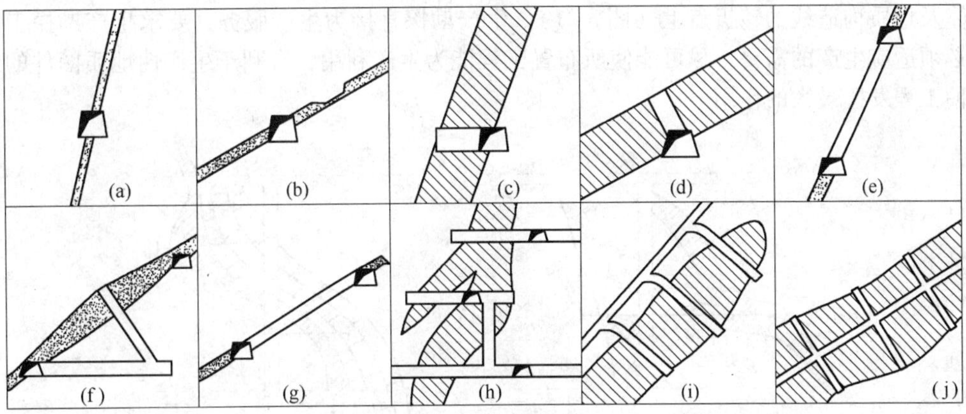

图 3-18 坑道探矿的应用

(a) 急倾斜薄矿脉，沿脉探矿；(b) 缓倾斜薄矿层，沿脉探矿；(c) 急倾斜中厚矿体，沿脉带穿脉；(d) 缓倾斜中厚矿体，沿脉带天井；(e) 急倾斜薄矿脉，天井探矿；(f) 缓及中等倾斜，薄及中厚矿体，斜天井探矿；(g) 缓倾斜薄矿脉，上山探矿；(h) 不规则矿体，盲中段辅穿探矿；(i) 厚大矿体，脉外沿脉带穿脉；(j) 厚大矿体，脉内沿脉带穿脉

量和节约工程投资，要求生产勘探工程布置尽可能与原地质勘探工程系统保持一致，即尽可能在原勘探线上加密工程，或在原勘探线间加密新的勘探线（图 3-19）。

勘探线剖面的方向尽可能垂直矿体总走向的原则，同样适用于生产勘探。因此，当矿体在某一地段走向发生较大变化，而与总的勘探系统方向不垂直且两者交角小于60°时，应当视具体情况将原勘探剖面方向予以改变（图 3-20）。

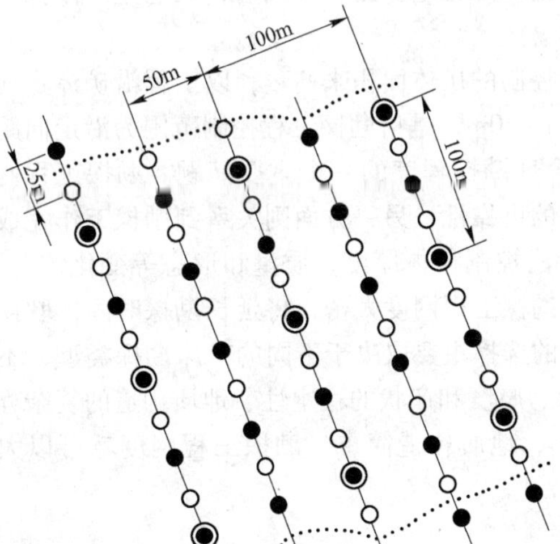

图 3-19 露天开采加密勘探线

1—地质勘探钻孔；2—第一批生产勘探钻孔；3—第二批生产勘探钻孔

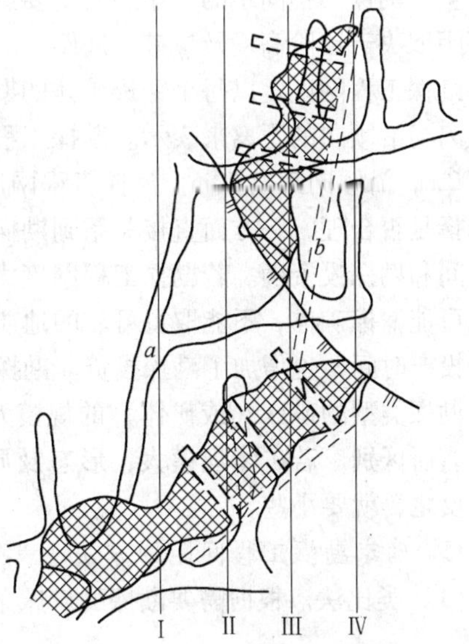

图 3-20 地下开采改变勘探线的方向

a—原设计坑道；*b*—修改后坑道

为了使生产勘探工程对矿体及地质体的形态控制更为准确，要求生产勘探工程尽可能布置在矿体及地质构造线的转折点上（图 3-21），生产勘探直接为生产服务，要求生产勘探工程的布置必须适应生产的需要。尽可能使所布置工程能为生产利用，有利于生产性地质图件的编制和各种工程发挥最大的作用。

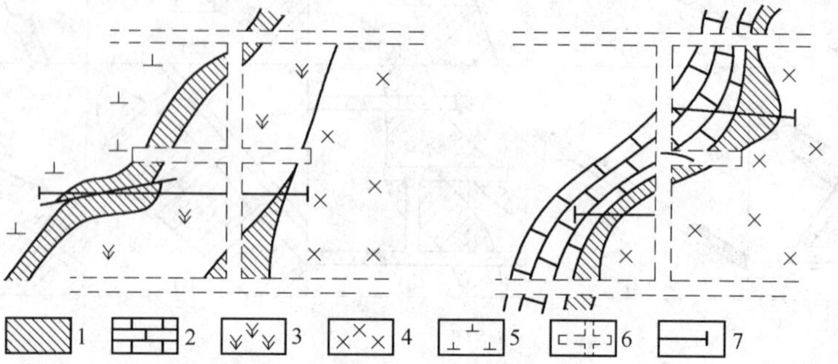

图 3-21　生产探矿工程的正确布置
1—矿体；2～5—各种岩体；6—原设计天井及穿脉；7—合理的探矿孔位置

B　探矿工程的间距及勘探工程量

生产勘探工程间距（网度）在很大程度上取决于矿床地质构造的复杂程度，生产勘探主要目的是提升储量级别，但生产勘探的工程量将大大增加。影响探矿工程量的因素有：探边、探盲、探“空白区”以及探极不规则的小矿体，勘探工程甚至大于勘探主矿体。露天开采时对影响矿床正确开采的矿体端部、顶底盘边界需加强控制，避免增加工程量。矿床勘探手段的种类和技术性能也影响勘探工程间距，从而影响勘探工程量。矿床开采方式、开拓方案、采矿方法对生产勘探工程间距的大小也有重要影响，改变勘探工程量。露天开采时，某些生产勘探工程间距取决于台阶高度及爆破孔间距。

勘探工程网度常以每个穿透矿体的勘探工程所控制的矿体面积来衡量，以工程沿矿体走向的距离与沿倾向的距离来表示。勘探工程网度 100m × 50m，是指勘探工程控制范围为沿走向距离 100m，沿倾向距离 50m。勘探工程网度是影响合理勘探程度的一个重要问题。勘探工程网度选择是否合理，一方面直接关系到勘探工作成果的可靠性，另一方面则关系到勘探工作完成的时间和勘探投资额。若勘探工程网度太稀，则无法控制矿体厚度、质量和形态等变化情况，甚至可能漏掉矿体，不能取得可靠的地质资料；若勘探工程网度太密，将延长勘探时间，耽误矿山投产时间，也增加了勘探投资。勘探工程网度的选择主要取决于不同的矿床勘探类型，不同的勘探类型的矿床（或矿体）的规模大小、形状、厚度和产状的稳定性、地质构造的复杂程度也有所区别。若矿体规模大，形态及质量变化小，地质构造简单，勘探工程网度就可以大些；反之，就要小些。

C　确定勘探工程间距的方法

（1）类比法。根据需要勘探的矿床条件与已知矿床的条件相类似，采用相同的勘探方法及间距。

（2）验证法。根据已经完成的本矿床勘探方法及间距，考核勘探准确性，经过验证可以继续采用此种间距。

（3）统计计算法。通过复杂的统计及计算，获得合理的勘探方法及间距。

复习思考题

3-1 矿床勘探程度的基本概念及确定合理勘探程度的意义是什么？

3-2 矿床的勘探程度与矿产的储量级别有何区别与联系？

3-3 矿山建设设计的主要内容是什么？

3-4 矿床勘探程度的基本要求有哪些？

3-5 简述勘探深度的概念及影响因素。怎样确定合理勘探深度？

3-6 确定合理勘探程度的基本经验有哪些，如何正确运用这些经验指导矿床勘探？

3-7 布置勘探工程应当遵循什么原则，在具体条件下应当怎样灵活运用这一原则？

3-8 物探和化探手段在深部勘探中的意义何在，它们的发展趋势是什么？

3-9 影响勘探手段选择的主要因素有哪些，一般怎样才能确定所选择的手段是最合理的？

3-10 什么是勘探形式，矿体的形状与产状与勘探形式有何关系，不同勘探形式下勘探工程的间距都是怎样确定和表示的？

3-11 什么是勘探工程密度，研究勘探工程密度的有效方法有几种，它们的适用条件是什么？

3-12 一般钻孔的设计是怎样进行的？

4 矿山矿产资源

4.1 矿石及岩石质量

4.1.1 概述

矿石质量，主要是指品位。对金属及部分非金属（如盐类、硫、萤石、磷、硼等）矿产，品位指矿石中主要有用组分的含量，一般用质量分数表示，个别矿产（贵金属）用克/吨表示，砂矿用克/米^3 或毫克/米^3 表示，金刚石用克拉/米^3 表示。矿岩技术性质包括矿石选、冶的加工技术性质和矿岩物理技术性质。矿石加工技术性质决定矿石选矿及冶炼技术方法和工艺流程；矿石质量、矿岩物理技术性质包括体重、湿度、孔隙度、松散系数、块度、硬度、机械强度等，是计算储量和确定采矿技术条件的依据。许多非金属矿产的质量并不取决于矿石化学成分，而取决于特殊物理技术性质，如石棉的纤维长度、耐热性；云母的晶体尺寸、电绝缘性；压电石英的晶体尺寸、颜色和压电性等。

矿石质量及矿岩技术性质的测定，其目的不只是确定矿石质量的好坏，或者矿岩技术性质的优劣，还在于查明矿产质量的空间分布和变化规律。

无论找矿、地质勘探和矿山地质工作中都有矿石质量及矿岩技术性质测定的任务。普查找矿阶段，是矿床远景评价的依据。地质勘探阶段是圈定矿体，划分矿石工业品级和自然类型，评定矿石质量和储量计算，确定矿石加工技术条件、采矿技术条件和矿床工业评价的依据。矿山地质工作中，矿石质量测定是日常地质工作之一，它是重新圈定矿体，确定中段或平台、矿块矿石质量，进行采矿、出矿矿石质量管理，保证出矿矿石品位均衡，调整矿山产品方案，计算及管理矿量，制订矿山工作计划，以及进行矿山综合地质研究等的依据。

测定矿石质量及矿岩技术性质一般有三类方法：

（1）矿产取样。在矿体一定部位，按一定方式方法采取一小部分具有代表性的矿石作为样品，经过加工、化验和其他专门性测试鉴定，达到确定矿石质量及矿岩技术性质的目的。矿产取样应用广泛。其工作由采样、样品加工、样品的化验或测试，化验及测试结果的处理等工作组成。

（2）实测统计法。由现场实测及室内统计两步工作组成。

（3）核物理测定法。采用便携式测试仪器，如 X 射线荧光分析仪在现场或对样品直接测定矿石质量。

4.1.2 实测统计法

实测统计法首先应用于我国钨矿山，其方法是在坑道顶板或天井帮上，取 2m 长作为一实测统计单位（即一个样品的范围），用小钢尺测出矿体暴露的总面积和其中黑钨矿所占的面积，可用下式换算出黑钨矿体的矿石品位：

$$c = \frac{\Sigma A_{\mathrm{W}} \times \rho \times c_{\mathrm{WO_3}}}{(\Sigma A_{\mathrm{q}} - \Sigma A_{\mathrm{W}})\rho_{\mathrm{q}} + \Sigma A_{\mathrm{W}} \times \rho} \tag{4-1}$$

式中 c——黑钨矿体的矿石品位；

ΣA_W——一个样品范围内黑钨矿面积之和；

ρ——黑钨矿密度，6.7～7.5kg/m^3；

c_{WO_3}——黑钨矿中 WO_3 的平均含量（74%）；

ΣA_q——一个样品范围内矿脉面积的总和；

ρ_q——石英密度，2.65kg/m^3。

式（4-1）仅适用于脉石矿物只有石英的黑钨矿脉，且假设其深度为1。

这种方法的优点是将样品的采取、加工和化验简化为一个步骤。但它们只适用于有用组分单一、有用矿物颗粒粗大、有用矿物与脉石矿物种类单一且易于区分的矿床。目前仅少数钨、锑矿山使用。

4.1.3 核物理测定法

利用激发源轰击被测矿石，使矿石中的元素原子结构成为“不稳定状态”，从而放出各种射线；用仪器测量放出射线的种类，可判断元素的种类；据射线能量的大小，可测定矿石中元素含量。这种测定矿石质量的方法总称核物理法。其主要特点是灵敏度高，准确度好，能快速得出结果，一次可测定几个元素，当前核物理测定技术主要有中子活化分析、质子荧光分析、X射线荧光分析、天然放射性元素分析。

这类设备适用范围广，对各种矿石进行多元素分析，应用于各类矿石的检测和分析，也能应用于矿渣精炼分析及考古研究。包括金矿、银矿、铜矿、铁矿、锡矿、锌矿、镍矿、钼矿、铱矿、砷矿、铅矿、钛矿、锑矿、钒矿、碘矿、硫矿、钾矿、磷矿、铀矿等矿石，即从磷到铀的所有自然矿石、矿渣、岩石、泥土、泥浆。被检测的样品可以是固体、液体、粉尘、粉末、实心体、碎片、过滤物质、薄膜层等有形物体。现场分析时能做出快速而全面的矿石类型研究，对样品要求低，测试结果准确，能准确分析高浓度样品，避免了验证性的实验室测试。无需等待和花费时间即可现场确定矿石等级。现场元素鉴定，在野外也可对土壤、沉积物、钻孔样品等地球化学进行测定。

4.1.4 矿岩物理性质测定

4.1.4.1 *矿石体重的测定*

A 概念

矿石体重又称为矿石容重，是计算矿石储量的重要参数，是指自然状态下单位体积矿石的质量，以矿石质量与其体积之比表示。

B 测定方法

按测定方法，可分为小体重和大体重。

a 小体重

小体重是按阿基米得原理，以小块（60～120cm^3）矿石用封蜡排水法测定，其体重计算公式为：

$$D = \frac{W}{V_1 - V_2}$$
$$V_2 = \frac{W_1 - W}{0.93} \tag{4-2}$$

式中　D——矿石体重；

W——矿石质量；

V_1——矿石封蜡后的体积，即封蜡矿石放入水中所排水之体积；

V_2——矿石上所封蜡的体积；

W_1——矿石封蜡后的质量；

0.93——蜡的密度，g/cm^3。

小体重需按类型或品级矿石取 30 ~ 50 块标本，在空间分布上应有代表性；应在野外封蜡，进行测定，然后取其平均值。

由于小块矿石中不包括矿体中所存在的一些较大裂隙和孔隙（洞），故测定结果往往比实际的矿石体重值要大，可视为矿石密度，往往需用大体重来检查或校正。

b　大体重

大体重是在野外用全巷法取大样品，称其质量为 m，再细致地测其体积为 V，则体重为 $D = m/V$。其体积可以用塑料或沙子充填的办法测得，不少于 $0.125m^3$。

虽然大体重样品体积大，工作量大，成本高，但对疏松或多裂隙孔洞的矿石（如氧化矿石、风化壳型镍矿石等），每类型或品级矿石还需测大体重样 2 ~ 5 个。

因大体重样品基本代表矿体自然状态，故其可靠性与代表性高，可用于校正小体重或直接用于储量计算。

测定矿石体重的同时，要测定它的主元素品位、湿度和孔隙度（氧化矿石）。

可以在矿体中掘进坑道时，用全巷法采集样品；也可以在坑道中或在地表露头上进行专门大体重测定。一般样品体积为 $1 \sim 10m^3$。

4.1.4.2　*矿石湿度的测定*

A　概念

矿石湿度指自然状态下，单位质量矿石中所含的水分，以含水量与湿矿石的质量分数表示。

B　测定目的

因为化学分析的品位是干矿石的品位，而矿石体重是在自然状态下测定的，计算储量时，应使两者统一，所以必须用矿石湿度加以校正。

C　湿度测定

湿矿石及烘干矿石质量分别为 m_1 和 m_2，湿度 B 为：

$$B = \frac{m_1 - m_2}{m_1} \times 100\% \tag{4-3}$$

D　矿石品位校正

已知烘干矿石品位为 c_2，则湿矿石 c_1 为：

$$c_1 = c_2(1 - B) \tag{4-4}$$

湿度的大小主要决定于矿石孔隙度、裂隙度、地下水面与取样深度等。一般每类型矿石湿度测定样品不少于 15 ~ 20 个。

4.1.4.3　*矿石及近矿围岩抗压强度的测定*

测定抗压强度是为开采设计提供依据，一般是在专门的实验室进行。

测定抗压强度的样品通常是在矿层及顶、底板围岩中采取，或按不同硬度的矿石及围岩采取，每种采2～3个，规格为5cm×5cm×5cm，每个样取两块，分别进行平行层面及垂直层面的施压试验。

4.1.4.4 松散系数的测定

A 概念

松散系数又称为碎胀系数，是指爆破后呈松散状态矿石的体积与爆破前的矿石自然状态下原有体积之比。

B 测定目的

测定目的是为矿山开采设计和确定矿车、吊车、矿仓等的容积提供资料。其计算公式为：

$$K = V_2/V_1 \tag{4-5}$$

式中 K——松散系数；

V_2——爆破后矿石的体积；

V_1——爆破前矿石的体积。

4.1.4.5 块度

块度一般与松散系数的测定同时进行。测定的方法是对爆破后的矿石碎块，将大于50mm的用手选出进行分级；小于50mm的用筛子分级，分别称其质量，求得各级块度的质量占总质量的百分比。块度分级取决于矿产种类和矿石的工业用途。

4.1.4.6 矿石自然倾角及安息角

矿石自然倾角是指矿石堆成圆锥体时，圆锥面与水平面的夹角。安息角是指矿石在斜面上开始自然滑动的斜面最小倾角。前者可在崩落矿堆上测定；后者将矿石放在有一定摩擦力的木板上，然后慢慢地将板抬起待矿石刚开始下滑时，测量木板的倾角。两种参数均应按矿石品级、类型，并分别对岩、矿进行测定，每类测定不少于5次，然后取平均值。

4.2 矿产储量计算

矿产储量计算，是指确定矿床中矿产储存数量的过程，也就是对矿床进行基本的数量分析，以便正确地综合评价矿床的工业意义，恰当地确定矿山企业投资和生产规模，合理地选择矿床开拓系统、开采程序和开采方法。为了保证矿山建设和生产的计划性，矿石储量的计算、管理、平衡和上报工作是一项重要的制度，因此在找矿、地质勘探、矿山地质等各阶段都有储量计算的任务。

4.2.1 矿床储量分级

4.2.1.1 矿产资源/储量分类依据

矿产资源/储量分类是依据经勘查所获的不同地质可靠程度（预测的、推断的、控制的、探明的）、相应的可行性评价（概略研究、预可行性研究、可行性研究）和所获不同的经济意义（经济的、边际经济的、次边际经济的、内蕴经济的）将矿产资源/储量分为储量、基础储量、资源量三大类共十六种类型（表4-1）。

表 4-1　固体矿产资源/储量分类

<table>
<tr><th rowspan="3">经 济 意 义</th><th colspan="4">地 质 可 靠 程 度</th></tr>
<tr><th colspan="3">查明矿产资源</th><th>潜在矿产资源</th></tr>
<tr><th>探明的</th><th>控制的</th><th>推断的</th><th>预测的</th></tr>
<tr><td rowspan="4">经济的</td><td>可采储量（111）</td><td></td><td></td><td rowspan="8"></td></tr>
<tr><td>基础储量（111b）</td><td></td><td></td></tr>
<tr><td>预可采储量（121）</td><td>预可采储量（122）</td><td></td></tr>
<tr><td>基础储量（121b）</td><td>基础储量（122b）</td><td></td></tr>
<tr><td rowspan="2">边际经济的</td><td>基础储量（2M11）</td><td></td><td></td></tr>
<tr><td>基础储量（2M21）</td><td>基础储量（2M22）</td><td></td></tr>
<tr><td rowspan="2">次边际经济的</td><td>资源量（2S11）</td><td></td><td></td></tr>
<tr><td>资源量（2S21）</td><td>资源量（2S22）</td><td></td></tr>
<tr><td>内蕴经济的</td><td>资源量（331）</td><td>资源量（332）</td><td>资源量（333）</td><td>资源量（334）？</td></tr>
</table>

注：表中所用编码（111～334），第一位数表示经济意义，即1为经济的，2M为边际经济的，2S为次边际经济的，3为内蕴经济的，？为经济意义未定的；第二位数表示可行性评价阶段，即1为可行性研究，2为预可行性研究，3为概略研究；第三位数表示地质可靠程度，即1为探明的，2为控制的，3为推断的，4为预测的，b为未扣除设计、采矿损失的可采储量。

4.2.1.2　矿产资源/储量的分类

A　储量

储量是指经过详查或勘探，地质可靠程度达到了控制的或探明的，进行了预可行性或可行性研究，扣除了设计和采矿损失后，能实际采出的储量并在计算的当时开采是经济的。储量是基础储量中的经济可采部分，根据矿产勘查阶段和可行性研究阶段的不同，储量又可分为探明的可采储量（111）、探明的预可采储量（121）及控制的预可采储量（122）三个类型。

B　基础储量

经过详查或勘探，地质可靠程度达到了控制的或探明的，并进行过预可行性或可行性研究。基础储量分为两种情况，一是经预可行性研究属经济的，但未扣除设计、采矿损失（111b、121b、122b）；二是既未扣除设计、采矿损失，又经预可行性或可行性研究属边际经济的（2M11、2M21、2M22）。

C　资源量

可分为三种情况，一是凡仅作了概略研究的，无论其工作程度多高，统归为资源量（331、332、333）；二是工作程度达到详查或勘探，但预可行性或可行性研究证实为次边际经济的（2S11、2S21、2S22）；三是经预查工作发现的潜在矿产资源（334）？。

4.2.1.3　矿产资源/储量类型

矿产资源/储量共有16种类型。

（1）探明的可采储量（111）。探明的经济基础储量的可采部分是指在已按勘探阶段要求加密工程的地段，在三维空间上详细圈定了矿体，肯定了矿体的连续性，详细查明了矿床地质特征、矿石质量和开采技术条件，并有相应的矿石加工选（冶）试验成果，已进行了可行性研究，包括对开采、选（冶）、经济、市场、法律、环境、社会和政府因素的研究及相应的修改，证实其在计算的当时开采是经济的。计算的可采储量及可行性评价结果的可信度高。

(2) 探明的预可采储量 (121)。探明的经济基础储量的可采部分是指在已达到勘探阶段加密工程的地段，在三维空间上详细圈定厂矿体，肯定了矿体连续性，详细查明了矿床地质特征、矿石质量和开采技术条件，并有相应的矿石加工选 (冶) 试验成果，但只进行了预可行性研究，表明当时开采是经济的。计算的可采储量可信度高，可行性评价结果的可信度一般。

(3) 控制的预可采储量 (122)。控制的经济基础储量的可采部分是指在已达到详查阶段工作程度要求的地段，基本上圈定了矿体三维形态，能够较有把握地确定矿体连续性的地段，基本查明了矿床地质特征、矿石质量、开采技术条件，提供了矿石加工选 (冶) 性能条件试验的成果。对于工艺流程成熟的易选矿石，也可利用同类型矿产的试验成果。预可行性研究结果表明开采是经济的，计算的可采储量可信度较高，可行性评价结果的可信度一般。

(4) 探明的 (可研) 经济基础储量 (111b)。它所达到的勘查阶段、地质可靠程度、可行性评价阶段及经济意义的分类同 (1) 所述，与其唯一的差别在于本类型是用未扣除设计、采矿损失的数量表述。

(5) 探明的 (预可研) 经济基础储量 (121b)。它所达到的勘查阶段、地质可靠程度、可行性评价阶段及经济意义的分类同 (2) 所述，与其唯一的差别在于本类型是用未扣除设计、采矿损失的数量表述。

(6) 控制的 (预可研) 经济基础储量 (122b)。它所达到的勘查阶段、地质可靠程度、可行性评价阶段及经济意义的分类同 (3) 所述，与其唯一的差别在于本类型是用未扣除设计、采矿损失的数量表述。

(7) 探明的 (可研) 边际经济基础储量 (2M11) 是指在达到勘探阶段工作程度要求的地段，详细查明了矿床地质特征、矿石质量、开采技术条件，圈定了矿体的三维形态，肯定了矿体连续性，有相应的加工选 (冶) 试验成果。可行性研究结果表明，在确定当时，开采是不经济的，但接近盈亏边界，只有当技术、经济等条件改善后才可变成经济的。这部分基础储量可以是覆盖全勘探区的，也可以是勘探区中的一部分，在可采储量周围或在其间分布。计算的基础储量和可行性评价结果的可信度高。

(8) 探明的 (预可研) 边际经济基础储量 (2M21) 是指在达到勘探阶段工作程度要求的地段，详细查明了矿床地质特征、矿石质量、开采技术条件，圈定了矿体的三维形态，肯定了矿体连续性，有相应的矿石加工选 (冶) 性能试验成果：预可行性研究结果表明，在确定当时，开采是不经济的，但接近盈亏边界，待将来技术经济条件改善后可变成经济的。其分布特征同 2M11，计算的基础储量的可信度高，可行性评价结果的可信度一般。

(9) 控制的预可研边际经济基础储量 (2M22) 是指在达到详查阶段工作程度的地段，基本查明了矿床地质特征、矿石质量、开采技术条件，基本圈定了矿体的三维形态；预可行性研究结果表明，在确定当时，开采是不经济的，但接近盈亏边界，待将来技术经济条件改善后可变成经济的。其分布特征类似于 2M11，计算的基础储量可信度较高，可行性评价结果的可信度一般。

(10) 探明的 (可研) 次边际经济资源量 (2S11) 是指在勘查工作程度已达到勘探阶段要求的地段，地质可靠程度为探明的；可行性研究结果表明，在确定当时，开采是不经济的，必须大幅度提高矿产品价格或大幅度降低成本后，才能变成经济的，计算的资源量和可行性评价结果的可信度高。

(11) 探明的 (预可研) 次边际经济资源量 (2S21) 是指在勘查工作程度已达到勘探阶段要求的地段，地质可靠程度为探明的；预可行性研究结果表明，在确定当时，开采是不经济的，需要大幅度提高矿产品价格或大幅度降低成本后，才能变成经济的。计算的资源量可信度高，可行性评价结果的可信度一般。

(12) 控制的次边际经济资源量 (2S22) 是指在勘查工作程度已达到详查阶段要求的地段，地质可靠程度为控制的；预可行性研究结果表明，在确定当时，开采是不经济的，需大幅度提高矿产品价格或大幅度降低成本后，才能变成经济的。计算的资源量可信度较高，可行性评价结果的可信度一般。

(13) 探明的内蕴经济资源量 (331) 是指在勘查工作程度已达到勘探阶段要求地段，地质可靠程度为探明的，但未做可行性研究或预可行性研究，仅做了概略研究，经济意义介于经济的、次边际经济的范围内，计算的资源量可信度高，可行性评价可信度低。

(14) 控制的内蕴经济资源量 (332) 是指在勘查工作程度已达到详查阶段要求的地段，地质可靠程度为控制的，可行性评价仅做了概略研究，经济意义介于经济的—次边际经济的范围内，计算的资源量可信度较高，可行性评价可信度低。

(15) 推断的内蕴经济资源量 (333) 是指在勘查工作程度只达到普查阶段要求的地段，地质可靠程度为推断的，资源量只根据有限的数据计算的，其可信度低。可行性评价仅做了概略研究，经济意义介于经济的—次边际经济的范围内，可行性评价可信度低。

(16) 预测的资源量 (334)？是指依据区域地质研究成果、航空遥感、地球物理、地球化学等异常或极少量工程资料，确定具有矿化潜力的地区，并和已知矿床类比而估计的资源量，属于潜在矿产资源，有无经济意义尚不确定。

4.2.2　圈定矿体的工业指标

正确地圈定矿体边界线是储量计算中的首要工作，而圈定矿体边界线的依据就是工业指标。所谓工业指标，就是用来衡量矿石质量和矿床（矿体）开采技术条件能否达到当前工业水平要求的最低界限。它是根据国家的各项技术经济政策、我国现有工业技术水准、矿产资源条件等因素而制定的。可见工业指标并不是固定不变的，而是随着工业技术水平的提高、综合利用范围的扩大、交通运输条件的改善和国民经济的发展不断改变的。主要工业指标有下述几项：

(1) 边界品位是指在储量计算圈定矿体时，单个样品有用组分含量的最低要求，它是矿石与围岩（或夹石）的分界品位，有用组分品位低于边界品位时，即作为岩石处理。

(2) 工业品位即在当前工业技术水准和经济条件下，工业上可被利用的矿体或矿块的有用组分最低平均品位，故又常称为最低工业品位或最低可采品位。只有当矿体或矿块的平均品位达到或超过该指标时，方可划为工业矿体。储量计算时，同时采用边界品位和工业品位两项指标称为双指标制，为我国和前苏联国家广泛应用。

(3) 有害杂质平均允许含量是指矿体（或矿段或工程）内的矿石中对产品质量和加工生产过程起不良影响的组分的最大平均允许含量。

(4) 最小可采厚度即在当前开采技术和经济条件下，对有开采价值的单层矿体的最小厚度要求。在储量计算圈定工业矿体时，区分能利用（表内）储量和暂不能利用（表外）储量的标准之一。

(5) 夹石剔除厚度是指在储量计算时，允许夹在矿体中间非工业矿石（夹石）的最大厚度。当夹石厚度大于或等于该指标时，必须将其剔除；当夹石厚度小于该指标时，则当作矿石一起参加储量计算。

(6) 最低工业米百分值又称最低米百分值或米百分率，是工业部门对贵金属和稀有金属等工业利用价值较高的矿产提出的一项关于矿体厚度和矿石品位的综合指标。主要用于圈定厚度小于可采厚度，但品位显著高于工业品位的矿体。

不同的矿种，不同的地区，不同的时期，工业指标的要求也不一样，各项工业指标是随国民经济的发展状况而变化。

4.2.3 储量计算边界线分类

储量计算边界线分如下几类：

（1）零点边界线是在矿体的水平或垂直投影图上，将矿体厚度或矿石品位可视为零的各基点连接起来的边界线，即矿体尖灭点所圈定的矿体界线。

（2）可采边界线，是根据矿体的最低可采厚度，或最低可采品位，或最低米百分数所确定的工业矿体边界基点的连线。此边界线以内的矿体为工业矿体，它在储量计算时具有重大意义。

（3）矿石的类型、品级边界线，是在可采边界线以内，根据矿石的不同类型（自然类型或工业类型）或不同工业品级所圈定的边界线。

（4）储量级别边界线，根据不同储量级别或矿山生产过程中的三级矿量（开拓矿量、采准矿量、备采矿量）所圈定的边界线。

（5）内边界线，由矿体边缘见矿工程，直接连接起来所圈定的边界线（图4-1），表示勘探工程所控制的那部分矿体的分布范围。

（6）外边界线，是指由矿体边缘见矿工程外推一定距离所圈定的矿体边界线。表示矿体可能的分布范围。其中又可分为下面两种（图4-1）：

1）有限外推边界线。边缘见矿工程与未见矿工程之间所连接的矿体边界线。

2）无限外推边界线。边缘见矿工程外，再无工程控制，此时沿着边缘见矿工程外推一定距离所圈定的矿体边界线。

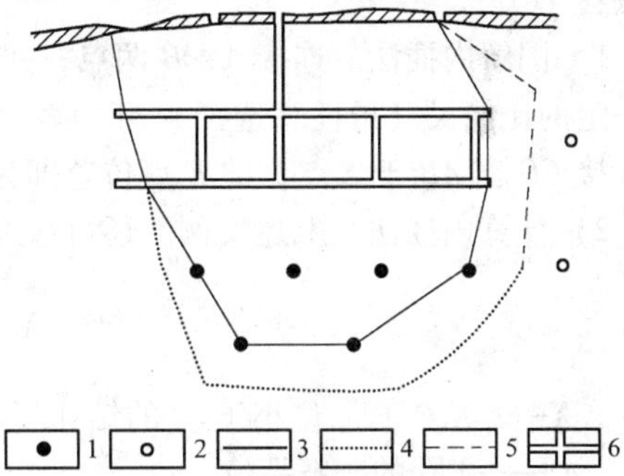

图 4-1 垂直纵投影图上几种矿体边界线示意图

1—见矿钻孔；2—未见矿钻孔；3—内边界线；4—无限外推边界线；5—有限外推边界线；6—坑道

4.2.4 矿体边界线的圈定方法

在储量计算时，圈定矿体边界线可分为两步：首先根据对各种探、采工程（探槽、浅井、钻孔、坑道）实地观察和取样化验结果，确定出各工程中大致沿厚度方向矿体边界线的基点；然后将这些原始数据综合绘制在储量计算平面图、剖面图或投影图上。可根据储量计算需要和具体情况确定出矿体的边界线。圈定矿体边界线常用的方法有直接法、有限推断法和无限推断法。

4.2.4.1 直接法

当矿体的零点或可采边界线的基点，已被探、采工程揭露时，可用此法直接圈出矿体边界线。有如下两种情况：

（1）当矿体与围岩接触界线明显时，矿体边界线与地质界线是一致的，只需在储量计算图纸上，将各探、采工程中边界线的基点（即地质界线点）直接连接起来，即为矿体边界线。

（2）当矿体与围岩成渐变接触关系时，一般是根据各工程中取样化验的结果，确定出最低可采品位边界线的基点，然后在储量计算图纸上连接基点，即为矿体的可采边界线。

4.2.4.2　有限推断法

有限推断法是用于矿体沿走向延长或沿倾向延深的边缘地段两工程之间确定矿体边界线的一种方法。也有如下两种情况：

（1）矿体边缘两个工程中皆见矿，但其中只有一个工程的矿体达到工业指标的要求，而最边缘一个工程中的矿体达不到工业指标要求，此时可用图解内插法或用计算方法求出两工程间矿体的可采厚度或可采品位边界线基点。图 4-2 中 A、B 两点分别代表两个钻孔的位置。假设 A 孔中的矿石品位大于最低可采品位，B 孔中的矿石品位小于最低可采品位，可见矿体的可采品位边界线基点肯定在两孔之间。其具体位置的确定可用如下方法：

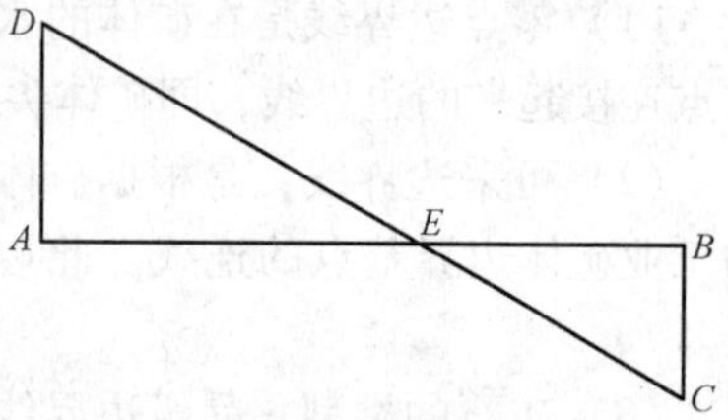

图 4-2　图解内插法示意图

1）图解内插法。连接 A、B 两点，并作 AB 的垂线 AD 和 BC，两垂线（AD 和 BC）的长度按一定的比例尺（可任意选择）分别表示 A 孔和 B 孔矿石实测品位与最低可采品位之差值，再连接 CD 交 AB 于 E 点，此 E 点位置即为所求矿体可采品位边界线基点的位置。

2）计算内插法。上述实例，还可通过式（4-6）计算矿体可采品位边界线基点的位置。

$$X = \frac{c_E - c_B}{c_A - c_B} \times R \tag{4-6}$$

式中　X——从矿石品位小于 c_E 的钻孔（B 孔）到矿体可采品位边界线基点的距离；
c_A——A 孔的矿石品位；
c_B——B 孔的矿石品位；
c_E——矿体的最低可采品位；
R——A、B 两钻孔之间的距离。

若 A、B 两孔中矿石品位均大于最低可采品位，而矿体的厚度仅 A 孔大于最低可采厚度，B 孔却小于最低可采厚度，此时也可根据上述同样道理，用内插法通过做图或计算，求出矿体厚度可采边界线基点的位置。

上述内插法，一般在矿体厚度或品位变化较均匀时使用，若矿体厚度或品位变化无一定规律时，常以两钻孔之中间点作为矿体可采厚度或可采品位边界线基点的位置。

（2）矿体边缘相邻两工程中，一个见矿，另一个完全不见矿，则矿体零点边界线基点必在两孔之间。其具体位置可由见矿工程向未见矿工程方向外推两工程间距的 1/4 或 1/2 或 2/3。到底外推多少较为合适，可根据见矿工程中矿体厚度的大小、矿体变化的规律性、工程间距的大小及各个矿山的实践经验来确定（图 4-3）。如果见矿钻孔中的矿体厚度和矿石品位均达到或超过工业指标要求时，则在两钻孔间用上述推断法先求出零点边界线基点后，再用内插法求出可采边界线基点（图 4-3a）。

4.2.4.3　无限推断法

在靠近矿体边缘地段，所有探、采工程全部见到矿体，且在这些工程之外再无工程控制，此时向矿体边缘见矿工程外部推断一定距离圈定矿体边界线的方法，称为无限推断法。一般情况下，矿体边界线向外推断的距离，基本上与有限推断法相同，即外推两工程间距的 1/4 或

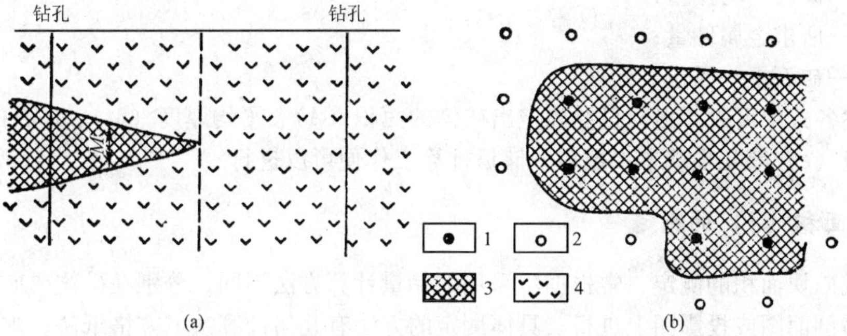

图 4-3 矿体在有矿工程和无矿工程 1/2 处尖灭示意图

（a）剖面图上的推断；（b）平面图上的推断

1—见矿钻孔；2—未见矿钻孔；3—矿体；4—围岩；

M—用内插法确定的最低可采厚度

1/2或2/3。但在使用这种无限外推法时，还必须根据矿床的成矿地质条件、构造控制条件以及矿体形态尖灭时的自然趋势，做合理的推断。图 4-4 所示为根据矿体被断层切割时的具体情况，采用地质推断法来圈定矿体边界线的实例。图 4-5 所示为根据矿体呈透镜状尖灭的自然趋势，采用形态推断法来圈定矿体边界线的实例。

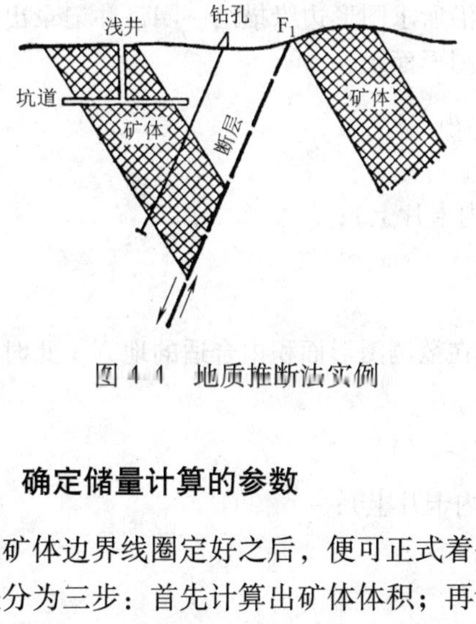

图 4-4 地质推断法实例

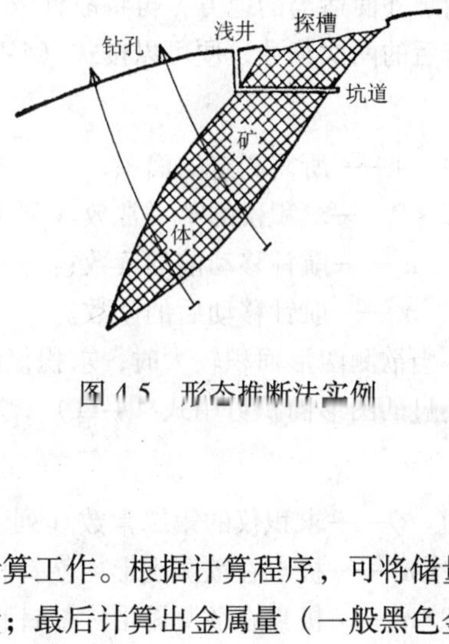

图 4-5 形态推断法实例

4.2.5 确定储量计算的参数

当矿体边界线圈定好之后，便可正式着手进行储量计算工作。根据计算程序，可将储量计算过程分为三步：首先计算出矿体体积；再计算出矿石量；最后计算出金属量（一般黑色金属不计算金属量）。据上述计算程序，常采用下列三个基本公式：

$$V = AM \tag{4-7}$$

$$Q = VD \tag{4-8}$$

$$P = Qc \tag{4-9}$$

式中 V——矿体体积；

A——矿体面积；

M——矿体平均厚度；

Q——所求的矿石量；

D——矿石平均体重；

P——所求金属储量；

c——矿石平均品位。

由上述各式中可以看出，只要确定出矿体的面积（A）、平均厚度（M）、矿石的体重（D）和平均品位（c）等几项基本参数后，储量计算工作便可以进行。

4.2.5.1 面积（A）的测定

矿体或矿块面积的测定，常根据所采用的储量计算方法不同，分别在矿体或矿块水平断面图或垂直横剖面图或投影图上进行。具体测定的方法有几何计算法、方格纸法、求积仪法和质量类比法四种。

A 几何计算法

当所测矿体或矿块的面积为较规则几何形状（如三角形或正方形）时，可根据几何学上的公式，直接计算出所求面积。

B 方格纸法

用每 $25mm^2$ 中间有一个点的透明方格纸，覆盖在欲测矿体或矿块的面积上，数出欲求面积内的点子数，即可按图纸比例尺换算出所求矿体或矿块的面积。

C 求积仪法

用求积仪在储量计算图纸上求面积的一种方法。一般情况下都是把求积仪的极点固定在图形轮廓外面适当的地方，再将航针依顺时针方向，沿所求图形边缘描绘一圈，并记录出航针移动前后的两次读数，便可以按式（4-10）算出所求图形面积：

$$A = P(n_2 - n_1) \tag{4-10}$$

式中 A——所需测定的面积；

P——求积仪的第一常数（列于装求积仪盒内卡片上）；

n_1——航针移动前的读数；

n_2——航针移动后的读数。

当欲测图形面积较大时，求积仪的极点需固定在欲测图形面积内合适的地方，此时航针所描绘过的图形面积可用式（4-11）计算：

$$A = Q + P(n_2' - n_1') \tag{4-11}$$

式中 Q——求积仪的第二常数（列于装求积仪盒内卡片上）；

n_1'——极点在欲测图形内航针移动前的读数；

n_2'——极点在欲测图形内航针移动后的读数。

其他符号同前。

求积仪第一、第二常数与图的比例尺有关。

D 质量类比法

选用厚薄极为均匀并已在高精度天平上确定好了单位面积质量的透明纸，覆盖在欲测图形面积上，描好图形边界，剪下称其质量，便可计算出矿体真实面积。

4.2.5.2 平均厚度（M）的确定

矿体的厚度一般是在原始地质编录时从各探、采工程中测定，然后根据这些测定资料，计算出矿体的平均厚度。常用的计算方法有算术平均法和加权平均法两种。

A 算术平均法

当矿体厚度变化不大，且厚度测点分布较均匀时，可用此法。计算公式为：

$$M = \frac{m_1 + m_2 + m_3 + \cdots + m_n}{n} \tag{4-12}$$

式中 M——矿体的平均厚度；

n——厚度测量点总数；

$m_1, m_2, m_3, \cdots, m_n$——分别为各测量点矿体的厚度。

B 加权平均法

当矿体的厚度变化具有一定的规律性，且各厚度测量点分布不甚均匀时，可用此法。计算公式为：

$$M = \frac{m_1H_1 + m_2H_2 + m_3H_3 + \cdots + m_nH_n}{H_1 + H_2 + H_3 + \cdots + H_n} = \Sigma m_iH_i/\Sigma H_i \tag{4-13}$$

式中 H_1，H_2，H_3，…，H_n——分别为各测量点的控制长度（即与相邻两测点间距之半的和）。

4.2.5.3 平均品位（c）的确定

矿体平均品位确定的一般步骤是：首先根据各工程中取样化验资料，计算出“工程平均品位”，然后逐步计算出“矿块平均品位”、“矿体平均品位”。常用的计算方法，也是算术平均法和加权平均法两种。

A 算术平均法

当单个样品取样长度和相邻取样点之间的距离大致相等，且矿体品位变化不大时，使用此法较合适。计算公式为：

$$c = \frac{c_1 + c_2 + c_3 + \cdots + c_n}{n} = \frac{1}{n}\sum_{i=1}^{n} c_i \tag{4-14}$$

式中 c——所求的平均品位；

n——单个样品或单个工程的数目；

$c_1, c_2, c_3, \cdots, c_n$——分别为单个样品或单个工程品位。

B 加权平均法

当矿体品位变化较大，且样品长度不等，或品位变化与厚度变化相关密切，或各个样品的控制距离不相等时，使用此法较合适。其通用公式为：

$$c = \Sigma c_iL_i/\Sigma L_i \tag{4-15}$$

与品位对应的权系数 L_i，分别可取样长（l_i）、矿体厚度（m_i）、工程控制影响距离（H_i）等。具体应用时分几种情况：

（1）线平均品位（单项工程平均品位）c_L 一般用样长（l_i）作权系数，适用于取样长度不相等时。

$$c_L = \Sigma c_iL_i/\Sigma L_i \tag{4-16}$$

（2）面平均品位 c_s（由几个工程控制的矿体水平断面或剖面平均品位）可用矿体厚度（m_i）及工程控制影响距离（H_i）作权系数，适用于矿体品位变化与厚度变化成一定的比例关系时。

$$c_s = \Sigma c_im_i/\Sigma m_i \quad \text{或} \quad c_s = \Sigma c_im_iH_i/\Sigma m_iH_i \tag{4-17}$$

（3）体积平均品位 c_V（矿块平均品位）一般用相邻两断面的面积加权计算得到，适用于当矿体品位变化与厚度变化成一定的比例关系，且取样间距相差较大时。

$$c_V = (c_{A_1}A_1 + c_{A_2}A_2)/(A_1 + A_2) \tag{4-18}$$

4.2.5.4　体重（D）的确定

所谓矿石的体重，是指矿石在自然状态下，单位体积（包括矿石中所存在的空隙）的质量。其单位一般为 t/m^3。常用的体重测定方法有实验室法（即涂蜡法）和全巷法两种，前者用于小体重（矿石样品一般不超过 $10cm^3$）测定，后者用于大体重（矿石样品达 $1\sim10m^3$）测定。在储量计算过程中，确定矿石体重数据时，一定要注意这样几点：不同品级和类型的矿石，应分别测定体重，且计算时也应分开，不能混用；一般情况下，每一品级或类型的矿石要进行 15～20 个小体重样品的测定，取其平均值，作为储量计算的依据（也有某些铜、铁矿山根据在生产实践中所找出的矿石品位与矿石体重之间的关系，来确定矿石体重）；多数情况下，小体重测定的结果还应有大体重测定的数据进行校正；由于不少矿石在自然状态下都含有一定数量的水分，故储量计算时所采用的体重数据还应进行湿度校正；所采用的矿石平均体重数字要求精确到小数点后面两位。

4.2.6　储量计算方法

储量计算的方法虽然很多，但其实质都是将形态十分复杂的自然矿体变成与该矿体体积近似的一个或若干个简单的几何形体，分别计算出体积与储量，相加后即得整个矿体的总储量。

4.2.6.1　算术平均法

此法的实质是把一个自然形态较复杂的矿体变为一个理想的厚度均匀的板状矿体（图 4-6），再计算其储量。计算结果的精确度，取决于勘探工程数量的多少。当勘探工程数量较多、且分布大致均匀时，这种方法具有相当的精确性；当勘探工程很少时，其他的储量计算方法也同样不准确，但此法简单，计算方便，即使勘探工程不是按一定的网或线布置时，仍可使用，所以在找矿阶段多采用这一方法来概略估算矿体储量。其缺点是不能分别计算不同品级、不同类型、不同储量级别的矿石储量。具体计算步骤为：

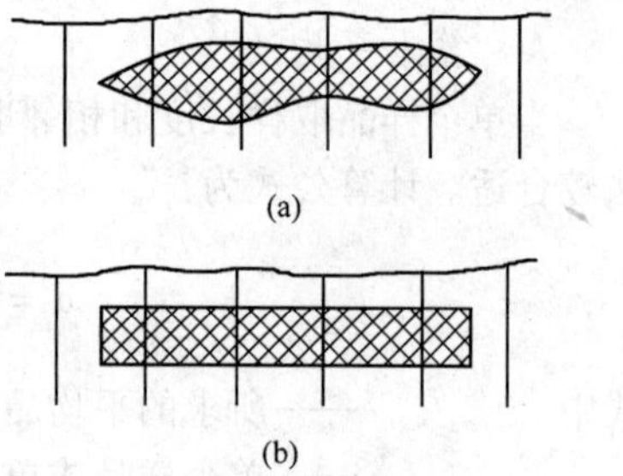

图 4-6　算术平均法计算储量示意图
（a）矿体原来形状；（b）矿体简化后的形状

（1）根据探、采工程所获得的资料，在储量计算图件（一般为投影图）上圈出矿体边界线，并测出矿体的总面积（A）。

（2）根据穿过矿体的全部工程所获得的矿体厚度、矿石品位和体重数据，用算术平均法计算出矿体的平均厚度（M）、平均品位（c）以及平均体重（D）。

（3）根据前面所介绍的 $V=AM$、$Q=VD$、$P=QC$ 储量计算的三个基本公式，便可求出该矿体的矿石储量和金属储量。

4.2.6.2　地质块段法

这一方法是由算术平均法发展而来的，同样是把矿体变为一定厚度的若干个理想板状矿体，并求出各块段的矿体面积、平均厚度、平均品位等计算参数，再计算出矿体的矿石量和金属量。同算术平均法计算储量的区别是：此法不是把整个矿体看成同样厚度的板状矿体，而是根据矿体地质特点（厚度、产状、构造等）、矿石特征（矿石的品级或类型）、勘探程度的不同，划分为若干小的块段（即地质块段），再根据储量计算的三个基本公式，分别求出各小块段的储量，各小块段储量的总和即为矿体的总储量。它的优点是：方法简单，适用于任何形状和产状的矿体，而且可分别计算出不同品级、不同类型、不同储量级别矿石的储量。其缺点是：当勘探工程较少或分布很不均匀时，计算结果的精确度较差。

4.2.6.3 断面法

根据其断面相互间的关系，断面法又可分为平行断面法和不平行断面法两种。使用最广泛的平行断面法。所谓平行断面法，就是用一系列相互平行或大致平行的水平断面（用此断面计算称水平平行断面法）或垂直断面（用此断面计算称为垂直平行断面法），将矿体划分为若干大块段（计算时又常将其分为若干小的地质块段），分别计算出各块段的体积和储量，然后相加，即为整个矿体的总体积和总储量。此法计算程序如下：

（1）首先根据探、采工程的原始资料，绘制出矿体的水平断面图或垂直断面图（一般为勘探线横剖面图），在图上测定所求矿体的断面面积。

（2）根据各工程中所获得的矿石品位，采用算术平均法或加权平均法，确定各块段的平均品位（c）。

（3）根据两断面间的垂直距离（已知）和矿体的具体地质情况，选用适当的公式计算各块段的体积（V）。

（4）根据前面所述 $Q=VD$ 和 $P=cQ$ 计算出各块段的矿石储量和金属储量。

（5）最后将各块段的矿石量和金属量分别相加，即为整个矿体的矿石总储量和金属总储量。

必须强调一点，用平行断面法计算储量的关键问题是合理地选择体积计算公式。现以图4-7和图4-8为例，着重阐述该问题。

（1）当相邻两断面上矿体面积相差不大，即大小相差小于40%（若图4-7和图4-8a中 A_1 与 A_2 相差小于40%）时，可选用梯形公式：

$$V=\frac{A_1+A_2}{2}L \tag{4-19}$$

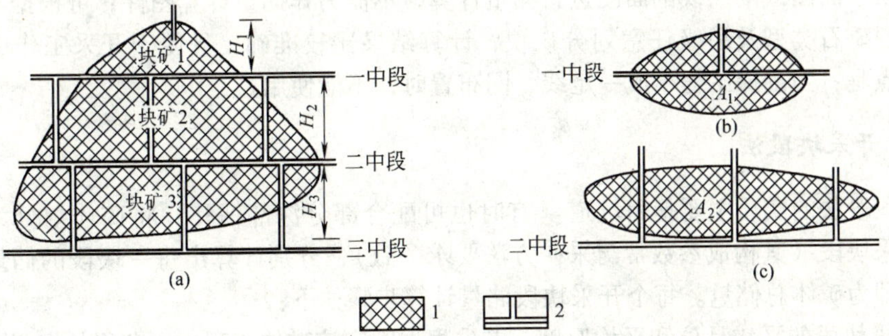

图 4-7 水平平行断面法计算储量示意图

（a）矿体纵投影图；（b）一中段矿体平面图；（c）二中段矿体平面图

1—矿体；2—坑道

式中　V——所求矿块体积；

A_1，A_2——两断面上矿体面积；

L——两断面间垂直距离（用水平断面法时常用 H 代表）。

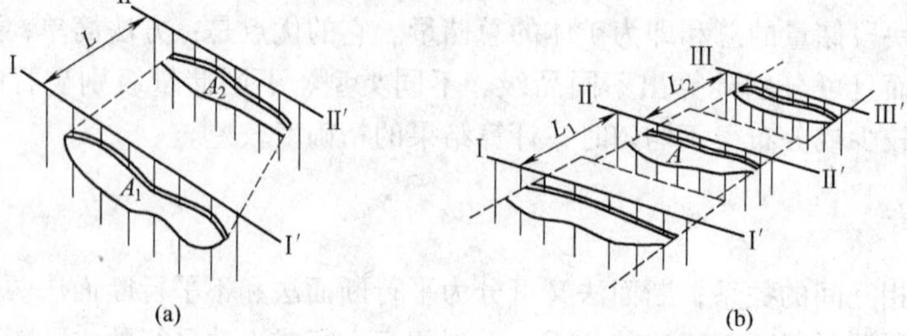

图 4-8　垂直平行断面法计算储量示意图

（a）两勘探线间块段储量计算；（b）根据一条勘探线计算储量

（2）当相邻两断面上矿体面积相差较大，即大小相差大于 40%（若图 4-7 和图 4-8a 中 A_1 与 A_2 相差大于 40%）时，可选用截锥公式：

$$V = \frac{A_1 + A_2 + \sqrt{A_1 A_2}}{3} L \tag{4-20}$$

（3）对于矿体边缘部位，当矿体呈楔形尖灭时（如图 4-7 中矿块 3），可选用楔形公式：

$$V = \frac{A_2}{2} L(H_3) \tag{4-21}$$

（4）对于矿体边缘部位，当矿体呈圆锥形尖灭时（如图 4-7 中矿块 1），可选用圆锥公式：

$$V = \frac{A_1}{3} L(H_1) \tag{4-22}$$

（5）当有时仅根据一个断面来计算矿块储量时（图 4-8b），可选用公式：

$$V = A \frac{L_1 + L_2}{2} \tag{4-23}$$

式中　L_1，L_2——该断面与相邻两勘探线剖面的距离。

断面法可用于勘探工程大致成线、网布置的任何形状及产状的矿体。其优点是：可直接利用中段地质平面图或勘探线剖面图进行储量计算，不需另作储量计算图件；可根据实际需要按储量级别、矿石类型及品级任意划分矿块；计算结果比较准确，且便于开采工作中使用其成果。其缺点是：当勘探工程不成一定线、网布置时，不能使用。

4.2.6.4　开采块段法

开采块段法的实质主要是用坑道（有时也可配合部分深部钻孔）将矿体划分为许多紧密相连的开采块段（其构成参数常与采矿方法要求一致），分别计算出每一块段的储量，各块段储量之和即为矿体总储量。每个开采块段储量计算步骤如下：

（1）求块段的平均品位和平均厚度。首先根据圈定该矿体工程中所获得的资料，再用算术平均法或加权平均法求出各工程的矿石平均品位和矿体平均厚度；最后求出该块段的平均品位和平均厚度。

（2）根据已知资料确定该块段矿石的体重。

（3）求块段面积。当块段的周边较规则时（图 4-9a），其面积可用几何图形法求出；当块段周边不规则时（图 4-9b），可用求积仪或方格纸法来测定其面积。用该法计算储量时，通常是在矿体水平或垂直纵投影图上进行的，故只有当矿体完全水平或完全直立时（图 4-9c），在图上所测得的面积才是真实面积；而在大多数情况下，矿体均有不同程度的倾斜（图 4-9d），图上所测得的面积都是投影面积。如果用块段内矿体平均真厚度参加储量计算时，则投影面积必须换算成真面积，具体换算可采用下列公式：

$$A = \frac{A'}{\cos\beta} \tag{4-24}$$

式中 A——块段真面积；

A'——块段投影面积；

β——矿体倾斜面与投影面的夹角。

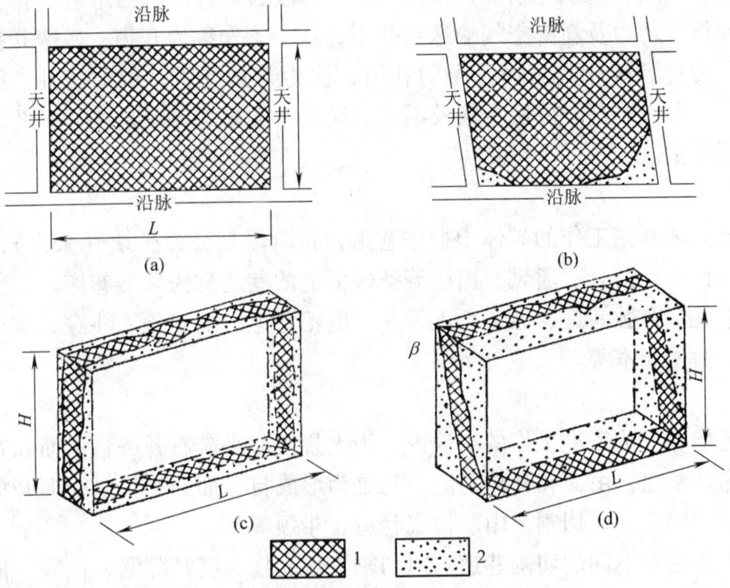

图 4-9 开采块段法储量计算示意图

（a）周边规则的块段投影图；（b）周边不规则的块段投影图；

（c）矿体直立的块段立体图；（d）矿体倾斜的块段立体图

1—矿体；2—围岩

（4）根据上面所求出的储量计算参数，可按照前述储量计算的三个基本公式，求出各开采块段的矿石储量和金属储量。

开采块段法在生产矿山中应用很广泛，特别是形态变化小、厚度不超过坑道宽度（此时整个矿体全被沿脉和天井所揭露）的脉状或薄层状矿体，最适用于此法。其优点是：做图和计算程序较简单；计算结果符合采矿要求，可直接用于采矿设计和开采工作；可按矿石的不同类型、不同品级、不同储量级别划分块段，以便分别计算储量。缺点是：当矿体形态较复杂或矿体厚度较大或主要用钻探勘探的矿床，不适用于此法。

计算储量的方法很多，例如还有地质统计学方法、距离反比加权法等，不同的储量计算方法，有不同的优缺点和不同的适用条件，故在选择计算方法时，应全面考虑各种地质因素（矿体形状、产状、规模、有用组分分布特征等）和其他各方面的条件，从而选择合理的储量计算方法。

4.3　矿山矿床开采

4.3.1　矿床开采步骤

4.3.1.1　地下开采的步骤

矿床进行地下开采时，一般都按照矿床开采四步骤，即按照开拓、采准、切割、回采的步骤进行，才能保证矿井正常生产。

A　开拓

从地表开掘一系列的巷道到达矿体，以形成矿井生产所必不可少的行人、通风、提升、运输、排水、供电、供风、供水等系统，以便将矿石、废石、污风、污水运（排）到地面，并将设备、材料、人员、动力及新鲜空气输送到井下，这一工作称为开拓。矿床开拓是矿山的地下基本建设工程。为进行矿床开拓而开掘的巷道，称为开拓巷道，例如竖井、斜井、平硐、风井、主溜井、充填井、石门、井底车场及硐室、阶段运输平巷等。这些开拓巷道都是为全矿或整个阶段开采服务的。

B　采准

采准是在已完成开拓工作的矿体中掘进巷道，将阶段划分为矿块（采区），并在矿块中形成回采所必须的行人、凿岩、通风、出矿等条件掘进的巷道称为采准巷道。一般主要的采准巷道有阶段运输平巷、穿脉巷道、通风行人天井、电耙巷道、漏斗颈、斗穿、放矿溜井、凿岩巷道、凿岩天井、凿岩硐室等。

C　切割

切割工作是指在完成采准工作的矿块内，为大规模回采矿石开辟自由面和补偿空间，矿块回采前，必须先切割出自由面和补偿空间。凡是为形成自由面和补偿空间而开掘的巷道，称为切割巷道，例如切割天井、切割上山、拉底巷道、斗颈等。

不同的采矿方法有不同的切割巷道。但切割工作的任务就是辟漏、拉底、形成切割槽。采准切割工作基本是掘进巷道，其掘进速度和掘进效率比回采工作低，掘进费用也高。因此，采准切割巷道工程量的大小，就成为衡量采矿方法优劣的一个重要指标，为了进行对比，通常用采切比来表示，即从矿块内每采出1000t（或10000t）矿石所需掘进的采准切割巷道的长度。利用采切比，可以根据矿山的年产量估算矿山全年所需开掘的采准切割巷道总量。

D　回采

在矿块中做好采准切割工程后，进行大量采矿的工作，称为回采。回采工作开始前，根据采矿方法的不同，一般还要扩漏（将漏斗颈上部扩大成喇叭口），或者开掘堑沟；有的要将拉底巷道扩大成拉底空间，有的要把切割天井或切割上山扩大成切割槽。这类将切割巷道扩大成自由空间的工作，称为切割采矿（简称切采）或称补充切割。切割采矿工作是在两个自由面的情况下以回采的方式（不是掘进巷道的方式）进行的，其效率比掘进切割巷道高得多，甚至接近采矿效率。这部分矿量常计入回采工作中。

回采工作一般包括落矿、采场运搬、地压管理三项主要作业。如果矿块划分为矿房和矿柱进行两步骤开采时，回采工作还应包括矿柱回采。同样，矿柱回采时所需开掘的巷道，也应计入采准切割巷道中。

4.3.1.2 露天开采的步骤

A 准备阶段

金属矿床露天开采经过地质勘探部门确定储量后，对矿床首先要进行开采的可行性研究，可行性研究要解决矿床有没有利用价值，能否达到工业化开采要求。在可行性研究中要涉及矿石的品位、储量、埋藏条件、矿石综合处理难易程度、市场需求状况、开采方法。经过初步的可行性研究，完成可行性论证报告，确定开采方法。开采方法一般来说有三种：完全地下开采，完全露天开采，上部露天开采、下部地下开采。对后面两种情况都要进行露天开采的初步设计，初步设计在必备的地质资料基础上，要完成下列工作：确定露天开采境界；验证露天矿生产能力；确定露天开采的开拓方法；矿石、废石的运输方法、线路布置；选择穿孔、爆破、采装、运输、排土等机械的类型、数量；布置地面工业场地；确定购地范围和时间，道路土建工程的数量、工期；计算主要材料的用量；编制矿山基本建设进度计划，计算矿山总工程量、总投资等技术经济指标；初步设计经投资方通过后，还要进行各项工程的施工设计，然后可以开采。基本建设首先是地面场地的准备，矿床疏干排水，矿山基建。

B 基本建设阶段

基本建设阶段，首先必须排除开采范围内的建筑物、障碍物，砍伐树木，改道河流，疏干湖泊，拆迁房屋，处理文物，道路改线，对于地下水大的矿山要预先排除开采范围内的地下水，处理地表水、修建水坝和挡水沟隔绝地表水，防止其流入露天采场。这些准备工作完成后要进行矿山的前期建设：电力建设，包括输电线，变电所；工业场地建设，包括机修车间、材料仓库、生活办公用房；生产建设，包括选矿厂，排土场，矿石、废石、人员、材料的运输线路；生产辅助建设，包括照明、通讯等；最后进行表土剥离，出入沟和开段沟准备新水平。随着工程的发展矿山由基建期向投产期以至达产期发展。

C 正常生产阶段

露天矿正常生产是按一定生产程序和生产进程来完成的。在垂直延深方向上是准备新水平过程，首先掘进出入沟，然后开挖开段沟。在水平方向上是由开段沟向两侧或一侧扩帮（剥离和采矿），扩帮是按一定的生产方式完成的，其生产过程分为穿孔爆破、采装、运输、排土四个环节。穿孔爆破是采用大型潜孔钻机或牙轮钻机钻凿炮孔，爆破岩石，将矿岩从母岩上分离下来。采装是采用电铲挖掘机将矿岩装上运输工具，一般为汽车或火车。运输是采用汽车、火车或其他运输工具将矿石运往选矿厂，将废石运往排土场。排土是采用各种排土工具（电铲、推土机、推土犁）将在排土场上的废石及表土按合理工艺排弃，以保持排土场持续均衡使用。

D 生态恢复阶段

随着矿山开采的终了，占地面积也达到了最大，为了保护环境，促进生态平衡，必须进行必要的生态恢复工作，覆土造田，绿化裸露的场地，处理排土场渗水，确保露天采场的安全。露天开采要遵循“采剥并举，剥离先行”的原则，要按生产能力和三级矿量保有的要求超前完成剥离工作，使矿山持续、稳定、均衡的生产，避免采剥失调，剥离欠量，掘沟落后，生产失衡的局面。

4.3.2 矿山开采三级矿量

4.3.2.1 地下开采三级矿量

开拓、采准、切割和回采这四个开采步骤的实施过程，也是矿块供矿能力的逐步形成和消失过程，四者之间应保持正常的协调关系，以使矿山保持持续均衡的生产。如果配合失调，就会导致回采矿块接替紧张，使矿山生产被动，产量下降，乃至停产。为此，每个矿山必须做到开拓超前于采准，采准超前于切割，切割超前于回采。这种超前关系是指在时间上和空间上的超前。例如，在矿山正常生产时期，就可能有 1 ~ 2 个阶段进行回采和切割，有一个阶段进行采准和开拓，另有一个阶段专门进行开拓。

掘进和采矿是矿山的两项主要工作，要采矿必须先掘进。因此，必须正确处理好采矿掘进关系，以“采掘并举，掘进先行”的方针指导矿山生产，才能使矿山持续均衡生产。为了协调开拓、采准、切割之间的关系，应采用网络计划方法。

国家为了考核一个矿山的采掘关系，保证各开采步骤间的正常超前关系，依据矿床开采准备程度的高低，将矿量划分为三个等级，即开拓矿量、采准矿量及备采矿量。有关部门对矿山三级矿量的界限和保有期限作出了规定。

(1) 开拓矿量。凡按设计规定在某范围内的开拓巷道全部掘进完毕，并形成完整的提升、运输、通风、排水、供电等系统的，则此范围内开拓巷道所控制的矿量，称为开拓矿量。开拓矿量包括该范围内的采准矿量和备采矿量，但在保有期内不能回收的各种保安矿柱，不能计入开拓矿量。

(2) 采准矿量。在已完成开拓工作的范围内，进一步完成开采矿块所用采矿方法规定的采准巷道掘进工程的，则该矿块的储量即为采准矿量。采准矿量是开拓矿量的一部分。

(3) 备采矿量。在已进行了采准工作的矿块内，进一步全部完成所用采矿方法规定的切割工程，形成自由面和补偿空间等工程的，则该矿块内的储量称为备采矿量。备采矿量是采准矿量的一部分。

4.3.2.2　露天开采三级矿量

露天开采三级矿量也可称作三级储量，为了在露天矿新水平开拓准备工程发生预期和未预期停顿的时候，仍能保障露天矿的持续生产，露天矿应具备一定的储备矿量，这是实现“采剥并举，剥离先行”方针的重要保证。储备矿量，是指已完成一定的开拓准备工程，能提供近期生产需要的储量。储备矿量随着生产的进行不断减少，又随着开拓准备工程的进行而不断得到补充，使储备矿量保持一定的数量，是保证露天矿持续生产的必要条件。

我国冶金露天矿储备矿量的划分标准一般按三级划分（图 4-10）。

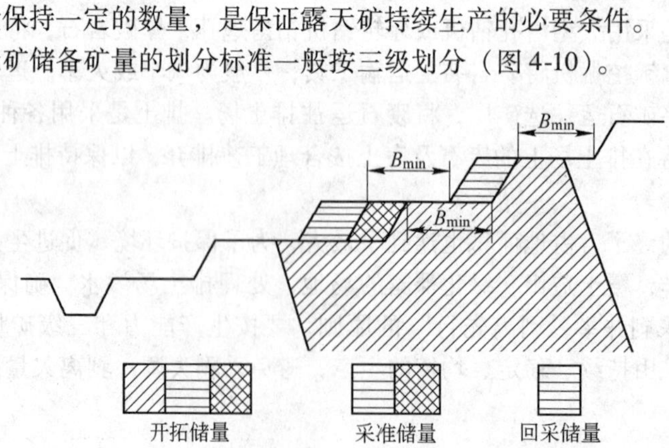

图 4-10　露天矿储备矿量划分图

开拓储量是指已经完成了开拓工程的阶段标高以上的矿量。开采这部分矿量的主要运输枢纽工程已形成，并已具备了进行采矿准备工作的条件。如深凹露天矿已完成了出入沟，用斜坡卷扬开拓的矿山，已完成卷扬机道的延深工程，并形成了完整的运输系统。

采准储量是指已经完成了采矿准备工作的那部分矿量，它是开拓矿量的一部分。所谓完成了采矿准备工作，是指已掘完了开段沟和完成了相应的剥离工作。故采准储量就是指停止上部剥离工作仍能正常采出的那部分矿量。采完时应保留最小工作平盘宽度。当采剥开采境界时，只允许保留必要的运输平台或安全平台宽度。

回采储量是采准储量的一部分，它是指在台阶上矿体的上面和侧面已被揭露出来，相邻的上部台阶停止工作，保留最小工作平盘宽度就能采出的那部分矿量。

由上述可知，储备矿量是随开采时间而变化的量。随着开段沟和剥离工程的发展，开拓储量逐步转化为采准储量。随着采矿工程的进行，采准储量又逐步转化为回采矿量。储备矿量在新水平的开拓准备周期内，由开拓准备工程即将结束前的最小值，跳跃式地增加到开拓准备工程完成时的最大值。由最大值到最小值是逐渐减少的。

4.3.3 三级矿量保有期

4.3.3.1 储量保有期限的影响因素

储量保有期限是矿山储量管理，也是整个矿山生产管理的一项重要技术经济指标。指标的确定应结合矿床地质条件、矿山生产能力、生产效率、开采技术条件来考虑，以满足生产衔接为原则。保有指标过低，影响生产的正常衔接，一旦采场生产技术条件发生预料不到的变化，就会造成生产被动，生产能力不稳定；保有指标过高，会造成资金的过早支出，增加工程维护费用。

合理的储量保有期限的确定取决于以下诸因素：

（1）生产能力及生产效率的高低。在矿山总的生产能力相同的情况下，采场生产效率低，生产能力小，需要较多的回采及备用采场，相应的备采矿量要求的保有量较多些，反之则低些。

（2）井巷掘进速度。若井巷掘进速度较快，采准工作较易，保有指标可以较低；反之则应高些。

（3）地质条件的复杂程度。地质条件较复杂的矿床，要求备用采场多一些，保有指标应略高。

（4）坑道工程维护的难易程度。井巷工程穿过的围岩或采场顶底盘围岩不稳固，不易维护，容易产生片帮冒顶时，保有指标不宜过高，在保证生产需要的前提下，应尽可能将指标降低一些。

露天开采矿山，若矿石为多品级、多类型时，则应以保证主要品级、类型的生产衔接为准。此类矿山，备采矿量保有指标应略高。

4.3.3.2 三级矿量保有时间

三级矿量保有时间保有期限的一般规定见表4-2。

表4-2 三级矿量保有时间

矿山类型	开拓矿量/年	采准矿量/月	备采矿量/月
地下开采	>3	>12	>6
露天开采	>1	6~8	4~6
露天砂矿	>1	6~8	3~6

4.3.3.3　三级矿量保有时间的确定

（1）开拓矿量保有时间 t_K（年）按式（4-25）计算：

$$t_K = \frac{Q_K(1-\phi)}{q(1-\rho)} \tag{4-25}$$

式中　Q_K——计算期末开拓矿量，t；

q——生产能力，t/a；

ϕ——损失率，%；

ρ——贫化率，%。

（2）采准矿量保有时间 t_C（年）按式（4-26）计算：

$$t_C = \frac{Q_C(1-\phi)}{q(1-\rho)} \tag{4-26}$$

Q_C——计算期末采准矿量，t。

（3）备采矿量保有时间 t_B（月）按式（4-27）计算：

$$t_B = \frac{Q_B(1-\phi)\times 12}{q(1-\rho)} \tag{4-27}$$

Q_B——计算期末备采矿量，t。

4.3.4　矿山开采损失贫化

4.3.4.1　损失与贫化的概念

A　矿石的损失

在开采过程中，由于种种原因使矿体中一部分矿石未采下来或已采下来而散失于地下未运出来，此现象称为矿石损失。损失的工业矿石量与工业矿量之比，称为损失率。采出的工业矿石量与工业矿量之比，称为回收率。损失率和回收率均用百分数表示，两者之和为1。

B　矿石的贫化

开采过程中，由于采下的矿石中混入了废石，或由于矿石中有用成分形成粉末而损失，致使采出的矿石品位低于工业矿石的品位，此现象称为矿石的贫化。采出矿石品位降低值与原工业矿石品位的比值，称为贫化率。也用百分数来表示。

C　岩石（废石）的混入

在矿床的开采过程中，由于技术原因，采出的矿石中不可能完全都是工业矿石，必有一部分废石混入到采出矿石中来，增加了采出矿石量，此现象称为岩石混入或混入岩石。混入的岩石量与采出的矿石量之比，称为废石混入率（混入废石率）。当然，前已述及，开采过程中也不可能采出全部工业矿石，也有一部分永久损失，造成矿石损失。

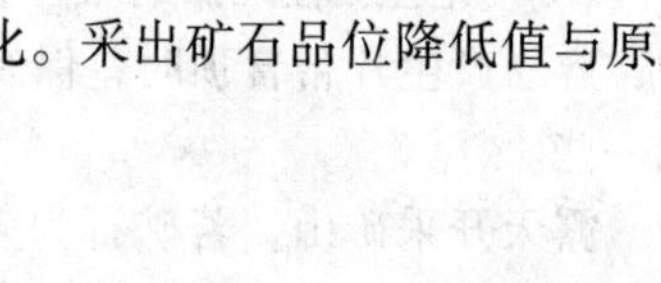

图 4-11　储量性质变化

4.3.4.2　矿石开采损失与贫化

A　损失与贫化的变化

如图 4-11 所示，圈定的工业矿石量为 Q（其品位 α），开采过程中只有部分矿石被采出，采出矿石量 Q'（品位 α'）。采出的矿石中有部分废石 R（品位 α''）混入到采出矿石中来，同时也有部分工业矿石 Q_s（品位 α'）损失掉。

（1）损失率 q 按式（4-28）计算：

$$q = \frac{Q_s}{Q} \times 100\% = \frac{Q - Q''}{Q} \times 100\% \tag{4-28}$$

式中 q——损失率,%；

Q_s——损失工业矿石量，t；

Q——工业矿石量，t；

Q''——采出工业矿石量，t。

（2）回收率 p 按式（4-29）计算：

$$p = \frac{Q''}{Q} \times 100\% \tag{4-29}$$

（3）贫化率 ρ 按式（4-30）计算：

$$\rho = \frac{\alpha - \alpha'}{\alpha} \times 100\% \tag{4-30}$$

式中 α——工业矿石品位,%；

α'——采出矿石品位,%。

（4）废石混入率 γ 按式（4-31）计算：

$$\gamma = \frac{R}{Q'} \times 100\% \tag{4-31}$$

根据矿床开采过程中矿石量平衡

$$Q' = Q + R - Q_s \tag{4-32}$$

根据矿床开采过程中金属量平衡

$$Q'\alpha' = Q\alpha + R\alpha'' - Q_s\alpha \tag{4-33}$$

将式（4-32）和式（4-33）联立整理得

$$Q - Q_s = Q' - R$$

$$(Q - Q_s)\alpha = Q'\alpha' - R\alpha''$$

代入整理得

$$\frac{R}{Q'} = \frac{\alpha - \alpha'}{\alpha - \alpha''} \tag{4-34}$$

式（4-34）中左侧恰好为废石混入率

$$\gamma = \frac{R}{Q'} \times 100\% = \frac{\alpha - \alpha'}{\alpha - \alpha''} \times 100\% \tag{4-35}$$

需要说明的是当混入的废石（围岩）品位为零时，在数值上废石混入率和贫化率相等。由式（4-31）和式（4-32）经过推导也可以得出

$$\frac{Q_s}{Q} = 1 - \frac{\alpha' - \alpha''}{\alpha - \alpha''} \times \frac{Q'}{Q}$$

即矿石损失率

$$q = \frac{Q_s}{Q} = 1 - \frac{\alpha' - \alpha''}{\alpha - \alpha''} \times \frac{Q'}{Q} \tag{4-36}$$

B　矿石损失与贫化的计算

(1) 直接法。凡采用的采矿方法，允许地质测量人员进入采场进行实地观测，则可用直接法计算矿石损失率与废石混入率。

矿石损失率
$$q = \frac{Q_s}{Q} \times 100\% = \frac{Q - Q''}{Q} \times 100\%$$

废石混入率
$$\gamma = \frac{R}{Q'} \times 100\%$$

(2) 间接法。凡采用的采矿方法，地质测量人员不能进入采场进行实地观测，则只能用间接法计算。

计算废石混入率
$$\gamma = \frac{\alpha - \alpha'}{\alpha - \alpha''} \times 100\% \quad (4\text{-}37)$$

计算矿石回收率
$$p = \frac{Q'}{Q}(1 - \gamma) \quad (4\text{-}38)$$

复习思考题

4-1　什么是矿石质量及其指标体系？
4-2　矿石质量的测定方法有哪些？
4-3　简述矿床储量的概念及其分级方法。
4-4　圈定矿体常用的工业指标及其确定方法有哪些？
4-5　矿床储量的常用计算方法有哪些？
4-6　简述金属矿地下开采的步骤。
4-7　简述金属矿露天开采的步骤。
4-8　什么是三级矿量的概念及保有时间？
4-9　什么是损失贫化，如何计算？

5 矿山地质图件

5.1 矿山地质图绘制

5.1.1 地质图的基本信息

5.1.1.1 地质图基本要素

地质图件是反映矿山地质信息的重要表达方式，所以有效的理解地质图件上所反映的基本信息是十分重要的。日常生产类图件包括分层地质平面图和分层工程布置图等，应该含有图名、比例尺、图、图签及坐标（有坐标网格、绝对坐标和相对坐标）等几种要素。

（1）图名，表明本张图纸所反映的基本信息。

（2）比例尺，表明图上线段长度与真实长度的比值。

（3）图例，明确图中的线条、图案或数字符号所代表的特定信息。

（4）图签（也称标题栏），包含图名、编制、制图、审核、总工程师、比例尺、图号、资料来源和日期等内容，不同类型图图鉴的格式也各不相同。

5.1.1.2 地质图基本内容

各类地质图件由以下四部分内容组成：

（1）测量内容。测量内容是制图的基础（底图），包括坐标网、线；控制点及测点、等高线、地形地物。

（2）地质内容，包括地层、岩性、岩体及岩相、各类构造线；矿体及其夹石；矿石品级、类型。

（3）工作及工程内容，包括勘探线、各类探采工程；取样位置及编号；采标本位置及编号等。

（4）专门性内容。某些专门性图纸的特殊内容，如储量计算图的储量计算内容、标高等高线等。

5.1.2 地质图绘制投影原理

任何地质体都具有一定形态，在空间有一定产状，制图的目的在于给这些地质体“定形”和“定位”。在图纸上“定形”、“定位”一般有剖面法及投影法两种。

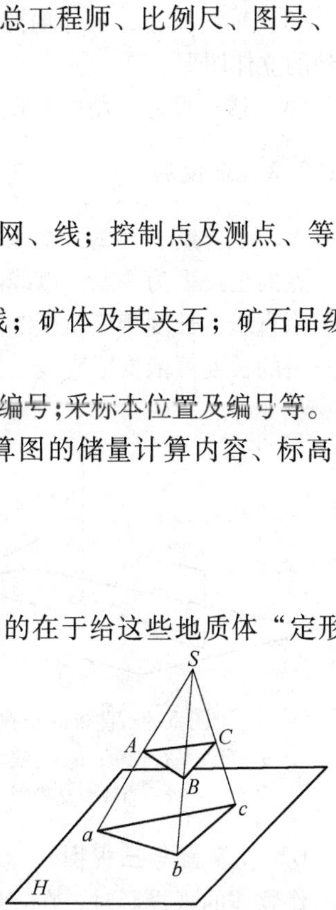

图 5-1　三角形的中心投影

H—投影面

5.1.2.1 投影方法

假想空间有一束光线（称“投影线”）按某一方向投射某一物体（或点、线、面）在空间一个面（称“投影面”）上，得到该物体的位置和图像，称为投影。

中心投影的投影线由一点出发（图 5-1）。

平行投影的投影线平行。当投影线垂直投影面时称直角投影；投影线料交投影面时，称斜角投影(图 5-2)

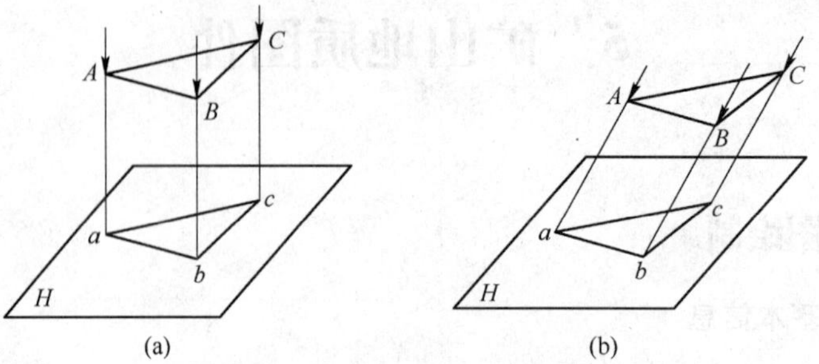

图 5-2　三角形的平行投影
（a）直角投影；（b）斜角投影

地质制图中比较常用的投影方法有四种：

（1）正投影。用直角投影法将物体投影到两个以上的投影面上，然后把投影面展开为一个平面。

（2）标高投影。用正投影法将物体投影于一个水平面上，用数字标出物体距投影面或距海平面的高度。

（3）轴测投影，也称轴视投影，是用直角成斜角投影法，将物体投影到一个投影面上所得到的立体图形。

（4）透视投影。用中心投影法将物体投影到一个投影面上所得到的立体图形。

5.1.2.2　正投影

A　点、线、面的正投影

点的正投影为一点。直线的正投影有三种情况，如图 5-3 所示。直线平行投影面，投影线同于原直线，长度相等；直线垂直投影面，投影为一点；直线斜交投影面，投影线长度缩短，缩短后的长度可依据原直线长度及直线倾角计算。平面的正投影与直线相似，如图 5-4 所示。

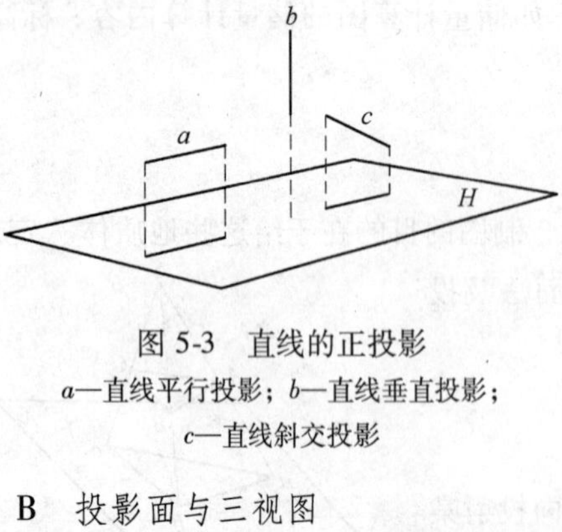

图 5-3　直线的正投影
a—直线平行投影；b—直线垂直投影；
c—直线斜交投影

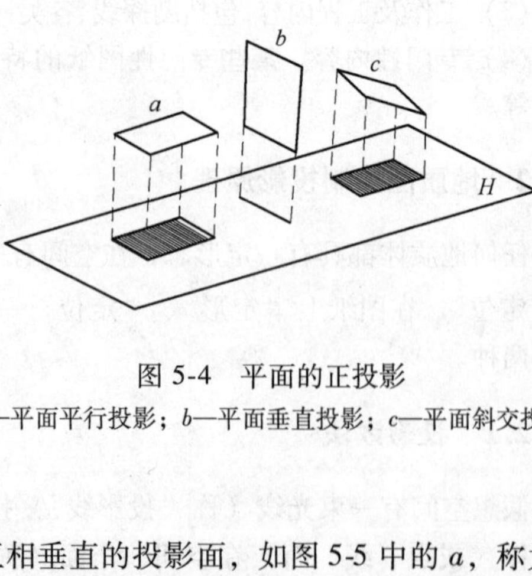

图 5-4　平面的正投影
a—平面平行投影；b—平面垂直投影；c—平面斜交投影

B　投影面与三视图

作物体的正投影时，在三维空间可能有三个互相垂直的投影面，如图 5-5 中的 a，称为正投影面；b 称为侧投影面；c 称为水平投影面。同一物体在三个投影面上所得到的正投影图，称为三视图。正投影图又称为垂直平面纵投影图，能反映矿体走向长度和垂直深度，矿体轮廓及侧伏产状，当矿体呈急倾斜产出时，是最好的制图投影面。水平投影图，一般称为平面图，能反映矿体走向长度和水平投影宽度。当矿体呈缓倾斜产出时，是最好的制图投影面。侧投影图能反映矿体的厚度、延深及倾角，一般用勘探线剖面图代替。

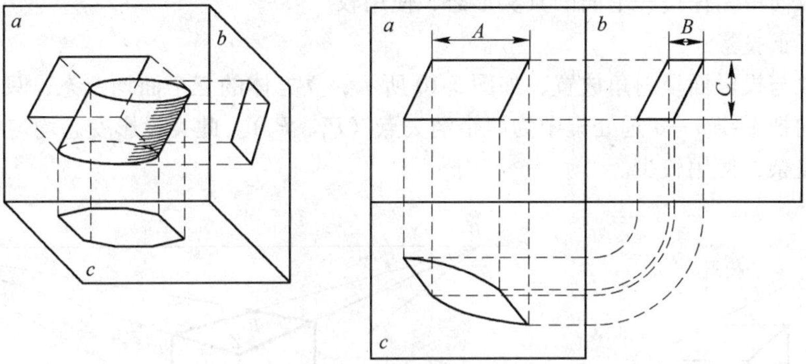

图 5-5 矿体的三视图

A—长度；B—宽度；C—延深

5.1.2.3 标高投影

在一个点的水平投影旁边注上该点的标高，即该点的数字标高投影。直线则需注明两端点的标高。将平面上许多点或线投影于水平面上，注明其标高数字，即得平面数字标高投影。由图上数字标高可判断该平面在空间的位置。矿体及岩体表面、岩层面、侵蚀面、不整合面、断层面等均可利用标高投影方法反映其特征。

5.1.2.4 轴测投影

用平行投影法将物体及其所属直角坐标一起投影到一个适当位置的平面上，得到该物体的轴测投影，如图 5-6 所示。P 平面称轴测投影面。空间坐标轴 OX，OY，OZ 在 P 平面上的投影 O_1X_1，O_1Y_1，O_1Z_1 称为投影轴。轴间夹角称为轴间角。轴向线段投影长度与轴向线段的实际长度之比称为轴向偏短（偏缩）系数。

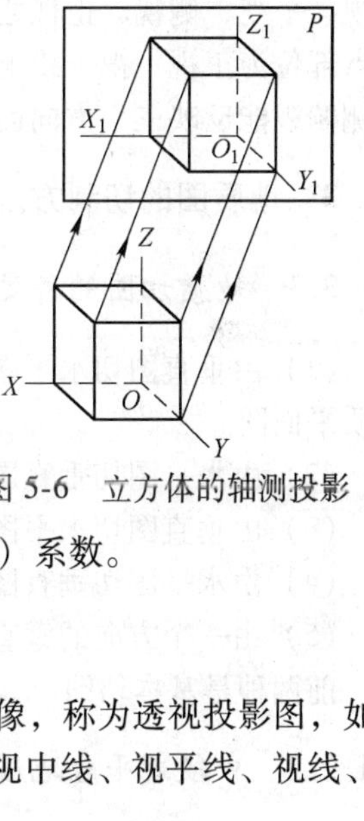

图 5-6 立方体的轴测投影

5.1.2.5 透视投影

在投影中心或视点与物体之间的透视投影面上所获得的立体图像，称为透视投影图，如图 5-7所示。图中 S 称为视点。根据视点与投影面的关系相应地分为视中线、视平线、视线、视轴等要素（图 5-8）。透视投影图有透视斜投影和透视正投影两种。

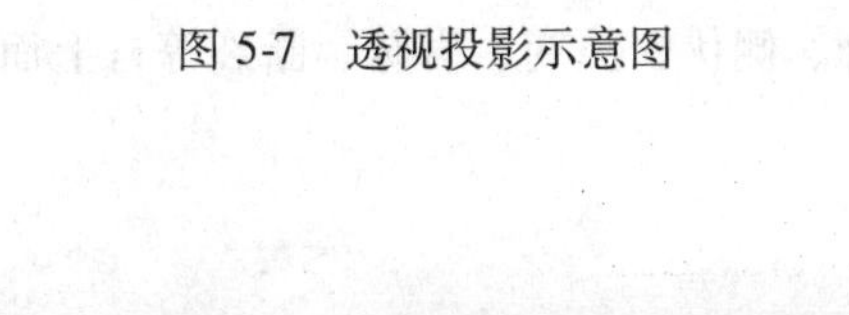

图 5-7 透视投影示意图

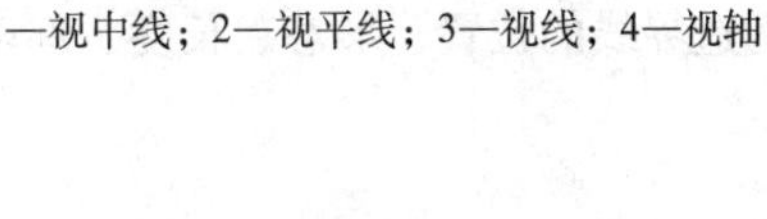

图 5-8 透视投影要素

1—视中线；2—视平线；3—视线；4—视轴

A　透视斜投影

透视对象的一个面平行标准投影面（*XOZ* 面）。此面投影图像不变态，如图 5-9 中的 *A* 面，其余面投影均变态。投影线向远处集中为一个消失点（图 5-9 中的 *P*）。此法制图称为透视斜投影，制图较简单，保持一个面的真实形态，使用较广。

B　透视正投影

投影对象与投影面呈斜角放置，如图 5-10 所示，立方体的三个面均变态，只前方 *OZ* 线未变，投影线向视平线 *a*—*a* 远处集中为两个消失点（P_1、P_2）。此类投影变态均匀，真实立体感强，但做图复杂，使用较少。

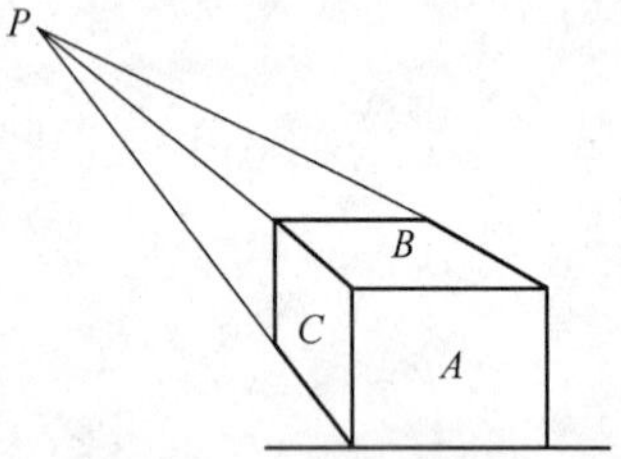

图 5-9　透视斜投影

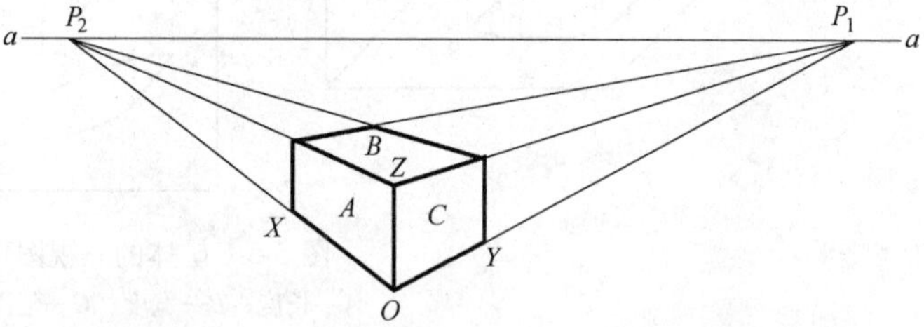

图 5-10　透视正投影

透视投影时，在视阈范围内，依据物象与视平线、视中线间的空间位置关系，而有仰视、俯视、平视、侧视、正视之分。视平线以下的图像为俯视，以上为仰视；视中线两侧为侧视；心点部位为正视；视平线上为平视。实际工作中做透视图时一般习惯取俯视。在俯视中，左、右侧俯视能反映三个方向面的情况，最为常用；正俯视少用。

5.1.3　地质图的切制方法

5.1.3.1　地质切图的种类

（1）由垂直图切水平图，据勘探线剖面或其他地质剖面图切制有预测中段、分段或平台地质平面图。

（2）由水平图切垂直图，据中段、分段或平台地质平面图切制预测地质剖面图。

（3）由垂直图切水平图再转切其他方向的垂直图。

（4）由水平图切垂直图再转切其他方向的水平图。

（5）由一个方向的垂直图切制其他方向的垂直图。

前两种是基本切图。

5.1.3.2　中段或平台地质平面图的切制

中段或平台地质平面图切图步骤及方法如下：

（1）据实际工作需要确定切图标高。

（2）取坐标网格，要求对角线误差小于 1mm，同时取勘探线。

（3）从各种剖面图的切图标高线上切取各类工程及地质界线。

（4）地质界线连图。考虑地质界线的性质、产状趋势正确连接。注意先新后老，先外后内，先主后次先含矿层后矿体。如果中段或平台标高切过地形等高线，则低于等高线部分不能连线。

（5）参考上中段实测图修正预测图。修正时将各中段图与预测图按坐标网重合，对照矿体、构造界线的位置、形态、长度、厚度、分支复合、侧伏、蚀变、岩脉、断裂等自上而下的变化规律，修正预测界线。

（6）成图。上墨清绘，按规定注明图名、比例尺、图例、责任表，绘图框。

5.1.3.3 地质剖面图的切制

地质剖面图依据中段、分段或平台地质平面图切制，步骤如下：

（1）确定剖图切面位置。

（2）取坐标线（最密的一组）、标高线。注意图纸的方位，自上而下，由左到右为坐标的增量方向。

（3）取工程及地质界线。

（4）地质连图。

（5）参考前后实测地质剖面图对地质界线进行修正。

（6）成图。

地质纵剖面图上要注意连接矿体侧伏线。

5.2 矿床区域地质图

每个矿床都产在区域地质的特定部位，受区域的地质发展历史、沉积建造、岩浆活动、构造运动、变质作用及成矿作用等条件的制约。因此，了解和研究一个矿床，是与了解和研究孕矿区域的地质发展史和区域地质特征分不开的，区域性地质图就是反映这些研究成果的图件，主要有区域地质图、区域构造纲要图（或构造体系图）、区域矿产分布图等三种。

这类图件的比例尺一般较小，可根据图纸种类和地质工作实际需要的不同，灵活掌握。一般为1∶1万～1∶20万。

此类图纸主要由专业地质部门编制并移交给矿山使用。但也有的是矿山地质人员根据有关资料综合编制而成，或由矿山地质人员独立进行矿区外围地质测量编制而成。

5.2.1 矿区区域地质图

对矿山而言，区域地质图即为矿区区域地质图（图5-11）。如果每一个矿山，仅仅有矿区地质图，就无从了解矿区外围（区域性）的成矿条件及其与矿床的相互关系，也就无从了解矿床的成矿背景。同时，由于矿床（或矿体）往往呈有规律的成群或成带分布，同类型的矿床，具有相类似的成矿地质条件。反之，相类似的区域地质条件，可能产有同类型的矿床。因而可借鉴区域性的某些成矿规律以指导矿区的地质找矿工作，不断扩大矿山资源和发现新矿种、新矿床，从而延长矿山寿命。因此，区域地质图除反映一般地质内容外，还必须突出矿床（矿点）分布和成矿规律。

5.2.1.1 比例尺

一般为1∶1万～1∶5万，有时为1∶10万～1∶20万。

5.2.1.2 图纸的内容

应有坐标网、三角点及高程、地形、地物（主要河流、村镇地名、公路、铁路）、地质测量成果（矿床、矿点、地层、岩浆岩，主要地质构造，各种探矿工程等），还应配置区域综合地层柱状图、区域主要地质剖面及图例和图签等。

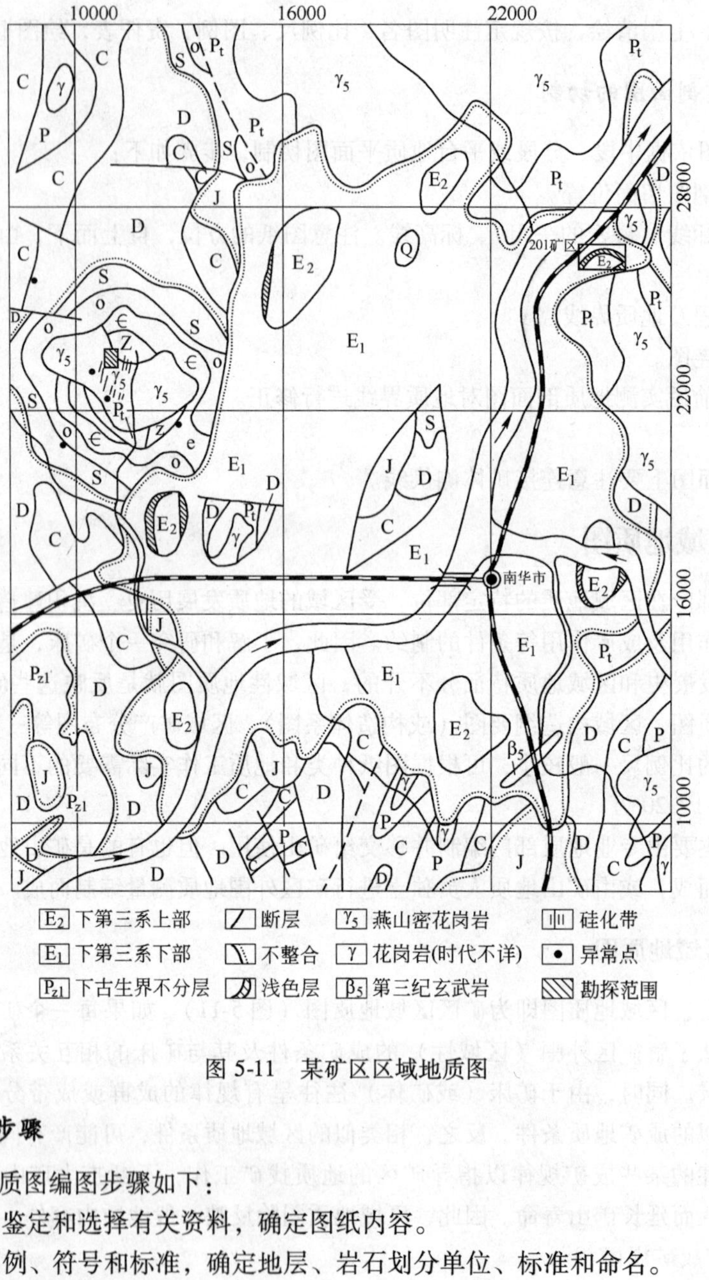

图 5-11　某矿区区域地质图

5.2.1.3　编图步骤

矿区区域地质图编图步骤如下：

（1）搜集、鉴定和选择有关资料，确定图纸内容。

（2）统一图例、符号和标准，确定地层、岩石划分单位、标准和命名。

（3）绘制坐标网。

（4）编制区域综合地层柱状图。

（5）根据已有资料编制地质草图。

（6）在地质平面图上切制 1 ~ 2 个区域地质剖面图，并附在图的下方，或者附上实测地质剖面图。

（7）附图例、图签。

（8）在编制上述草图的基础上，进一步补充、修改成图，交主管技术负责人审核，绘图人员清绘。

5.2.1.4 地质剖面图的编制

一幅正式的区域地质图应附有1~2条穿过全区的剖面图（一般应大致垂直主要构造线）。其编制方法与要求有别于地质平面图，现作如下介绍。

A 图名

剖面线在地质平面上的位置，要用一条细实线表示出来，两端注上代表剖面顺序的数字或符号，如1—1′，*A*—*A*′等。剖面图的图名即以代号表示，如1—1′剖面或*A*—*A*′剖面。

B 比例尺

剖面图比例尺一般应与区域地质平面图比例尺一致，分别以垂直和水平两种形式表示，垂直的称为垂直比例尺，用线条比例尺表示，设置在剖面图两端。高程起点标高从本区最高、最低区间范围权衡确定。如果剖面图附在地质图的下方，而水平比例尺与地质平面图比例尺相同时，则水平比例尺可省去。如果两者的比例尺不同，就应予以注明；有时为了表示垂直方向上的细部变化，往往将剖面图的垂直比例尺放大，此时应注明。

C 图例

剖面图的图例应该与地质平面图的图例一样。

D 图面表示

剖面图的两端，以垂直比例尺控制剖面边界。剖面图两边上端要注明剖面方向（用方位角表示）。剖面图的放置原则，一般南端在右，北端在左；西左东右；南西和北西端在左边，北东和南东端放在右边。

剖面图在地形剖面上应表示剖面切过的特征地物（山谷、山脊、村镇、河流等）和特征地质（矿体、岩层、岩体、构造等）。剖面下部应根据上覆岩层产状和地质构造予以合理推测。

5.2.1.5 综合地层柱状图的编制

地层柱状图一般附在地质平面图图框外的左侧。

A 图名

一般称为综合地层柱状剖面图。

B 比例尺

视情况而定，一般要大于地质平面图的比例尺。

C 主要内容表示方法

柱状图中的地层要按其时代顺序来表示，时代新的地层在上，老地层在下。岩浆岩、构造也要根据时代新老关系和与地层的穿插、切割关系顺序表示。岩性柱的宽度，要由地层的总厚度和图幅大小决定。总厚度大、图幅大的要宽些；反之，可窄些，一般为2~4cm。

在时代-岩系一栏中应列出时代及其相应的岩系：即代、纪、世、期、界、系统、阶（组）。地层代号一栏内除了要写上文字符号，还要按国际色谱上色（或统一规定的色谱）。

岩性描述栏中，描述岩石最主要的特征，如岩石名称、颜色、矿物成分、结构构造及其他突出的特点等。如果有火成岩侵入，就应该在其相当的时代位置上加以描述。

化石栏中对化石的描述要用拉丁文字写出属名、种类。

柱状图一般要表示出以上几栏内容，但具体编制时，可根据具体情况作适当的增减。

5.2.2 区域构造纲要图

为了突出地反映一个地区地质构造特征，常以该区地质平面图为基础，编制构造纲要图

(或构造体系图)，把各种地质构造突出地表示出来（图 5-12)。

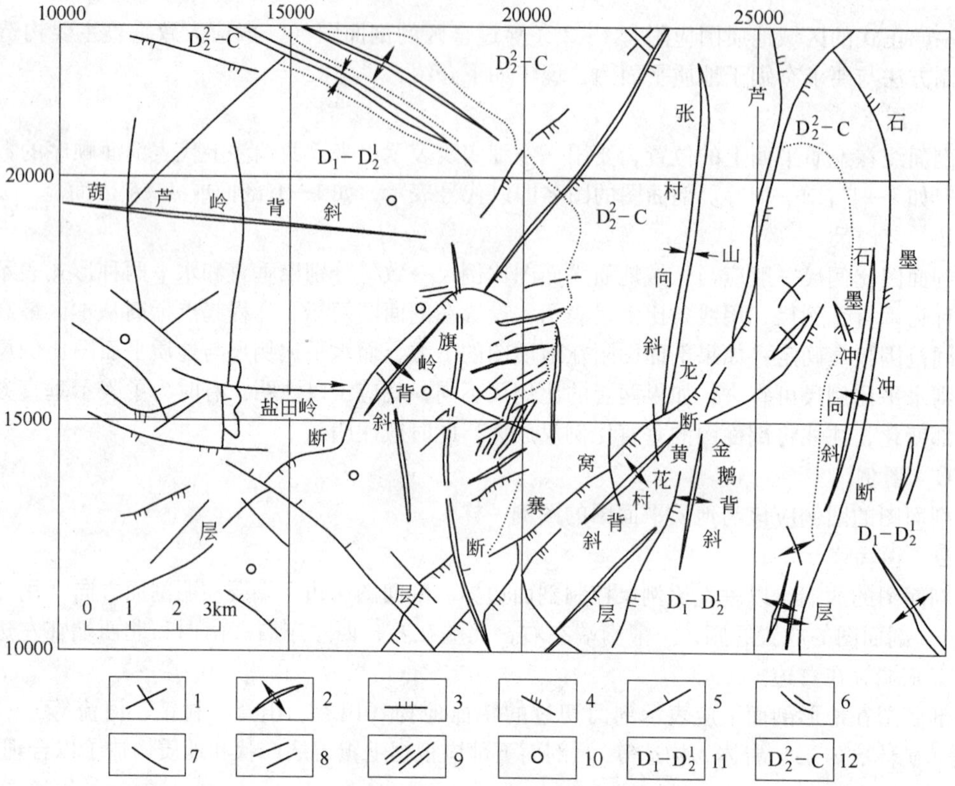

图 5-12　某矿床地质构造

1—背斜；2—向斜；3—压性断裂；4—压扭性断裂；5—张性断裂；6—扭性断裂；
7—断裂；8—雁行式褶皱；9—钨锡石英脉；10—矿化点；
11—砂页岩地层；12—碳酸盐地层

编制构造纲要图的目的，就是要突出区域构造特征，反映构造控矿机理，研究构造的控矿规律，从而用于指导普查找矿和地质勘探工作。构造纲要图应表示以下内容：

（1）构造层。所谓构造层，即在一个地质发展阶段中，岩石、岩相、构造的建造单元和构造层的划分一般以区域不整合面为准，根据矿区地质情况，一个区域可划分为一个或几个构造层。构造层须注明其时代，并着色，老构造层深，新构造层浅。

（2）断层。断层应按其性质和序次，以不同的符号表示。推断部分以虚线表示。

（3）褶皱。各种褶皱以褶皱轴表示。背斜、向斜、正长褶皱、倒转褶皱、穹隆、构造盆地均已地质制图规范规定的符号表示，其褶皱轴粗细反映褶皱宽窄，褶皱轴向方向表示褶皱走向，箭头表示褶皱的倾伏方向。

（4）岩体。主要表示岩体种类、边界及其岩相、岩组特征。

（5）地质体的产状、地层、岩体、构造必须表明其代表性产状。

5.2.3　矿产分布图

矿产分布图是综合反映区域矿产分布的图件，该图通常在区域地质平面图或区域构造纲要图基础上编制，重点反映矿床（矿点）、矿化点和异常区（点）的分布情况，并反映出区域成矿作用与区域地层、构造、岩浆岩的相互关系。其编制方法是在区域地质图上，将各类矿床（矿点）、矿化点和异常点，按它们的矿种、类型、规模、产出方式及生产利用、勘探情况，以不同的图例、花纹、文字和颜色表示出来（图 5-13）。

如矿产资料不多，可以合并在区域地质图上，不必单独编制矿产分布图。

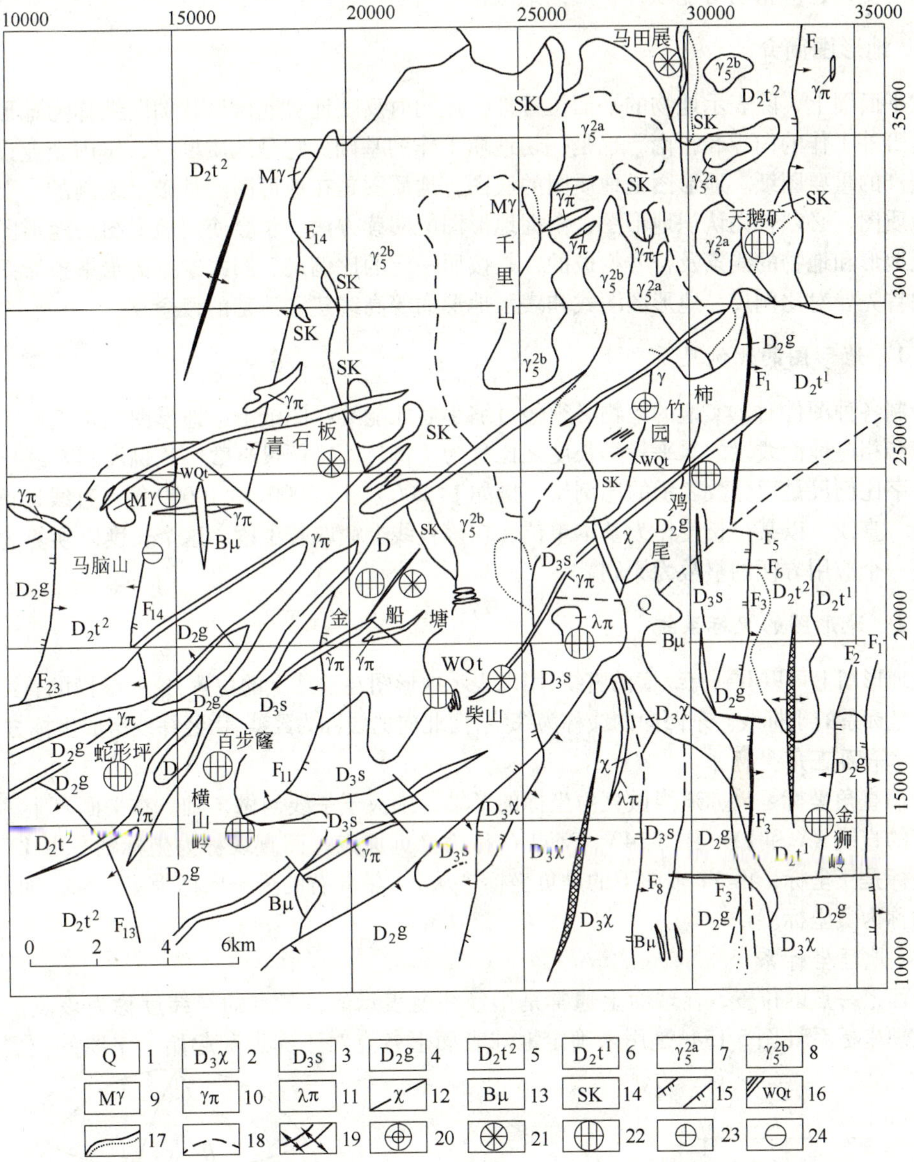

图 5-13 某矿床矿产分布图

1—第四系；2—含燧石结核灰岩；3—条带状似扁豆状灰岩；4—白云质灰岩；5—灰白色石英砂岩；6—暗紫色砂岩；7—中粗粒黑云母花岗岩；8—细粒斑状黑云母花岗岩；9—细粒花岗岩；10—花岗斑岩；11—石英斑岩；12—煌斑岩；13—辉绿玢岩；14—矽卡岩；15—正、冲断层；16—含钨石英脉；17—地质界线及推断地质界线；18—背向斜构造轴；19—背向斜轴；20—大型矽卡岩型钨锡铋钼矿床；21—中性矽卡岩型钨锡矿床；22—中小型铅锌黄铁矿矿床；23—小型矽卡岩型钨锡矿床；24—小型磁铁矿脉

5.3　矿区地形地质图

地形地质图是反映一个地区地形及地质情况的综合图纸。它是在地形图上用不同的颜色、花纹及规定符号，把地表上各种地质体按比例尺缩小后垂直投影到水平面上的一种图件。一张地质图不仅表明地质体在地表的分布，而且还可以反映地下一定深度的地质情况和该地区地壳发展的历史，还应指明可能赋存矿产的地区。

5.3.1　地形图简介

在平面图上，除表示地物的平面位置外，还同时反映地势起伏形状的图纸称为地形图。地形图是野外工作的向导和指南，也是一切地质工作的基础。它是地质勘探、矿山企业设计、基建和生产的重要图纸。地形图是地质图的底图，地质图是在地形图的基础上绘制的。要了解和认识地质图，必须首先认识地形图，掌握地形图的阅读方法，学会使用地形图。地形图是由各种表现地形和地物的线条及符号构成的，是按照一定的比例尺、图式绘制的水平投影图。阅读地形图首先要对比例尺、地形图图式和表示地形的等高线建立清楚的概念。

5.3.1.1　地形图的比例尺

绘制各种图件时，实地的地物必须经过缩小后才能绘在图纸上，地形图也不例外。图上线段长度和相应地面线段的水平投影长度之比称为比例尺。比例尺有数字比例尺和直线比例尺两种。数字比例尺是用分数表示的比例尺，例如1∶2000、1∶5000、1∶10000等。直线比例尺是在图上绘一直线，以某一长度作为基本单位，在该直线上截取若干段。这个长度以换算为实地距离后是一个应用方便的整数为原则。

5.3.1.2　地形图的坐标系统

在地形图上可以看到有纵横的直线,用以表示地形图在地球上的位置,这些纵横的直线就是平面直角坐标系的坐标线。东西向的线称为纬线,南北向的线称为经线,由经纬线组成坐标方格网。

A　平面直角坐标系

平面直角坐标是以赤道当做直角坐标的 Y 轴，中央子午线当做 X 轴。在平面 P 上画两条互相垂直的直线 XX 和 YY（图5-14）。交点 O 称为坐标原点，而直线称为坐标轴。由 YY 轴向上的纵坐标是正坐标，由 YY 轴向下的是负坐标，从 XX 轴向右的横坐标称为正坐标，而从 XX 轴向左的称为负坐标。

B　地理坐标系

地面上一点的位置，在球面上通常是用经纬度表示的，某点的经纬度称为该点的地理坐标。地理坐标系（图5-15）是用来确定地球表面上各点对于赤道和起始子午线的位置。坐标

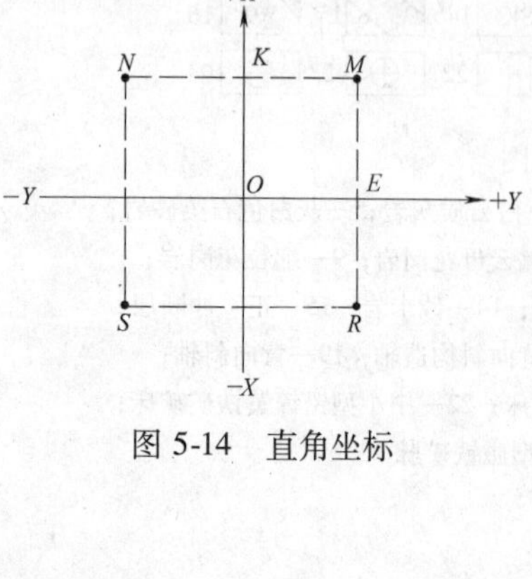

图5-14　直角坐标

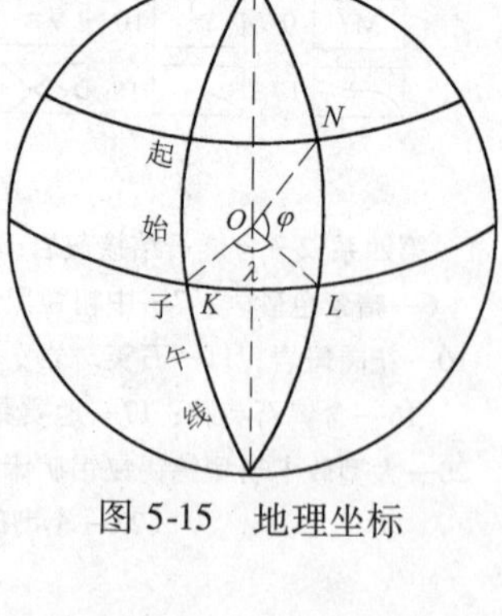

图5-15　地理坐标

系内的纵坐标是纬度，横坐标是经度。

5.3.1.3 地形等高线

地形图上常用等高线来表示地形，如地势的起伏、悬崖峭壁的分布等。等高线就是地面上标高相同的邻点所连成的闭合曲线（图5-16）。将不同标高的这种连线用平行投影法投射到水平面上，就得到用等高线表示的地形图，又称为等高线图。等高线都是闭合曲线，曲线的形状根据地形的形状而定。

A 等高线图的等高距

等高线是通过测量工作绘制出来的，为了使等高线图清晰易读，等高线应按一定间隔来画，两相邻等高线高程的差数（即一定单位的间隔）称为等高距或等高线图间隔，同一张图纸上的等高距是相同的。

B 平距

两条相邻等高线间的水平距离称为平距，如图5-16中的 G、G'。平距的大小是随地面坡度而变化的，坡度陡的地方，相邻的等高线就离得近些，即平距小了；坡度缓处，相邻等高线就离得远些，即平距大了。各种基本地形及其等高线图如图5-17所示。

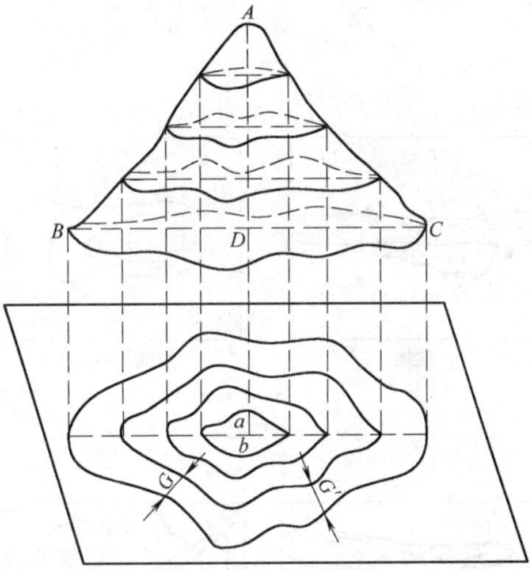

图5-16 用等高线表示地形的方法

地面上有各式各样的地形和地物，用来表示地物、地形等的符号即地形图图式。地形图图式分三种符号：地物符号、地形符号、注记符号。图5-18所示为1∶1000、1∶2000地形图常用图式。

5.3.2 矿区地形地质图的用途

在矿山建设中，必须对周围环境做系统、周密的调查研究，地面调查的成果可集中体现在地形地质图中，而地形地质图又是进一步调查研究的基础，也是进行矿山设计时的重要资料和依据。在各种不同比例尺的地形地质图中，与矿业开发关系最密切的是矿区（矿床）地形地质图。图的比例尺自1∶500 ~ 1∶10000不等，一般为1∶2000。

矿区（矿床）地形地质图是矿区（矿床）范围内地质特征、勘探程度、研究成果的集中体现，主要用于了解矿区地形及地质全貌，是矿山总体设计的主要依据之一，设计中的总图就设计在此种图上。在绘制矿区各种地质剖面图（如水平断面图、垂直断面图、投影图等）时，它也是基础图件之一。对于已投产矿山，在采掘过程中遇到的构造问题、就矿找矿不断扩大储量、延长矿山寿命等问题，也要参考矿床（区）地形地质图上所反映的情况做出抉择；在矿山基建和生产过程中，还要经常参考这种图件来指导施工、生产或修改设计等工作。为此，采矿工作者必须学会熟练使用、阅读地形地质图。

采矿工作者认识、阅读矿区（矿床）地形地质图，就是要从地质图上了解地层分布、地质构造、岩浆活动以及矿产分布情况，结合现场踏勘建立起矿区（矿床）地质条件的整体和立体的概念，用以指导采矿设计生产实践。一般在图上应表示矿区（矿床）地形特点（地形等高线）、重要地物标志、地理坐标，以矿体为中心的主要地质特征，各种勘探工程的位置与编号等。当地形地质条件较简单时，上述全部内容可绘制在同一张图上，即矿床

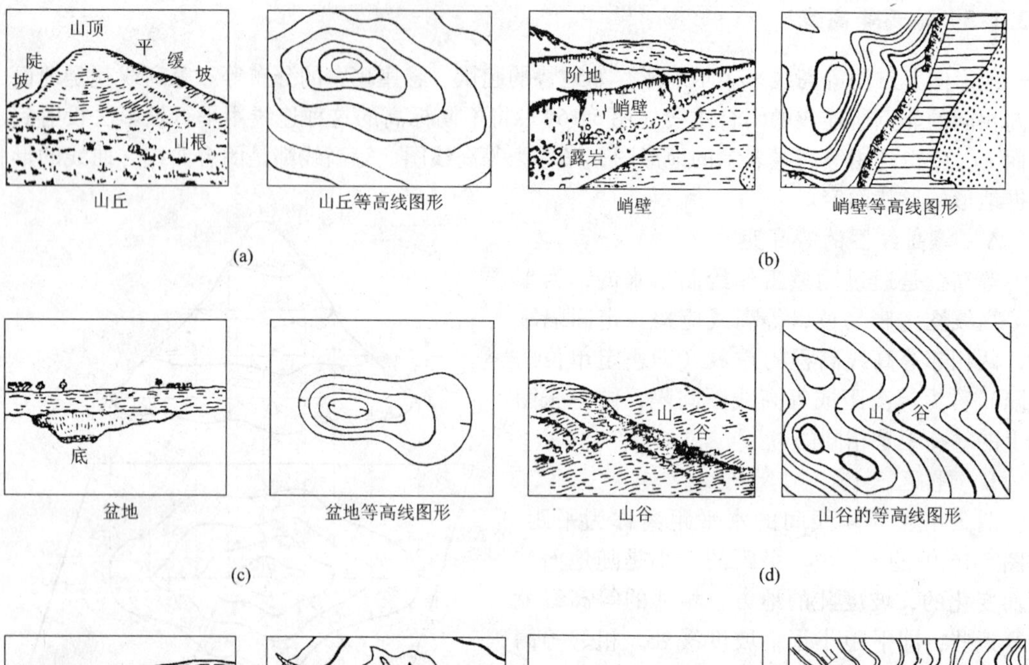

图 5-17　各种基本地形及其在地形图上的表现

（区）地形地质图（图5-19）。但当地形地质条件较复杂时，为了保持图面清晰，可根据具体情况和要求，分别绘制突出不同内容的该类地质图。如为了突出矿床的地质特征，图上可不绘地形等高线，称之为矿床（区）地质图，有时为了突出勘探工程布置方式，又可省去地形等高线和部分地质内容而称之为矿床（区）勘探工程布置平面图。一般情况下，该类图件都是由地质勘探部门编制，移交给矿山设计、基建和生产部门使用，在使用过程中再不断修改补充。

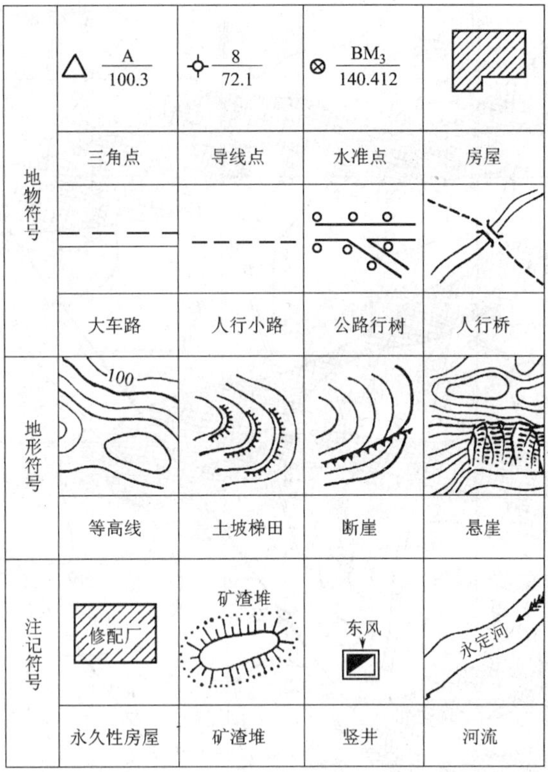

图 5-18　常用地形图图式

5.3.3　矿区地形地质图的绘制

矿区（矿床）地形地质图是以地形图作为底图来绘制的，内容包括地形和地质两部分，分别由测量人员和地质人员测绘而成，这种图件一般在矿山开采前就已由地质部门填绘出来，矿山基建或投产后只作一些补充或修改工作。

做图步骤一般是在野外地质调查的基础上，找出各种地质体和地质构造的界线，而后在地质界线上隔一定距离选择一定的地质点，在点上竖一定的标志（如插上带编号的小旗），并将地质点及其附近的地质情况作详细记录，然后用经纬仪或平板仪将地质点测绘在地形图上，再根据调查中所观察到的地质条件及各个地质界线延伸情况，把图上各地质点间的地质界线连接起来。地质点的疏密，可根据地质条件的复杂程度而定。一般在地质图上大约每一平方厘米布置一个，地质条件简单时可放稀些，地质条件复杂时应适当加密，尤其是在矿体和围岩的边界线上应适当加密。假如有些地方露头被浮土掩盖，而又必须了解浮土下面的地质情况（如矿体边界线被掩盖了）时，可以通过各种比较简单的山地工程（如剥土、探槽、浅井等）去揭露地下基岩情况，以便确定地质界线进行填图。

在野外工作基础上，还要在室内进行许多岩矿鉴定、分析研究和综合整理工作，最后清绘成图。

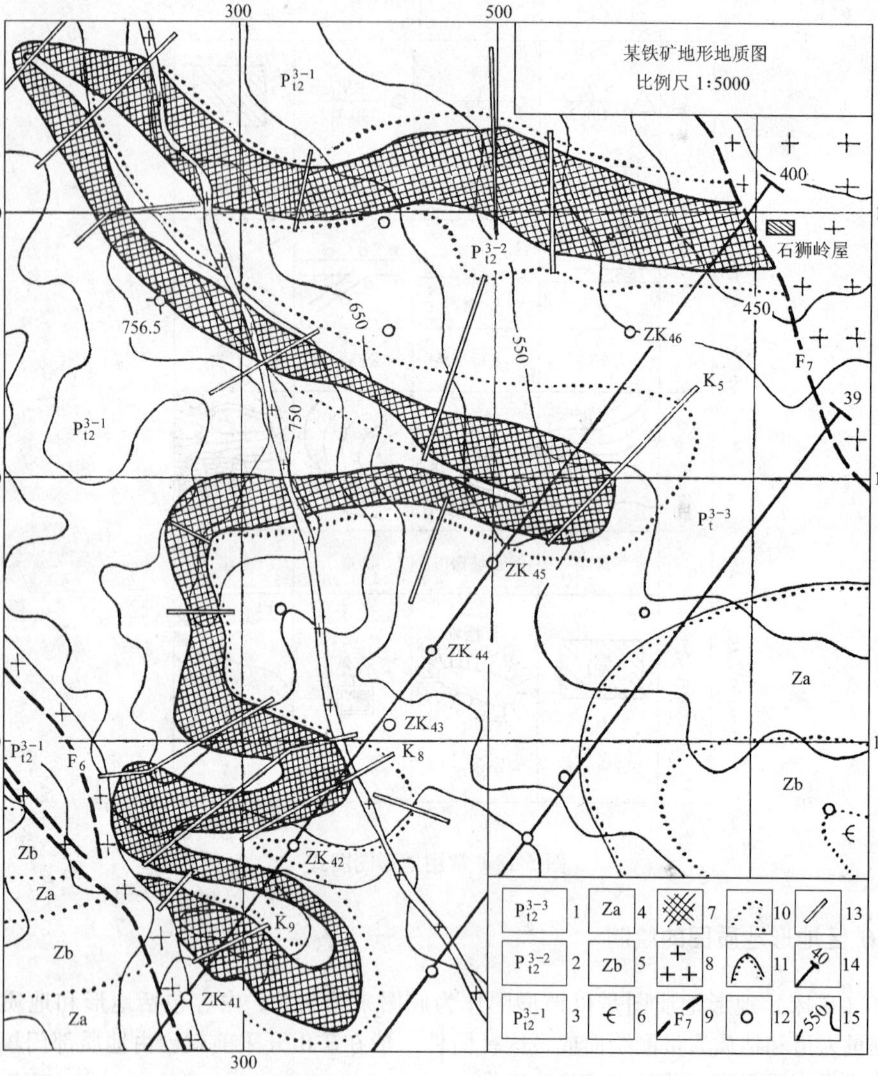

图 5-19 矿区地形地质图

1—板溪群上部（硅质板岩）；2—板溪群中部（含铁板岩及铁矿层）；3—板溪群下部（石英云母片岩）；4—南陀组（石英砂岩）；5—陡山陀组（炭质板岩）；6—寒武系（页岩）；7—铁矿体；8—花岗岩；9—断层及编号；10—地质界线；11—角度不整合；12—钻孔位置与编号；13—探槽位置与编号；14—勘探线与编号；15—地形等高线

5.3.4 地形地质图的阅读

5.3.4.1 阅读地形地质图的步骤

阅读地形地质图的步骤如下：

（1）先看图名、比例尺，再看图例，对地质图幅所包括的地区建立整体概念。

（2）了解图幅位置，识别图的方位，一般以指北箭头为依据。若没有则可根据一般图的上方指向正北，或根据坐标数值向东、向北增大的规律来定出图的方向。

（3）详细阅读地形等高线及其所代表地形的特点，了解本图幅所包括地区的地形起伏、山川形势等。

（4）对照图例，了解各种岩层在图中的分布及产状，分析各岩层之间的接触关系和地质构造。

（5）了解岩浆活动的时代，侵入或喷发的顺序，然后根据岩体轮廓，大致确定岩浆岩的产状。

（6）对矿床地质条件进行分析，要分析矿体的分布、形状、产状要素、规模，顶底板围岩的起点，围岩的产状及构造，矿体受哪些构造控制，矿体受构造变形后的形态变化等问题，这些都是矿山设计、基建和生产需要的基础资料。

（7）对过去已经开采过的矿山，还要了解旧坑口位置，以利考虑今后开采中旧坑道利用的可能性。

5.3.4.2　常见地质岩层的识读

各种产状的岩层或地质界面，因受地形影响，反映在地形地质图上的表现情况也各不相同，其露头形状的变化受地势起伏和岩层倾角大小的控制。

A　水平岩层在地形地质图上

如果地形有起伏，则水平岩层或水平地质界面的出露界线是水平面与地面的交线，此线位于一个水平面上，故水平岩层的露头形态，无论是在地面上还是在地质图上，都是一条弯曲的、形状与地形等高线一致或重合的等高线（图5-20a）。在地势高处出露新岩层，在地势低处出露老岩层。若地形平坦，则在地质图上，水平岩层表现为同一时代的岩层成片出露。

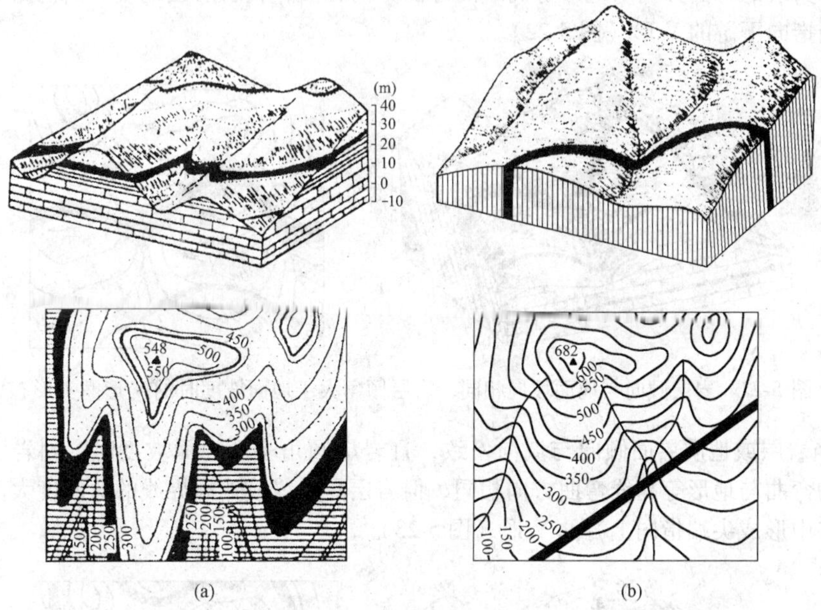

图5-20　水平岩层（a）与直立岩层（b）的露头形态

（据王素）

B　直立岩层在地形地质图上

直立岩层的岩层面或地质界面与地面的交线位于同一个铅直面上，露头各点连线的水平投影都落在一条直线上，因此，无论地形平坦或有起伏，直立岩层的地质界线在图上永远是一条切割等高线的直线（图5-20b）。

C　倾斜岩层在地形地质图上

倾斜的岩层面或其他地质界面的露头线，是一个倾斜面与地面的交线，它在地形地质图上和地面上都是一条与地形等高线相交的曲线（图 5-21、图 5-22、图 5-23）。在地形复杂地区，岩层露头或地质界面，在平面图上呈现许多 V 形或 U 形，由于岩层产状的不同，在地形地质图上 V 形的特点也各不相同。

（1）当岩层或地质界面的倾向与地面坡向相反时（图 5-21），岩层露头或地质界面露头线的弯曲方向与等高线一致，且地质界线或岩层露头线的弯曲小于地形等高线的弯曲，在河谷中 V 形的尖端指向河谷上游。

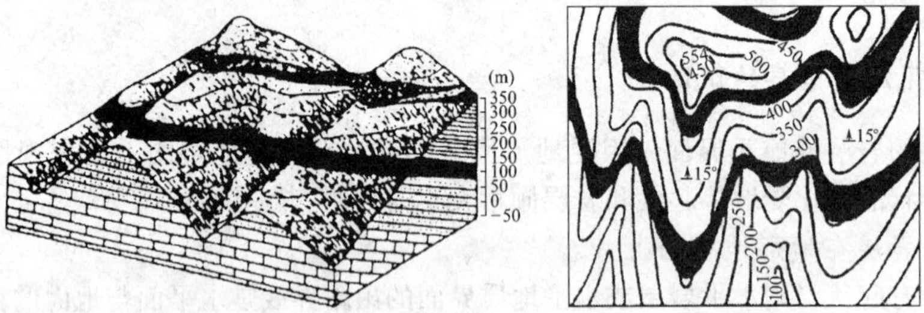

图 5-21　岩层倾向与地面坡向相反时的 V 形露头形态

（2）当岩层或地质界面的倾向与地面坡向一致时，若岩层倾角大于地面坡度，则岩层或地质界面露头线的弯曲方向与地形等高线的弯曲方向相反，且岩层或地质界面的露头，在河谷中形成尖端指向下游的 V 形（图 5-22）。

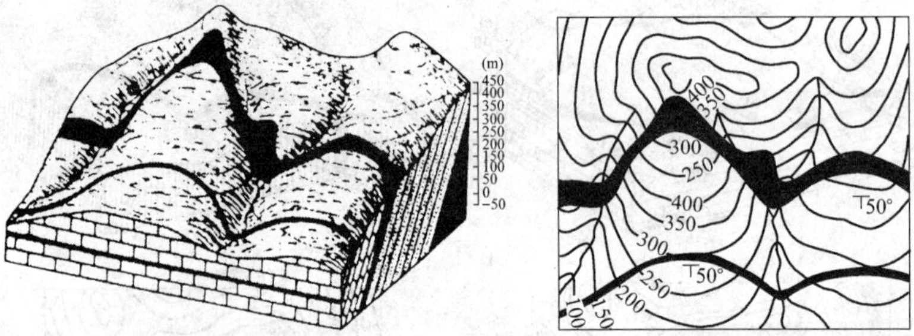

图 5-22　岩层倾向与地面坡向相同，岩层倾角大于地面坡度时的 V 形露头形态

（3）当岩层或地质界面倾向与坡向一致，且岩层倾角小于地面坡度时，则岩层或地质界面露头线的弯曲与地形等高线弯曲方向相同，但岩层露头线或地质界线的弯曲度大于地形等高线，在河谷中形成尖端指向上游的 V 形（图 5-23）。

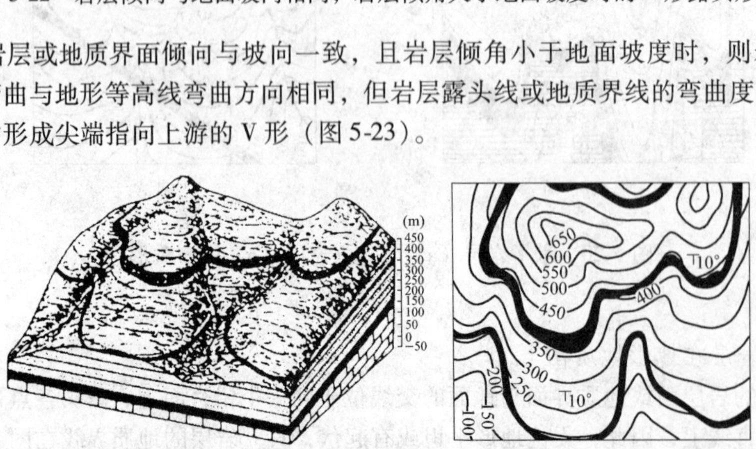

图 5-23　岩层倾向与地面坡向相同，岩层倾角小于地面坡度时的 V 形露头形态

5.3.4.3 常见地质褶曲的识读

许多地质构造都需要从立体上进行判断，但地形地质图只是一种平面图，要观察地质构造的立体形态，必须通过地质体相互之间的分布关系，以及通过地质体分布和地形之间的关系来建立地质构造的立体形态概念。

如果褶曲形成后地面还未受侵蚀，那么地面上露出的是成片当地最新地层，这时只能根据地质图上所标出的各部分岩层的产状要素来判断褶曲构造。大部分地区褶曲构造形成后，地表都已受到了侵蚀，因此构成褶曲的新老地层都有部分露出地表，则在地质图上主要根据岩层（或矿层）分布的对称关系和新老岩层的相对分布关系来判断褶曲构造。

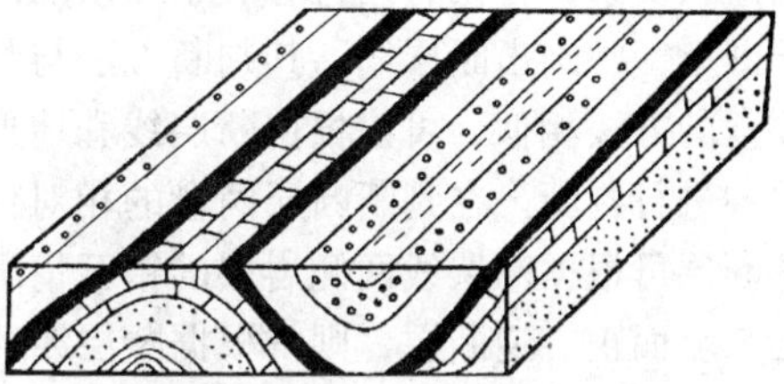

图 5-24 枢纽水平的褶曲在地质图上的表现（地形平坦条件下）

A 水平褶曲在地质图上的表现

枢纽产状为水平的背斜和向斜，在地形平坦条件下，它们的两翼岩层在地质图上都呈对称的平行条带出露（图 5-24），核部只有一条单独出现的岩层，对于背斜来说，核部岩层年代较老，两翼则依次出现较新岩层（图 5-24 中左）。向斜则相反，核部岩层年代较新，而两翼则依次为较老岩层（图5-24中右）。

B 倾伏褶曲在地质图上的表现

倾伏褶曲，在地形平坦条件下，其两翼岩层在地质图上也呈对称出露，但不是平行条带，而是抛物线形（图 5-25）。若判断其为倾伏背斜还是倾伏向斜，也要根据核部和两翼岩层的相对新老关系来判断。

C 短轴褶曲在地质图上的表现

短轴背斜或向斜，在地形平坦条件下，其两翼岩层在地质图上也成对称出露，其形状近于长椭圆形出露（图 1-32）至于是短轴背斜还是短轴向斜，其判断方法同上。

D 穹隆及构造盆地在地质图上的表现

在地形平坦条件下，它们的岩层露头在地质图上呈圆形或椭圆形出露（图 5-26、图 5-27）。

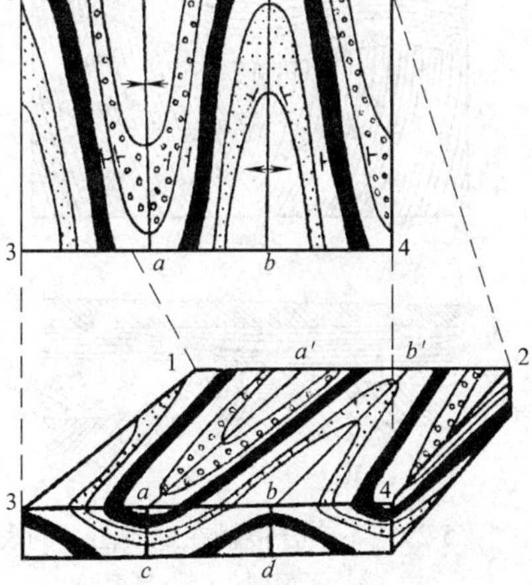

图 5-25 倾伏褶曲在地质图上的表现（地形平坦条件下）

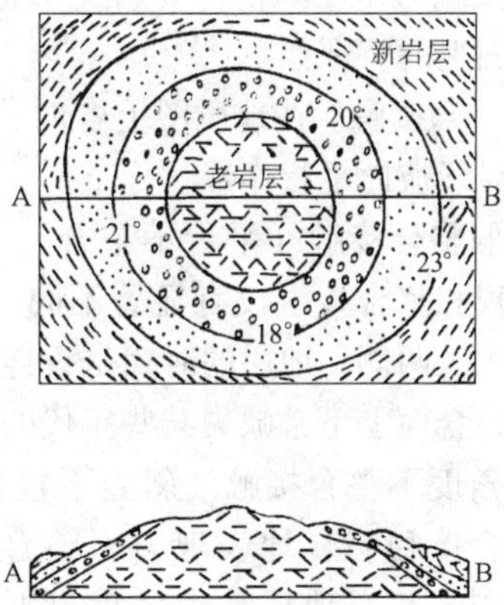

图 5-26 穹隆

判断是穹隆还是构造盆地，其方法与背斜和向斜的判断相同。

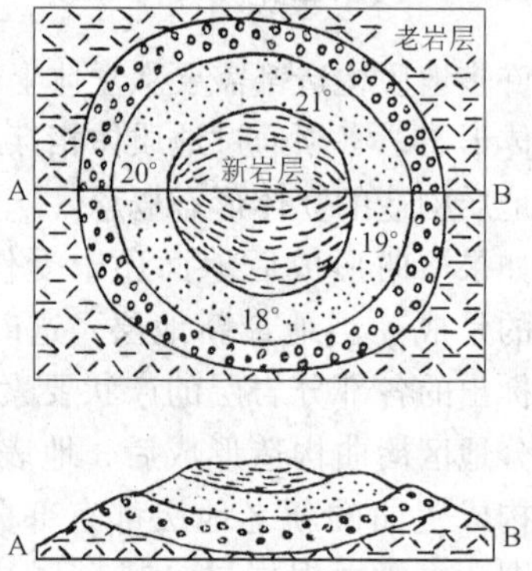

图 5-27　构造

5.3.4.4　常见地质断层的识读

大部分地质图上都用一定的符号表示出断层的类型和产状要素，在没有用符号表示断层的产状及类型的地质图上，常画出断层线，其判断方法与判断岩层面产状要素的方法相似，可以根据断层线和地形等高线之间的关系进行判断。在判断断层两盘的相对位移方向时，平移断层可根据断层线两侧岩层的错开情况直接从图上看出来。而正、逆断层，则常根据断层线两侧露出岩层的相对新老关系进行判断。老的一侧是上升盘。老岩层原在新岩层下面，由于上升，就与新岩层挨在一起了（图 5-28a）。经剥蚀后，常变为图 5-28b 所示的情况。相反的，新的一侧就是下降盘。地质断层的判断是非常复杂的，断层面的倾角、岩层的倾角、地质构造的破坏都给断层的位移关系、断层类型的判断带来许多困难。

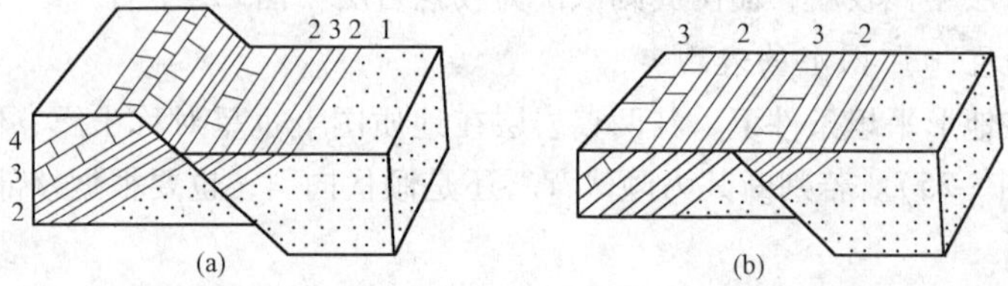

图 5-28　根据断层两侧岩层新老关系判断两盘的升降

5.3.4.5　复杂地质体接触关系的识读

A　沉积岩的接触关系

沉积岩的接触关系包括整合接触、假整合（平行不整合）接触与角度不整合（斜交不整合）接触。它们在地质图上的特征如下：

（1）整合接触。在地质图上各时代地层连续无缺失，地质界线彼此平行作带状分布。

（2）假整合接触（平行不整合）。各地层在地质图上的表现和整合接触没有显著不同，必须仔细分析每一个露头线两侧，地层的时代是否连续来进行判断。一般在假整合面上下常缺失某些年代的地层。

（3）角度不整合接触（斜交不整合）。在地质图上，不整合接触明显地表现为不整合面上下两套岩层产状不同，并有地层缺失。它与下伏岩系各层位的界面成角度相交，而与上覆岩系的界面基本平行（图 5-29）。

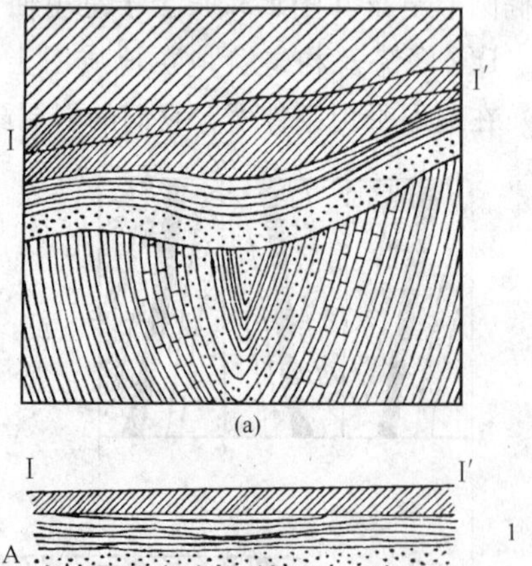

图 5-29　不整合接触在地质图上的表现
（a）平面图；（b）剖面图
A—B 为不整合面
1—新岩层；2—挤压成褶皱的古老岩

B 侵入体的接触关系

侵入体与围岩的接触关系有三种:

(1) 侵入接触。岩浆侵入到先形成的沉积岩中去,则在侵入体与围岩的接触带上常出现接触变质现象,在侵入岩中常残留有围岩的捕虏体(图5-30),沉积岩常被侵入岩共生的岩脉所贯入。若侵入体的规模较大,而且原生岩浆中带有大量汽水溶液,有可能在接触带中形成某些矿床。

(2) 沉积接触。若侵入岩形成后,由于受侵蚀作用而露出地表,其后随着地壳下降又有新的沉积岩覆盖其上,则在沉积岩层中没有接触变质现象,在侵入岩中也没有它的捕虏体,可在沉积岩层底部出现侵入岩的砾石(图5-31)。

(3) 断层接触。如果是在断层错动下形成的侵入体和沉积岩接触,表现在地质图上,断层线比较平直,一侧为岩浆岩,一侧为沉积岩,岩浆岩中有被切断的岩脉等(图5-32)。

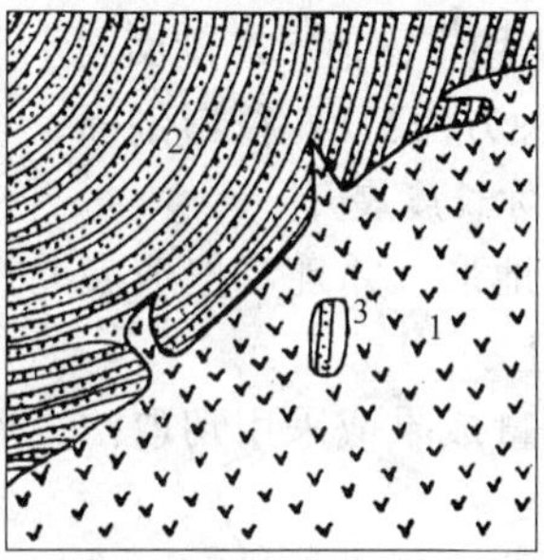

图5-30 侵入接触

1—侵入岩;2—沉积岩;3—捕虏体

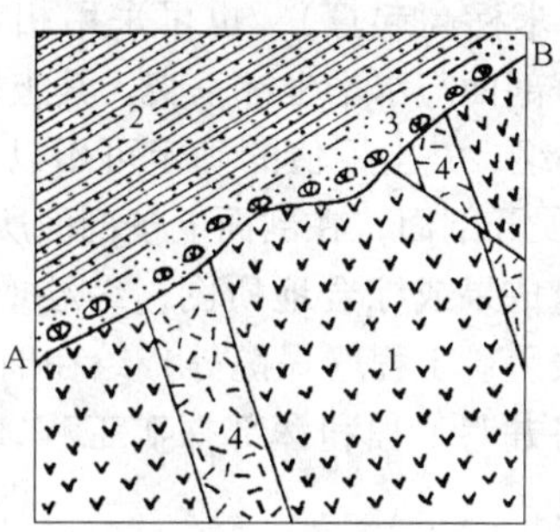

图5-31 沉积接触

1—侵入岩;2—沉积岩;
3—底砾岩;4—岩脉
A—B 为接触面

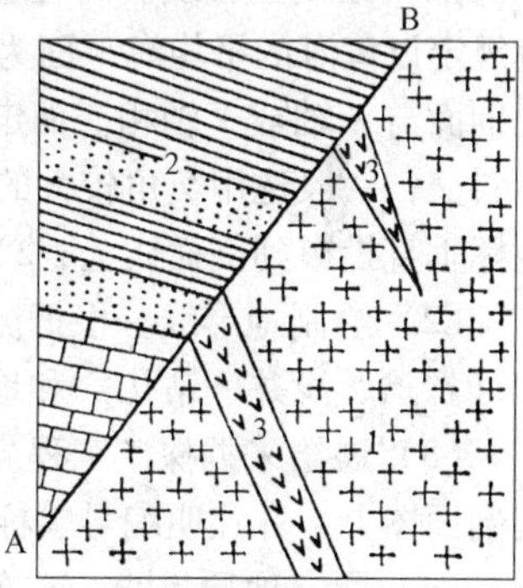

图5-32 断层接触

1—侵入岩;2—沉积岩;3—岩脉
A—B 为断层面

5.4 矿山地下开采地质图

5.4.1 矿区地形地质图

矿区地形地质图是矿区总体性设计、部署,长远规划、综合编图、综合研究的依据。比例尺:有色金属矿山多用1∶1000及1∶2000;黑色金属矿山多用1∶1000、1∶2000及1∶5000。详细内容见上一节。

5.4.2 垂直剖面类地质图

这类图件的种类较多,但最基本的是横剖面图和纵剖面图两种。两者的主要区别是:横剖面的剖面线方向垂直矿体走向,用以了解矿体深部沿倾向方向的地质特征及变化情况;纵剖面图的剖面线方向是沿着矿体的平均走向,用以了解矿体在深部沿走向方向的地质特征及变化情况。一般情况下,每一条勘探线都要绘制一张勘探线横剖面图;而纵剖面图每个矿区只要绘制代表性的1~2张即可。图的比例尺一般为1∶500 ~ 1∶2000。

矿山最常用的垂直剖面图是勘探线横剖面图。其作用是:(1) 配合矿区地形地质图,了解矿区地质的全貌、矿床的地质构造特征、矿体出露及埋藏情况、矿体厚度和品位沿倾向方向的变化情况;(2) 反映矿床纵深变化情况,是矿山总体性设计、综合编图、综合研究的依据;

(3) 在图上加储量计算内容又是垂直断面法计算储量的依据；是绘制水平断面图和投影图的重要基础；是储量计算、矿山设计与生产的必用图件。

图上应表示的主要内容有：应有剖面地形线及方位，坐标线及高程线，在勘探线上的和投影于该勘探线上的各种勘探工程的工程的位置及编号，钻孔终孔深度、采样位置、样品编号及品位；岩层、火成岩体、矿层（矿体）、构造、围岩蚀变；不同结构类型矿石分布；化验分析表(亦可另列表表示)，矿体、围岩的地质界线及产状；断层线及编号；做开采设计时，还应在此图上绘出各种采、掘（剥）工程（坑道、天井）或露天矿开采境界线等的位置与编号。当与储量计算图合并时，还应有各级储量的圈定线，各块段的编号、储量级别及计算参数。在剖面的下方一般还应绘出剖面线、平面位置图（包括坐标线、工程位置及编号、钻孔弯曲平面投影线)。

5.4.2.1　剖面图的绘制方法

(1) 绘制坐标线。高程应根据矿体产出的区间标高确定，一般以绝对高程（国家测量规范规定以黄海的平均海平面为零米标高起算)，也可采用相对高程来表示。水平坐标的确定，视剖面与 X 轴或 Y 轴相交而定，剖面与水平坐标垂交，其坐标值采用平面值；若剖面与水平坐标斜交，一般选用交角较大的一组，其坐标值的确定可用以下两种方法：1）投影剖面，水平坐标垂直投影到剖面线上；2）展开剖面，在剖面上按剖面所切实际长度展开。

(2) 绘制地形线。根据测量成果或综合地质图，编绘或切制地形，并且要把地表勘探工程（探槽、浅井、钻孔）和地表采矿工程（民窿等）绘在剖面图上。

(3) 展绘采掘探矿工程。将井巷工程和深部探矿工程，按测量成果或采用切取法，展绘到剖面图上，并注明编号、标记。

(4) 圈定地质界线。在各种探矿工程的基础上，经过综合分析、研究和推断，根据矿体等地质体在空间位置相互关系、产状和地质规律，连接和推断地质界线。

(5) 标记储量块段。如果用来计算储量时，应圈定各种矿石类型、矿石品级、各种储量的级别界线以及矿层厚度、面积、品位等有关参数。

5.4.2.2　剖面图绘制的注意事项

采用投影法编制的勘探线剖面图，应在图下方绘出勘探线的平面坐标简图，绘出钻孔或其他探矿工程的水平位置及其弯曲、展布的水平投影。

地质界线的连接圈定，必须与相应的原始资料相符合，并在综合研究矿床地质规律的基础上，运用地质规律，对矿床、矿体作推断圈定。其顺序是：先连接地质界线，后连接矿体。工业矿体应严格按照工业部门确定的储量计算工业指标进行圈定。对于地表钻、坑内钻钻孔的弯曲度应予以校正。

为了清楚的表现各相邻的勘探线剖面间矿体的变化情况，有时在两勘探线间，辅助编制联合剖面图，这种图件的编制方法和作用与勘探线剖面图相同。

5.4.2.3　剖面图的绘制步骤

该图是在矿床地形地质图和各种探、采工程素描图的基础上编制出来的，其做图步骤如下：

(1) 先在矿床地形地质图上确定勘探剖面线的方向和位置，地形地质图上的勘探剖面线即为勘探剖面（铅直面）与水平面的交线。

(2) 在空白纸上绘出图框，根据矿体产出标高和比例尺要求作好水平标高线。

（3）根据剖面线与地形地质图上各地形线、地质界线的交点水平间距，转绘出地形剖面及地质界线点，该步骤也常常由实地测量来进行。

（4）将剖面在线的各种探矿及采掘工程按相应的位置投制于图上，并标出各工程所揭露的矿体、围岩、断层等地质界线点及取样位置与编号。

（5）根据野外观察和室内分析的结果，合理地连接各地质界线点，并在图的下方绘制钻孔平面位置图，侧方绘出各工程的取样分析结果表。

（6）如在此图上进行储量计算时，还应划分储量计算块段，注明各块段的编号和面积，有时还要求圈出各种矿石类型和不同级别储量的界线。

（7）最后标出图名、图例、比例尺（其要求一般为1∶500 ~ 1∶2000）、图签等，即成一张完整的勘探线横剖面图（图5-33）。

勘探线纵剖面图的作用、表示内容、绘图步骤等，基本上均与勘探线横剖面图相同。

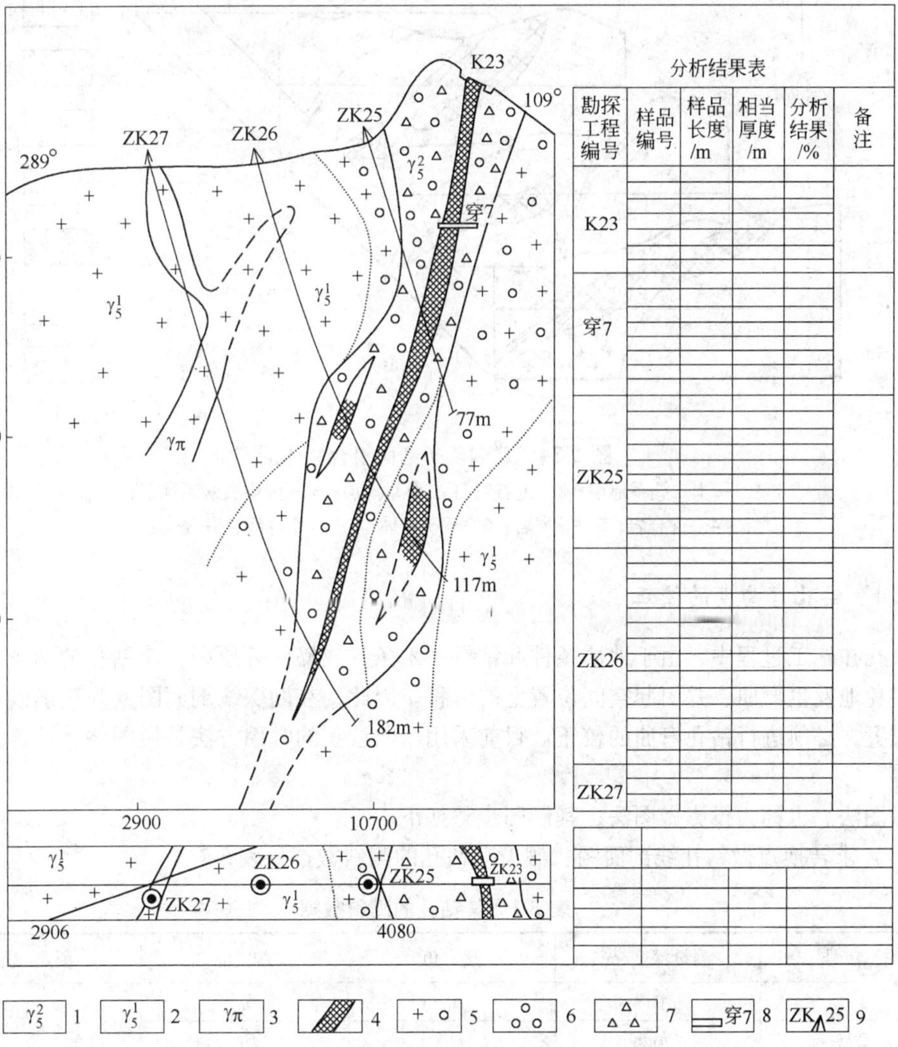

图5-33 某矿某号勘探线剖面图

1—二云母花岗岩；2—黑云母花岗岩；3—花岗斑岩；4—矿体；5—蚀变花岗岩；
6—硅化破碎带；7—萤石化破碎带；8—穿脉坑道；9—钻孔

在阅读垂直剖面图时，特别应当注意的一点是，剖面图上的矿体、岩层及断层的倾角，有时可能是真倾角，有时可能是假倾角，这就应根据地质平面图上剖面线与矿体、岩层、断层走向线之间的关系来判断。当剖面线与走向线不互相垂直时，为假倾角；垂直时为真倾角，假倾角小于真倾角。在纵剖面图上就显示不出矿体的倾角了。

单张垂直剖面图的阅读并不难，比较难的是要能根据一组剖面建立起整个矿体和构造的立体概念。但只要我们细心对准一组剖面之间的标高和坐标系统，明确矿体和构造在图上的相对位置，这一困难是完全可以克服的。为了帮助建立起总的立体概念，特附由一组剖面所组成的立体透视图（图 5-34），以供练习读图之用。

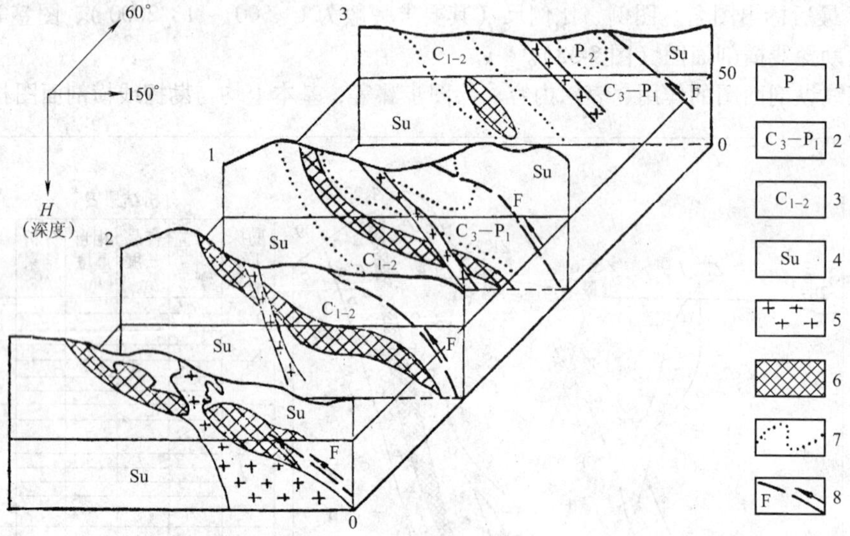

图 5-34　某铜硫矿剖面组合立体图

1—上二叠系地层；2—上石炭-下二叠系地层；3—下-中石炭系地层；4—混合岩；5—花岗岩；6—铜硫矿体；7—地质界线；8—断层

5.4.2.4　钻孔弯曲度的校正

钻孔在施工过程中，由于地质条件和钻探技术条件或操作等原因，使钻孔的倾角、方位角不可避免地发生弯曲，并引起空间位置上的位移。因此，在勘探线剖面图上为正确确定钻孔的空间位置，必须进行钻孔弯曲的校正。目前采用弯曲校正的常用方法是做图法、计算法和诺模图法等。

做图法。也称为投影做图法，其制图步骤如下：

（1）求转换点做钻孔线剖面图：假设某钻孔的测斜数据见表 5-1。

表 5-1　某钻孔的测斜数据

测点号	测量深度/m	倾角	方位	测点间距/m
1	0	α_0	β_0	
2	h_1	α_1	β_1	h_1
3	h_2	α_2	β_2	h_2-h_1
4	h_3	α_3	β_3	h_3-h_2
5	h_4	α_4	β_4	h_4-h_3

转换点为相邻二测点距离的$\frac{1}{2}$，即认为钻孔倾角的改变不是在测点开始，而是在相邻两测点间距的一半处开始（也有将测点作为转换点的），如图 5-35 所示，设转换点分别为 a、b、c、d，则：

$$a = \frac{h_1}{2}$$

$$b = h_1 + \frac{h_2 - h_1}{2}$$

$$c = h_2 + \frac{h_3 - h_2}{2}$$

$$d = h_3 + \frac{h_4 - h_3}{2}$$

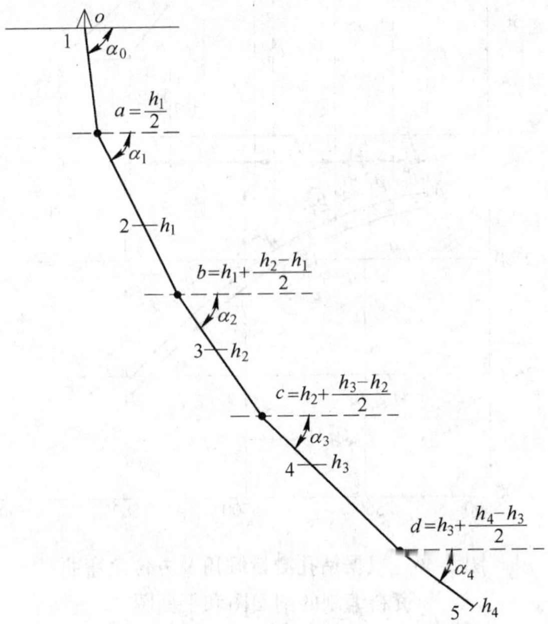

图 5-35　按钻孔倾角所画钻孔线剖面图

1 ~5—测点号；α_1、α_2、α_3、α_4—测得倾角；h_1、h_2、h_3、h_4—测点深度；
a、b、c、d—转换点深度

然后根据各测点的钻孔倾角及倾角转换点的上述计算长度进行做图，连接 oa、ab、bc、cd 各折线为平滑曲线，即得倾角弯曲校正后的钻孔中轴线剖面图（图 5-36）。

（2）作钻孔线平面投影图。根据已测得的倾角资料，按前述方法编制出钻孔线剖面图后，利用该图各倾角转换点间的钻孔线段长度，根据方位角弯曲资料投影到平面上得线段 l_1、l_2、l_3、l_4、l_5（图 5-36）然后根据已测得方位角资料和转换点间的钻孔线段的水平投影长度，编制钻孔线平面投影图，即以方位角 β_0、线段长 l_1 画出截线 $o'a'$，接着又以方位角 β_1、线段长 l_2 画出截线 $a'b'$，……得出 $b'c'$、$c'd'$、$d'e'$ 等折线，连折线为平滑曲线，即得钻孔线的平面投影图。

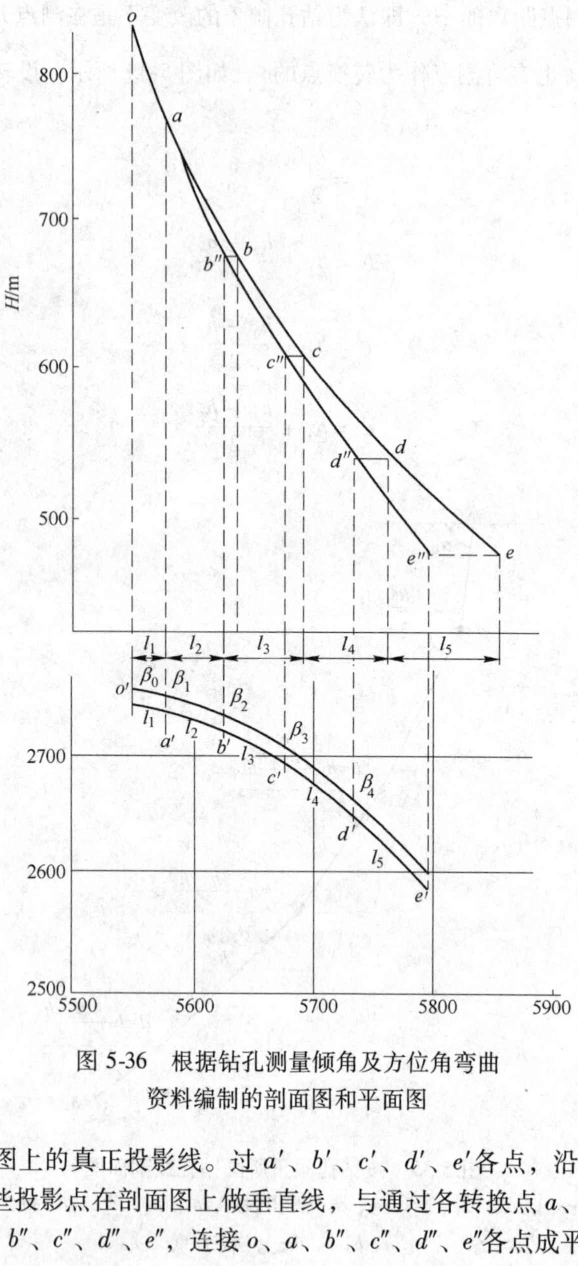

图 5-36　根据钻孔测量倾角及方位角弯曲资料编制的剖面图和平面图

(3) 作钻孔剖面图上的真正投影线。过 a'、b'、c'、d'、e'各点，沿剖面的法线方向投影到剖面图上，并从这些投影点在剖面图上做垂直线，与通过各转换点 a、b、c、d、e 之水平线相交得一系列交点 a、b''、c''、d''、e''，连接 o、a、b''、c''、d''、e''各点成平滑曲线，即为剖面上的钻孔投影线。

5.4.3　水平剖面类地质图

这类图件也是矿山常用的一种重要图件，它表示矿体、围岩、构造、矿石质量在某一标高水平断面上地质特征及变化的情况，如中段地质平面图、坑道地质平面图等。这类图件除用于配合地形地质图了解矿床地质全貌外，还在矿山设计和开采过程中用来确定开拓工程位置，制订矿山采掘进度计划，进行矿山开拓设计、中段开拓设计、采矿方法设计、采掘单体设计，编制生产计划和管理生产、综合编图、综合研究的依据，储量计算以及指导采掘工程的施工。该类图件上应表示的主要内容有：坐标网，垂直剖面线，矿体、围岩的界线，矿石品级、类型的分界线，断层线及编号，各种探采工程，取样位置与编号。如用来进行储量计算时，还应标明储量计算块段和储量级别块段。比例尺一般为1∶200、1∶500、1∶1000、1∶2000。

5.4.3.1 水平断面地质图

水平断面地质图又称水平断面地质图或者水平切面图或预想平面图。

水平断面地质图的绘制要有两个或两个以上相邻的勘探线横剖面图和地形地质图（或一个已知的水平断面地质图）作为依据。其做图步骤是：

（1）在空白纸上绘好图框，并根据地形地质图绘制坐标网和剖面线的位置。

（2）根据已知的剖面图，将所需某一标高（如图5-37中零米标高）的矿体、围岩、构造的界线点和通过该标高的钻孔，垂直投影到平面图上。

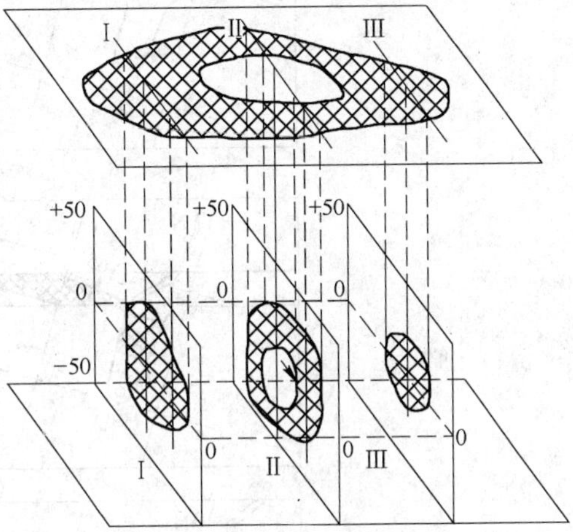

图5-37 绘制水平断面地质图的立体图

（3）合理连接相同地质体的界线点，最后标出图名、图例、比例尺、图签等，即成一张完整的水平断面地质图。

5.4.3.2 坑道地质平面图

坑道地质平面图又称为中段地质平面图。当矿床用坑道勘探时或开采过程中形成中段系统后，即可编制此图。它是以测好的坑道平面图为基础，根据坑道原始地质编录资料和勘探线剖面图绘制而成的。比例尺一般要求为1∶200 ~ 1∶1000。它是地下开采矿山常用的一种地质图件。

A 实测中段地质平面图

a 根据坑道素描图编制中段地质平面图

当坑道素描是按顶板平均标高测绘时，编图步骤如图5-38所示。

当坑道素描是按距底板1m或2m（或取样槽）标高平面测绘时，除坑道内地质界线按素描图及测点直接量取外，坑外部分要按坑壁素描界线外推。

b 中段地质填图

中段地质填图是不经过坑道素描而采用填图方法直接测绘中段地质平面图的一种方法。测图时，按测点定导线，钢尺测距离，控制地质界线。所描地质界线可以是坑道顶板，也可以是距板1m（或取样槽）标高平面的界线。最后，在室内联图。

中段地质填图广泛应用于矿山，其优点在于省去素描工序，节省时间，避免因转绘素描图可能造成的差错。但工程揭露的有价值细节地质构造不可能详尽表示。弥补的方法是重点描绘特征素描图。

B 绘制中段地质平面图的步骤

（1）在空白纸上绘好图框、坐标网和勘探线的位置。

（2）绘出坑道顶板的轮廓或通过腰线断面的坑道轮廓、通过该中段的钻孔位置、在该中段所打水平钻孔的位置。

（3）将坑道和钻孔中所获得的原始地质资料，如各种素描图中矿体、围岩和地质构造界

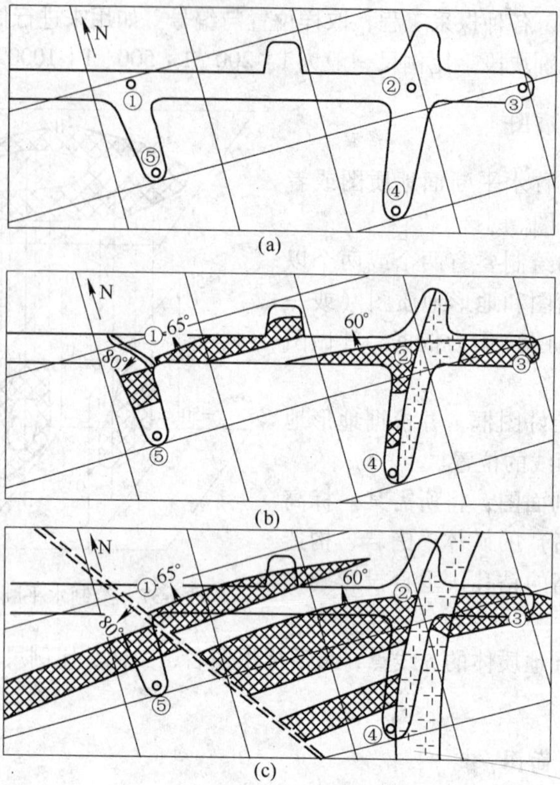

图 5-38 绘制中段地质平面图

（a）坑道测量平面图；（b）将坑道顶板素描图移绘于中段平面图上；（c）地质联图

线点，按比例尺缩绘到坑道或钻孔相应位置上。

（4）连接相同地质体的界线，并标出图名、图例、比例尺、图签等，即成一张完整的坑道地质平面图（图 5-39）。图 5-39 为示意图，故省略了比例尺、图签等。

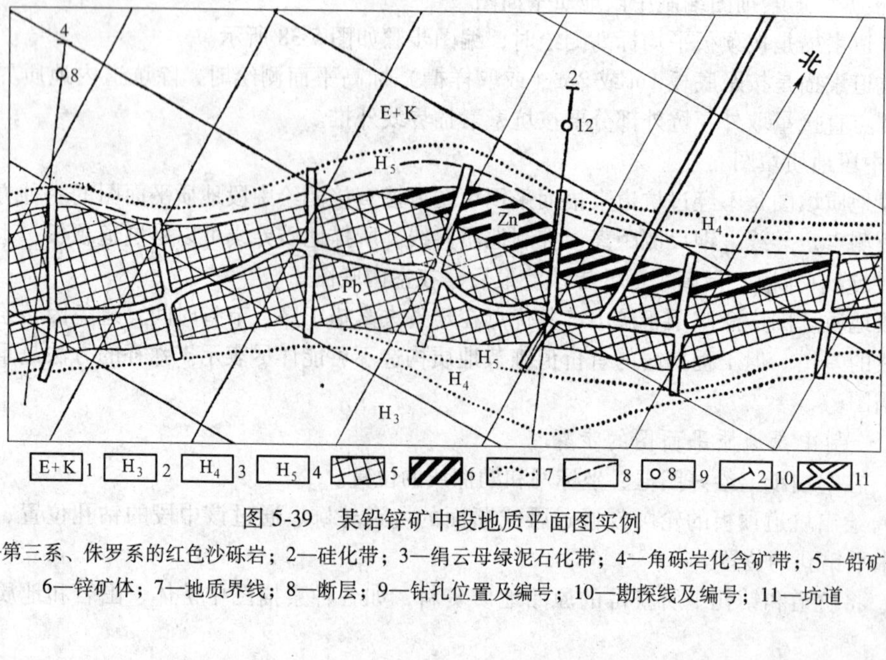

图 5-39 某铅锌矿中段地质平面图实例

1—第三系、侏罗系的红色沙砾岩；2—硅化带；3—绢云母绿泥石化带；4—角砾岩化含矿带；5—铅矿体；6—锌矿体；7—地质界线；8—断层；9—钻孔位置及编号；10—勘探线及编号；11—坑道

C 多中段复合地质平面图

按矿区统一坐标将矿区相邻中段或分段，有时是全部中段投影到一张平面图上，得到多中段复合地质平面图。图 5-40 综合表示了各中段或分段矿体、工程、主要构造的相互关系，是指导管理生产的重要图纸。缓倾斜矿体的各中段复合地质平面图，即矿床（体）水平平面投影图是该类矿床的最基本地质图件。急倾斜矿体则多编制相邻两中段的复合地质平面图。编制多中段复合地质平面图时，为了避免上下中段工程和地质界线的重叠干扰，可以采用一定的花纹、颜色、符号或上下重叠遮盖关系加以区别。也可注明不同中段标高。

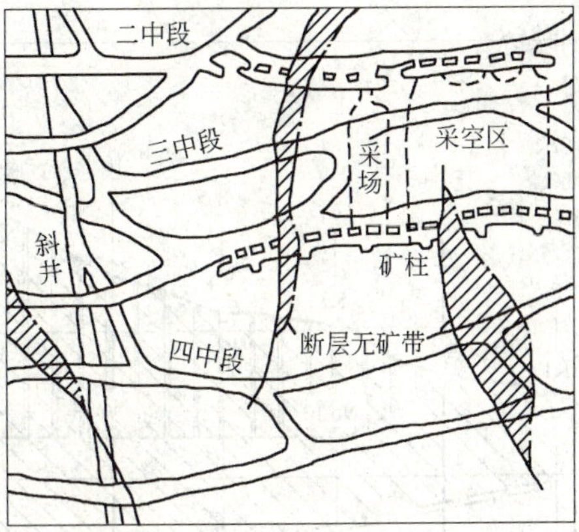

图 5-40 多中段复合地质平面图

水平断面地质图、坑道地质平面图的单张阅读，类似地表为水平的地形地质图，因而并不很困难，比较困难的是把不同水平的一组断面图的坐标系统、矿体、围岩、构造等对应起来，进行分析，形成多中段复合地质平面图。从而建立整个矿床（矿体、围岩、构造等）的立体概念。图 5-41 为一张由水平断面组合而成的立体图，供练习读图时用。

5.4.4 矿体投影图

矿体投影图表示矿体沿走向延长和侧伏、沿倾向延深，表示各级储量分布以及工程控制程度等整体概念。主要有两种形式：一种是水平投影图，它用正投影的方法把矿体和其他地质界线及探采工程等投影在一个水平面上，常用于倾角小于 45°的缓倾斜矿体；另一种是垂直纵投影图，它用正投影的方法把矿体及其他所要表示的内容，投影在和矿体平均走向平行并且放置在矿体下盘的垂直投影面上，常用于倾角大于 45°的急倾斜矿体。它是矿山设计和生产中经常要用到的图纸。在矿山设计时，各种开拓系统往往也投影在此图上；在生产阶段常用来编制采掘进度计划，并在图上表明各中段采掘进度和主要井巷延伸的情况。图上应表示的主要内容有：矿体投影边界线；各种探矿、采掘工程的位置以及储量计算情况等有关内容。

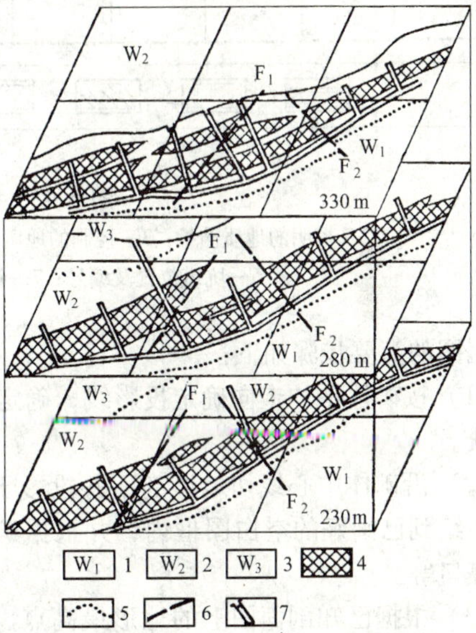

图 5-41 水平断面组合立体图

1—板岩夹灰岩；2—白云质硅化灰岩；3—紫色砂岩夹板岩；4—矿体；5—地质界线；6—断层；7—平硐及坑道

比例尺一般为 1∶500、1∶1000 和 1∶2000 。

5.4.4.1 矿体垂直纵投影图

矿体垂直纵投影图系将矿体投影到与矿体总走向平行的垂直平面上，适用于矿体倾角 65° ~

90°的急倾斜矿体。该图实例见图 5-42。

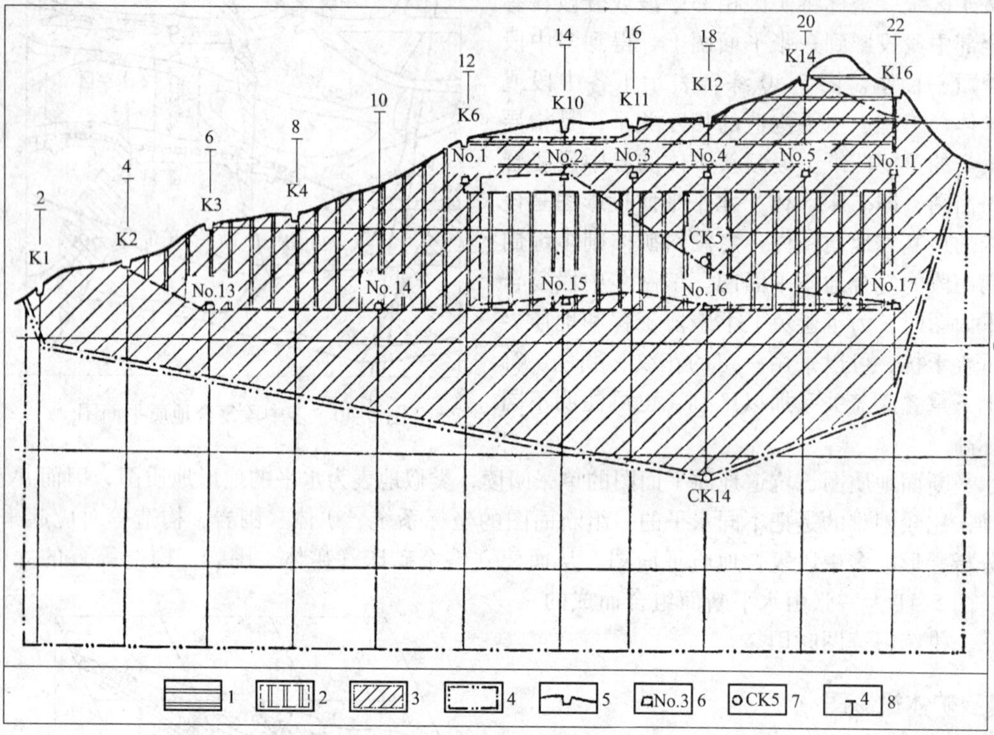

图 5-42　矿体垂直纵投影图

1，2—探明的地质储量；3—控制的地质储量；4—推断的地质储量；5—探槽位置及编号；6—坑道位置及编号；7—钻孔位置及编号；8—勘探线及编号

编图的简要步骤如下：

（1）按矿体平均走向确定投影线，确定投影面的位置和做图基线，同时取坐标、标高及勘探线。

（2）沿矿体中心线切地形剖面并投影于图上，将已知平面图上的勘探线，用正投影的方法，转绘到已画好的空白图框内，并根据矿体产出的标高绘制水平标高线。同时取探槽、浅井、窿口等。

（3）根据已知剖面图上的地形最高点、矿体上下边界线的标高、钻孔与矿体轴面交点标高（也可用钻孔见矿标高或矿体底板标高）、坑道和探槽底板标高等，用正投影的方法，在纵投影图上投制出地形线、矿体上下边界线、钻孔位置、探槽及坑道的位置等，同时根据勘探线剖面图取钻孔、坑道、矿体尖灭点等。

（4）据中段地质平面图取坑道（一般按沿脉、穿脉、天井的顺序）及矿体尖灭点等。

（5）连接矿体轮廓线，切割矿体的岩脉、断层等。

（6）在矿体内部划分储量级别或开采块段。

（7）成图。

5.4.4.2　矿体水平平面投影图

矿体水平平面投影图（图 5-43）是将矿体投影到水平面上，适用于倾角小于 45°的缓倾斜矿体。图上坐标网同于矿区地形地质图，图纸内容大体上同于垂直平面纵投影图，此图的绘制原理与方法基本上与地形地质图类似，前述多中段复合地质平面图即矿体水平平面投影图。

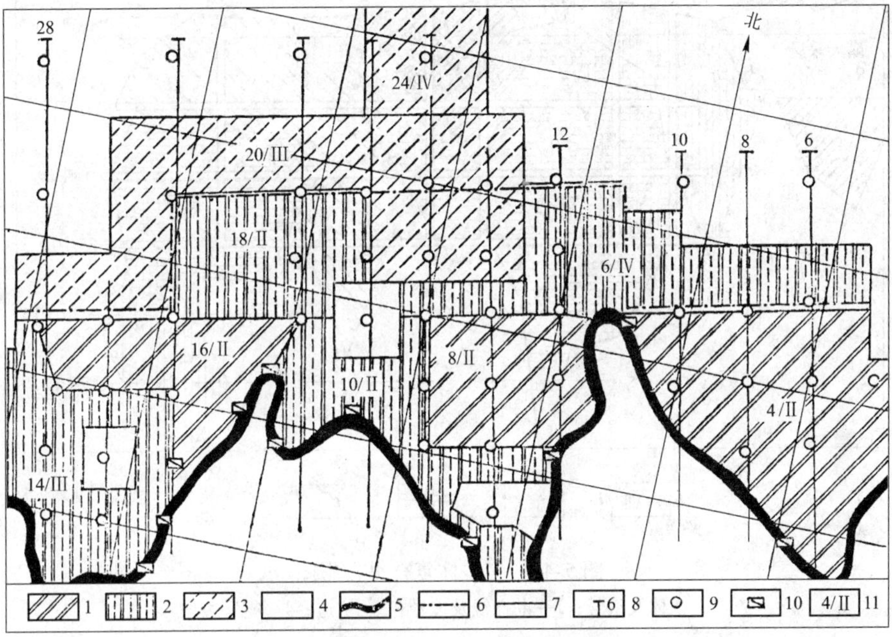

图 5-43 某铝土矿水平投影图

1—探明的地质储量；2—控制的地质储量；3—推断的地质储量；4—无矿带；5—矿体露头；6—露天开采与地下开采分界线；7—储量计算块段分界线；8—勘探线及编号；9—钻孔位置；10—浅井位置；11—块段编号/矿石品级

5.4.4.3 矿体倾斜平面纵投影图

当矿体倾角介于45°~65°之间时，将矿体投影于与矿体平均倾角一致的倾斜平面上。这种投影图的内容与上述两类投影图基本相同，但坐标网格斜交，要通过计算确定。制图过程较复杂，使用较少。

5.4.4.4 多矿体复合纵投影图

将矿区或某一矿化带上的所有矿体投影于一个与矿化总方向一致的平面上（多为垂直平面）称为多矿体复合纵投影图（图5-44）。该图反映矿体产状、形态、空间位置关系，对制定矿区总体规划，研究矿体空间分布规律有一定意义。图纸比例较小，一般为1∶2000 ~ 1∶5000。

5.4.5 等值线类地质图

用一系列的等值曲线分别表明矿体各种地质特征（矿体厚度、底板标高、矿石品位等），这种图件称为等值线图。其种类较多，主要有矿体顶（底）板等高线图、等厚线图、等品位线图等。

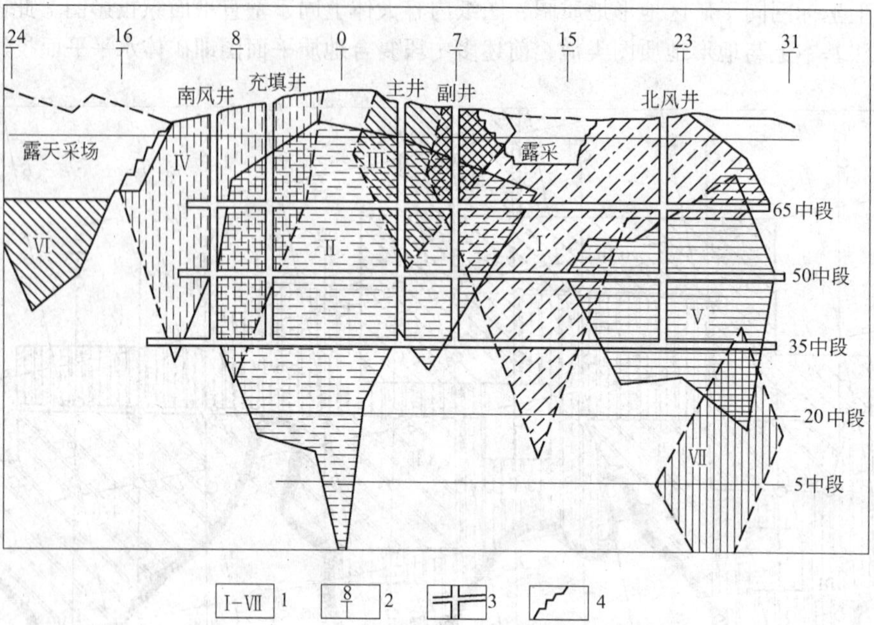

图5-44　多矿体复合纵投影图

1—矿体及编号；2—勘探线及编号；3—坑道；4—露采边坡

5.4.5.1　矿体（顶）底板等高线图

矿层顶、底板标高等高线图是利用数字标高投影原理，依据矿层顶、底板实测标高编制标高等高线图，可以较全面地反映矿层产状、形态、构造及空间变化情况，是缓倾斜层状、似层状，有时是透镜状矿床的基本地质图件之一，是进行总体及单体性设计、制订计划、管理生产及综合研究的依据。比例尺一般为1：500、1：1000及1：2000。

矿层顶、底板标高等高线图是反映矿体产状、构造和（顶）底板起伏情况的图纸。当矿体顶、底面起伏形态基本一致时，一般只编制底板等高线图即可；如果矿体顶、底面起伏形态很不一致时，则常需要编制顶板和底板两种等高线图。其主要作用是：用以了解缓倾斜矿体的产状变化（综合顶、底板等高线图尚可了解矿体的形态变化）；对于某些沉积的层状矿体来说，常常是储量计算的主要图件；特别是底板等高线图，由于它能清楚地反映矿体底面的起伏情况，所以它又是进行开拓设计（某些开拓工程就设计在此图上）、指导坑道掘进和回采的重要图件。图上应表示的主要内容有坐标网、各种工程位置与编号、各工程的（顶）底板标高、（顶）底板等高线等。其比例尺一般与相同矿区的地形地质图一致。该图是根据所有探、采工程中所获得的矿体（顶）底板标高的资料，采用地形等高线绘制的原理绘制出来的。

A　用测点法绘制等高线图

在多中段复合地质平面图上标测测点，各点应有矿层顶或底板的实测标高数字。绘制步骤为：

（1）依据坑道素描图的图上取断层及断层无矿带（正断层）或重叠带（逆断层）。

（2）相邻测点间连辅助线。但判断为褶曲两翼的测点不能相连，也不能通过断层两侧。

（3）辅助线上按等高距离内插等高点，常用做图法（推平行线法）和样板法。

（4）连接等高线并使之圆滑化。

B 用剖面法绘制等高线图

在多中段复合地质平面图上取一系列剖面线（或利用勘探线剖面），又在各剖面图上按等高距做平行标高线，切取矿层顶或底板标高点，将各点移绘于平面图上，连接各点得标高等高线图。

实际工作中，由于探采工程布置多与矿层底板有关，因此一般多绘制矿层底板等高线图，有时则顶、底板等高线图同时绘制，能更好地反映矿体产状和形态。

通过矿层标高等高线图的读图，可从图上准确地判断矿层产状要素；褶曲类型、规模、形态和位置；断层类型、规模断距、产状和位置。

C 绘制等高线图的步骤

以底板等高线图为例，说明做图的步骤：

(1) 按要求的比例尺绘好图框和坐标网。

(2) 将全部穿矿工程按其在已知平面图上的坐标位置绘于所编图上，并标明矿体在每个工程中的底板标高数字。

(3) 用插入法求出各个工程之间做图所需的标高点。所谓插入法就是以规定的等高距（其数字应根据具体情况和要求而定，且为整数），根据两工程之间的水平距离与底板标高差值的大小，按比例求出两工程之间所需插入的标高点。

(4) 将标高相同的点连接起来，即为底板等高线。最后标出图名、图例、比例尺、图签等，便做成了一张完整的底板等高线图（图5-45）。

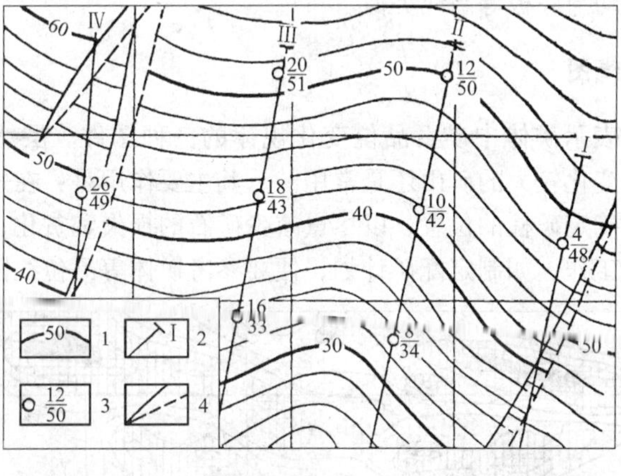

图5-45 某磷矿底板等高线图实例（比例尺1∶10000）

1—底板等高线；2—勘探线及编号；3—钻孔位置$\frac{\text{钻孔编号}}{\text{底板标高}}$；4—断层带

阅读底板等高线图的要点是：同一条等高线的底板标高是相等的，因此当等高线大致成平行直线，且间距亦大致相等者，应为一单斜矿层，等高线延长的方向即矿体走向，垂直等高线沿着标高值降低的方向为矿体倾向；若等高线间距不等，则疏处倾角平缓，密处倾角较陡；若等高线大致对称出现，则标高值中间高两边低者为背斜，中间低两边高者为向斜；若等高线不连续，说明出现断层，等高线断开者为正断层，形成无矿带，等高线局部重叠者为逆断层，形成矿体重复带。可结合图5-46判断出矿体的大致走向、倾角和断层的性质。

5.4.5.2 矿体等厚线图

矿体等厚线图是表示矿体厚度与变化规律的一种图件。其主要作用是：确定某些矿床（矿

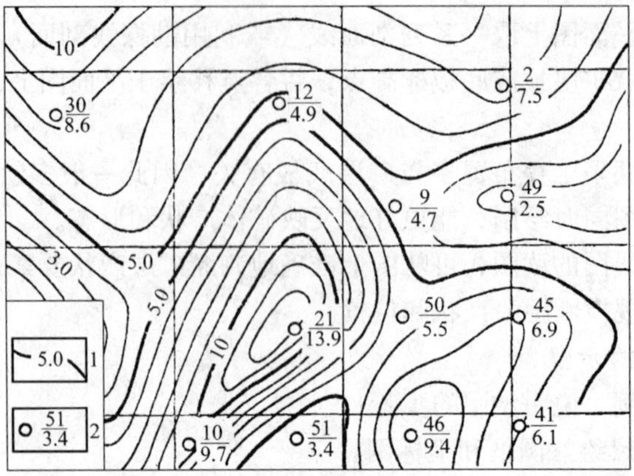

图 5-46　某矿体等厚线图

1—矿体等厚线；2—钻孔位置$\frac{钻孔编号}{矿体厚度（m）}$

体厚度变化较大的矿床）落矿方式（浅孔落矿或深孔落矿）和划分不同采矿方法采场的分界线；某些沉积层状金属矿床有时还用来进行储量计算。图上应表示的主要内容有坐标网、各种工程位置与编号、各工程的矿体厚度（一般均用铅直厚度）、矿体厚度等高线等（图 5-46）。其做图原理与读图方法均与底板等高线类似。

5.4.5.3　矿体等品位线图

矿体等品位线图是表示矿体中矿石品位变化规律的一种图件。虽然不是每个矿山必备图件，但是有些矿石品位变化较大的矿山还是常用的。其主要作用是：在采场设计中，往往据此考虑合理的开采边界和确定矿柱的位置，以尽量减少矿石的损失和贫化；在矿山生产中，还用于指导矿石的质量管理工作，如制定配矿计划，便要参考矿体等品位线图（图 5-47）。

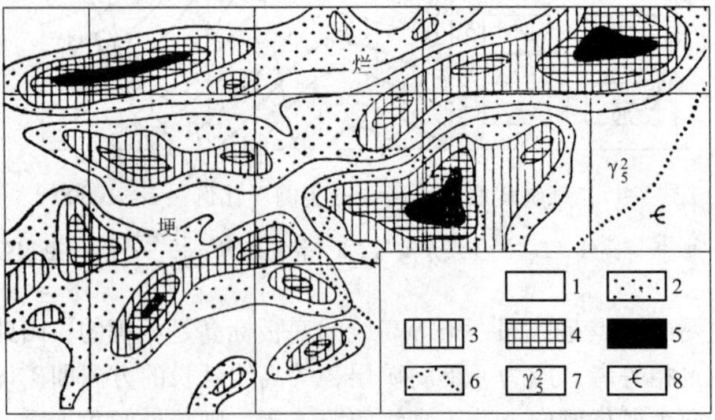

图 5-47　某钨矿等品位线图实例

1—品位小于 0.1%；2—品位为 0.1%～0.5%；3—品位为 0.6%～1%；4—品位为 1.1%～1.5%；5—品位大于 1.5%；6—地质界线；7—花岗岩；8—寒武系地层

5.4.6　储量计算图

储量计算图是专门用来计算和表示储量的数量、级别与分布的图纸。在图纸上圈定矿体、划分块段、测定面积、表示储量计算参数与成果。图纸的比例尺由1∶500、1∶1000至1∶2000不等。

储量计算图都是在上述某些图纸的基础上加上储量计算内容构成的。它分为两大类：储量计算断面图及储量计算投影图。

储量计算断面图又分如下两类：

（1）储量计算垂直断面图。在勘探线剖面图的基础上编成，适用于垂直断面法计算储量。

（2）储量计算水平断面图。在中段或分段地质平面图的基础上编制，适用于水平断面法计算储量。

储量计算投影图又可分如下三类：

（1）储量计算垂直投影图。利用矿体垂直平面纵投影图编成。

（2）储量计算水平投影图。利用矿体水平投影图编成。

（3）储量计算倾斜投影图。利用矿体倾斜投影图编成。储量计算投影图适用于地质或开采块段法计算储量。

5.4.7 单体性地质图件

5.4.7.1 基本内容

以采矿块段（矿块、采场）或盘区为单元编制的地质图件，称为单体性图件，也称为矿体（矿块）三面图，它是采矿块段单体（采准及回采）设计的依据。

单体性地质图件比例尺较大，一般1∶200及1∶500，有色金属矿山多用1∶200，部分黑色矿山用1∶500。图件的构成、内容的精度、提交的时间均应符合生产的要求。

单体性地质图件由“三面图”构成，即块段上下中段平面或块段内分段地质平面图；块段两侧及中部地质横剖面图；块段纵投影或纵剖面图。除了图件外，一般还应有块段储量计算表格及文字说明。块段文字说明亦称“块段地质说明书”，一般应有下述内容：

（1）块段位置、编号、四邻、起止坐标、长度和宽度，附1∶1000及1∶2000索引图。

（2）块段地质构造特点，包括矿体顶底板围岩的地层、岩性、岩体、褶皱及断裂构造，对破坏矿体影响开采的构造和岩体要详细描述。

（3）块段内矿体的厚度（最大、最小及平均值）、产状、形态；矿石主要有用及伴生有用、有害组分的品位（最大、最小及平均值），矿石及脉石矿物成分，矿石结构构造，矿石工业品级及自然类型划分和分布。

（4）块段储量计算，矿块面积、平均厚度、体重、品位、块段体积、矿石储量和金属储量。如有不同矿石品级、类型及储量级别，应分别计算和表示。

块段平均品位 $\bar{c}$ 往往根据块段总的矿石储量 Q 及金属储量 P 用反求法求出：

$$\bar{c} = P/Q$$

（5）块段矿岩的物理技术性质，特别是硬度级别、稳固性、松散系数、裂隙度等。

（6）块段水文地质条件，地下水类型，含水层位，通道，可能的涌水、突水地点，可能的涌水量。

（7）块段采矿工作应注意事项和建议。

提交上述资料的目的在于使采矿人员明确掌握块段内一切影响开采工作的地质条件。

单体性地质图件的具体构成决定于矿体地质条件和采矿方法、矿块构成参数等因素，形式比较多样化。

5.4.7.2　常用矿块三面图

这类图是比较完整地表达一个或数个矿块内地质构造特征和矿体空间形态位置的一组图件，包括块段水平断面地质图（即块段地质平面图）、块段地质横剖面图、块段纵投影图等三种图件。它们是采准和回采单体设计的必需资料和重要依据。一般情况下，一组完整的矿块三面图是由2~3张块段水平断面地质图、2~3张块段地质横剖面图和1张块段纵投影图所组成的（图5-48），即为一组完整的矿块三面图。

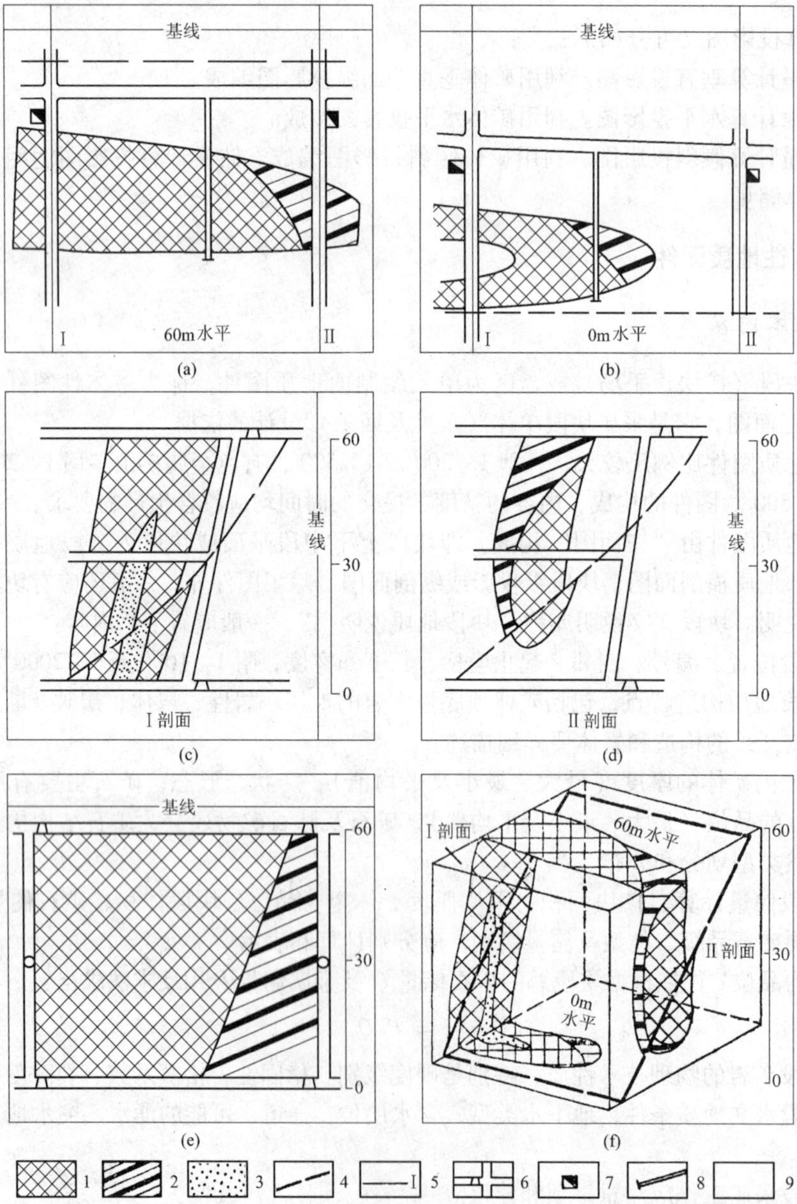

图5-48　矿块三面图实例

(a)，(b) 矿块平面地质图；(c)，(d) 矿块地质横剖面图；(e) 矿块纵投影图；(f) 矿块立体示意图

1—表内矿体；2—表外矿体；3—夹石；4—断层；5—勘探线；6—坑道；7—天井；8—水平钻孔；9—围岩

矿块三面图所表示的内容、作用、读图方法、做图原理和步骤分别与前面所述水平断面地质图（即中段地质平面图）、垂直横剖面图、矿体纵投影图基本相似，但又不完全相同，其主要差别有：

（1）从表示的范围来看，前面所介绍的水平断面地质图、垂直横剖面图、矿体纵投影图是从三个不同方向来表示整个矿床（一个或数个矿体）的地质特征和计算矿体的总储量，从而建立对矿床的整体概念；而矿块三面图是从三个不同的方向来表示矿体某一部分（一个或数个矿块）的地质特征和计算该部分矿体的矿石储量，从而掌握一个或数个矿块内矿石的质量、数量以及矿体形态变化的特征。

（2）由于它们所表示的范围大小不一，所以采用的比例尺大小也有差别。因矿块三面图表示的范围小，故采用比例尺较大，一般为1∶200～1∶500；而前述三种地质图因表示范围较大，故通常采用的比例尺比矿块三面图小，一般为1∶500～1∶2000。

（3）由于数据详细程度和要求不同，故做图方法也有所差别，如垂直横剖面图和块段地质横剖面图的绘制方法就有所不同。前者是根据各探、采工程中所获得的原始地质数据直接绘制的；而后者是根据已知的两个或两个以上的实测块段（或中段）地质平面图来切制的。

块段地质横剖面图绘制（即由平面地质图切制剖面地质图）的步骤：

（1）在已知的两个块段地质平面图上绘出块段横剖面线和做图基线的位置。

（2）根据已知块段地质平面图的标高，按所要求的比例尺绘出水平标高线和做图基线。

（3）以做图基线和剖面线的交点作为控制点，将剖面线与坑道以及地质界线的交点，转绘到所编的横剖面图上。

（4）参照各块段地质平面图和邻近的已知地质剖面图，合理地连接两中段间的地质界线，并绘出各工程的位置，即成块段地质横剖面图。

矿块三面图的阅读，可根据矿块平面图、横剖面图、纵投影图、立体图（图5-48）等联系起来，相互对照，便可读出矿块内的各种地质特征：矿体的形态与产状以及上下盘位置，各类矿石的分布情况，断层的性质与产状等。

5.5 矿山露天开采地质图

5.5.1 露天采场综合地质图

将矿区地形地质及露天采场形成的台阶等探采工程和揭露的地质构造共同测绘于一张平面图上，反映采场地质与生产总的情况，称为露天采场综合地质图。它是露天开采总体性设计、制订生产计划、管理生产、综合编图、综合研究的依据。该图比例尺一般为1∶1000～1∶5000。

露天采场综合地质图是在矿区地质勘探提交的地形地质图的基础上编制的。随采剥工作的进展要求定期修改。一般季或月进行局部测量和修改，年末进行总的修改。图5-49所示为某铁矿露天采场年末的综合地质图，可反映该图的一般内容。

5.5.2 勘探线剖面图

露天采场勘探线剖面图的内容、格式、作用均与地下开采同类图件基本相同，主要不同之处是加上了采剥生产内容，如露天开采台阶标高及境界线、边坡位置。图纸的比例尺1∶500～

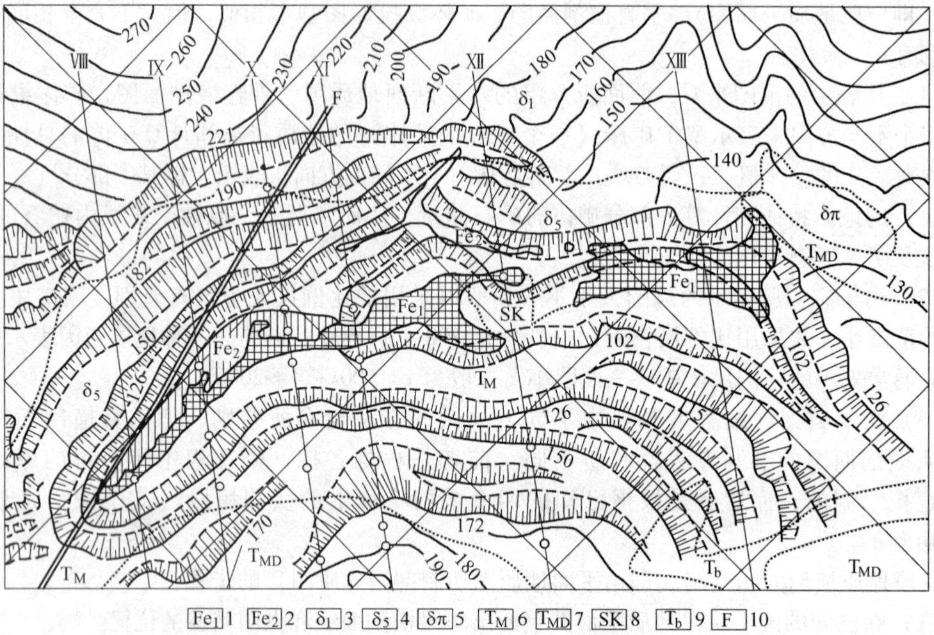

图 5-49　某铁矿露天采场年末的综合地质图

1—块状矿石；2—浸染状矿石；3—闪长岩；4—蚀变闪长岩；5—闪长斑岩；6—大理岩；7—白云质大理岩；8—矽卡岩；9—大理岩破碎带；10—断层

1∶2000 。该图实例如图 5-50 所示。

5.5.3　露天采场平台地质平面图

露天采场平台地质平面图也称为台阶或分层地质平面图（图 5-51）。它反映采场内矿体在不同标高的水平方向变化，是采场总体性设计、制订生产计划、生产管理、综合编图、综合研究的依据。在图上加上储量计算内容又是储量计算的依据。图纸的比例尺 1∶500 及 1∶1000 。

露天采场分层地质平面图可分三种：

（1）实测分层地质平面图。随台阶的剥离、采矿而逐步测制。测制时地测人员彼此配合，采用地质填图方法制图。台阶探槽对准确确定地质构造界线、圈定矿体起重要作用。

（2）预测分层地质平面图。在台阶未开拓前据勘探线剖面图切制，供台阶开拓设计之用。

（3）多分层复合地质平面图。反映各分层地质构造及矿体变化的相互关系。

5.5.4　露天采场矿层顶、底板标高等高线图

缓倾斜层状、似层状矿床露天开采时和地下开采一样，也编制矿层顶、底板标高等高线图，以反映矿层产状、形态、空间位置和内部构造，是采矿总体性设计、管理生产和综合研究的依据。图纸的比例尺 1∶500 ～ 1∶1000 。矿层顶及底板等高线图可以分编，也可合编，有时只编底板等高线图。图 5-52 及图 5-53 为某铝土矿同一采场的矿层顶及底板等高线图，所反映的矿层顶、底板变化情况，可互相比较对照。

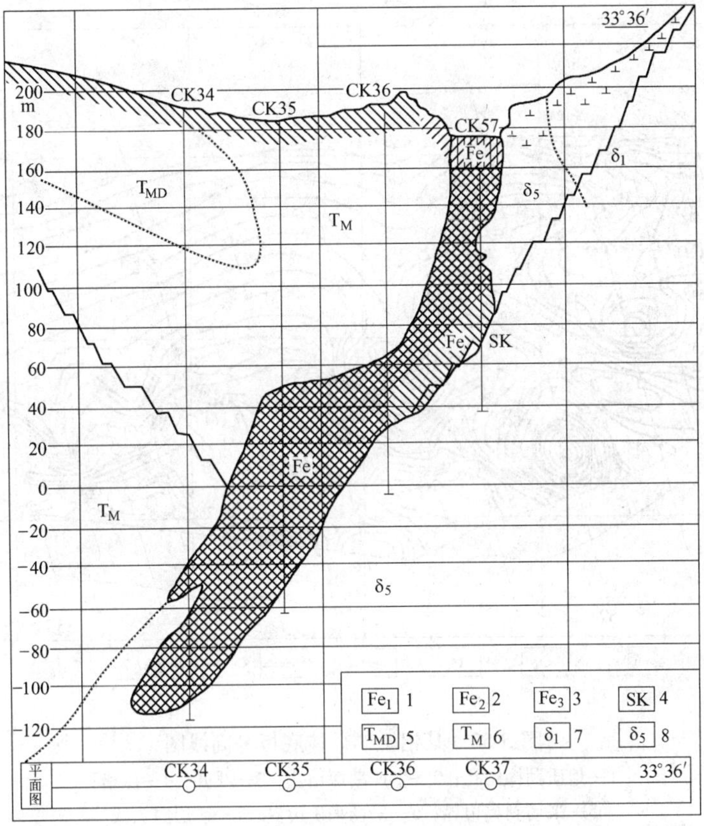

图 5-50　某铁矿露天采场某勘探线剖面图

1—块状矿石；2—浸染矿石；3—氧化矿石；4—矽卡岩；5—白云质大理岩；6—大理岩；7—闪长岩；8—蚀变闪长岩

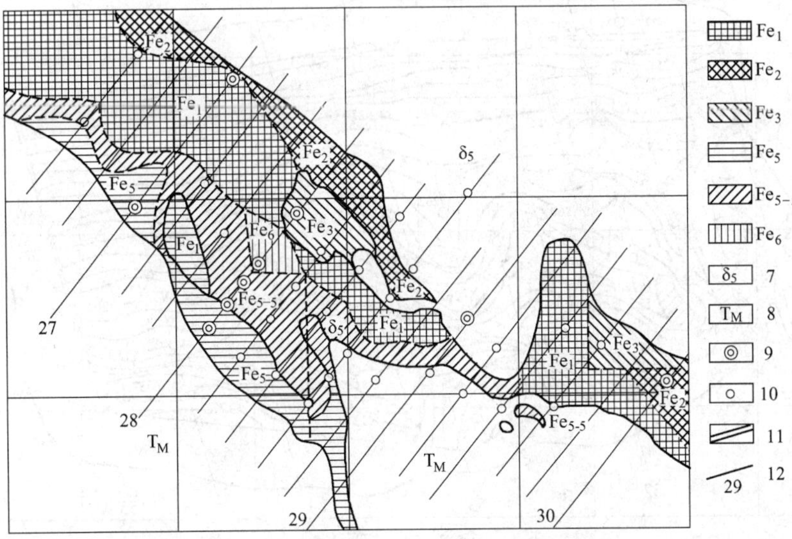

图 5-51　某铁矿露天采场某分层地质平面图

1—高铜磁铁矿；2—低铜磁铁矿；3—高铜磁铁贫矿；4—高铜氧化矿；5—高硫氧化矿；6—低铜氧化矿；7—蚀变闪长岩；8—大理岩；9—地质勘探钻孔；10—生产勘探钻孔；11—平台探槽取样线；12—勘探线

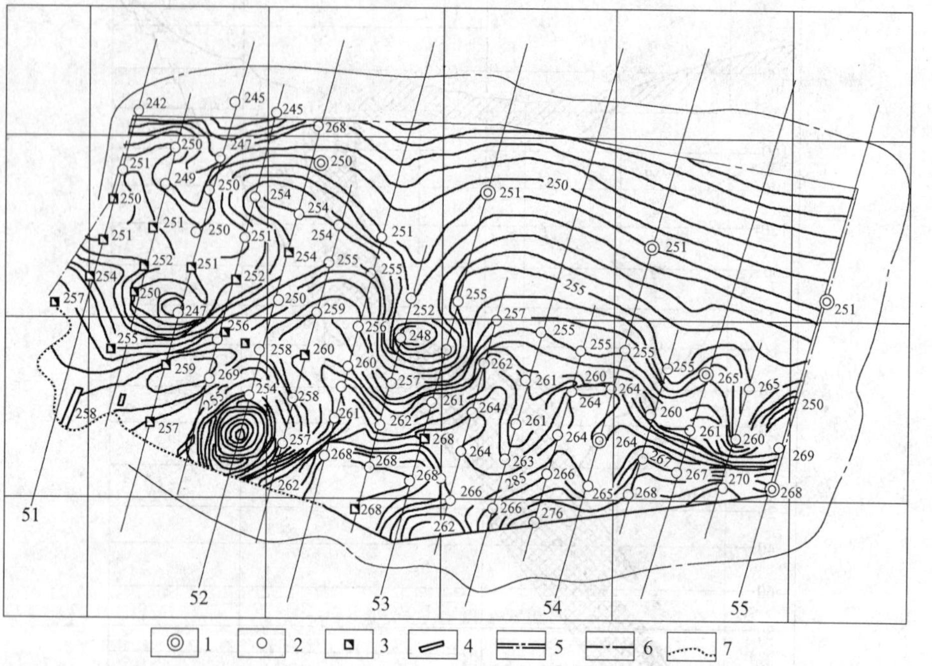

图 5-52　某铝土矿矿体底板等高线图

1—地质勘探钻孔；2—生产勘探钻孔；3—浅井；4—探槽；

5—采场剥离边界；6—采场采矿边界；7—矿层露头线

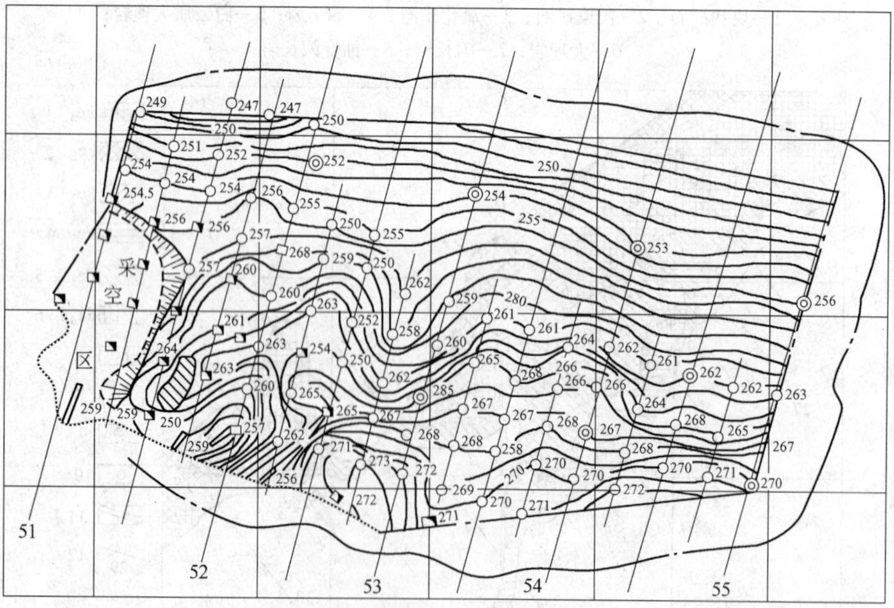

图 5-53　某铝土矿矿体顶板等高线图

1—沉积无矿区；2—台阶边坡

5.5.5　露天采场储量计算图

露天采场储量计算图和地下开采储量计算图一样，也是在其他地质图纸的基础上编制的，其名称、内容、作用均基本相同。一般要求在储量计算图上表示工程及取样位置，化验结果等资料。

5.6　矿体立体图

5.6.1　立体图的分类

立体图根据投影方式分为透视图和轴测投影图。

5.6.1.1　透视图

透视图根据投影特征与投影面关系分为透视斜投影和透视正投影。

（1）透视斜投影。平行标准投影面的正视面不变态，其余两个向面变态。只有一个消失点。透视斜投影图立体感较真实，绘制容易，但 Y 轴度量困难。

（2）透视正投影。三个方向的面均变态，只有 Z 轴不变态。具有两个消失点。透视正投影图立体感较真实，绘制复杂。X、Y 轴度量均比较困难。

5.6.1.2　轴测投影图

轴测投影图根据投影特征与投影面关系分为斜轴测投影和正轴测投影，斜轴测投影根据投影后三轴比例关系又分为斜等测投影和斜二测投影。正轴测投影根据投影后三轴比例关系分为正等测投影、正二测投影、正三测投影。

（1）斜等测投影。投影后三轴比例相等，正视面不变态，其余两个向面变态。绘制简易，易于度量，但立体失真大，肉眼错觉明显。

（2）斜二测投影。投影后 Y 轴与 X、Z 轴比例尺不等。正视面不变态，其余两个向面变态。绘制简易，易于度量，减少了 Y 轴向的视觉差，但仍有较明显的失真。

（3）正等测投影。投影三轴比例尺相等，三个方向面均变态。绘制简易，易于度量，视觉差均匀，立体感较真实。

（4）正二测投影。投影后有一轴与另外二轴比例尺不等，三个方向面均变态。绘制简易，易于度量，立体感较真实。

（5）正三测投影。投影后三轴比例尺都不相等，三个方向面均变态。绘制比较简便，较易度量，立体感较真实。

立体图依据前述轴测投影和透视投影原理编制。地质立体图中斜二测、正等测、正二测及透视斜投影较为常用。各种投影方式如图 5-54 所示。

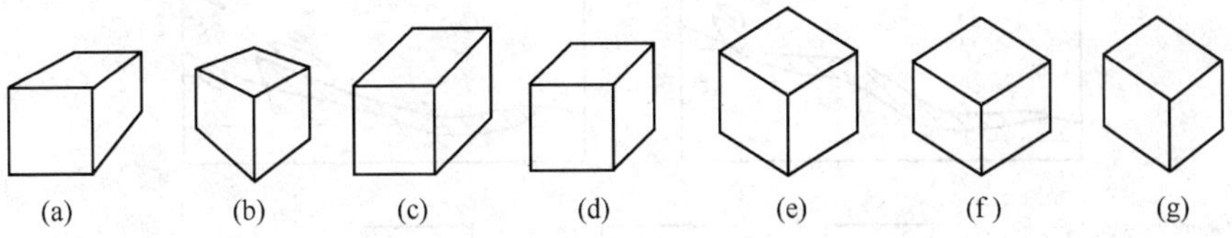

图 5-54　地质立体图分类

（a）透视斜投影；（b）透视正投影；（c）斜等测投影；（d）斜二测投影；（e）正等测投影；（f）正二测投影；（g）正三测投影

5.6.2　透视斜投影立体图

现举例说明透视斜投影立体图的绘制方法。假如有一矩形六面体，将它们的三个面按正投影原理作成三视图（图 5-55）。在图上画辅助网格。由于正视面 *emtk* 投影后不发生变态，可先在图 5-56 的水平线 *ii′* 上切取 *tk*，并作 *emtk* 使其与三视图上的大小、网格完全相等。作 *hh′* 垂直 *ii′*，取 *gg′* 垂直 *hh′*（一般 *hh′* 为绘图对象 *Y* 轴长度的 1～2 倍），在 *gg′* 上取 *P* 点（视所选择的对象面可在左或右），连 *eP*、*mP*、*kP*，相应各网格也延长交于 *P*，切取 *en′*（*en′* 应略小于 *en*），并使 *n′o′* 平行 *em*，*o′c′* 平行 *mk*；延长 *em*，在其上取相等线段 1-4（此线段可等于辅助网格），将 4*o′* 相连延长至 *R*，再分别连 *R* 与 1、2、3 点，得 1′、2′、3′ 等交点，据诸点作 *em* 及 *mk* 的平行线，就是辅助网格的透视投影。

依据辅助网格控制可将图上任意点（如图 5-55 中的 *a* 及 *b* 点）按图 5-56 的方法投影到透视图上。点可控制线，线可控制面。据此即可绘制立体图。例如，图 5-57 所示为某铁矿有四

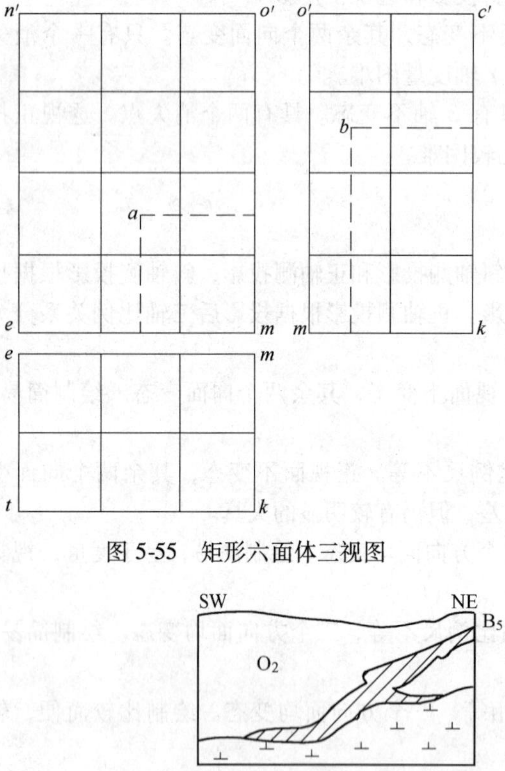

图 5-55　矩形六面体三视图

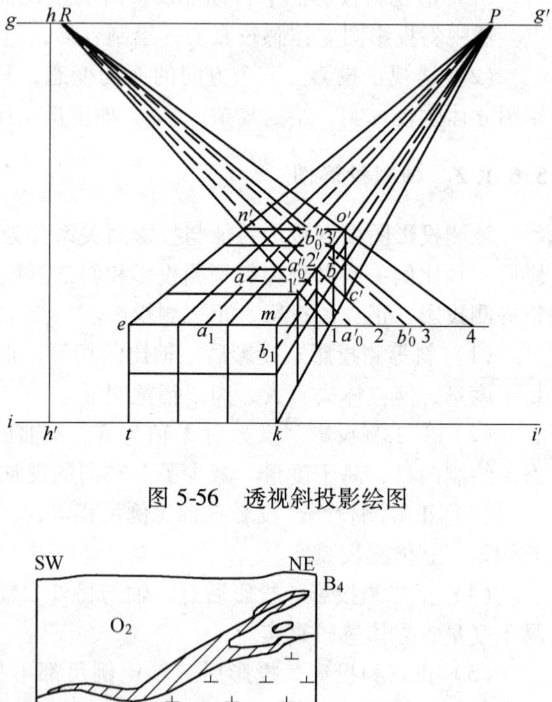

图 5-56　透视斜投影绘图

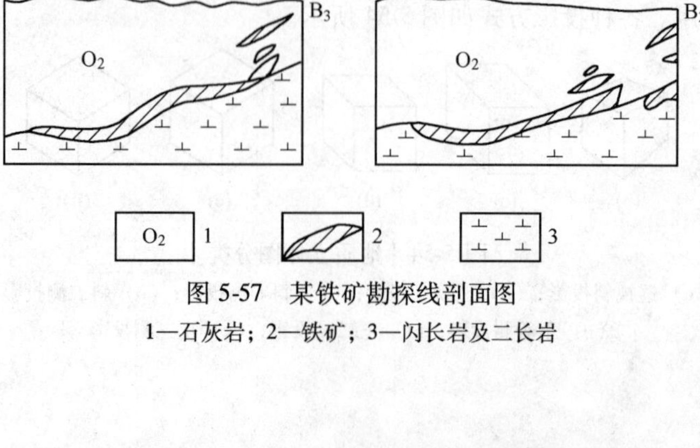

图 5-57　某铁矿勘探线剖面图

1—石灰岩；2—铁矿；3—闪长岩及二长岩

条平行剖面，按上述方法绘制的透视斜投影地质立体图如图 5-58 所示。

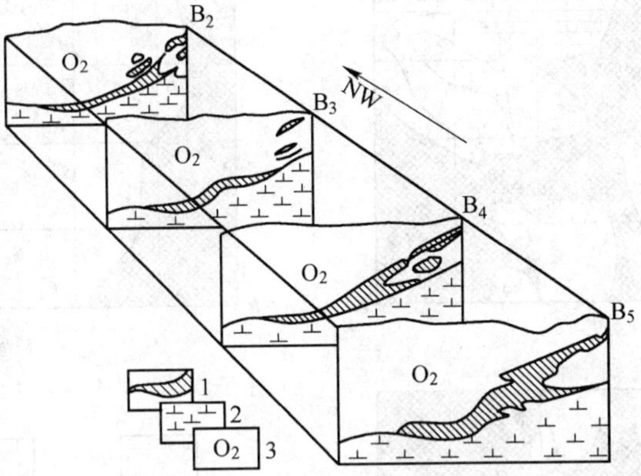

图 5-58 图 5-57 的透视斜投影组合剖面立体图

5.6.3 斜二测投影立体图

现举例说明斜二测投影立体图的绘制方法，设有一立方体，其正投影的三视图如图 5-59 所示。在图纸上取 ii'（图 5-60），由 o 作垂线为 Z 轴，取 ob'、$a'g'$ 等于图 5-59 中的正视图（包括辅助网格）；由 o 引出 Y 轴，使 YZ 轴间角等于选定的 σ 角（图中为 45°），按斜二测投影系数搭配方法，切取 oe'，使其长度为 $oe \times 0.65$；由于 $oe' = b'c' = a'd'$，且 $e'c'$ 平行 ob'，$d'c'$ 平行 $a'b'$，据此做出俯视及侧视图包括其辅助网格的投影；三视图上各点（如图 5-59 中的 A、B、D）也可用辅助网格控制并投影于相应位置，构成立体图。图 5-62 所示为据图 5-61绘制的某铁矿床的斜二测投影地质立体图。

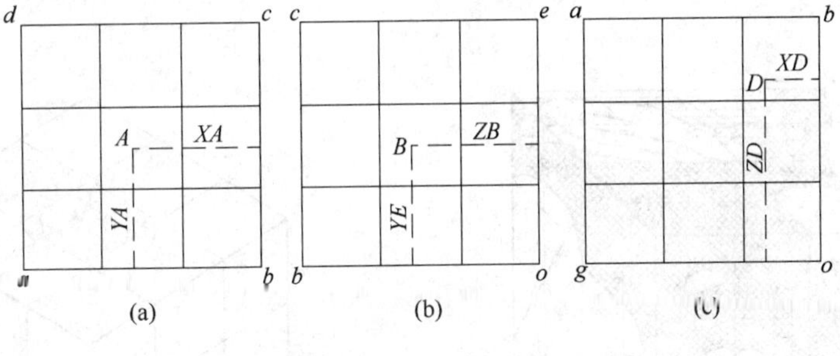

图 5-59 立方体的正投影

（a）俯视图；（b）侧视图；（c）正视图

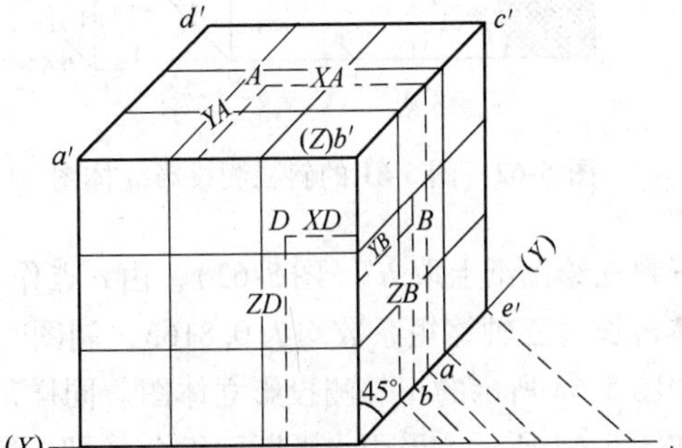

图 5-60 图 5-59 的斜二测投影立体图

5.6.4 正等测投影立体图

现举例说明正等测投影立体图的绘制方法，根据正等测投影各要素之间关系，正等测投影 $\alpha = 35°16'$，$\delta = 45°00'$；$\tau = \lambda = 30°$。据图 5-59

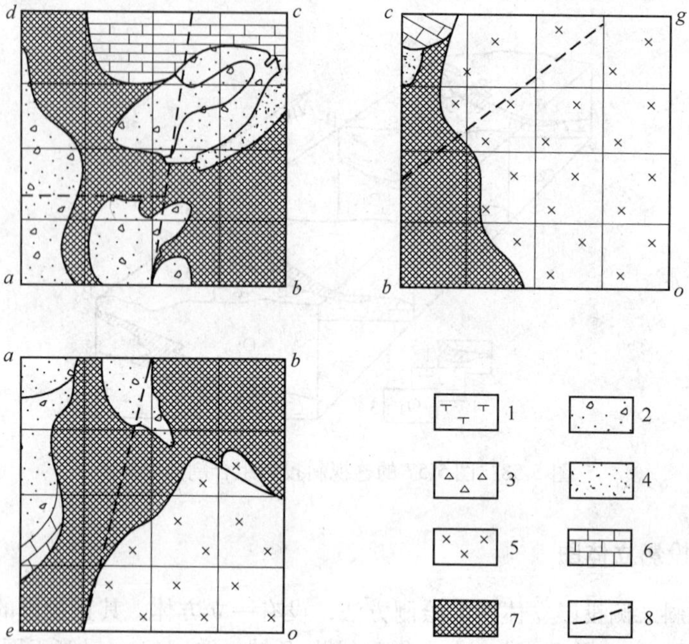

图 5-61　某铁矿的地质三视图

1—安山岩；2—凝灰角砾岩；3—安山玢岩；4—安山质凝灰岩；5—闪长岩；
6—硅化灰岩；7—含矿安山玢岩角砾岩；8—断裂带

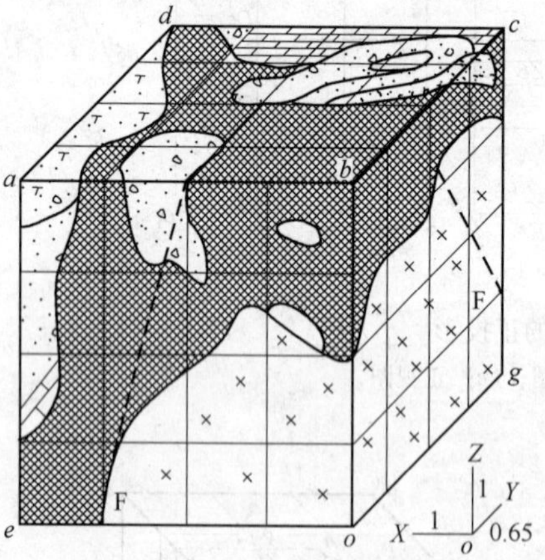

图 5-62　图 5-61 的斜二测投影立体图

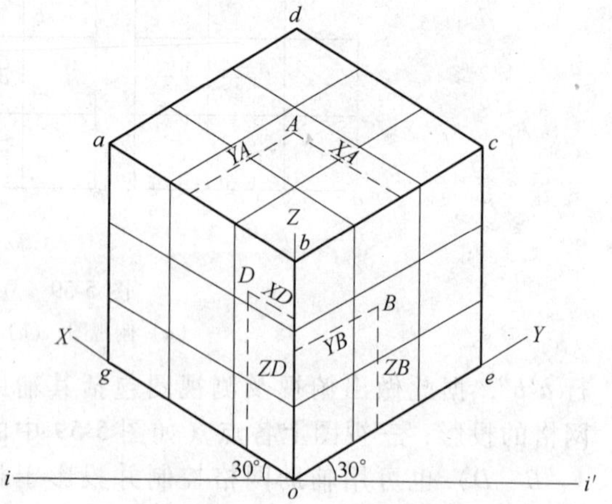

图 5-63　图 5-59 的正等测投影立体图

资料在绘图纸上取 ii'（图5-63），由 o 点作 X、Y 轴与 ii'夹角为30°，取 oe，og，ob 等于原立方体边长（三轴缩短系数均为0.8165，制图时取1），则依据作平行线方法使之相交封闭，绘出如图 5-63 所示的正等测投影立体图。同样，利用图 5-61 资料绘制的某铁矿正等侧投影立体图如图 5-64 所示。采用水平断面组合（即中段或平台地质平面图组合）的正等测投影立体图则如图 5-65 所示。

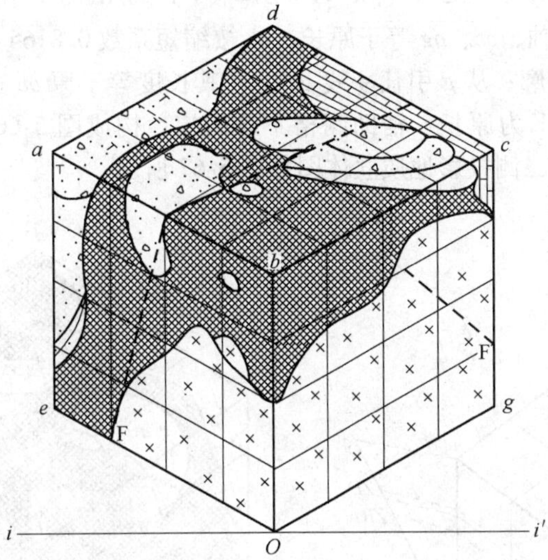

图 5-64 图 5-61 的正等测投影立体图

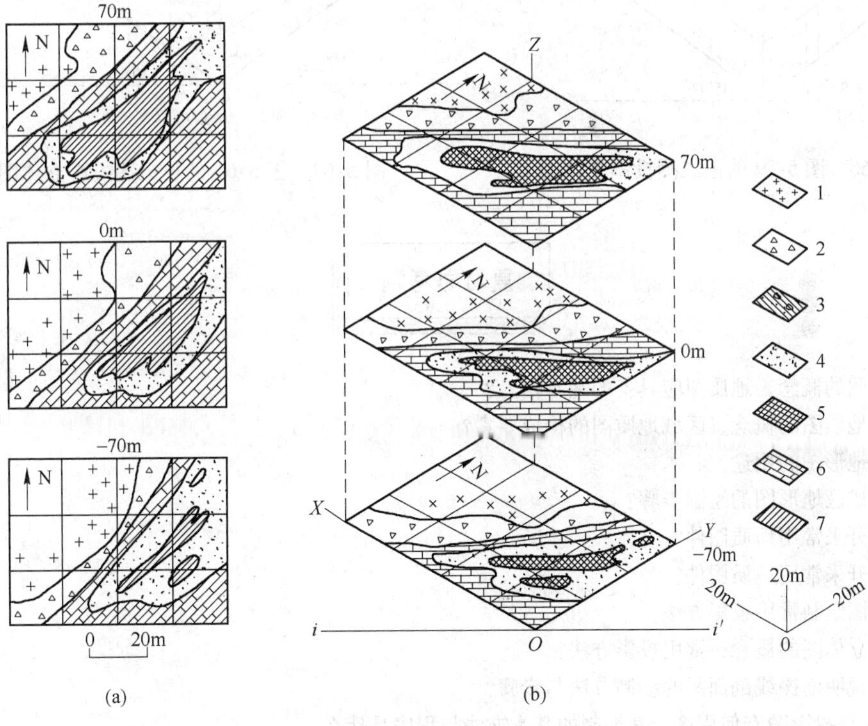

图 5-65 正等测投影图

（a）中段平面图；（b）立体图

1—花岗岩；2—角砾岩；3—灰岩；4—浸染状矿石；5—块状矿石；6—砂质页岩；7—页岩

5.6.5 正二测投影立体图

现举例说明正二测投影立体图的绘制方法，据图 5-59 资料，选定 $\alpha = \delta = 45°$，根据正二测投影各要素之间关系得 $\tau=\lambda=35°16'$, $X:Y:Z=1:1:0.8165$。在图 5-66 上取 ii'，由 O 点引 Z 及按 $35°16'$ 引 X、Y 轴，oe、og 等于原长，ob 按缩短系数 0.8165 换算，由 e、b、g 分别作平行线相交封闭得立体轮廓；从 g 引任一线 gc'，使其长度等于原 ob 边长，用推平行线法确定 Z 轴辅助网格。由于 X、Y 为原长，辅助网格不难确定，构成图 5-66 的立体图。同样，据图 5-61资料绘制的某铁矿正二测投影地质立体图如图 5-67 所示。

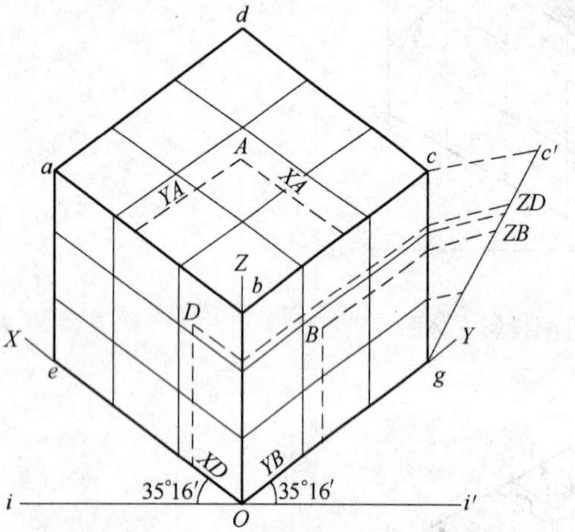

图 5-66　图 5-59 的正二测投影立体图

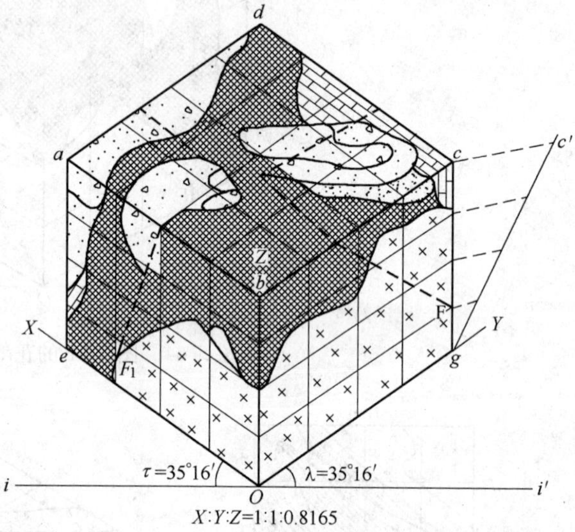

图 5-67　图 5-61 的正二测投影立体图

复习思考题

5-1　地质图的概念，地质图应具备的基本信息？

5-2　区域地质图的概念，区域地质图的构成要素？

5-3　矿区地形图的用途？

5-4　阐述矿区地形图的绘制步骤？

5-5　地下开采常用地质图件？

5-6　露天开采常用地质图件？

5-7　地质图绘制常用投影方法？

5-8　矿山立体图的概念，常用投影方法？

5-9　简要说明勘探线剖面图的编制方法与步骤？

5-10　矿体纵投影图有何用途，其编制的基本方法与程序是什么？

6　矿山生产地质工作

矿山地质工作，一般是指矿床经过勘探之后，在矿山基建和矿山生产过程中，在已建或拟建矿山范围内，为保证矿山基建与生产工作的顺利进行，而对矿床所进行的一系列地质工作的总和或总称。矿山地质工作的具体内容有地质编录工作、基建地质工作、生产地质工作、水文地质工作、工程地质工作、综合地质工作、矿石质量管理工作。

(1) 基建地质是矿山基本建设（或扩建、延伸建设）阶段，从矿山建设开始到移交生产为止，在基建工程中进行的地质工作，其目的是指导基建工程正确施工，满足矿山投产初期正常所需的地质资料。

(2) 生产地质是矿山移交生产后，在地质勘探和基建地质工作基础上为满足开采的需要所进行的地质工作，它贯穿生产的全过程。

(3) 水文地质矿山水文地质工作直接关系到矿产资源合理开发和设备及人身安全。它不仅是勘探阶段水文地质工作的继续，而且是矿山生产活动的重要组成部分。在地质勘探的基础上，进一步探明矿区各种岩层富水性，含水层产状、厚度、分布规律、涌水量大小、地下水动态变化和补给排泄条件，提出生产过程中各种可能充水因素和防治措施，并对地下水资源的综合利用做出合理的评价。

(4) 工程地质包括岩土工程勘察、桩基工程、基坑工程等。

(5) 综合地质是对矿山基建、生产勘探、生产管理过程中所取得的各项原始资料，结合原地质勘探资料，进行全面、系统地整理、综合分析研究，编制出矿山生产建设科研所需的地质图表、文字报告、确保矿山生产、科研正常进行的工作。

(6) 随着科技、经济、工业的发展，环境保护和经济观念越来越受到各界的关注，经济地质和环境地质也成为矿山地质不可或缺的一项工作，其地位不断加强。

6.1　矿山地质编录工作

6.1.1　地质编录

6.1.1.1　地质编录的概念

地质编录是在现场直接观测各种地质现象，用文字、图件、表格、数字录像（摄影）等形式，将地质勘探和矿山生产过程中所观测的地质和矿产现象，以及综合研究的结果，系统、客观、准确地反映出来的工作过程。按性质分为原始地质编录和综合地质编录。

(1) 深入现场直接观察各种地质现象，通过分析、研究、判断、收集为第一手资料，工作比较偏于感性认识称为原始地质编录。

(2) 第一手资料是非常重要的，但它还不能直接应用于生产，必须经过综合整理，而且将在实践中接受检验，经进一步修改，不断加工完善。对原始地质编录进行综合整理，工作比较偏于理性认识，称为综合地质编录。原始地质编录是综合地质编录的基础。

6.1.1.2 地质编录的内容

通过地质编录可以获得如下资料：

（1）该矿区及矿床的地质构造，矿体的产状、形态及内部结构。

（2）矿床空间分布，矿体规模，即矿产数量。

（3）矿石物质成分及其分布变化规律，即矿产质量。

（4）矿体与围岩的关系，围岩是否蚀变，蚀变类型等。

（5）矿床开采技术条件，即水文地质条件。

（6）矿石加工技术条件。

（7）探采地质技术及经济指标。

（8）关于矿床成矿过程、探矿因素、矿床成因、矿床远景等。

地质编录的材料一般由文字、图纸、表格、照片、实物等组成。

6.1.1.3 地质编录的要求

（1）对所有探采工程都要做好地质编录，这是矿山地质工作人员最基本的工作。

（2）进行地质编录时，要亲临现场，注意工作的及时性，资料的统一性、系统性，内容的完整性、真实性和准确性。

6.1.2 原始地质编录

6.1.2.1 原始地质编录的概念

地质人员到现场对各种探、采工程所揭露的矿体及各种地质现象进行仔细观察，并用图表和文字将矿体特征和各种地质现象如实素描和记录下来的整套工作，称为原始地质编录工作。它是收集第一手地质数据最基本的方法。所收集的资料是编制各种综合地质图件的基础，是进行综合研究的前提，也是评价矿床的重要依据。原始地质编录具体包括坑探工程地质编录和钻孔地质编录（或称为岩芯编录）。

原始地质编录是指对探矿工程所揭露的地质现象，通过地质观察、取样、记录素描、测度及相关其他工作，以取得有关实物和图件、表格和文字记录第一手原始地质资料的过程。原始编录成果，如工程、采样、测试过程与结果的资料等，均属实际材料范畴，是进行矿床综合地质研究与评价的基础资料。它的质量优劣关系到资料是否可以利用，并将直接影响到综合编录与综合研究成果的质量。

主要原始地质编录有坑探工程编录、钻探工程地质编录等。

6.1.2.2 原始地质编录的具体内容

（1）矿体。矿体的产状、形态、大小；矿石矿物及脉石矿物，矿物共生组合，矿石主要有用及伴生组分、有害组分含量；矿石工业品级，工业类型；矿石结构构造；矿床次生变化特征。

（2）围岩。岩浆岩的名称、岩性、形态、产状、大小；沉积岩地层名称、岩性层面及层理特征、单层厚度及岩层厚度、岩层产状要素；围岩与矿化的关系，围岩蚀变的种类、名称、分布与变化规律；蚀变岩产状要素与矿化的关系，岩层、岩体、围岩与矿体之间的穿插和空间分布关系。

（3）构造。地区总的构造特征，褶皱的分布名称、类型、产状、形态；断层名称或编号、性质、类型、产状要素、断距及规模；节理组产状、力学性质；断裂带、破碎带的位置、幅度、延伸、产状、力学性质、充填及胶结物；劈理及片理、不整合、岩体、接触带等的构造特征；各类构造与矿化关系。

（4）水文地质现象与特征。

（5）工作性质内容，观测点位置、编号；采样、采标本位置、编号。

（6）符合生产要求的原始地质资料应满足下述要求：有统一的格式、编号、图例及符号、比例尺；专人编录、专人整理和保管；编录内容应如实反映实践情况；编录工作必须在现场完成，室内只能修饰和整理，不允许涂改；文字描述简明扼要、通俗易懂；素描图是原始地质编录主要内容，要求重点突出，说明问题。

6.1.2.3 原始地质编录的要求

A 原始编录的基本要求

原始编录必须客观、及时、齐全、完整、系统与准确地进行。必须满足以下条件：

（1）真实性。保证地质编录资料的真实准确与可靠。

（2）及时性。随着探矿工程和地质工作的进展不间断地及时进行。

（3）统一性。统一规定标准和要求等，保证资料的共用性，也便于对编录工作质量的检查与管理，原始地质编录只有经检查验收合格后才准于使用。

（4）针对性。突出重点，便于综合整理，有效地为完成勘探任务服务。原始地质编录应尽可能及时采用新的方法和手段。

B 原始地质编录的内容要求

（1）素描图。用简易的皮尺、钢卷尺和罗盘等工具，测绘各种以矿体为中心的地质现象，并将其画到坐标纸上，称为素描图。各种勘探工程的素描图见后述。

（2）文字描述。在野外记录簿上用规定的格式记录各种地质现象，如矿体产状、形状、厚度；矿石的物质组成及矿物共生组合、结构构造；矿体与围岩接触关系；围岩类型及其蚀变作用；地质构造及其控矿关系等。

（3）实物标本。采集有代表性的矿石、蚀变岩和各种围岩标本，以便进行综合研究。对一些特殊的标本，如化石、构造岩也要注意收集。

（4）照相。有条件情况下，对一些特殊地质现象，如矿体与围岩接触带、各种矿化穿插关系和地质构造现象进行拍摄，并附以简要文字说明。照相与素描图可互相取长补短。

C 原始地质编录的具体要求

为了提高编录的质量，使收集的数据真实可靠，并能客观反映矿床地质特征，要求在编录过程中，做到如下几点：

（1）编录的格式要统一、简明。图表格式、工程编号与坐标、样品与标本的编号、岩石名称、地层划分标准、图例等都应统一、简明，便于对获取的数据进行分析对比。

（2）素描图要求重点突出。素描图及其文字记录均要求突出矿体或矿化部位。

（3）素描图的比例尺可根据具体地质情况和要求而定，但一般情况下都要求为 1∶50 ~ 1∶200 。

（4）文字描述内容要求简单、明了、说明问题。

（5）编录工作应及时经常地进行，并尽量简化一些不必要的手续，避免内容重复。

6.1.3　坑探工程原始地质编录

坑探工程地质编录，是指探槽、浅井、石门、穿脉、沿脉、竖井、斜井以及老硐、采场和一些有意义的工程场地的地质编录。

坑探工程所提供露头较直观且宽广，地质现象被揭露得比较充分，所以，坑探工程揭露的部位是观察与研究地质体的好场所。

坑探工程地质编录的主要成果是工程素描图及相应的文字描述。素描图的比例尺，矿床地质条件和任务要求而定，一般为1∶50 ~1∶200 。图的水平比例尺和垂直比例尺应一致。对一些规模较小的特殊地质现象，应作更大比例尺的特征素描，为了便于制图，素描图多用方格纸或直接在计算机上绘制。素描图上除详细表示地质现象外，还应有矿区名称、工程名称及编号、工程坐标、工程方位角、比例尺、长度分划线、样品、标本的位置及编号、图例、素描人与日期。

坑探工程的地质编录，应从工程起点开始。地质描述的内容应包括：矿体、岩体（岩层）时代，岩（矿）石名称、岩性、矿化蚀变特征、产状及形态变化、接触关系、构造及其他地质现象。

6.1.3.1　坑探编录的主要方法

原始地质编录常采用的是现场地质素描编录法。该法可细分为：导线法、平板仪法及“十字形”控制法。

（1）导线法，用于所有较规则的探矿井巷工程的地质编录。其方法特点是设置导线，测定导线方位角、倾角，绘在图纸上，作为现场地质素描编录的准绳。然后以钢卷尺或丁字尺为支矩测量剖面轮廓和所有地质界线点位置，最后对应连接界线，清绘整理成图。

（2）平板仪法或支矩法，对于规格较大且不规则的探矿巷道、硐室以及露天采场，用导线法编录工作量大，准确度低，故往往用小平板仪法（或放射状导线的支矩法）编录。

（3）“十字形”控制法，适用于某些井巷工程（如斜井、上山、沿脉），要求随着工作面的推进，每间隔一定距离需准确快速地编制掌子面素描图。其具体做法是：首先从掌子面顶部中点向下画垂线，在距坑道底面一定高度（如1m高）位置画水平线，即构成“十字形”控制基线；然后以钢卷尺或丁字尺为支矩测量掌子面轮廓和所有地质界线点位置，最后对应连接界线，清绘整理成图。

6.1.3.2　探槽地质编录

探槽工程的素描，通常绘一壁一底展开图，若探槽两壁地质现象相差较大则须绘制两壁一底展开图。在探槽素描图上，槽壁与槽底之间应留有一定间隔，以便于标记。

A　探槽素描图的展开方法

（1）坡度展开法。槽壁按地形坡度做图，槽底作平面投影。此法能比较直观地反映探槽的坡度变化及地质体在槽壁的产出情况，因而被普遍地采用（图6-1）。

（2）平行展开法。在素描图上，槽壁与槽底平行展开，坡度角用数字和符号标注，使用此法者极少。

B　探槽素描图的做图步骤

（1）素描前，首先应对探槽中所要素描的部分进行全面观察研究，了解其总的地质情况。

（2）在素描壁上，将皮尺从探槽的一端拉到另一端，并用木桩加以固定，然后用罗盘测量皮尺的方位角及坡度角。皮尺的起始端（即零米处）要与探槽的起点相重合（图6-2）。

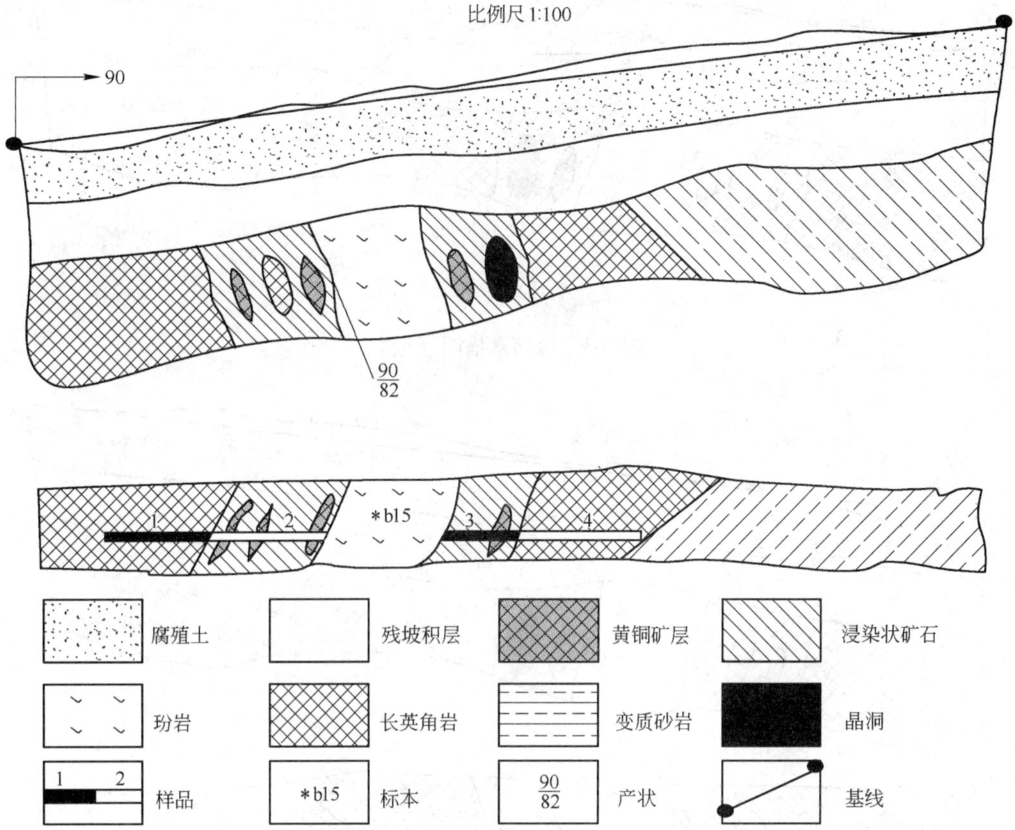

图6-1　探槽展开图

图6-2　探槽素描距离测量

（3）用钢卷尺，沿着皮尺所示的距离，丈量特征点（如探槽轮廓、分层界线、构造线等）至皮尺的铅直距离及各特征点在皮尺上的读数。当地质体和探槽形态比较简单时，控制测量的次数可以减少；相反，对形态比较复杂的地质体则应加密控制。

（4）根据测得的读数，在方格上按比例定出各特征点的位置，并参照地质体出露形态，将相同的特征点连接成图（图6-3）。

（5）测量地质体产状，并将产状要素（一般是倾向、倾角）标注在槽壁相应位置的下方。

（6）槽底的素描可采用以壁投底的方法。即将槽壁底界的地质界线点垂直投影到紧靠素描壁一侧的槽底轮廓线上，然后根据地质体的走向与探槽方位之间的关系，绘出槽底素描图（图6-4）。

（7）在进行探槽素描的同时，应进行文字描述，采集标本，画出采样位置，并将标本和样品位置及编号标注于图上（图6-5）。

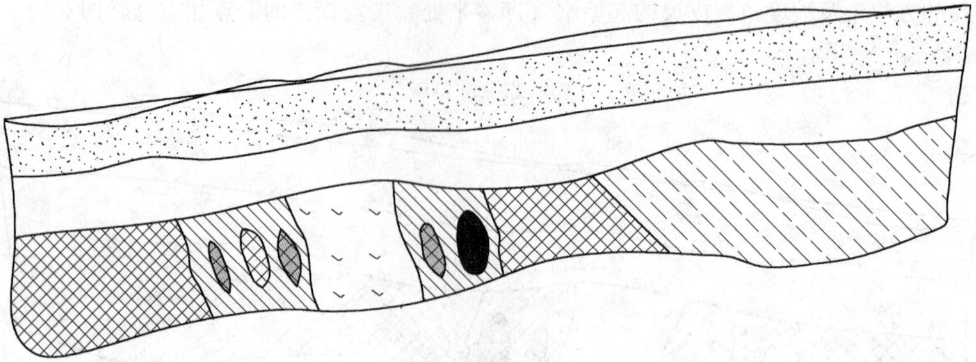

图 6-3　探槽素描图（壁）

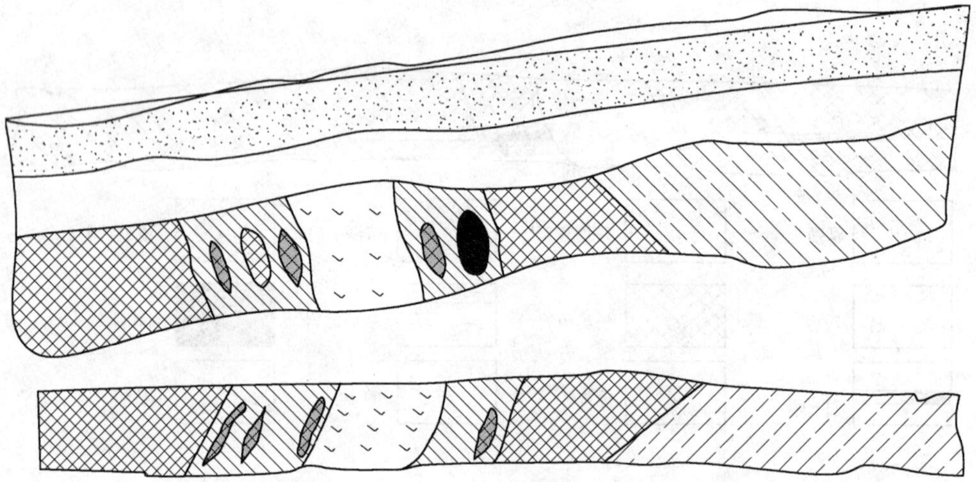

图 6-4　探槽素描图（壁、底）

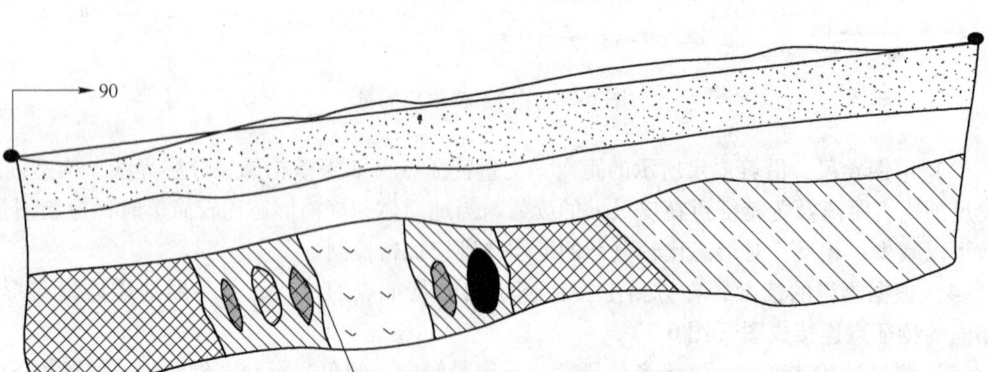

图 6-5　探槽素描图（采样位置）

（8）进行室内清绘，要求素描图内容要齐全（图6-6）。

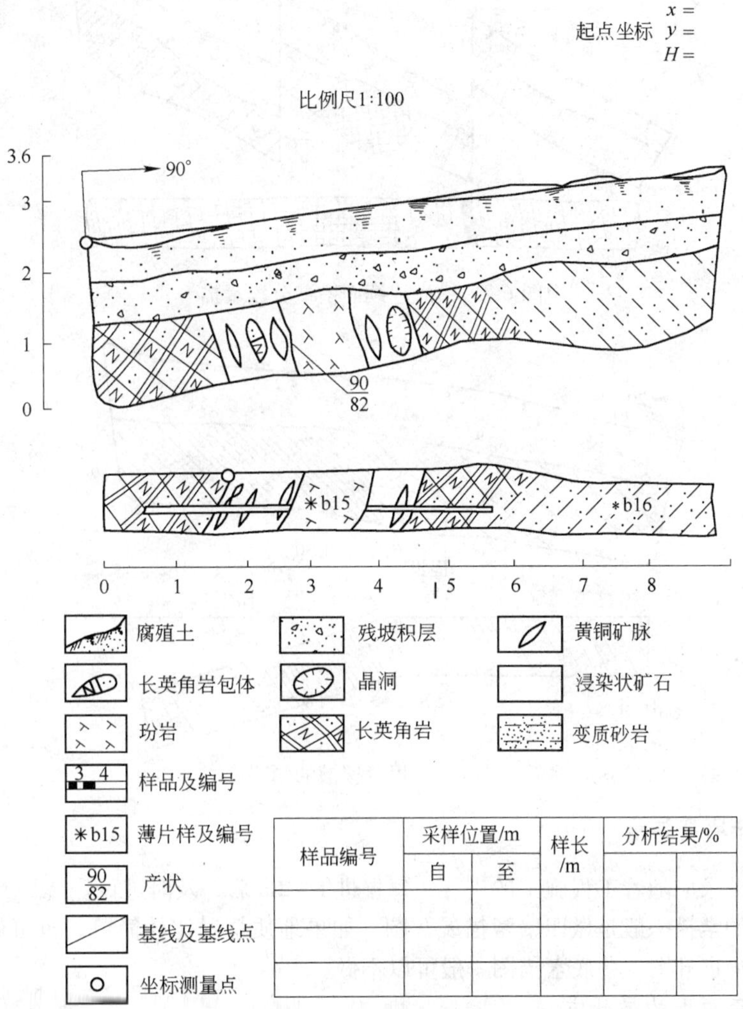

图6-6 完整探槽素描图

C 注意事项

（1）当地形坡度大，探槽延伸又较长时，如按坡度展开，则图面上探槽末端的槽壁与槽底分离太远。此时应采用分段素描或槽底连续而槽壁分段错动素描为好（图6-7）。槽壁分段错动后，应使各分段之间的地质现象及槽壁轮廓严格地吻合。

（2）当探槽转弯时，可以拐弯处为界，分段素描；亦可将槽底按实际延伸方向画，而在槽壁的拐弯处画一铅垂线，并标出拐弯后的探槽方位（图6-8）。当采用后一种方法拐弯探槽时，有两点是需要注意的：

1）地质体在槽壁上所表现的视倾角，将随着探槽方位的改变而发生变化。因而在拐弯处的岩石层视倾角线表现为折线。

2）以壁投底时，应将拐弯后的槽壁底界上的分层界线点及槽壁底部端点，垂直投影到拐弯前槽底方向的延长线上，然后量取自槽底拐弯处至这些投影点的长度，并以此长度确定这些投影点在拐弯后槽底上的位置。图6-8中，aa'和bb'垂直于AB延长线BC，Ba''和Bb''分别等于Ba'和Bb'。

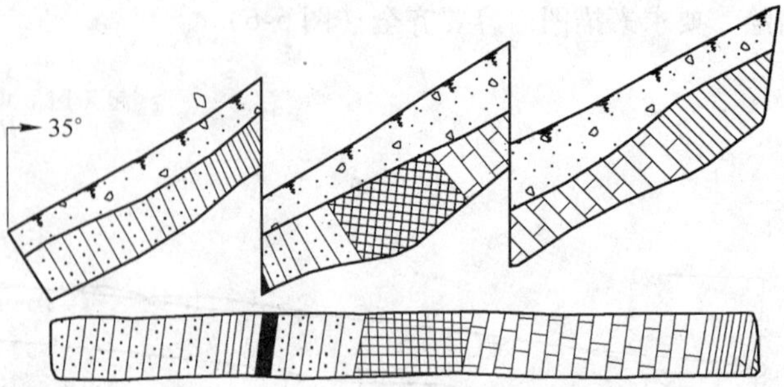

图 6-7　槽底连续而槽壁分段素描

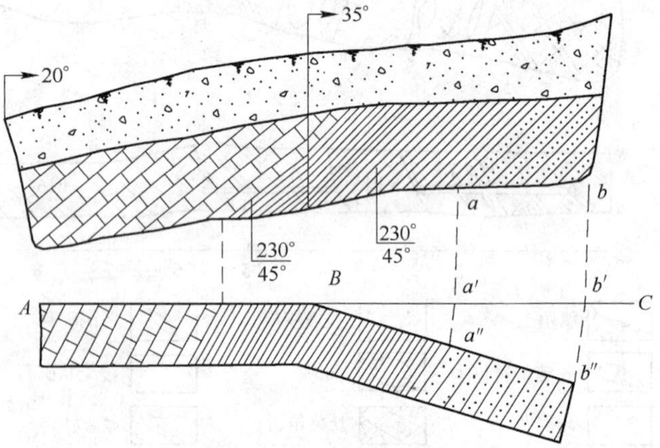

图 6-8　拐弯探槽的画法

6.1.3.3　浅井地质编录

浅井地质编录应随着工程施工的进展，每掘进 1 ~ 2m 后，及时进行。

浅井工程的素描一般是做四壁素描展开图。如果地质情况比较简单，也可做相邻的两壁，甚至是一壁素描展开图。井底素描图一般可以不做。

A　浅井素描图的展开方法

(1) 四壁平行展开法。将浅井从工程起点处拆开，四壁按逆时针方向并立展开。如需做井底素描时，应将井底图形画在第一壁的下方。此法能比较直观且完整地表示浅四壁的地质现象及其相互关系，图面紧凑而美观，素描及利用资料都比较方便，因而被普遍地采用（图 6-9）。

(2) 四壁十字展开法。井底在中央，四壁分开，呈十字状。此法缺点是，四壁的地质现象被人为地分割开，图件不美观，很少采用。

B　浅井素描图的做图步骤

(1) 选择某一井壁角顶作为工程起点，将皮尺的零点与工程起点重合，使皮尺在井中处于铅直状态。

(2) 测量井壁方位，丈量各井壁的宽度。

(3) 在方格纸的适当位置用四壁平行展开法作出四壁轮廓的图形，上端注明各井壁方位，并在第一壁（一般是把平行勘探线的一个长壁作为素描图中的第一壁）的外侧画上垂直的长度分划线。

(4) 以皮尺作垂直标尺，钢卷尺作水平标尺，从上到下逐一测量各井壁地质界线的出露位置，并按比例将其画在图上。

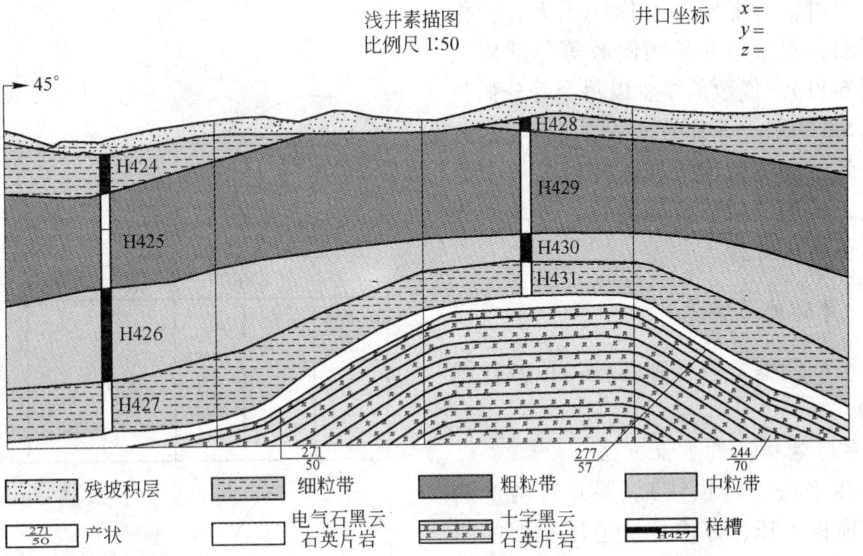

图 6-9　浅井素描图

(5) 采集的标本、样品按实际位置标在图上。

(6) 测量产状，添绘岩石花纹及有关标记，进行文字描述以及室内整理和清绘工作。

C　浅井素描的做图方法

浅井包括天井、竖井、暗井、漏斗、溜矿井等垂直坑道。其编录方法与浅井相同。

(1) 天井的素描方法。当矿体形态简单，矿体急倾斜，一般素描一壁；如果矿体形态复杂或矿体缓倾斜一般作四壁展开图（图 6-10）。

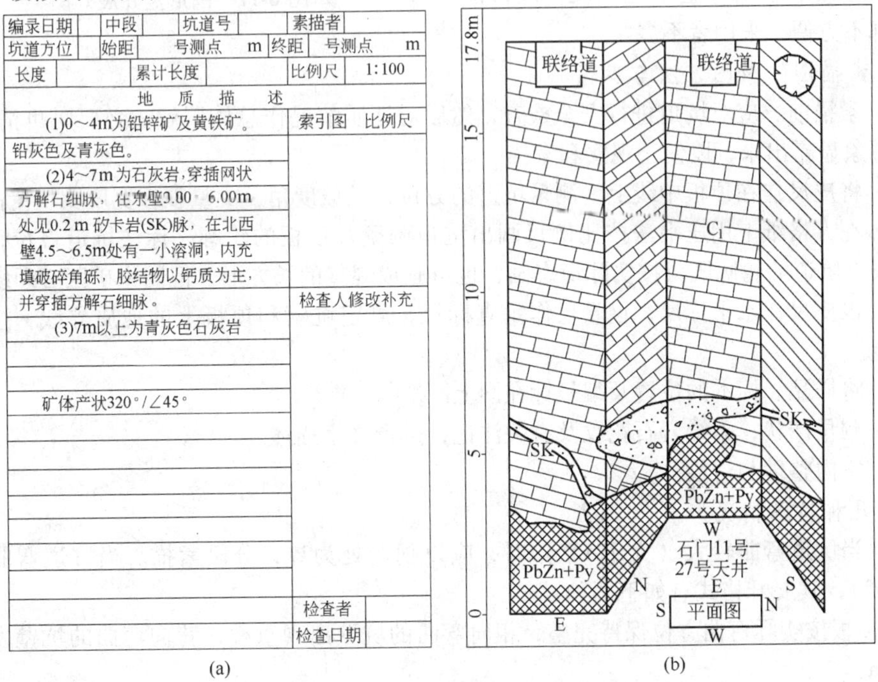

图 6-10　某铅锌矿天井四壁展开图

（a）正面；（b）背面（规格：11cm×17cm）

（2）竖井。方形竖井素描同于天井，作四壁展开图；圆形竖井采用偶数等分圆周展开法（图6-11）。偶数的多少以每个等分弧长不大于3.5m为限。等分的第一条线应与竖井测桩线一致，然后依次展开，并以井筒中心线为基线，采用放射状支距测量，将地质界限正投影于展开图上。

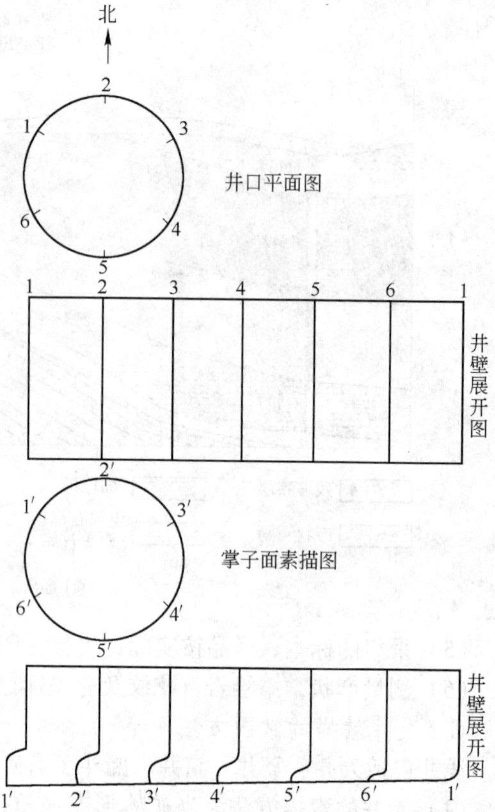

图6-11 圆形竖井展开图

6.1.3.4 穿脉地质编录

穿脉及石门编录通常画两壁一顶展开图（图6-12）。

A 穿脉素描图的展开方法

（1）压平法（压顶法）。展开时两壁向外掀起，顶板下压，好像把坑道压平似的图（6-13a）。此法所示地质现象互相衔接，做图和阅图都比较方便，所以最常用。

（2）旋转法（翻转法）。以坑道一壁的底线为轴，从另一壁底线处拆开，使坑道顶板及两壁整体地顺时针方向翻转过来，水平铺开（图6-13b）。此法做成的图件，虽然顶板与两壁的地质现象能互相衔接，但其相对位置中所直接观察的却整个地相反，故做图和阅图都不方便，采用者不多。

B 素描图的做图方法与步骤

（1）素描前，应对坑道进行安全检查，然后对地质情况作总体了解。必要时可清洗坑壁，使地质现象显露出来，以便于观察和素描。

（2）将皮尺挂在顶板中线上，测量坑道的方位角及坡度角，丈量顶板宽度及坑壁高度。

（3）在方格纸上用压平法按比例尺画出坑道两壁及顶板的轮廓，标注坑道方位，画出长度分划线。坑道的轮廓既可按实际形态画，也可画成规整的长方形，但同一矿区必须统一。

（4）以皮尺作水平标尺，钢卷尺作垂直标尺，测定坑壁和顶板上的地质界线，按比例尺绘于图上。

（5）将样品、标本的位置及编号标在图上。

（6）测量产状，添绘岩石花纹及有关注记，进行文字描述。

（7）室内整理与清绘。

C 几种特殊情况

（1）当坑道弯曲较大（大于15°）时，应以拐弯处为界，分段素描。当坑道弯曲不大时（小于15°），其展开格式有如下两种：

1）顶板按实际弯曲方位保持完整，相向弯曲的坑壁出现重叠，背向弯曲的坑壁发生拆开（图6-14a）。

2）背向弯曲的一壁保持连续完整，相向弯曲的一壁及顶板发生拆开（图6-14b）。

（2）当顶板因坍塌出现较大拱形时，所看到的地质现象是一弧段。素描时，应将弧段内

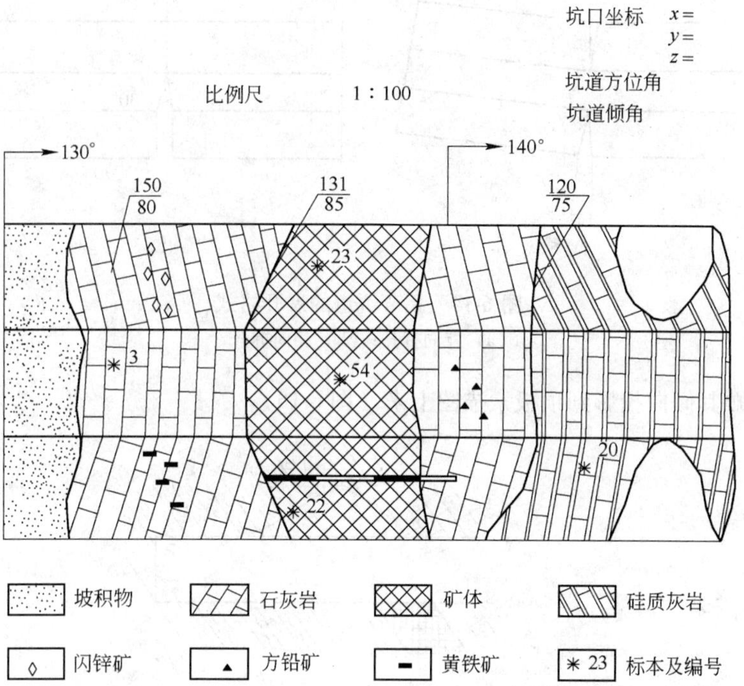

(a)

样品编号		12	13	14	15
样品长度		1.11			
分析结果/%	Pb	5.05			
	Zn	8.93			

(b)

图 6-12 穿脉素描图（a）及样品标识表（b）

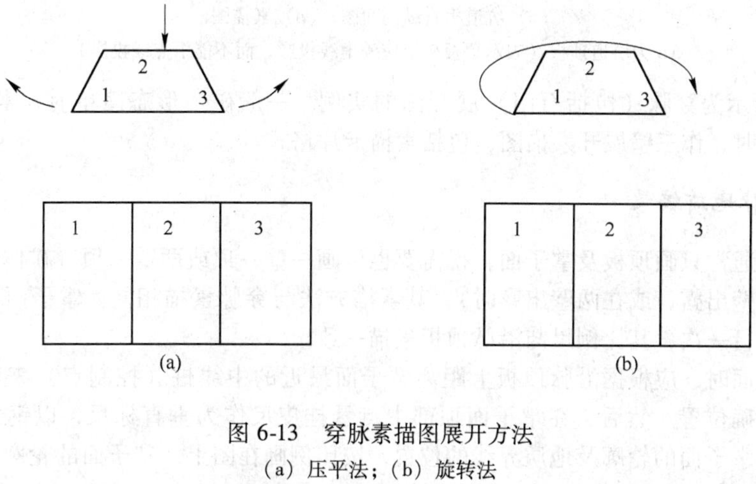

图 6-13 穿脉素描图展开方法

（a）压平法；（b）旋转法

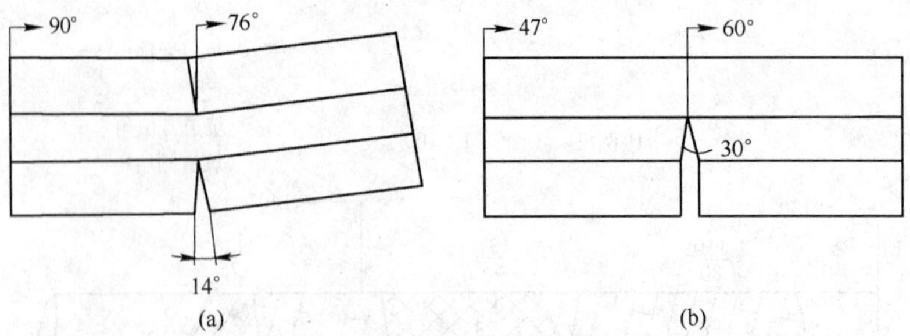

图 6-14　拐弯坑道的展开格式

（a）背向拆开；（b）相向拆开

的地质现象点顺其倾向投影到顶板素描图上来（图 6-15）。

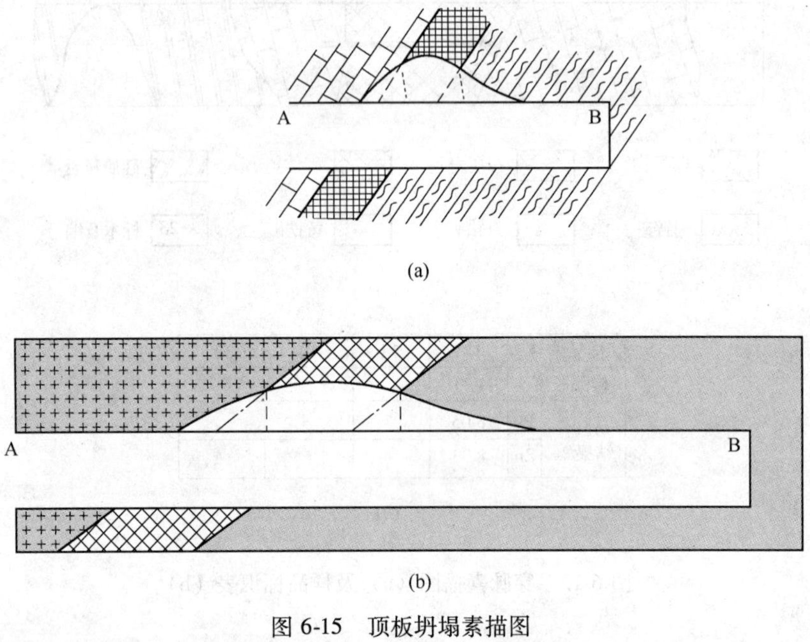

图 6-15　顶板坍塌素描图

（a）坑道垂直纵剖面图；（b）素描图

AB 为坑道顶板（表示顶板矿层应顺虚线投影，而不能沿点线投影）

图 6-16 所示为穿脉（包括石门）展开图的实例。一般矿体形态简单时，素描一顶一壁，矿体形态复杂时，作三壁展开素描图，包括素描卡片格式。

6.1.3.5　沿脉地质编录

沿脉素描通常只画顶板及掌子面，视需要也可画一壁一顶或两壁一顶（矿体倾角较缓，矿体在顶板和一壁出露，或在两壁出露时），其素描方法与穿脉素描相同。掌子面的素描应每掘进一定距离进行一次，其比例尺与沿脉顶板素描一致。

素描掌子面时，应根据沿脉顶板上距离掌子面最近的中线桩（控制点）来确定该掌子面在沿脉中的正确位置。然后，在掌子面顶部中点悬挂皮尺作为垂直标尺，以钢卷尺作为水平尺，控制测量掌子面的轮廓及地质界线的位置，按比例画在图上。掌子面的轮廓可按实际形态绘制，也可画成规整的梯形。

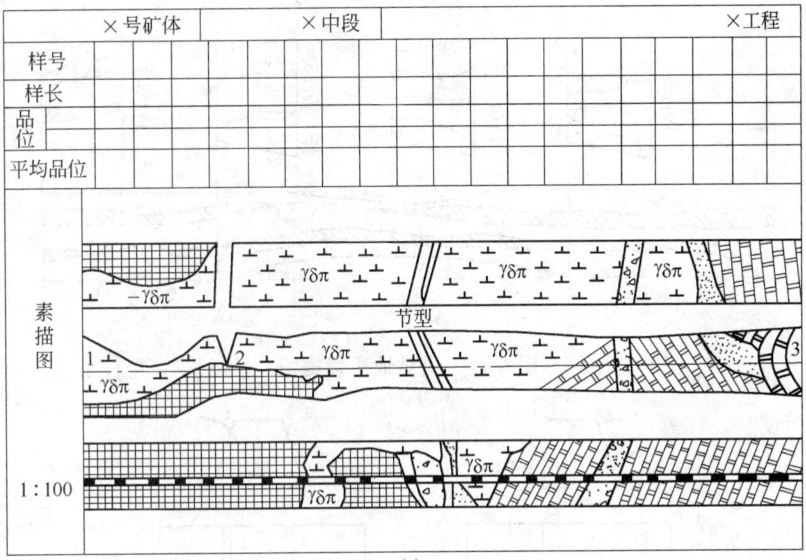

(a)

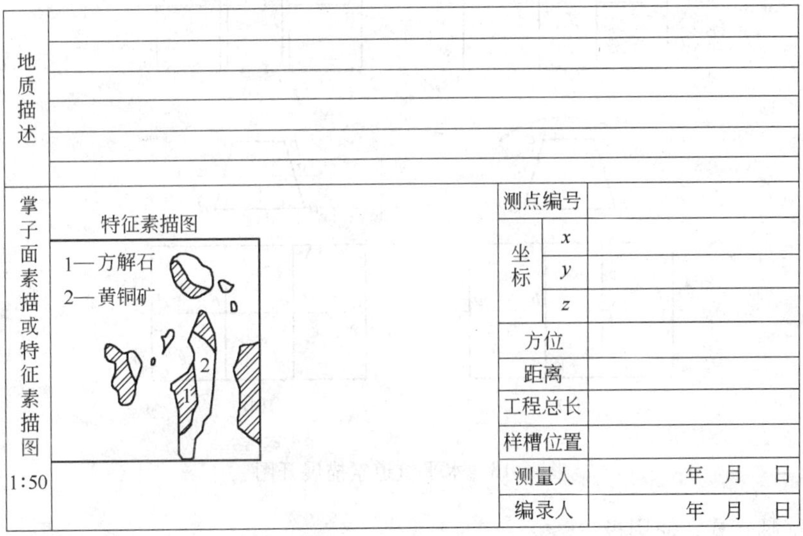

(b)

图 6-16 某铜矿穿脉素描图

(a) 正面；(b) 背面（规格：33.5cm×23.5cm）

掌子面素描图必须按照次序系统编号，并与顶板素描图放在一起，同时在顶板素描图画一直线，以表示其具体位置（图 6-17）。

矿体形态简单，产状平缓，一般素描沿脉（包括切割沿脉）一壁或一壁加局部平面及掌子面；矿体产状较陡，素描一顶一壁；矿体形态复杂，作三壁展开素描图。

水平坑道素描图有四种展开方式（图 6-18）：

(1) 两壁内倒式。顶板下落，两壁内倒，顶壁相接，便于判断地质构造的空间位置及编图。使用最为广泛。

(2) 两壁外倒式。顶板下落，两壁外倒，顶壁分离，素描时对壁上地质现象易于表示。使用较少。

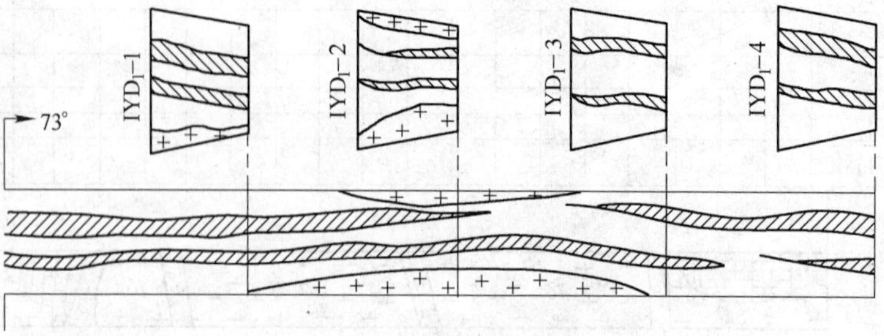

图 6-17　沿脉地质素描图

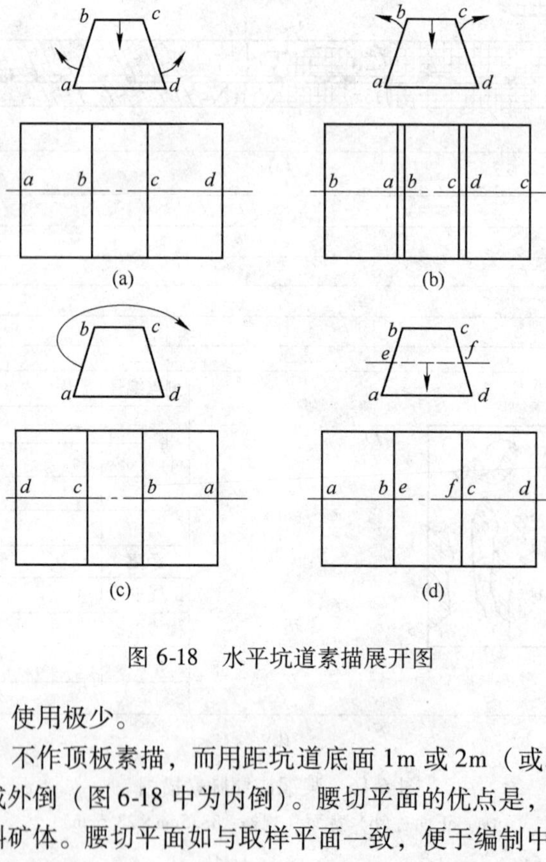

图 6-18　水平坑道素描展开图

（3）顶壁翻转式，使用极少。

（4）腰切平面式。不作顶板素描，而用距坑道底面 1m 或 2m（或取样槽）标高的腰切平面代替，两壁可内倒或外倒（图 6-18 中为内倒）。腰切平面的优点是，避免顶板不平造成的投影误差，特别是缓倾斜矿体。腰切平面如与取样平面一致，便于编制中段地质平面图。坑道弯曲，按自然弯曲素描会发生困难，可拉直做图。拉直方式有拉开式、重叠式与拉开重叠式三种（图 6-19），多用第一种。

6.1.3.6　斜井地质编录

斜井的素描可视需要画一顶一壁或一顶两壁。素描图的展开方法有两种：一种是坡度展开法，将坑壁按实际坡度画，像翻转的探槽一样将顶板画水平投影图；另一种是压顶法，此法与穿脉素描类似，只需在素描图中注明斜井的坡度角即可。

倾斜坑道（包括斜井、上山及下山）一般素描一壁加局部平面，必要时加掌子面（图 6-20）。素描时注意控制坑道倾角。

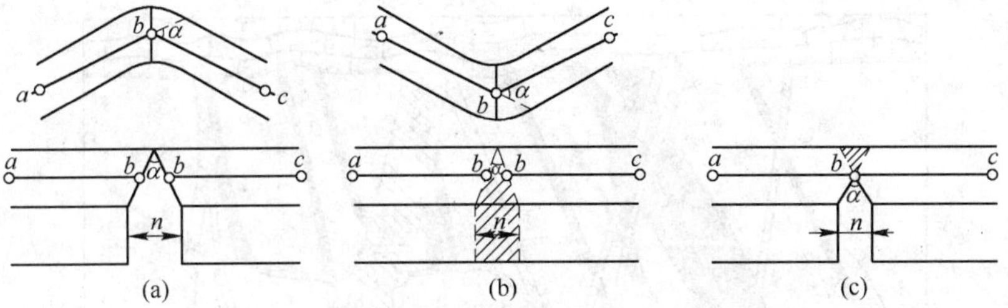

图 6-19　弯曲坑道拉直素描方式

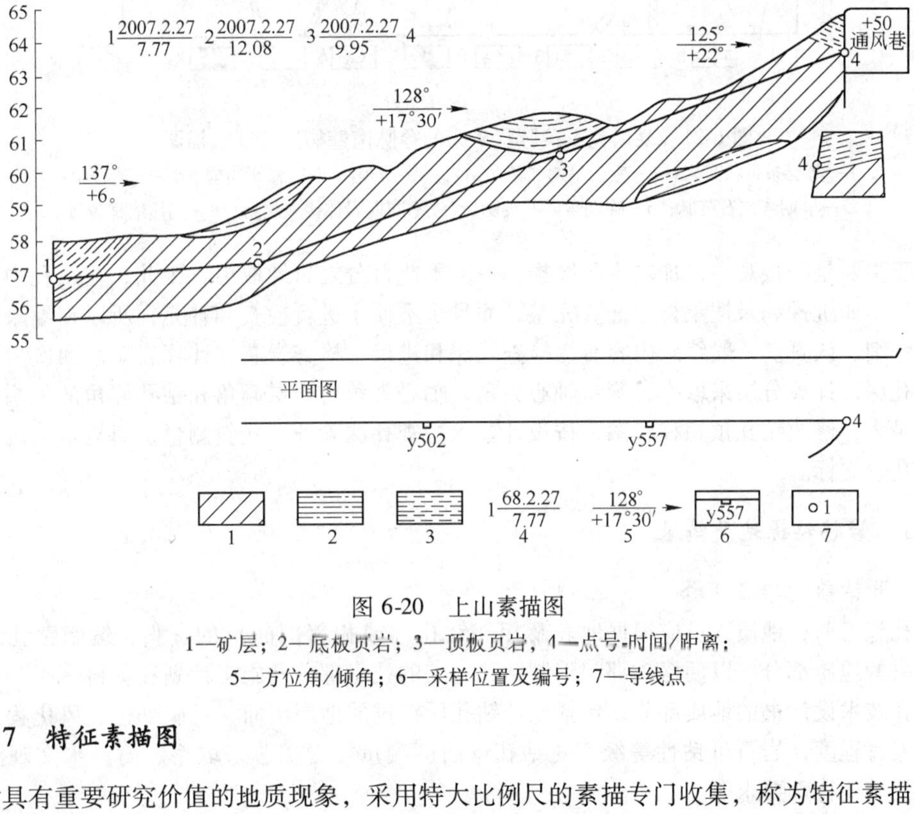

图 6-20　上山素描图

1—矿层；2—底板页岩；3—顶板页岩；4—点号-时间/距离；
5—方位角/倾角；6—采样位置及编号；7—导线点

6.1.3.7　特征素描图

对具有重要研究价值的地质现象，采用特大比例尺的素描专门收集，称为特征素描图。按其内容可分：

（1）矿区地质及构造类，包括特殊地层、岩层、岩体和构造线。

（2）矿石结构构造类，包括典型的矿物晶形、粒度、集合体形态和各种结构、构造。

（3）矿体产状、形态类。

（4）矿床或矿体构造类，包括矿脉、矿岩、矿石品级类型间的穿插、包围关系。

图 6-21 所示为某黑钨石英脉状矿床的穿脉南壁构造特征素描，示意矿岩的侵入、穿插关系。

6.1.4　钻探地质编录

钻探地质编录是根据岩（矿）芯、岩粉以及各种测量数据（孔斜测量、电测井等）进行

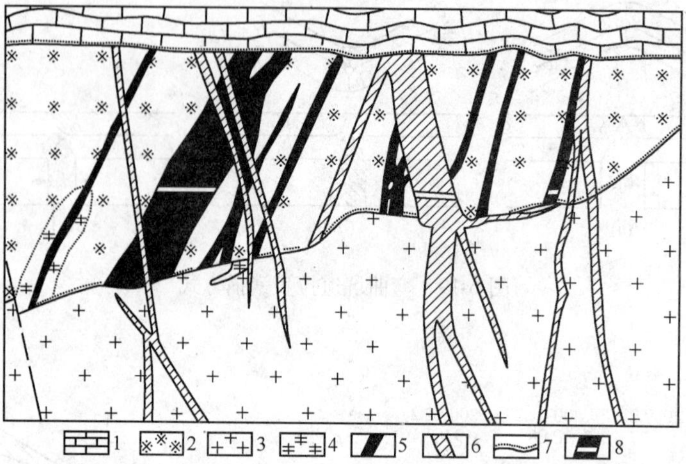

图 6-21　某黑钨石英脉状矿床的穿脉南壁构造特征素描图
1—薄层条带状灰岩；2—燕山早期二幕花岗岩；3—燕山早期三幕花岗岩；4—云英岩化；5—早期含矿石英脉；6—晚期含矿石英脉；7—不同期岩体侵入接触；8—刻槽取样位置

的。由于主要是间接观察，加之岩芯磨损，一般不能百分之百地取出，因此，在钻孔中所搜集的资料远不如坑探编录搜集得全面、完整，而且也不便于进行检查和补充，所以在编录时更要及时、仔细、认真。一般编录内容有为检查孔深和进尺，检查岩芯，计算岩矿芯回次采取率计算换层孔深，计算分层采取率，测量轴心夹角，轴心夹角与岩层倾角和钻孔倾角的关系，填写钻孔记录表，修改钻孔预想柱状图，按设计要求检查孔深验证、孔斜测量、简易水文观测等工作，封孔、立标。

6.1.4.1　岩芯钻探地质编录

A　开钻前的准备工作

钻孔施工前，地质人员应根据地表及相邻钻孔（或相邻剖面）的资料，编制钻孔地质技术设计书的地质部分，以便探矿部门编制钻孔施工的技术部分及施工计划和备料。

钻孔技术设计书的地质部分，包括预计钻孔所穿过的地层剖面、见矿部位、风化程度破碎及裂隙发育程度，岩石可钻性等级，对钻孔弯曲度测量、岩矿芯采取率、简易水文观测的要求，以及其他特殊要求等。

此外，地质人员要会同有关人员共同检查钻机安装质量，其内容包括：钻孔位置、方位、倾角及其他安装质量是否符合设计要求。检查合格后，方准开钻。

B　钻孔施工过程中的地质编录

钻孔开工后，地质编录人员在钻机现场的编录工作包括：检查机台班报表中填写的进尺数，检查孔深，检查岩矿芯（包括岩芯票、岩芯编号、岩芯箱编号）并描述，修改钻孔预想柱状图，检查孔斜情况，检查简易水文观测及封孔的质量验收等。

a　检查孔深

（1）检查进尺累计孔深。根据钻探班报表检查孔深的方法，是依次将上一回次的孔深加上本回次的进尺数，即等于本回次的孔深。

（2）根据钻具记录核对孔深。钻具总长度减去地距（机台木的厚度，或称台木高度）钻机高度和机上钻杆长度后，与记录孔深数相符，说明孔深无误。

(3) 丈量钻具验证孔深。单靠机台班报表记录检查孔深，不能完全肯定记录孔深正确与否，因为在施工中，人为的和客观的因素都会使丈量的钻具长度产生误差，所以要定期丈量钻具。特别在见到矿体与重要标志层时、下套管前后，都要及时丈量钻具、校正孔深，孔深允许误差为千分之一，误差小于此数时，可直接改正记录孔深，大于此数者必须进行合理平差。

(4) 钻孔终孔结钻时要用电测法测深或其他方法检查全孔深度。

b 检查岩矿芯

从岩芯管取出岩芯后，对岩矿芯进行编号，其格式如：$15\frac{1}{10}$。

分式的整数表示提取岩芯的回次，分母为该回次提取岩芯的总块数，分子为该段岩芯在总块数中自上而下的顺序号码。

岩矿芯经整理后，一律按自上而下，从左至右排列放入岩芯箱中。回次间用岩芯牌隔开。岩芯箱装满后，在箱旁写上矿区名称、钻孔编号、起止孔深、起止岩芯编号以及岩芯箱的顺序号码。

岩芯经检查编号后，要对岩芯进行分层并描述。

c 修改钻孔预想柱状图

钻孔地质技术设计书中的预想柱状图，往往与钻进中见到的实际情况有一定出入，应根据所取得的实际资料，随时对柱状图进行修改，并根据新资料推测未钻的下段的地质情况，以指导施工。

d 检查孔斜测量

编录人员要注意检查是否在设计间距进行了孔斜度测量，测得结果是否达到要求，如不合格应采取防斜措施。

e 检查钻孔简易水文观测情况

简易水文观测是岩芯钻探工作的重要内容之一。目的是获取划分含水层和相对隔水层的位置、厚度等资料，并初步了解含水层的水位。

f 岩矿芯采取率的计算

岩芯采取率又称为岩芯获取率，即指某一孔段内所取得的岩芯长度与该段进尺长度之比的百分数。

一个回次的采取率称为回次采取率，按岩性分层计算的采取率称为分层采取率，分层采取率等于分层岩芯长与分层进尺之比的百分数。

回次采取率是本次提取岩芯长与本次进尺－本次井底残余进尺＋上次孔底残余进尺之比的百分数。

在未进行残留岩芯测量，或残留岩芯不准时，某个回次因有残留岩芯，使其岩芯长度大于进尺时，残留岩芯处理方法可参照下面两种方法进行：

(1) 在岩芯完整时，以本回次岩芯采取率为100%，将超出部分推到上回次计算，如继续超出还可继续上推，一般不能上推五个回次。

(2) 允许同一岩性段五个回次之内进尺长度之和大于或等于相同回次岩芯长度之和，然后计算四次平均采取率。

g 换层孔深计算

在无残留岩芯的情况下，可按式（6-1）、式（6-2）计算。

$$H = H_1 + \frac{m_1}{n} \tag{6-1}$$

$$H = H_2 - \frac{m_2}{n} \tag{6-2}$$

式中　H——换层深度；

H_1——上回次孔深；

H_2——本回次孔深；

m_1——换层处上段岩芯长；

m_2——换层处下段岩芯长；

n——岩芯采取率。

当有残留岩芯时，按式（6-3）、式（6-4）计算（图6-22）。

$$H = H_2 - S_2 - \frac{m_2}{n} \tag{6-3}$$

$$H = H_1 - S_1 + \frac{m_1}{n} \tag{6-4}$$

式中　S_1——上一回次残留进尺；

S_2——本回次的残留进尺。

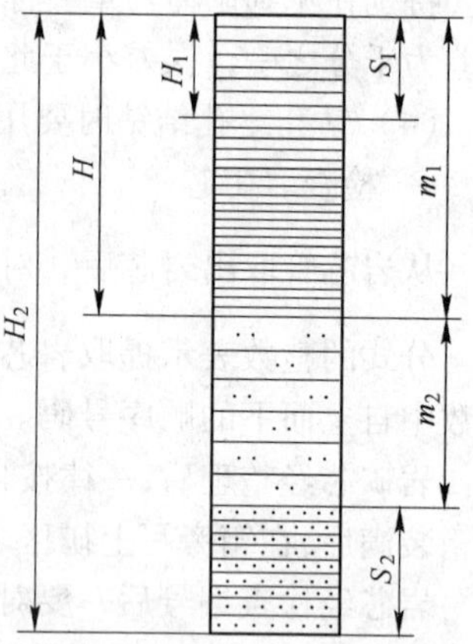

图 6-22　换层深度计算

h　岩层倾角测量

岩层倾角是钻孔中的一项重要实测数据，是了解构造，对比岩矿层，编制地质剖面和进行真厚度计算的基础资料，应在岩芯分层描述的同时，逐层进行测量。

岩芯中的层面呈一椭圆形，倾角越大，椭圆的长轴越大。根据岩芯测量岩层倾角（或其与岩芯轴面的夹角）的方法很多，一般采用量角器、测斜仪及计算等方法。

当钻孔为垂直钻进时，利用上述方法求得的岩层倾角即为真倾角；而当用斜孔钻进时，按上述方法量出的岩层倾角为假倾角，如钻孔弯曲方向垂直岩层走向，而与倾向相反时。则真倾角等于量得的倾角加90°减钻孔倾角。

在实际工作中亦可直接测定岩层层面与钻孔中心轴夹角，这对做图与应用均较方便，同时亦可通过换算求出岩层倾角。

采用一般量角器和测斜仪测定岩层倾角或其与岩芯轴面的夹角，由于岩芯是弧形面。量角器及测斜仪是平面，量出的夹角或倾角往往不准确，误差较大。为此，有的单位改进原有的测角仪器，专门制作测岩芯夹角的仪器，称为岩芯量角器（图6-23、图6-24）。

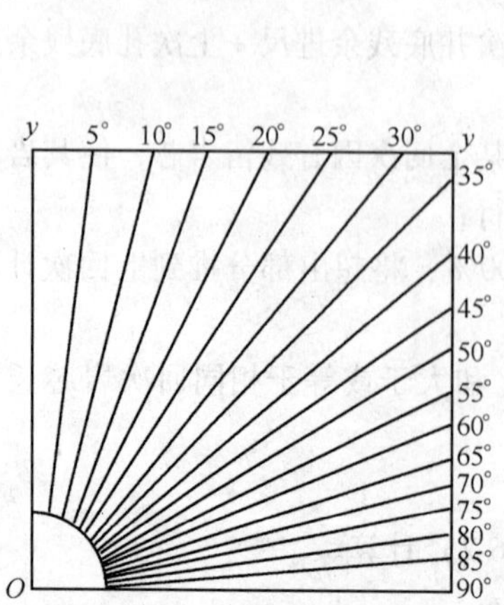

图 6-23　特制的岩芯量角器

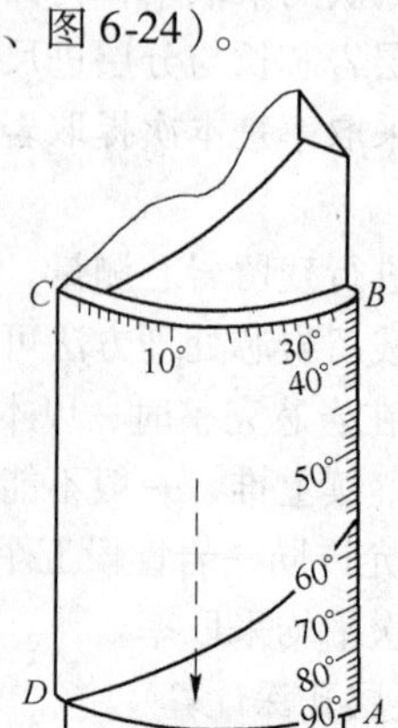

图 6-24　量角器操作示意图

利用专门岩芯量角器，就避免了采用一般分度器等不适当仪器量倾角或夹角的误差，从而可以提高根据岩芯测量岩层倾角的质量。

i 填写钻孔记录表

在上述各项工作的基础上，地质人员要及时填写钻孔记录表，其内容格式见表6-1、表6-2。

表 6-1 钻孔野外记录

日期	班及回次	进尺/m			岩芯			换层深度/m	岩石性质	岩石等级	标本号码	钻孔水位/m		消耗用水量			孔内情况	附注
		自	至	合计	长度/m	残留/m	采取率/%					起钻后	下钻前	水箱水位高/cm	增加水位高/cm	单位时间消水量/$L \cdot h^{-1}$		
1	2	3	4	5	6	7	8	9	10	11	12	13	14	15	16	17	18	19

表 6-2 钻孔地质记录

层位	进尺/m			岩芯		岩性描述	倾角（或假倾角）	岩层假厚度/m		岩层真厚度/m	标本号	采样号	采样位置/m			分析结果	附注
	自	至	合计	长度/m	/%			据岩芯	据测井				自	至	采长		
1	2	3	4	5	6	7	8	9	10	11	12	13	14	15	16	17	18

j 终孔验收和小结

岩石钻探在完成预计目的之后，停止工作之前，应进行现场验收，检查钻孔任务及其完成程度、钻探质量等，合格后，方能结束工作。

此外，在终孔之前，地质人员应提出各孔段的封闭要求，交探矿部门设计后，由现场人员执行。

对完工钻孔，必要时应作地质小结，其内容如下：

（1）钻孔设计的目的与施工结果。

（2）钻孔质量评述。

（3）地质矿产特征（主要地质成果及地质矿产新认识）。

（4）主要经验教训。

C 钻孔结束后的室内地质编录

室内钻孔地质编录主要是编制钻孔柱状图及其他应完成的地质资料。

钻孔柱状图的编制，主要是根据钻孔地质记录来进行。比例尺的选择，以能清楚地表示主要地质现象为准，一般为1∶200～1∶500。为减少图幅，对于岩性简单的厚大岩层，可用缩减法表示。

钻孔结束后应完成的地质资料：

（1）钻孔柱状图。

（2）钻孔地质记录表。

（3）钻孔结构、孔深校正、弯曲度测量登记表。

（4）各种钻孔采样登记表。

（5）各种鉴定、试验、分析报告。

（6）简易水文地质资料。

（7）物化探测井资料。

（8）封孔设计及封孔记录表。

（9）钻孔质量验收报告。

（10）钻孔地质小结。

（11）岩（矿）芯、标本等实物资料和照片。

6.1.4.2 钻孔弯曲及校正

钻孔在施工过程中，由于地质的和技术的原因，往往使钻孔的倾角（或天顶角）、方位角发生弯曲而偏离原设计的位置，特别是斜孔更容易发生，所以，在编制钻孔剖面图时，必须先校正孔斜与方位。如果未经过孔斜和方位校正，用原设计的钻孔轴线画地质界矿体，则编绘的地质界线和矿体，在空间位置上会产生很大误差，这不仅影响了所圈定的地质界线的可靠性，而且也歪曲了矿体的形态、产状及其空间分布，影响储量计算可靠性和以后开拓、开采巷道的设计。

钻孔弯曲有两种基本情况：

（1）钻孔倾角或钻孔天顶角弯曲。钻孔倾角是指钻孔轴线与水平线的夹角（γ），而钻孔天顶角则是钻孔轴线与铅垂线的夹角（θ），即钻孔倾角的余角。钻孔倾角弯曲一般是向上或向下弯曲。这种弯曲在编制剖面图时，需要校正。

（2）钻孔方位角偏移。即钻孔离开了原设计的方位角，而发生了左右的偏移。这种偏移在编制剖面图时，需要将偏移的轴线投影到原设计的剖面上来。

以上两种钻孔弯曲往往同时产生，这是钻孔弯曲的大多数情况，特别是深孔钻进时，更是如此。这种弯曲既需要作倾角校正，又需要作方位角的校正，否则会影响勘探成果的质量。

钻孔倾角（或天顶角）的校正有以下三种处理方法：

（1）用相邻两个测点的平均值，控制两个测点之间的线段，即钻孔折线每相邻两点间的线段的天顶角或倾角，均等于该两点天顶角的平均值。

（2）用一点测得的天顶角或倾角数据，影响本点至上一测点间的线段，也就是说用两测点中的下一个测点的天顶角或倾角控制两点间的线段。当钻孔不深，角度变化不大时，此法是简便而实用的。

（3）使一个测点的天顶角或倾角向上向下各影响与相邻测点距离的一半，此法一般常用。

现以表 6-3 的测斜资料，具体说明天顶角校正钻孔轴线的过程。

表 6-3 某工程测斜资料

测 点 编 号	测点深度/m	天顶角/(°)	方位角/(°)
0	0	17	90
1	120	19	110
2	230	39	119
3	350	55	122

在编制钻孔中轴线剖面图时，首先根据测斜数据求出制图时的钻孔天顶角转换点的深度（图 6-25 中的 A、B、C、D）及各转换点的控制长度；然后根据各测点的钻孔天顶角及角度转换点和控制长度进行做图；连接 OA、AB、BC、CD 等折线为平滑曲线就是天顶角校正后的钻

孔曲线。

钻孔方位角的校正，是在钻孔轴线天顶角校正后的基础上，根据钻孔轴线的方位角和地质体的产状要素，选择不同的投影方法，作出钻孔轴线及地质体在勘探线剖面上的投影图。

A 投影制图法

a 法线投影的图解法

以表6-3的资料为例，以图6-25为基础，在钻孔轴线的下方绘一水平线（此水平线应视为勘探线剖面的方向线），将 O、A、B、C、D 各折点垂直投影到水平线上（图6-26），得 $O'A'$、$A'B'$、$B'C'$、$C'D'$ 等线段，然后从孔位 O' 起，在90°方位上取线段长等于 $O'A'$，得点1（在本例中1与 A' 重合）；从点1起在110°方位上取线段长等于 $A'B'$，得点2；从点2起，在119°方位上取线段长等于 $B'C'$，得点3；从点3起，在122°方位上取线段长等于 $C'D'$，得点4。将点 O'、1、2、3、4连接起来的折线，就是钻孔轴线在平面上的投影图（图6-26）。自1、2、3、4各点向上作垂线与水平线交于1′（在本例中1与1′重合）、2′、3′、4′，与剖面上通过 A、B、C、D 各点的水平线交于1″、2″、3″、4″点，将 O、1″、2″、3″、4″这些点连起来，就是法线投影的钻孔轴线（图6-26上部）。

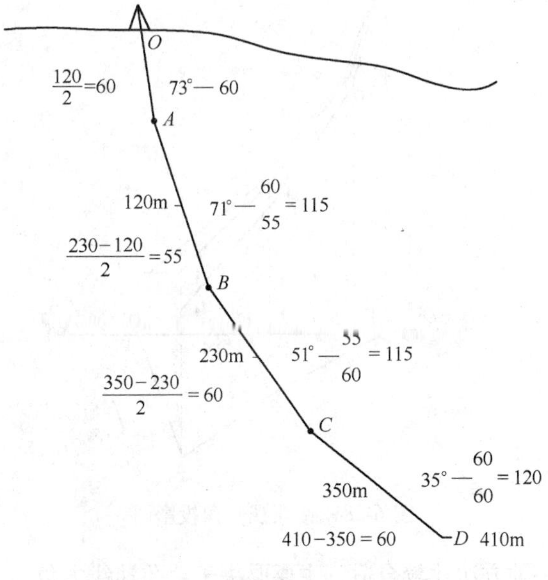

图6-25 天顶角校正后钻孔中轴线

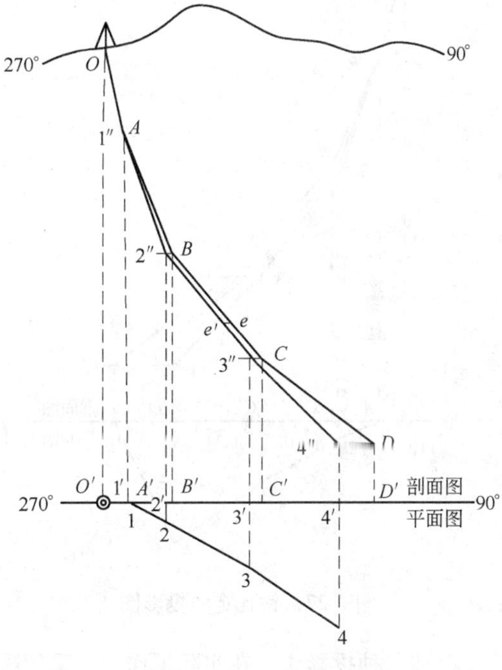

图6-26 钻孔法线投影图

地质界线点的投影方法，是将天顶角校正后的钻孔轴线上的地质界线点（图6-26中的 e），沿水平方向投影到钻孔法线投影线上（图6-26中的 e'）。通过这种投影方法做出的钻孔轴线为一条折线，在实际工作中应用时，人为地将其圆滑为曲线。

b 走向投影的图解法

走向投影的图解法是先用与法线投影中同样的方法做出钻孔天顶角校正后的钻孔轴线垂直剖面图和钻孔轴线水平投影图，然后在钻孔轴线水平投影图上加上矿体（或其他地质体）的走向和倾斜符号（图6-27中的下部）。从1、2、3、4等点，作矿体走向线的平行线，与剖面线交于$1'''$、$2'''$、$3'''$、$4'''$各点，从$1'''$、$2'''$、$3'''$、$4'''$各点向上作垂线、与通过A、B、C、D各点的水平线（即法线投影中$1''A$、$2''B$、$3''C$、$4''D$各水平线的延长线）相交于t_1、t_2、t_3、t_4，将O、t_1、t_2、t_3、t_4连接起来，就是用走向投影法绘制的钻孔轴线（图6-27的上部）。

c　视倾角投影的图解法

视倾角的图解法是在法线投影图上进行的。在钻孔轴线水平投影图上，加上矿体的产状要素（图6-28下部），求出矿体（或其他地质体）沿法线方向的视倾角ω_2，然后在钻孔轴线水平投影图上（图6-28下部），以$11'$、$22'$、$33'$、$44'$为一边，分别作角$\angle 1'11'''$、$\angle 2'22'''$、$\angle 3'33'''$、$\angle 4'44'''$，使其分别等于视倾角ω_2，延长$11'''$、$22'''$、$33'''$、$44'''$各边，分别与水平线（即剖面线）交于$1'''$、$2'''$、$3'''$、$4'''$诸点。自$1''$、$2''$、$3''$、$4''$诸点向下（或上）沿垂线截线段$1''t_1$、$2''t_2$、$3''t_3$、$4''t_4$，使其分别等于$1'11'''$、$2'22'''$、$3'33'''$、$4'44'''$、而得t_1、t_2、t_3各点。将O、t_1、t_2、t_3、t_4连接起来，就是经过视倾角投影的钻孔轴线。

地质界线的投影方法，是将钻孔法线影线上的地质界线（图6-28中的e）沿垂直方向投影到钻孔视倾角投影线上（图6-28中的e''）。

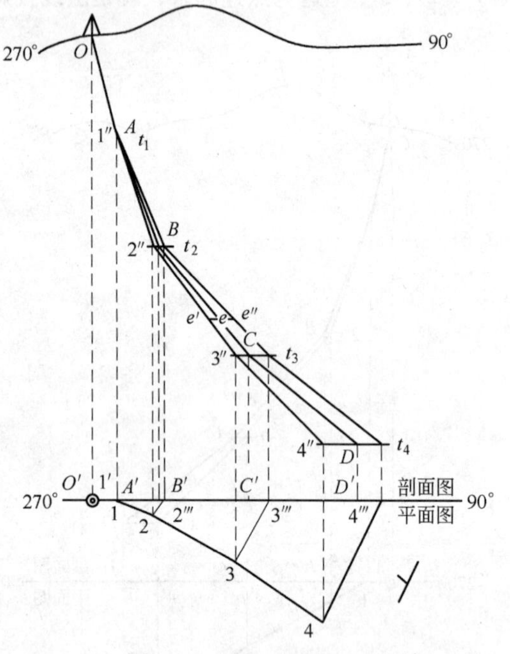

图6-27　钻孔走向投影图

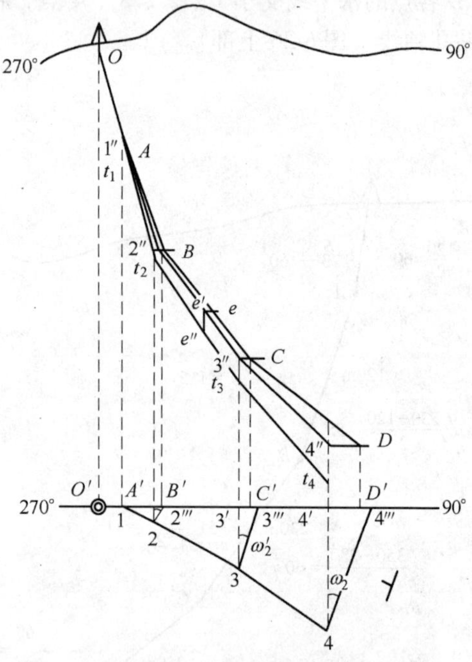

图6-28　钻孔视倾角投影图

上述三种投影法，在实际工作中，采用哪一种方法比较合适，主要取决于钻孔轴线方位与勘探线剖面方位的关系。当勘探线垂直岩层（矿体）走向时，法线投影与走向投影的方法是一致的，对于偏离了剖面的探矿工程，用这两种方法投影最简便；当岩层（或矿体）走向与剖面线斜交，对于偏离了剖面的工程，用法线法投影时，剖面上的地质界线与实际相应界线位置相比，沿剖面方位有水平方向误差，此时用走向投影法为好。

视倾角投影法在剖面上改变了探矿工程所见地质界线点的标高，而且投影方法比前两者复杂，故较少采用。

B　计算法

取钻孔任意测斜、测方位点的控制长度AB（图6-29），设从A点至B点的进尺为L_1，AB

在剖面上的水平投影长度为 L'，AB 在剖面上的垂直投影长度为 ΔZ，AB 段实测钻孔倾斜角为 α，钻孔方位角与勘探线剖面的方位角的差角为 β，AB 在剖面上经倾斜角和方位角校正后的斜长为 L，校正角为 γ，校正后斜长 L 在剖面上的水平投影长度为 ΔX，L 在平面上投影的方位线偏离勘探线的距离为 ΔY，根据三角函数关系：

$$\mathrm{ctg}\gamma = \mathrm{ctg}\alpha \times \cos\beta \tag{6-5}$$

$$L = L_1 \times \sin\alpha / \sin\gamma \tag{6-6}$$

$$\Delta X = L_1 \times \sin\alpha \times \mathrm{ctg}\gamma \tag{6-7}$$

$$\Delta Y = L_1 \times \sin\alpha \times \tan\beta \times \mathrm{ctg}\gamma \tag{6-8}$$

$$\Delta Z = L_1 \times \sin\alpha \tag{6-9}$$

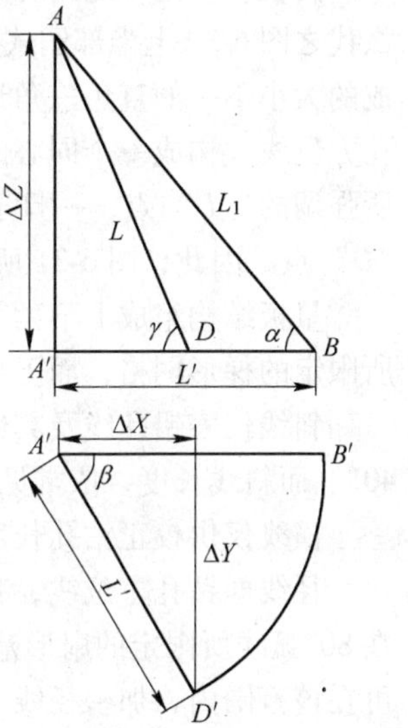

图 6-29 钻孔弯曲校正角计算图解

在取得钻孔每个测点的实测孔深、倾斜角和方位角后，即可用式(6-5)~式(6-9)计算出校正角（γ），知道了校正角，就可以计算 L、ΔX、ΔY 和 ΔZ。用 L 和 γ，或 ΔX 与 ΔZ 便可从钻孔位置开始，从上到下依次连续作各段控制长度在剖面的投影线。用 ΔX 与 ΔY 数值作钻孔在平面上投影方位线。用 $\Sigma\Delta Z$ 和 $\Sigma\Delta Y$ 还可定出纵投影图上钻孔的位置。

用计算法校正孔斜与方位，其计算程序见表 6-4。用表中校正后斜长（L）和校正角（γ）的数据，便可在勘探线剖面图上从开孔位置开始逐段作出钻孔的投影轴线。用 ΔX 和 ΔY 的数据作出钻孔在水平面上的方位线。

表 6-4 倾斜角和方位角校正计算表

测量深度/m	控制长度/m	实测方位角	实测倾斜角	勘探线剖面方位角	钻孔实测方位角与剖面线方位角之差角	校正角	校正后斜长/m	L 在剖面上水平投影长度/m	水平投影结果累计长度	在水平面上方位线偏离勘探线长度/m	方位线偏离勘探线累计长度/m	L 在剖面上垂直投影长度/m	垂直投影线累计长度/m
M	L_1	θ	α	θ'	β	γ	L	ΔX	$\Sigma\Delta X$	ΔY	$\Sigma\Delta Y$	ΔZ	$\Sigma\Delta Z$
0	25	312°30′	78°	312°30′	0°	78°	25.00	5.20				24.46	
50	50	325°	73°	312°30′	12°30′	73°21′	49.91	14.27	19.47	3.17		47.82	72.38
100	35	328°	71°	312°30′	15°30′	71°35′	34.82	11.01	34.48	3.05	6.22	33.09	105.37

为了计算方便，可根据式（6-10）制成钻孔弯曲校正角 γ 换算表，如果已知 α 角和 β 角，从表中即可查出 γ 角的度数。

$$\mathrm{ctg}\gamma = \mathrm{ctg}\alpha \times \cos\beta \tag{6-10}$$

C 量板法

量板法是采用投影制图法的原理。从图 6-30 可见，校正后的钻孔长度 AD 是实打钻孔，长度 AB 在剖面上校正后的投影。而校正后的钻孔倾角，则是通过以 $A'B'$（$A'B' = CB$）为半径的弧线 $B'D'$ 与实打钻孔方位线交点 D'，垂直投于 CB 线上定出 D 点后，解直角三角形 ADC 即可得出。因此，确定 D' 与 D 点就成为用投影制图法的关键。

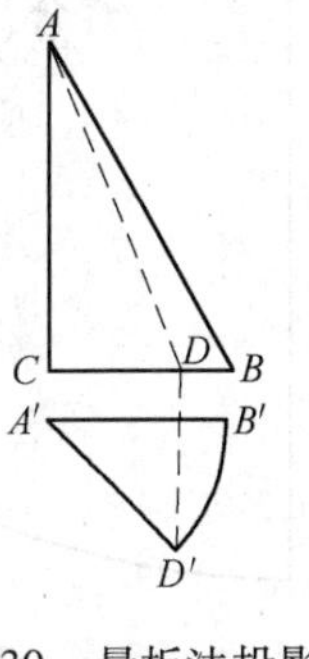

图 6-30 量板法投影图

同理，若把可能出现的偏离剖面角差不同，且倾角也不相同的钻孔线在一起进行校正，那么代之图 6-30 上半部图式的将是一个由倾角不同的钻孔线与钻孔铅垂线（图 6-30 的 *AC*）所组成的大小不一的直角三角形组合（图 6-31 上半部）。与其对应的在下半部则由不同的弧线及钻孔方位线，构成一个同心的扇形网（图 6-31 下半部）。同时在扇形网格上分布着许多如图 6-30 所强调的“*D*”点，一旦条件（指实打钻孔倾角及偏离剖面的差角）给定，即可求出其相应的“*D*”点。因此，图 6-31 所表示的图形，即构成一个确定钻孔在剖面上投影位置的量板。

量板结构组成上下两部，上部由斜线（即直角三角形的斜边）及横线组成一个为三角形所限定的梯形网格，而下部则由同心弧线及其径线构成的扇形网。

斜线代表铅孔线及其倾角，其分划以 1°为宜。依施工钻孔常见的倾角变化，最小倾角取至 40°。而斜线长度，依常见剖面比例尺，应不小于铅孔线的最大变化长度。

横线仅供校正钻孔长度时，投点移线用，必要时其间距可加密至 1mm。

径线即钻孔方位线，其分划取 2°，必要时可增加一扇形网，使角差分划到 1°（图 6-31）。在 80°弧线所限定的扇形范围内，径线分划可适当放宽，取 4°～8°，以避免线重合。需要时，可在该范围内，加密径线。

利用量板可进行钻孔倾角、长度校正及制作钻孔平面投影图，其使用方法在制作原理中已有说明。现举例说明如下：例如钻孔倾角为 66°，钻孔长度为 *AC*，钻孔偏离剖面角 35°。

（1）倾角校正。根据数据，在量板下部扇形网内定出 66°弧线及经线的交点 *D*，*D* 点垂直投三角形底边得 *B* 点，为 70°，70°即为钻孔校正角（图 6-32），若所投的点不在分划点上，可内插求得，或将 *B* 点处三角形顶角用量角器量出。

（2）长度校正。在量板上部 66°斜线上，按剖面比例尺取实打钻孔长度 *AC*，把 *AC* 沿横线移至校正后的 70°线上得 *A′C′*，*A′C′* 即为校正后的钻孔长度（图 6-32）。

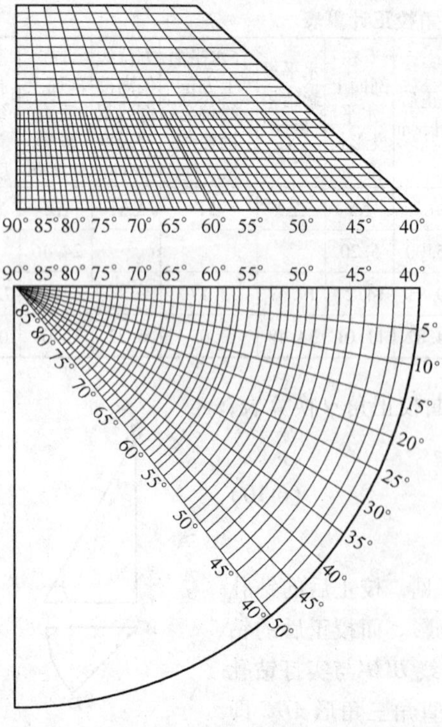

图 6-31　量板

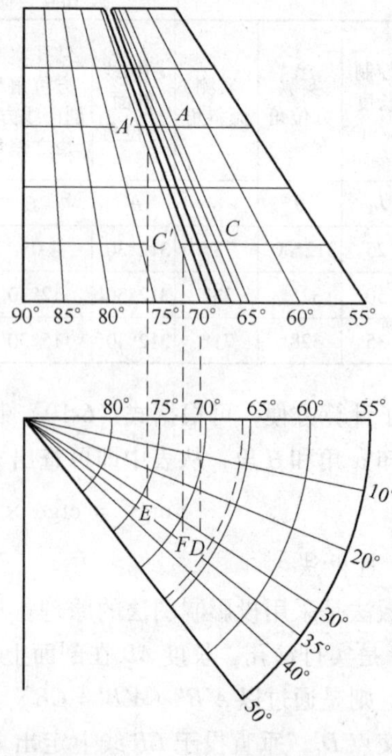

图 6-32　量板的使用方法

(3) 绘制钻孔平面投影图。$A'C'$垂直下投于35°经线上得EF，EF即为实打钻孔AC段在平面图上投影的方位线（图6-32）。

上述三种方法在勘探的实际工作中均有采用。投影制图法比较简单，易于掌握，但其缺点是精度较差、不便于进行检查。计算法一次计算，多次使用，计算出来的数据既可作探线剖面图，又可作钻孔方位平面图和纵投影图时使用，既省时又省工，并且便于检查。用量板法更节省计算工作量，故近年来在勘探工作中已越来越多的采用计算法。

6.1.5 采场原始地质编录

6.1.5.1 地下采场

采矿块段内各种坑道，如切割巷、进路、联络巷、副穿、凿岩道、电耙道、通风井、人行井、充填井、溜矿井、凿岩井、漏斗、上山等，与上述坑道编录方式方法相同。

采场掌子面编录具有一定特点：大而不规则；地质素描与测量配合进行；素描图实质上是与掌子面总方向平行的投影图。

厚度不大的脉状、层状、似层状矿体，素描壁式掌子面或上采掌子面、测量人员标测掌子面平面图，地质人员按测点控制测绘素描图（图6-33）。

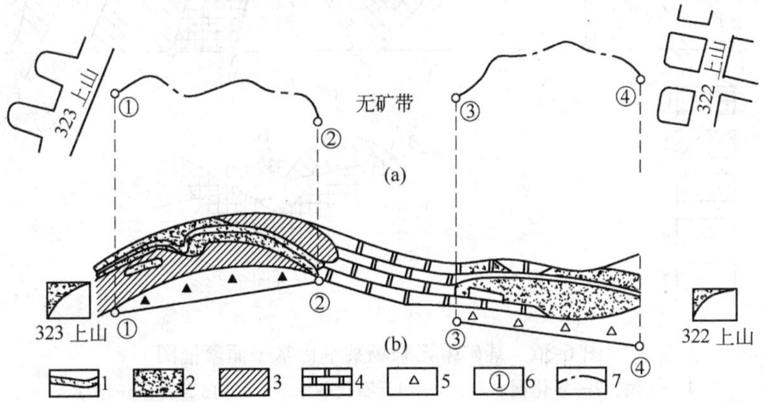

图6-33 房柱法采场掌子面素描图

(a) 采场平面图；(b) 采场掌子面素描图

1—破碎带；2—致密状矿石；3—浸染状矿石；4—白云岩；

5—捡块法取样位置；6—测点；7—平面上掌子面位置

厚度大的矿体，一般素描上采掌子面。掌子面呈长条形时，用导线法（图6-34）；掌子面呈等轴状时，用支矩法（图6-35）。

6.1.5.2 露天采场

露天采场原始地质编录对象为掌子面（坡面）、探槽、浅井、浅钻、炮孔，比较有特点的是掌子面素描。它的编录方式有两种：(1) 掌子面的垂直平面纵投影及平面图（图6-36）；(2) 掌子面的水平平面投影及剖面图（图6-37）。前者适用于多品级、类型矿石组成的厚大矿体，后者适用于缓倾斜矿体。掌子面素描时也由地质、测量人员配合进行，地质人员布置地质点及取样位置；测量人员标测掌子面轮廓及地质点、取样点。最后，地质人员整理为正式素描图。

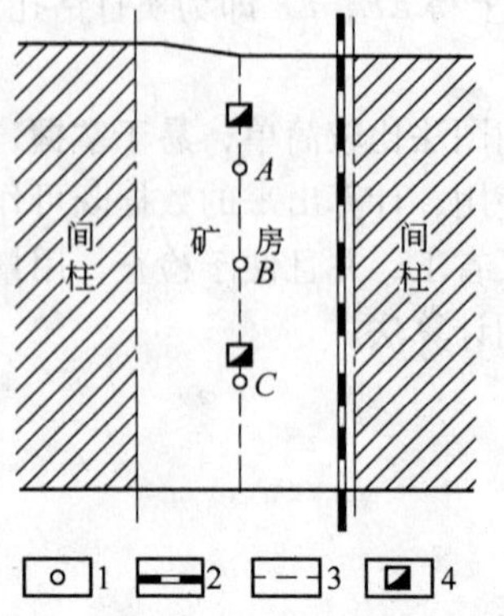

图 6-34　采场掌子面素描方式(导线法)

1—测站;2—取样线;3—测线;4—人行井

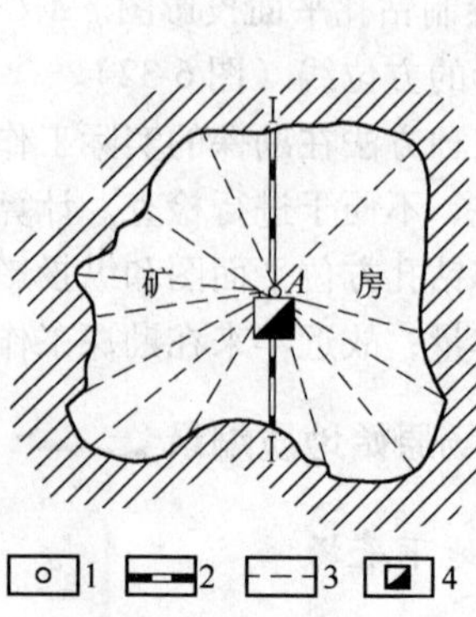

图 6-35　采场掌子面素描方式（支矩法）

1—测站；2—取样线；3—测线；4—人行井

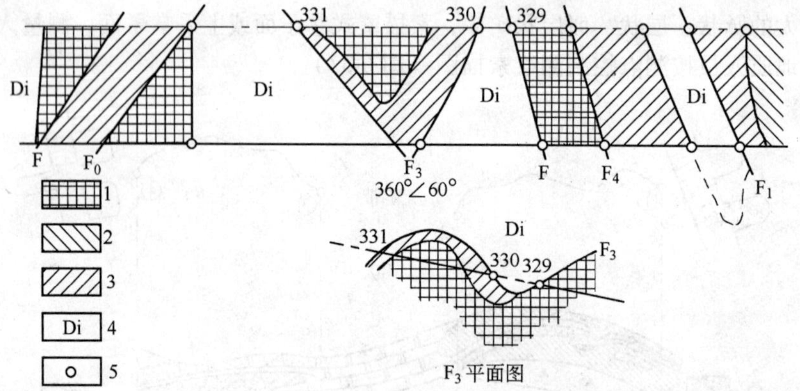

图 6-36　某矿露天采场某平台掌子面素描图

1—铁帽；2—氧化铜矿石；3—白云石化矽卡岩；4—白云岩；5—测点

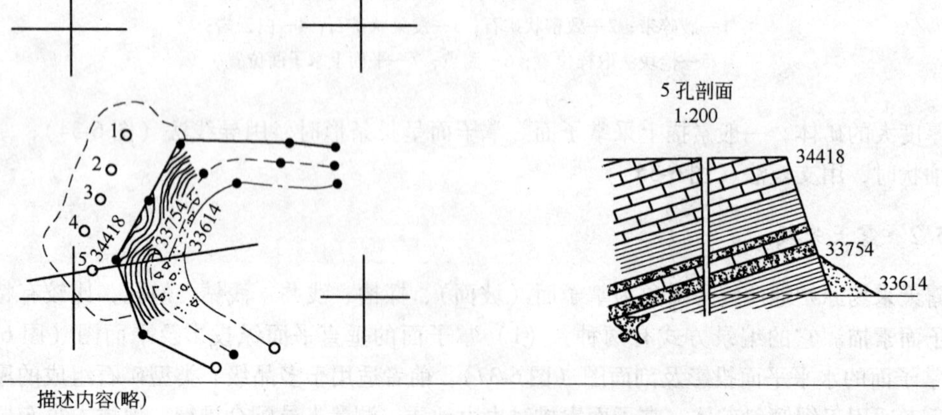

图 6-37　某铝土矿露天采场掌子面素描图

6.1.6 综合地质编录

6.1.6.1 综合地质编录的概念与内容

将原始地质编录中所获得的全部地质资料结合起来进行对比，经过分析研究找出各地质现象之间的内在联系，得出有关矿床的总体概念，同时编制各种说明工作区地质条件及矿床赋存规律的图表和地质报告的一整套地质工作，称为综合地质编录。

这一工作的主要内容是进一步全面掌握以矿体为中心的各种地质特征，如整个矿床的构造特征与成矿地质条件；矿体的数目、规模、空间位置与形态；矿床的开采技术条件（包括水文地质条件）；矿石的质量与加工技术条件等。所提供的上述几方面综合地质数据不仅是矿山设计、建设和生产的依据，而且还可用来研究矿床的成因和预测矿床的某些规律，如构造控矿的规律、岩浆的活动规律、矿床的变化规律等。

6.1.6.2 综合地质编录的要求和成果

综合地质编录的要求除有些与原始地质编录相同外，还应注意以下几点：

（1）综合编录要求及时经常地进行，并与原始编录紧密配合，实际上原始编录本身也包含有部分综合编录的内容，两者是不可分割的。

（2）编录人员应经常深入现场，调查核实资料，如发现问题，应及时纠正，防止“闭门造车”，绝不能将综合编录单纯理解为室内整理研究工作。

（3）综合地质编录要求完整地表示整个矿床地质特征的全貌，图幅又不能过大。综合地质编录图件的比例尺一般应比原始地质编录小，如矿区地形地质图的比例尺一般为1∶2000。

综合地质编录的结果，要求提供以下三部分较完整的数据：

（1）文字报告。应阐述研究工作区内全部地质工作的内容及成果，包括矿区地层、构造、岩浆活动、变质作用、矿床地质特征（矿体、围岩、蚀变、矿石等）、水文地质、工程地质及勘探工作程度、储量计算和矿床经济评价等。

（2）表格。简单明了地整理原始地质编录中获得的各种数据，编制各种类型的表格，如各种储量计算表。

（3）图件。根据矿床具体地质情况、矿山设计和生产要求，将原始编录图及综合分析结果，编制成一套完整的综合地质图件。一般包括区域地质图1张、矿区地形地质图1张、勘探线剖面图和中段地质平面图几十张、储量计算图若干张及水文地质图、工程地质图等。

6.1.7 矿山常用素描图

前已述之，在原始地质编录中，采用地质素描图来收集数据是使用最广泛、最基本的一种方法。将各种探、采工程中所揭露的以矿体为中心的主要地质特征按照一定比例尺绘制而成的地质图件，称为地质素描图。探槽素描图、浅井素描图、坑道素描图、钻孔柱状素描图等就是几种常见的原始地质素描图。一般情况下，每个工程都要求绘制一张素描图。图上除详细表示以矿体为中心的各种地质现象外，还应有下列内容：矿区名称、工程名称及编号、工程方位及坐标、比例尺、样品及标本的位置与编号、样品分析结果表、工程平面位置图、图例、责任制表等。采矿工作者虽然一般不直接参加现场地质素描工作，但常需查阅和利用这些原始数据，如到现场了解矿床地质条件，核对综合地质资料的可靠性。

6.1.7.1　探槽素描图

探槽素描图是表示探槽所揭露的各种地质现象的图件。一般素描探槽的一底与一帮，只有当地质条件特别复杂时，才素描一底与两帮。实地的槽底与槽帮并不在同一平面上，而制图时则要求绘在同一平面上，为了把空间上两个位置不同的平面绘到同一平面上去，就需要将空间图形展开成平面图。

探槽素描图展开的方式有两种：即坡度展开法与平行展开法。其中坡度展开法使用较多，展开的步骤是：以槽帮所在的平面为基准，将槽底投影到水平面上；再把槽底的水平投影面沿着底和帮交线的投影线旋转到槽帮所在的平面上；最后将槽中的各种地质现象根据所需比例尺缩绘上去，即成一张一帮和一底的探槽素描图（图 6-6）。

从图 6-6 中可见，槽帮的底线与水平线的夹角就代表了该探槽的坡度角。此外，还会发现槽底比槽帮要短些，这是由于一定坡度的探槽，槽帮是原样的缩影，而槽底却是投影于水平面后的缩影，所以在素描图中槽底比槽帮显得短了些。

6.1.7.2　浅井素描图

浅井素描图是表示浅井（包括圆井和方井）所揭露的地质现象的图件。当地质情况简单时，一般只素描垂直矿体走向的一壁；当地质情况复杂时，则要求素描浅井的四壁，常采用四壁展开图。其展开的方式多用四壁平行展开法，就好像把一个直立的火柴盒，从接头的地方撕开，按顺序展开成一个平面，在每壁标上方位，并将浅井中所揭露的各种地质现象，按一定的比例尺缩绘在平面展开图上，即成一张浅井素描图（图 6-38）。只要掌握了它的展开方式，读图也就比较容易了。

其他垂直坑道（如天井、溜井等）素描图的绘制方法均与浅井素描图相同。

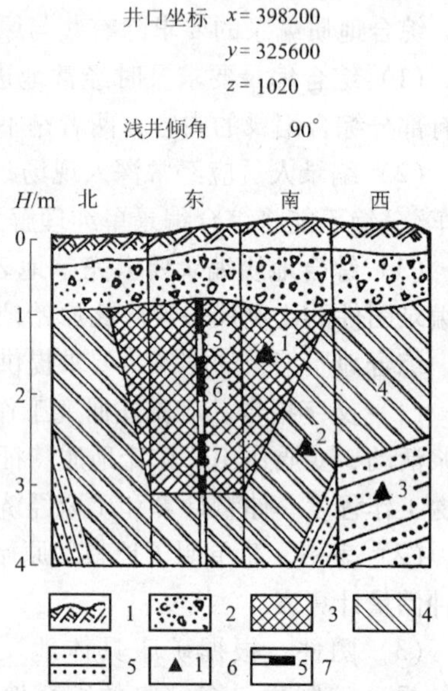

图 6-38　浅井素描图实例

1—腐殖土；2—山坡堆积；3—富矿体；4—贫矿体；5—围岩；6—标本采集位置与编号；7—样品采集位置与编号

6.1.7.3　水平坑道素描图

水平坑道素描图是表示各种水平坑道（如石门、沿脉、穿脉等）所揭露的地质现象的图件。绘制这种图件的关键也是要把空间上三个位置不同的平面，通过展开的方式缩绘在同一个平面。其展开的方式有外倒式（图 6-39）和内倒式（图 6-40）两种。目前大多数矿山都采用内倒式展开，只有某些矿脉细少，变化复杂的有色和贵重金属矿山采用外倒式展开。

坑道素描图的形式较多，如一帮一顶素描图、二帮一顶素描图、顶板及掌子面素描图、矿床特征素描图等。在实际素描时必须根据具体的地质情况和要求来确定。当地质情况较简单时，穿脉坑道中可用一顶和一帮素描图，沿脉坑道中则常用顶板及掌子面素描图（图 6-41）。当地质情况较复杂时，则多采用二帮一顶素描图，图 6-42 所示为内倒式展开的水平穿脉坑道素描图，它的展开方法相当于顶板不动，以两帮与顶板的交线为轴，将两帮向上翻转至顶板所在的平面内，同时将坑道中所有地质现象按一定的比例尺缩绘到平面图上，即成为一张完整的

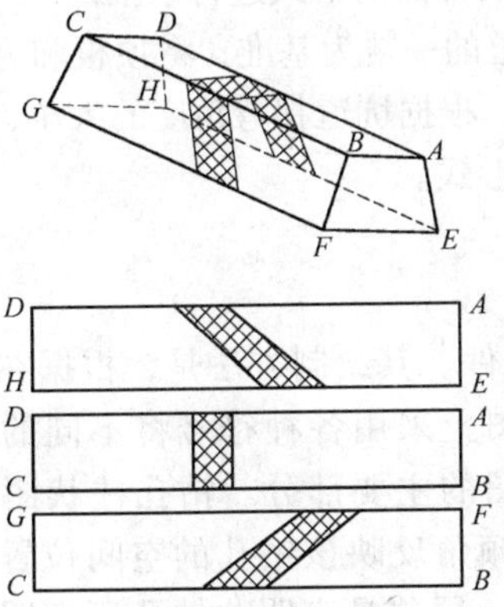

图 6-39　水平坑道外倒式展开示意图

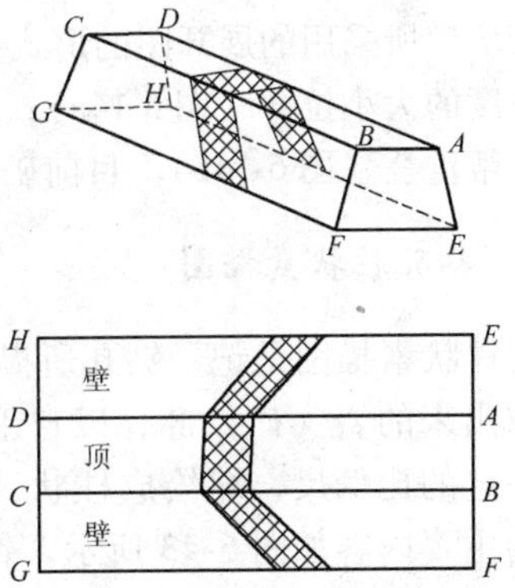

图 6-40　水平坑道内倒式展开示意图

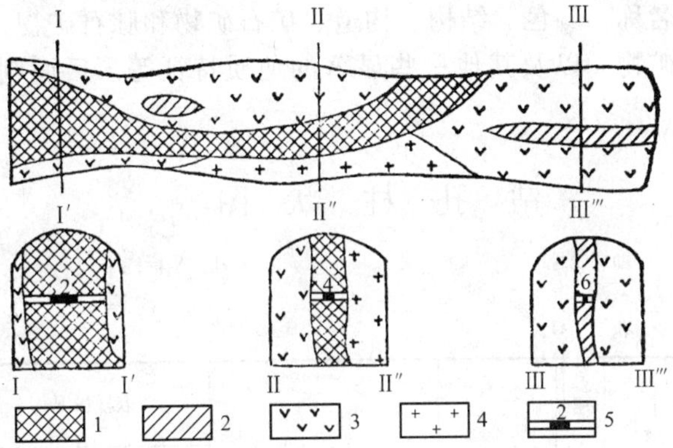

图 6-41　沿脉坑道顶板及掌子面素描图实例

1—富矿体；2—贫矿体；3—角斑岩；4—花岗岩；5—取样位置与编号

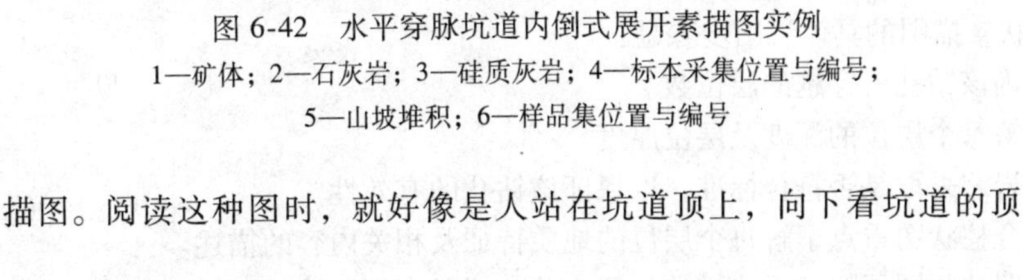

图 6-42　水平穿脉坑道内倒式展开素描图实例

1—矿体；2—石灰岩；3—硅质灰岩；4—标本采集位置与编号；

5—山坡堆积；6—样品集位置与编号

坑道地质素描图。阅读这种图时，就好像是人站在坑道顶上，向下看坑道的顶板和翻转后的两帮。

此外，还需简单说明一下在素描时对拐弯坑道的处理方法：当坑道弯度不大时（即坑道方位角的改变小于10°），仍可按直线坑道进行素描；当坑道弯度较大时（即坑道方位角的改变大于10°)，有两种处理方法：一是分段素描，二是采用展开图的形式进行素描。

拐弯坑道所采用的展开图的形式有两种：一是以坑道的一帮为基准，将顶板和另一帮按坑道拐弯角度的大小拉开（图6-14a）；二是以顶板为基准，根据坑道拐弯角度的大小，将一帮拉开，另一帮重叠（图6-14b）。目前矿山上多采用后一种形式。

6.1.7.4　钻孔柱状素描图

钻孔柱状素描图是记录钻孔所揭露的地质现象的图件。其绘制方法是，根据在钻进过程中所提取出来的岩（矿）芯，以自上而下的顺序，在图上采用各种符号将不同的岩性或矿体，以一定的比例尺，缩绘成柱状，这就是钻孔柱状图的主要部分。钻孔柱状图的格式和应表示的主要内容如图6-43所示。钻孔坐标及方位、倾角反映该钻孔的空间位置，孔径是表明该钻孔的参数（不同目的钻孔的孔径是不一样的），层位是表明此钻孔所探明区域的地质层位数，并注有相对应深度、厚度及岩芯采取的相对应的参数。柱状图是用特定的岩性符号表示的所钻孔穿越层位（并标有鉴定标本的位置）。岩性描述则是对层位岩性的描述，描述的内容包括岩石名称、颜色、结构、构造、矿石矿物和脉石矿物，节理和裂隙的发育程度，蚀变程度，蚀变矿物，以及其他一些显著的地质特征等。后面则是样品采集的参数及化验分析结果数据。

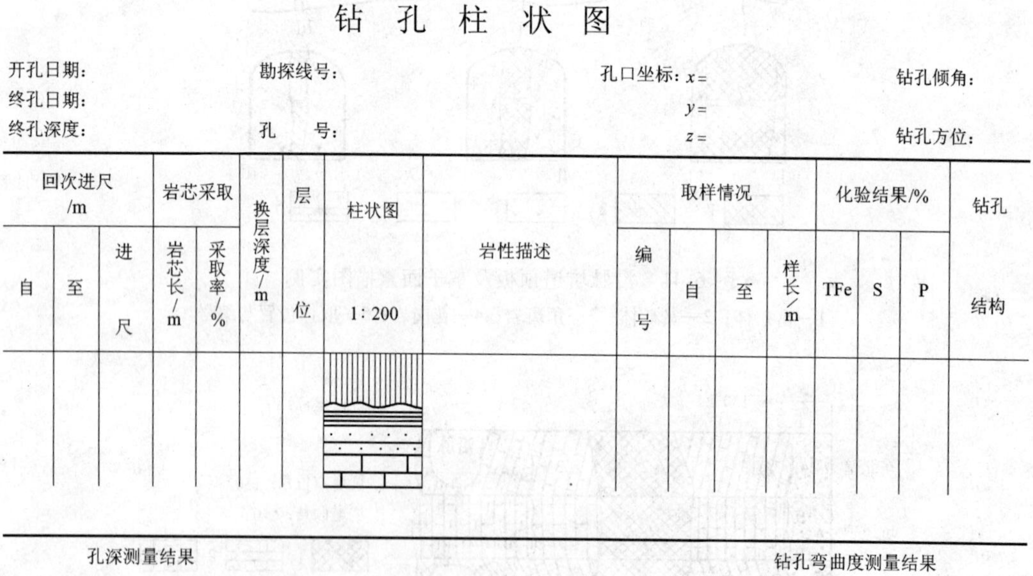

图6-43　钻孔柱状图

钻孔柱状素描图的具体识图步骤是：

(1) 明确该钻孔所穿越的层位数。

(2) 了解每个层位的深度及层位厚度。

(3) 看岩芯采取是否符合标准，以保证该钻孔的有效性。

(4) 结合柱状图重点了解每个层位的地质特征及相关内容的描述。

(5) 对照柱状图了解工程取样的位置，并分析其布置的合理性。结合化验分析结果数据，明确矿体的空间分布规律或矿岩接触的规律。

6.2 基建地质工作

6.2.1 基建地质工作概述

6.2.1.1 基建地质的概念

A 基建地质的定义

从矿山建设开始到移交矿山生产前为止，由基建部门按矿山企业设计要求，在原有地质勘探成果的基础上，结合施工而必须进行的全部地质工作。

B 基建地质工作的目的

研究解决新建、扩建矿山基建期间出现的各种地质问题，处理好地质勘探与生产的衔接关系，以保证矿山建设工程质量和基建工作的顺利进行，以及为矿山正式投产做好准备。

矿山在建设之前，地质工作受主、客观条件的限制，往往遗留一些问题，需要在基建的设计地质工作和基建地质工作中加以解决。这一阶段地质工作质量的好坏，关系到矿山建设和矿山能否正常进行，而且其中不少工作的原则、方法、要求等均受未来矿山生产的需求制约，或大体与矿山生产过程中的地质工作相一致。所以基建地质工作属于矿山地质工作范畴，是矿山地质工作的一个重要组成部分。

C 基建地质工作的必要性

矿床、矿体外形及内部结构要素的复杂性，决定了矿床在基建时期必须进行基建地质工作，特别是对有色、稀有和贵金属来说，地质勘探所获得的资料根本无法达到基建和生产的要求，即使在矿床勘探程度高，任务完成好的情况下，也必须进行基建地质工作以保证基建施工的顺利进行。

6.2.1.2 基建地质工作的内容

A 地质报告的检查和验收

了解资料的构成，熟悉、了解、掌握报告期的解决办法，以便在基建施工中解决处理。

B 矿山企业设计书的研究与分析

矿山企业设计书是组织矿山基建的基本依据，为确保设计的实施，基建人员必须了解和熟悉其内容，分析研究和评定其质量。

首先注意设计书的审批评语，然后对设计进行全面的研究分析，主要内容如下：

(1) 设计时对储量的核算和重算，对矿石质量及其分布规律的评定是否准确。

(2) 当工业指标改变时，要研究新指标的合理性，矿体连接和圈定的正确性。

(3) 矿山设计中的总体部署矿床开发方式，开拓方案，采矿方法是否正确，是否符合矿山技术方针政策。

(4) 矿床开采顺序是否合理，能否最大限度地回收矿山一切矿产资源。

(5) 是否有利于矿山环境保护。

(6) 设计中预计贫化与损失、三级矿量平衡管理、矿石质量管理及其他技术经济指标是否合理。

(7) 设计中编制的各类地质图纸是否符合规定要求。基建工程施工中，还必须通过实践继续对矿山设计进行检查分析，如果发现设计不符合实际情况，或者存在明显的问题，应及时会同设计单位协商、研究，进行必要的修改和调整。

C　进行基建地质施工管理和地质编录工作

在基建施工过程中，要不断揭开出新地质剖面图。基建人员要及时、准确、客观进行编录、整理，以便于指导下一步工程施工，同时利用新资料及时核对和修改设计资料，主要工作内容有：

（1）工程施工前的地质工作。基建工程位置的确定有严格的要求，如围岩稳定，无影响施工的不利地质构造（大断裂带、破碎带、涌水层、溶洞、流沙层）；能以最近距离接近矿体、兼顾各矿体（群、带）的运输、通风、供水、供电要求；兼顾矿山未来扩建施工运输的需要，所以工程施工前要求对井筒位置进行详细地质调查，主要有两个方面的工作：一是矿井通过地段的详细地质剖面测量（1/500～1/1000）；二是井位勘探，竖井沿中心线打钻，斜井或平硐沿井巷剖面上打钻，尽可能有供选择的对比剖面。

（2）基建工程施工中需要进行不间断的地质观察和指导。对施工工程揭露的全部剖面，要及时准确地进行地质编录（1/100～1/50），同时进行岩矿的物理技术测定和水文地质观察。测定的主要项目：裂隙或空隙度、岩石的稳固性、硬度系数、湿度、松散系数、体重、块度、自然安息角等；对滴水、渗水、涌水等现象进行记录；对涌水层、流沙层要测定其涌水量和流沙量；要研究、观察、测定露天采场边坡稳定时的坡角变化范围；及时对脉内开拓巷道或露天剥离平台进行取样和编录。

6.2.1.3　基建勘探

（1）基建勘探是在矿山生产之前，在地质勘探基础上，在矿山基建过程中，为保证基建工作顺利进行而在首采地段进行的具有补充性质的探矿及地质研究工作。

（2）基建勘探的目的是：解决勘探遗留或出现的地质问题，提高矿床勘探程度，满足基建及矿山生产初期的需要。

（3）开展基建勘探的条件。对那些勘探程度合理，首采地段有足够高级储量，并且对它们的控制程度能够满足矿山基建需要的矿床，就没有必要进行基建勘探。但对大多数有色、稀有金属矿床、贵重金属矿床及部分黑色金属矿床，由于控制因素复杂，已有地质勘探难以全面控制，其勘探程度不能适应基建期间及生产初期要求，必须进行基建勘探。

（4）基建勘探的主要任务。

1）进一步准确控制影响矿体形成与分布的各主要地质因素，进一步查明矿体的分布、产状、形态、埋深、赋存状态等，特别是对基建工作和生产初期工作有重要影响的部位，如露天开采边界和境界，基建井筒和开拓井巷系统，基建范围内矿体的端部，构造复杂部位，氧化分布部位等。

2）进一步查明矿石质量，矿石工业品级和矿石自然类型的分布及变化。

3）准确控制圈定矿体，达到储量升级，为生产计划的制定和三级矿量的构成做好准备。

4）进一步查明首采地段的矿床水文地质条件，矿床开采技术条件，以确保矿山生产的顺利进行。

5）探明首采地段内被地质勘探漏掉的具有回收价值的小矿体和盲矿体。

6）指导基建井巷施工，为先期生产地段提供一定比例的三级矿量，对不合理设计部分进行修改。

（5）基建勘探手段。露天开采矿床基建勘探多使用地表岩芯钻，特别是浅进尺（200m）钻孔。地下开采使用坑内钻。通常尽可能利用基建坑道中的某些工程，实行钻探结合。

（6）基建勘探工程的布置。露天开采时一般采用系统加密原勘探的办法，通常加密一倍。地下开采矿山形成的新的中段开拓系统，试生产矿块则形成采准块段系统，工程布置或间距均类似于生产勘探。

为保证基建勘探指导基建工程，所有勘探工程均应尽可能超前基建工程施工。

6.2.1.4　基建地质工作的主要任务与特点

A　基建地质工作的主要任务

（1）进行新矿区或生产矿山新阶段（或外围）的资源调查。了解矿区（段）基本地质特征、资源状况及其远景、地质工作的部署与计划，为矿山建设规划提供地质信息。

（2）参加矿山规划，分析矿区地质条件和矿化特征，进行资源评价，对于生产矿山，还应了解老采区的储量保有情况和资源远景。

（3）在编制项目建议书、可行性研究工作中，参加矿区经济评价工作，配合矿山重大方案的比较论证，进行地质图件的加工制作和储量的计算工作。

（4）进行地质设计工作，包括进行基建勘探设计，确定生产勘探设计原则和方法，以及矿山地质测量专业定员、装备和相应设施的设计。

（5）为使地质勘探资料能尽量满足建设需要，与地质勘探部门密切协作，如进行勘探部署。设计与矿山设计建设的协调，工业指标的论证，参加矿区水文地质、工程地质工作的试验或成果的评价，参加选矿试料采样设计的编制与施工服务，参加对地质勘探总结报告的评议与审查等。

（6）基建探矿和矿山建设中的现场服务工作，包括施工或试生产过程中的设计修改与地质问题的处理，参加研究基建探矿报告书编写，进行专业设计总结及矿山投产后的回访工作，此外，还有有关设计地质方面的技术咨询工作。

B　基建地质工作的特点

基建地质工作是由地质勘探阶段过渡到生产阶段中的一个重要环节。它与地质勘探阶段的地质工作相比，具有如下特点：

（1）针对性。本阶段的地质工作，大多是针对原地质工作遗留的，而矿山建设又必须解决的问题而开展的工作。如为了合理确定露天矿境界或井下通风井位置需对某些地段矿体的边界进行进一步的追索和圈定；又如当所确定的首采地段控制程度不够或“三带”界线不清时，需补加勘探工程，提高其控制程度和地质研究程度等。

（2）继承性。基建地质工作是在地质勘探工作基础上进行的，不可能脱离已有的历史事实，基建探矿是地质勘探工作的继续和局部补充。其探矿方法和工程布置，受原探矿工程体系的制约。在基建探矿的布置上，要结合原地质工程体系，充分利用已有的勘探工程，以减少基建探矿工程量，地质资料的使用与加工，必须以原地质勘探总结报告为依据；一切有价值的地质资料均需继承，并可进一步验证、补充、修改，使之更加客观和完善。

（3）生产性。在基建地质过程中，由于进行了可行性研究或设计工作，对矿山规模、产品方案、开采方式、采矿方法、开拓运输、矿井通风方式、厂址、选矿流程等重大方案，已有了一个初步设想或已经确定。地质工作的目的更加明确和具体。此阶段地质工作的深度和要求，是以能否满足矿山建设和生产需求为准则。如高级储量的数量和分布是根据矿山规模、矿山投产时对“三级矿量”的需要和首采地段的位置而确定的。一方面，本阶段有条件使探矿工程与矿山基建、生产井巷工程相结合，充分利用已确定的各类矿山巷道起探矿作用；另一方面，所设计的各类探矿工程又要尽量为矿山生产所利用，在总体上形成统一系统。

6.2.2　基建前期地质工作

6.2.2.1　地质调查期的地质工作

资源调查以反映客观情况为主，矿山规划是在资源调查的基础上提出矿山建设的轮廓设想，分为全国性规划、区域性规划、行业规划或矿区规划。

资源调查的对象通常是已经完成详查或勘探的矿区，其工作一般要经过资料收集、现场调查和资料整理三个步骤。主要调查内容为：矿区交通位置与自然经济地理概况；矿区水、电、燃料、建筑材料供应及区域协作条件、区域矿产与开发现状；矿区基本地质概况；矿床地质特征；矿石的物质成分、特性及加工技术性能；矿区水文地质和开采技术条件；矿区地质工作任务、方法、成果及下一步工作计划；地质储量与矿床远景评价；矿区资源条件与建设条件的分析与评价，提出对矿山建设的建议。

矿山建设规划中的地质工作，除应包括地质资源调查的各项内容外，还必须包括下列内容：为工艺专业提供经审定后的地质资料，包括矿体规模、形态产状、矿石成分、矿床储量、水文地质条件；根据地质资源条件、矿床水文地质条件、开采技术条件，对不同矿区（或矿段）进行分类排队；配合采矿人员进行开采对象和范围的选择；根据矿山建设规划方案，对地质勘探工作及勘探程度要求提出建议。此外，对重点矿区须进行实地踏勘、资料收集及其核实评价工作。

6.2.2.2　矿山可行性研究阶段的地质工作

矿山建设可行性研究，是在矿产地质详查的基础上进行的。此阶段地质工作程度较低，资料较少，选矿试验研究深度不够。因此，初步可行性研究的任务只是对矿山建设的重大方案进行比较，提出矿山建设的概略蓝图，阐明项目建设的根据和必要性，以及在技术、经济方面的可行性。

可行性研究工作，主要对项目在技术、经济和外部协作条件等方面进行全面调查研究，对拟建工程项目，做多方案比较和全面论证，推荐最佳方案，其研究成果可作为矿山建设项目决策的依据。可行性研究中的地质工作主要内容如下：进行地质勘探报告的评审和矿产资源条件的分析；绘制中段（台阶）地质平面图和垂直剖面图及其他辅助图件；进行中段（台阶）储量计算或建立矿体的矿块模型；根据需要进行探矿设计；进行矿床水文地质条件和工程地质条件的分析与评价，矿坑涌水量计算，矿区地表水和地下水防治方案的论证，并估算其工程量；拟定矿山地质测量仪器设备、定员及其他设施；对地质资料存在的问题，提出处理意见或建议。

6.2.2.3　矿山设计与地质勘探的结合

设计人员应深入勘探现场，同地质勘探部门相结合，对矿区地质勘探工作提出意见和建议，以便按照地质勘探规范要求，将影响矿山建设的重大问题解决在地质勘探过程中，为矿山设计提供可靠的地质资料依据。

应优先选择品位高、规模大、开采技术条件和加工技术条件简单、建设条件好、市场需要的矿区转入勘探。对矿区内勘探对象和勘探范围的确定、勘探分段分期及勘探顺序等，应与开采范围、开采顺序、首采地段相一致。埋藏浅的矿床，应满足露天开采境界圈定的需要。在主要井巷工程或露天境界和工业场地附近，要布置重点工程，对矿体和地质构造以及开采技术条件，做出工程地质评价。

合理确定勘探深度是勘探设计的重要内容。一般要求是对延深很大的矿床，其勘探深度约为400~600m。勘探工程布置应与矿山开拓工程紧密结合。对水文地质条件复杂的矿山抽水试验应与矿床超前疏干工程相结合。

6.2.2.4 对地质勘探总结报告的评审

地质勘探总结报告的质量直接影响矿山设计的质量。因此，必须在设计之前对所依据的地质资料进行严格审查，详细研究和熟悉地质资料，对矿区有重大地质意义的地表露头和坑道进行现场观察。

（1）矿床地质研究方面。成矿地质条件和矿体控制因素及其赋存规律是否查清；矿石的矿物组成、含量、主要有益有害组分和伴生组分的种类、含量、赋存状态及富集规律是否查明；矿床次生氧化作用发育程度和规律、氧化带、混合带和原生带划分的依据是否充分；主要矿石类型的加工技术试验有无代表性，试验深度能否满足评价要求。

（2）矿床水文地质、工程地质研究方面。矿区水文地质条件和矿坑充水因素是否查清，水文地质试验的代表性、深度和质量是否满足规范要求，矿坑涌水量预测是否正确；对开采有重大影响的断层、破碎带、滑坡、泥石流等工程地质条件是否查清；矿体及其顶底板围岩和露天边坡的稳定性，是否作出确切的评价。

（3）矿床控制程度方面。主要含矿层位和矿化带的分布范围是否查清；勘探类型划分依据是否充分，勘探手段的选择、网度确定是否合理，主矿体的形态、产状和规模是否控制，边界是否圈定，破坏矿体较大的脉岩、构造是否查明，矿石中的伴生组分和矿区内的共生矿产是否进行了综合勘探或综合评价。

（4）储量计算方面。储量计算工业指标是否合理，矿体圈定、连接是否有地质依据，推断是否合理；储量计算方法是否符合矿床地质特征和勘探工程的布置；参数计算是否正确，储量级别划分是否符合规范确定的分级条件。

（5）勘探工作质量方面。矿区测量平面控制和高程控制的等级和精度是否符合规范要求，高程和坐标系统是否全国统一标准系统，地形图的比例尺、图幅内容和精度是否符合测量规范要求；水文地质工作、钻探工程、原始编录和综合地质编录是否符合要求。

6.2.3 矿山设计阶段的地质工作

矿山设计是矿山建设的一个重要环节。其主要任务是在地质勘探成果的基础上，合理确定矿山规模、工艺流程、产品方案、建设投资，以及对矿山设备、经济效益等进行计算和论证，并据此绘制施工图纸，指导矿山建设施工。

6.2.3.1 初步设计前的地质准备工作

初步设计是矿山企业设计的主要工作阶段，设计前的主要地质准备工作，核实工业指标。当影响工业指标的因素在矿山设计时期与勘探时期相比发生明显变化时，在设计之前必须进行核实与修改。

矿山首先开采地段的合理选择，对整个矿床的开采顺序、基建投资、投产初期经济效果影响极大。首采地段的选择应遵循符合矿床合理开采顺序；选择品位高、埋藏浅、高级储量地段，有利于投产初期的经济效益和缩短投资偿还年限，保证矿山基建合理可靠；有利于总体开拓系统、矿山工业场地运输线路的合理布置；有利于减少井巷工程量和露天开采的基建剥离量。

6.2.3.2　设计地质图件的编制

设计地质图件是矿山企业设计必不可少的直接依据。不仅中段（台阶）储量计算，基建勘探工程的布置等，需要直接依据设计地质图件进行，而且开采设计方案的确定、井巷工程的布置、开采进度计划安排以及基建工程量的计算等，也必须借助于设计地质图件才能进行。

设计中使用的综合图件，其来源有两个方面：一是沿用地质勘探报告中所附的图件，如矿区地形地质图、储量计算剖面图、储量计算平面图、矿体纵投影图、矿体顶底板等高线图等；二是重新编制的地质图件，这种图件是设计地质人员根据矿山开采设计的实际需要，充分利用地质勘探阶段的综合地质图件和基础资料重新编制的，其中最主要的是阶段（中段）地质平面图。

6.2.3.3　设计储量计算工作

设计中的储量计算工作包括地质报告储量概算和中（阶）段储量设计计算。

地质勘探阶段储量计算的范围和内容，由于无法考虑矿床开采因素，在设计过程中，设计地质人员还需将地质勘探阶段的储量计算成果，按矿山采选设计的实际需要进行阶段或中段储量计算。储量计算应包括阶段（台阶）和中段储量计算及保安矿柱的计算。

阶段（台阶）储量计算，是对露天开采矿山，为了确定矿山生产能力、安排采掘进度计划和进行剥采比、技术经济计算的主要依据。中段储量计算，是对地下开采矿山，为了确定矿山生产能力，安排采掘进度计划和进行技术经济计算提供依据。保安矿柱的计算，是为了保障开采安全，对于处于河床、含水破碎带、老窿区附近或特殊需要保护的建筑物、古文物附近的矿体，需保留部分矿量不予开采，留作保安矿柱，而计算其矿石量和金属量，以作为论证留设保安矿柱在技术经济上合理性的重要依据。

设计中储量计算，应充分利用地质勘探阶段的储量计算资料，必须使设计中计算的分层储量的总和与地质勘探报告提交的储量基本吻合，这是设计储量计算的基本原则。设计储量计算有多种方法，其中以在设计实践中产生的分配法，应用较多；有时也采用常用的储量计算方法，如水平断面法、开采块段法等；随着计算机的发展，计算机在设计中发挥了重大作用。

除以上的工作外，还有基建探矿设计。基建探矿是矿山基建阶段，为保证基建开拓、剥离和基建范围内采、切工作的顺利进行以及为满足矿山投产初期对生产矿量的需要，在地质勘探工作的基础上，在基建地段内所进行的探矿工作。初步设计地质专业说明书的编写，设计地质工作中的施工图设计，设计地质工作中的施工图设计，主要包括基建探矿工程施工图设计和矿山地质专用施工图设计两个内容。

6.2.4　矿山基建施工阶段地质工作

6.2.4.1　基建探矿施工阶段的地质工作

施工单位的地质工作：（1）基建探矿的施工组织与管理；（2）现场地质编录、综合地质研究、矿产取样和计算储量；（3）编写基建探矿总结报告。

设计部门的地质工作：（1）向施工单位进行设计交底，介绍基建探矿的设计目的、原则、工程布置、施工技术要求和施工顺序与进度计划；（2）深入施工现场，帮助解决施工中出现的问题；（3）进行地质勘探与基建探矿之间的验证对比；（4）参与基建探矿总结报告编写的研究；（5）参加施工验收和编写专业工程总结。

6.2.4.2 矿山施工验收与工程总结中的地质工作

矿山施工验收中的地质工作：首先是对基建探矿报告的审查与验收；其次是配合采矿专业进行有关工程的验收工作。

矿山设计地质专业工程总结，在矿山投产后，为了总结经验教训，应对矿山设计工作的全过程进行回访。对地质专业来说，首要的是通过基建探矿对地质报告的验证，检验设计对地质勘探报告评价意见的正确性；其次是总结在设计准备阶段所提出的问题解决的效果如何，基建探矿的类型、网度、手段、工程布置是否正确有效；此外，对验证后的储量与原设计储量计算成果进行对比，分析变化原因；最后应提出地质专业总结报告。

6.3 矿山生产勘探工作

6.3.1 生产勘探工作的目的和任务

6.3.1.1 生产勘探工作的目的

生产勘探工作是在矿山生产期间，在前阶段地质工作的基础上，为满足开采和继续开拓延深的需要，提高矿产储量级别和为深入研究矿床（矿体）地质特征所进行的探矿工作。其主要目的在于提高矿床勘探程度，达到矿产储量升级，直接为采矿生产服务。其成果是编制矿山生产计划，进行采矿生产设计、施工和管理的重要依据。

6.3.1.2 生产勘探工作的任务

生产勘探工作的任务包括：

（1）采用一定的探矿手段或利用部分生产工程，正确圈定矿体边界线。

（2）进一步查明矿体形态特征和影响矿床开采的地质构造特征，查明矿产质量、矿石品级和类型，准确圈定矿体的氧化带、混合带、原生带，必要时圈定出矿石类型和品级边界，为储量计算、矿石质量管理、矿产资源的合理开采提供地质依据。

（3）按生产要求重新计算矿产储量，提高储量的可靠程度，为制定生产作业计划和矿产储量管理提供依据。

（4）探清近期开采地段的矿床水文地质条件、开采技术条件，必要时还要进一步查明矿石技术加工条件及其他生产需要解决的地质问题，为安全生产作业和矿石的合理开发提供必要的资料。

（5）探明原矿床勘探时未控制的存在于主矿体上、下盘及边、深部的平行、分支再现等矿体和其他小盲矿体，不断增加矿山保有储量，延长矿山服务年限。

通过生产勘探，矿床的矿产储量级别不断提高。由于生产勘探多年持续进行，储量升级随采区发展而逐步扩展，为保证生产勘探资料及时服务于生产，储量升级必须对生产保持一定的超前关系超前的范围和期限由矿山具体的地质、技术和经济条件决定。在一般情况下，生产勘探超前采矿生产的范围对露天采矿为一到几个台阶；地下采矿为一到两个阶段。

6.3.2 生产勘探的技术手段

生产地质工作所采用的技术手段，与矿产地质勘查阶段所采用的技术手段大体相似，但是在生产地质工作中所选用的各种工程的目的及其使用的比重与矿床地质勘探相比具有其不同的特点，因为生产地质工作是直接为矿山生产服务的勘探工作，要求研究程度高，提供的地质资料要准确；生产地质工作与采矿生产关系密切，探矿工程与采矿工程往往结合使用。

在目前的探矿技术水平条件下，生产地质工作主要技术手段有探槽、浅井、钻探和地下坑探工程。

6.3.2.1 影响选择地质工作手段的因素

影响选择地质工作手段的因素包括：

(1) 矿体地质因素，特别是矿体外部形态变化特征，如矿体的形态产状空间分布及矿体底盘边界的形状和位置。

(2) 能被矿山生产利用的可能性，特别是地下坑探工程的选择，必须考虑探采结合，尽可能使生产探矿工程能为以后矿床开拓、采准或备采工程所利用。

(3) 矿床开采方式及采矿方法。对露天开采矿山，一般只用地表的槽探、井探和浅钻或堑沟等技术手段，而地下开采矿山则主要采用地下坑探和各种地下钻探来进行。不同的采矿方法对勘探技术手段的选择也往往有一定的影响。

(4) 矿床开采技术条件和水文地质条件以及矿区的自然地理经济条件，在某种程度上也会影响勘查技术手段的选择。

6.3.2.2 露天开采矿山的勘探手段

在露天开采矿山的生产地质工作中，探槽、浅井、穿孔机和岩芯钻等是常用的技术手段。

(1) 探槽主要用于露天开采平台上，揭露矿体、进行生产取样和准确圈定矿体，当地质条件简单、矿体形态、产状及有用组分含量稳定而又不要求选别开采的矿山用探槽探矿更有利。平台探槽的布置，一般应垂直矿体或矿化带走向，并尽可能与原勘探线方向一致。

(2) 浅井常用于探查缓倾斜矿体或浮土掩盖不限的矿体，其作用是取样并准确圈定矿体，测定含矿率，检查浅孔钻机质量。

(3) 潜孔钻或穿孔机。当矿体平缓时，此时可采用潜孔钻机或穿孔机，通过收集岩（矿）粉取样以代替探槽的作用。样品的收集应分段进行，可在现场缩分后送去化验。

(4) 钻探。岩芯钻是露天采场生产地质工作的主要技术手段，一般孔深取决于矿体厚度及产状。常选用中、浅型钻孔。如矿体厚度在中等以下，可以一次打穿；如厚度大，倾角陡时，一般孔深为50～100m。只要求打穿2～3个台阶，深部矿床可用分阶段接力法探矿。

6.3.2.3 地下开采矿山的勘探手段

地下开采矿山的地质工作探矿的手段，主要是各种地下坑道和坑内钻以及凿岩机探矿。

A 坑道

各类坑道的探矿作用是：沿矿体走向追索时，主要使用脉内沿脉和脉外沿脉或穿脉的沿脉；沿矿体倾向追索时，主要使用天井（急倾斜）、上山（缓倾斜）、斜天井（中等倾斜）；沿厚度方向切穿矿体时，主要使用穿脉、小天井（暗井）或盲中等中的副穿。

(1) 坑探对矿体的了解更全面，特别是对矿化现象及地质构造现象的观察均较钻探或深孔取样更为全面。

(2) 坑探可以及时掌握地质情况的变化，便于采取相应的措施，如改变掘进方向等，以达到更准确地获得地质资料的目的。

(3) 钻探或深孔取样的勘探成本虽然比坑探低，但若能利用开采坑道来探矿，则不存在成本高低问题。

（4）假如使用坑内钻或深孔取样探矿，仍然必须有坑道接近矿体，这些坑道也是间接的坑探工程。

综上所述，坑探仍然是地下开采矿山生产勘探的重要手段之一，但在生产矿山使用坑探时，应尽可能实行探采结合。

B　钻探

钻探也是井下生产矿山常用的探矿技术手段。根据钻探揭露的部位的不同，可分为地表岩芯钻和坑内岩芯钻两类。前者多用于探明浅部矿体，后者多用于追索和圈定矿体的深部延深情况，寻找深部和旁侧的盲矿体，也可以多方向准确控制矿体的形态和内部结构以及探明影响开采的地质构造等。

近年来，为解决坑道探矿周期长、经济效益差的问题，坑内钻已在许多地下矿山得到使用。目前采用以钻探代替部分坑探、坑钻组合方式进行生产探矿，提高了生产探矿效果，缩短了探矿周期，降低了成本，满足了生产的需要，对加速矿山生产具有重要意义。

坑内钻具有以下优点：

（1）地质效果好。

1）坑内钻岩芯采取率高。坑内钻大部分都是利用金刚石钻头钻进，其岩芯采取率一般都超过 80% 以上。

2）钻孔方位和倾角偏差小。钻孔方位偏差和倾角偏差一般为 2°～4°，达到规定的要求。

3）取得地质资料可靠。通过某些矿床对应地段的坑内钻和坑道所取得的主要地质成果对比证明，坑内钻地质效果好。

（2）机动灵活，操作简单。坑内金刚石钻机体积小，质量轻，搬迁方便，操作简单，可以进行任何方位、任何角度的钻进，可以最适合的角度穿过矿体或构造线，从而获得更好的地质效果。

（3）钻探效率高，成本低。坑内钻钻进速度快，探矿周期短，资料供给及时。以钻代坑探可以减少坑道的掘进量。同时也可以减少坑道的维护量，大大降低生产成本，提高生产效率。

（4）有利于安全生产。以钻探代替坑探，减少了坑探的掘进量，既可降低粉尘，减少出渣量，减轻工人劳动强度，又可使矿岩稳固性少遭破坏，有利于安全生产。

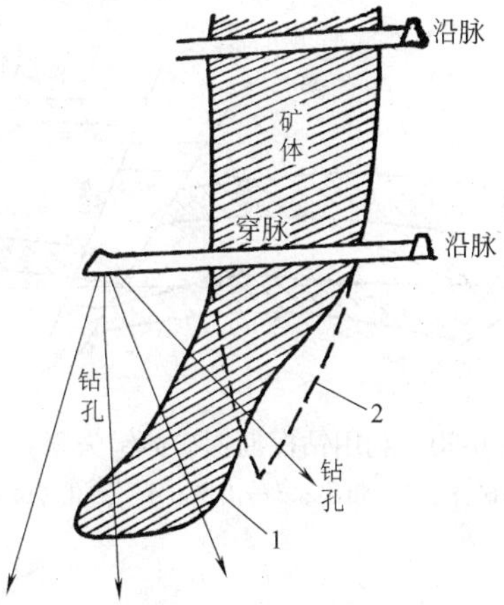

图 6-44　勘探延伸矿体

1—新勘探边界；2—原边界

坑内钻在生产地质工作中的主要用途：

（1）探明矿体深部延深，为深部开拓工程布置提供依据（图 6-44）。

（2）用坑内钻指导脉外坑道掘进，为控制矿体走向和赋存位置，先打超前孔，指导脉外沿脉坑道施工（图 6-45）。

（3）用坑内钻代替天井及副穿控制两中段间的

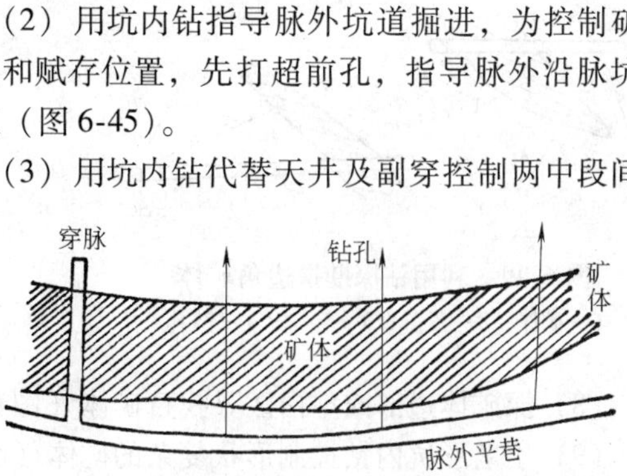

图 6-45　根据钻探布置巷道

矿体形态与厚度的变化（图 6-46）。

（4）用水平坑内钻代替副穿，圈定矿体工业品级界线（图 6-47）。

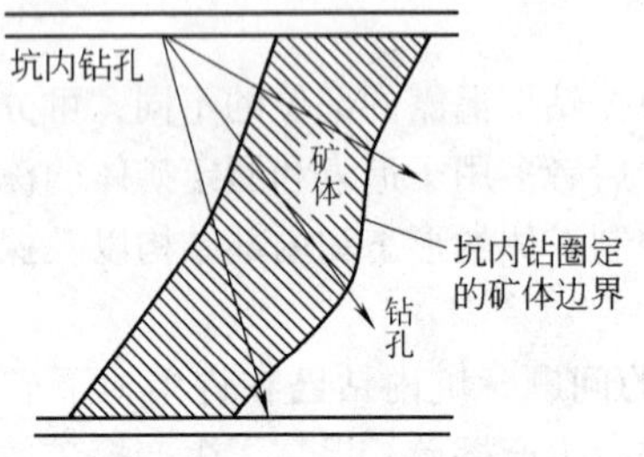

图 6-46　利用钻探控制矿体边界

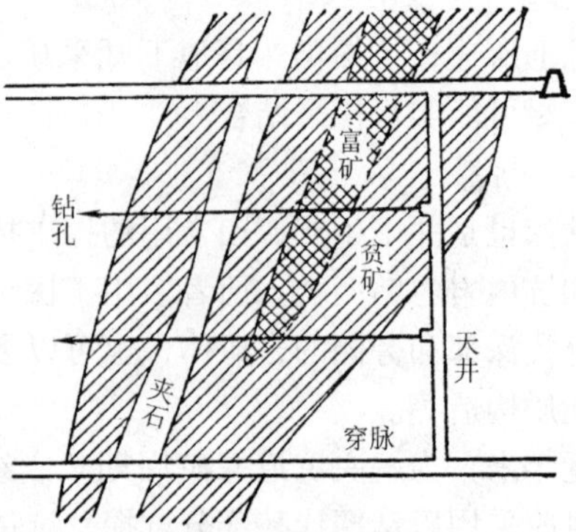

图 6-47　利用钻探控制矿体品位界线

（5）用坑内钻代替穿脉加密工程，提高储量级别（图 6-48）。

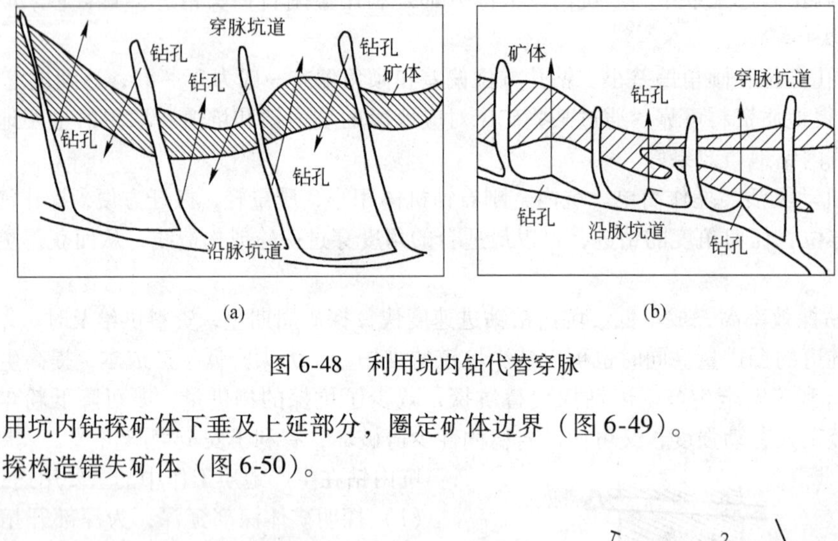

(a)　　(b)

图 6-48　利用坑内钻代替穿脉

（6）用坑内钻探矿体下垂及上延部分，圈定矿体边界（图 6-49）。

（7）探构造错失矿体（图 6-50）。

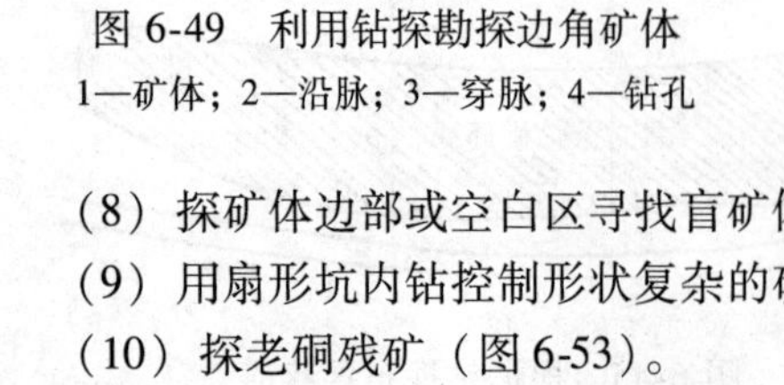

图 6-49　利用钻探勘探边角矿体

1—矿体；2—沿脉；3—穿脉；4—钻孔

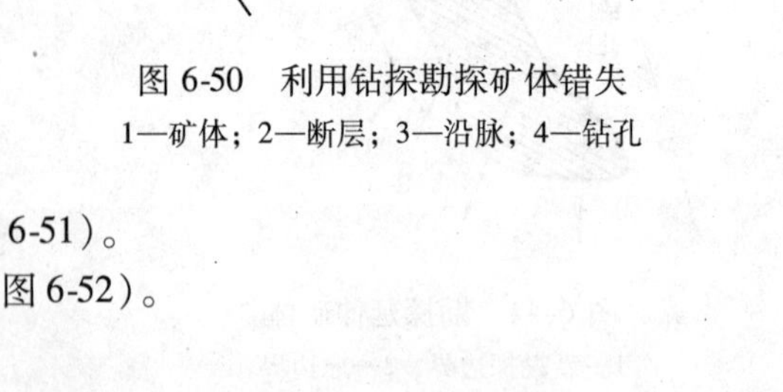

图 6-50　利用钻探勘探矿体错失

1—矿体；2—断层；3—沿脉；4—钻孔

（8）探矿体边部或空白区寻找盲矿体（图 6-51）。

（9）用扇形坑内钻控制形状复杂的矿体（图 6-52）。

（10）探老硐残矿（图 6-53）。

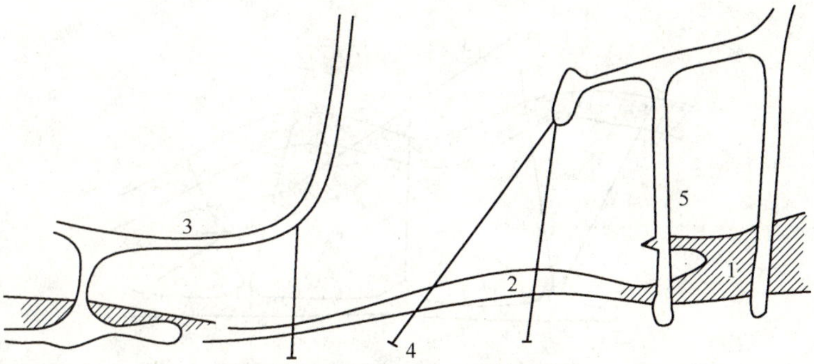

图 6-51 利用钻探找寻盲矿体

1—矿体；2—盲矿体；3—沿脉；4—钻孔；5—穿脉

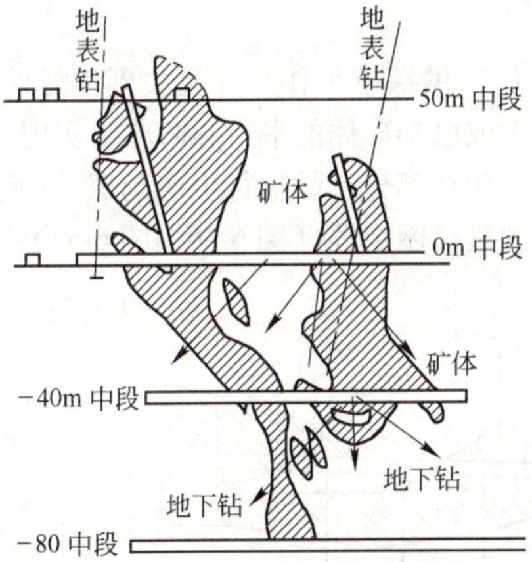

图 6-52 利用扇形钻孔控制不规则矿体

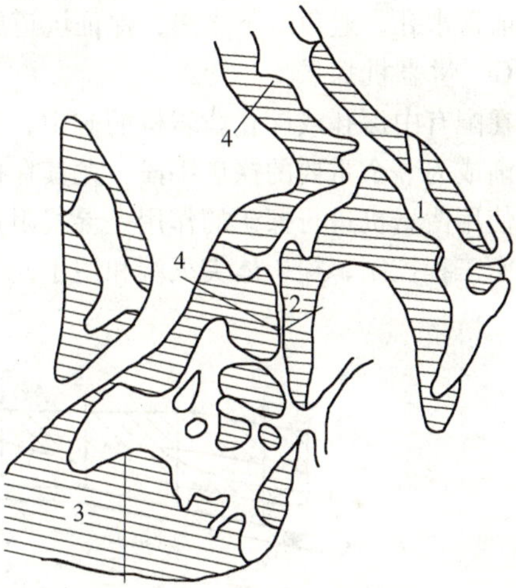

图 6-53 利用钻孔勘探老硐残矿

1—老硐；2—沿脉；3—矿体；4—钻孔

（11）探含水层、地下暗河、溶洞等（图 6-54、图 6-55）。

用坑内钻不仅可探明分布在开采范围内的含水层、地下暗河、岩溶等岩溶构造，同时还可用钻孔作放水孔，为生产创造条件。如东薄有色金属矿横水岭 500m 中段大巷，位于水库下面，

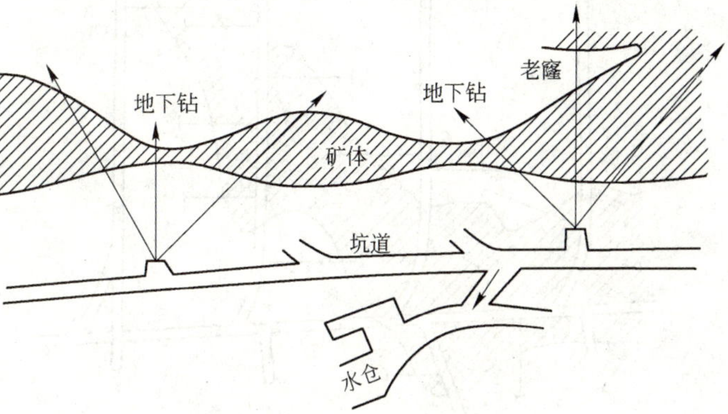

图 6-54 利用钻探勘探老窿并疏干

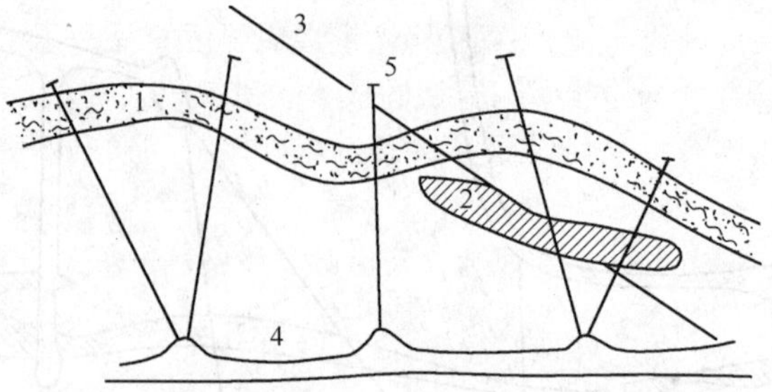

图 6-55　利用钻探勘探暗河

1—暗河；2—矿体；3—断层；4—沿脉；5—钻孔

该地段暗河、溶洞发育，为探清地下水情况，当大巷施工到一定位置时，先施工一个 200m 深的超前探水孔，避免地下水患，保证坑道施工安全。

C　凿岩机探矿

在配有中深孔或深孔凿岩机的矿山，凿岩机经常用来做探矿工作，并且收到良好的效果，并逐渐成为一个重要的探矿手段，尤其在探矿深度不大或已知矿体的平行脉时非常实用。

使用凿岩机进行探矿的作用是寻找附近的盲矿体，代替部分穿脉进行生产勘探，用于进一步加密工程控制，探矿体尖灭端和用于回采前对矿体的最后圈定等（图 6-56、图 6-57）。

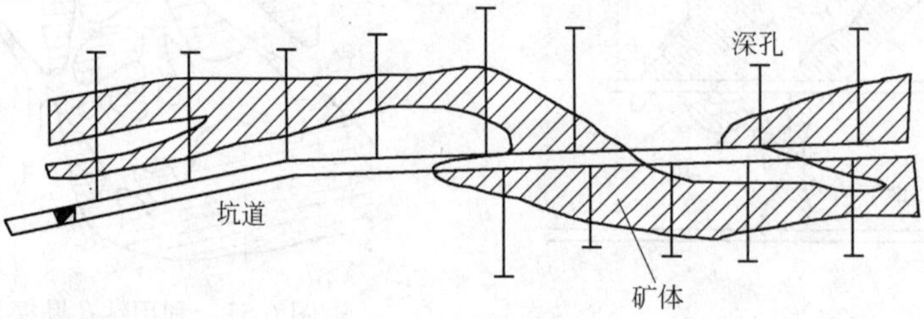

图 6-56　用深孔凿岩设备代替穿脉探矿平面示意图

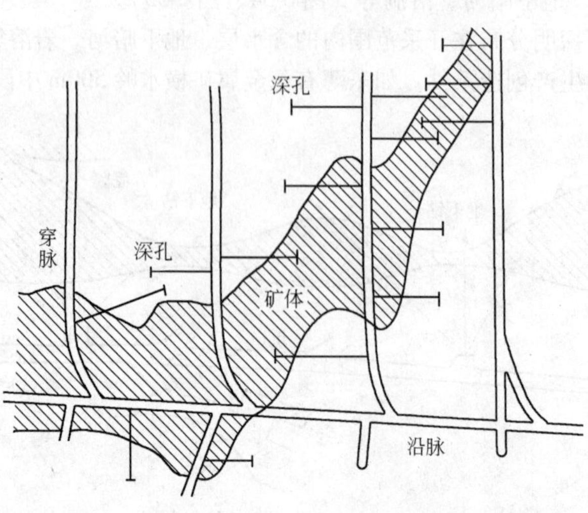

图 6-57　用深孔凿岩设备加密探矿工程控制平面示意图

凿岩机探矿的优点是设备的装卸、搬运比坑内钻更为方便，而且要求的作业条件也更简单，特别是利用它在采场内进行生产探矿其优越性更显著；比一般坑内钻更适于打各种上向孔；与坑内钻探相比具有更高的效率和更低的成本，其效率可比坑内钻高1~2倍，而成本却更低；许多情况下可以实行探采结合，往往通过爆破用的炮眼孔取样，就可使此炮孔起探矿作用。

但是，用这种设备探矿有一定局限性，因为此类设备一般不适于打下向孔；所取得的样品为矿（岩）泥，不易鉴定岩性、岩层产状及地质构造等；当地质体之间成过渡关系时，不易划准界线。

生产探矿时期所使用的各种工程的主要技术特征和适用条件综合见表6-5。

表6-5　生产勘探技术特征表

工程种类	工程名称		主要技术规格	工效	基本作用	常用设备型号
槽井探	探槽	山地探槽	底宽0.5~1.0m,壁坡度70°~80°;长度等于矿体或矿带宽度	0.5~1.0	揭露埋深小于5m的矿体露头	手掘或挖沟机械
		平盘探槽	断面1.0(宽)m×0.5m(深);长度等于矿体或矿带宽度	5~10	剥离露天采场工作平盘上的人工堆积物	手掘或挖沟机械
	浅　井		断面(0.6~1.0)m×(1.0~1.2)m,深度一般小于20m	0.5~1.0	揭露埋深大于5m的矿体;多用于砂矿及风化堆积矿床	手掘或吊杆机械
钻　探	砂　矿		孔径130~335mm;深度15~30m	10~15	探砂矿	SZ-130，SZC-150，SZC-219，SZC-325
	露天炮孔		孔径150~320mm;深度10~30m	15~20	取岩泥、岩粉、控制矿石品位	露天采矿潜孔、牙轮钻
	地表岩芯钻		孔径91~150mm;深度一般50~200m;最大600m	3~5	探原生矿床,多用于露天采矿	DDP-100型汽车钻,北京-100,XU-300，XU-600,YL-3,YL-6,XY-1
	坑内钻	岩芯钻	孔径91~150mm;深度一般50~200m;最大600m	5~10	配合坑道探各类原生矿床	KD-100,钻石-100,钻石-300,钻石-600,YL-3
		爆破深孔	孔径45~100mm;深度15~50m	15~20	配合坑道探各类原生矿床	YG-40、YG-80，BBC-120F,YSP-45，YQ-100

续表 6-5

工程种类	工程名称	主要技术规格	工效	基本作用	常用设备型号
坑探	平巷(穿脉、沿脉)	断面、坡度、弯道与生产坑道一致。纯勘探坑道断面 1.5 ~ 2.0m(宽)× 1.8 ~ 2.0m(高);坡度可达5%	0.2 ~ 1.0	在阶段、分段平面上,沿脉控制矿床走向,穿脉控制矿体宽度	利用矿山坑道掘进设备
	上、下山	断面同平巷,坡度 15° ~40°	0.2 ~ 0.8	用于缓倾斜矿体,在阶段间控制矿体沿倾斜变化	利用矿山坑道掘进设备
	天 井	断面 1.2m × 2.2m 坡度 40° ~ 90°	0.2 ~ 1.0	用于急倾斜矿体,在阶段间控制矿体变化	利用矿山坑道掘进设备

注:探槽工效单位 m^3/(工·班);浅井工效单位 m/(工·班);钻探坑道工效单位 m/(台·班)。

6.3.3 生产勘探工程的总体布置

6.3.3.1 总体布置应考虑的因素

生产地质工程总体布置应考虑以下几个因素:(1)尽可能与原矿床勘探阶段已形成的总体工程布置系统保持一致,即在原总体布置的基础上进行进一步加密点、线,以便充分利用已有的勘探资料;(2)生产勘探剖面线的方向尽可能垂直采区矿体走向,如矿体的产状与由矿体组成的矿带产状不一致时,生产勘探剖面的布置首先应考虑矿体的产状,根据实际情况改变生产勘探剖面的布置方向,以利于节省探矿工程量,提高勘探剖面的质量和计算储量的可靠性;(3)生产勘探构成的系统应当尽可能与采掘工程系统相结合,为矿山生产服务。

6.3.3.2 生产勘探的总体布置形式

生产地质工作的工程总体布置,不仅要考虑矿床、矿体的地质特点,更重要的还要考虑矿床的开采因素,特别是开采方式及采矿方法的因素。

(1)垂直横剖面形式(勘探线形式)。这种布置形式是由不同倾角的工程构成,如探槽、浅井、直或斜钻以及某些坑道。工程沿一组平行或不平行的、垂直于矿体走向的垂直横剖面布置,利用这些剖面控制和圈定矿体。这种布置形式多在原矿床勘探基础上加密,主要用于倾斜产出的各类原生矿床露天采矿以及某种情况下地下采矿的生产勘探。

(2)水平勘探剖面形式。生产勘探工程生产地质工作沿一系列水平勘探剖面布置,并从水平断面图上控制和圈定矿体。这种形式,在地下开采矿山,主要用于矿体产状较陡而且在不同标高的水平面上矿体形态复杂,产状变化大的筒状、似层状及不规则状矿体。在该条件下,主要探矿手段为水平的坑道及坑内扇形钻用于对矿体进行追索和二次圈定。露天开采的矿山使用平台探槽探矿时,也采用这种布置形式。

(3)纵横垂直勘探剖面形式(勘探网形式)。这种形式是由铅直性工程(如浅井、直钻)沿两组以上勘探剖面线排列形成。工程在平面上布置为正方形、长方形或菱形网格,可以从两个以上剖面方向控制和圈定矿体。这种布置形式多利用原矿床勘探已形成的勘探网加密,适用于砂矿床、风化矿床及产出平缓的原生矿床露天开采时的生产勘探。

(4)垂直剖面与水平勘探剖面组合形式。这种布置形式要求探矿的工程既要分布在一定标高的平面上,同时又要在一定的垂直剖面上,即控制和圈定矿体的工程沿平面及剖面两个方向布置,组成格架状。地下采矿时,在中段平面上,工程主要由脉状或脉内沿脉、穿脉及水平钻构成；在剖面上主要由天井或上山、下山及剖面钻构成。露天采矿时，平台探槽与钻孔结合，也可组成此种格架系统。此种布置形式应用甚广，当矿体厚度较大，生产探矿工程的布置最终多能形成这样一种形式。

（5）开采块段（棋盘格）形式。这种工程布置形式，是用坑道将薄矿体切割成一系列开采块段，矿块由坑道四面包围，上下两个中段布置有沿脉，两个中段间矿块左右两侧沿倾斜有天井或上下山揭露矿体。这些工程把矿体切割成一系列长方形或方形的矿块。它主要适用于矿体厚度可被沿脉天井或上山全部揭露的薄矿体；急倾斜薄矿脉矿块，上下用沿脉，左右可用天井包围；而缓倾斜矿脉的矿块上下用沿脉，左右两侧用上山包围，可以进行探采结合的生产勘探，矿体纵投影图是此种布置系统用以圈定矿体的主要图件之一（图 6-58）。

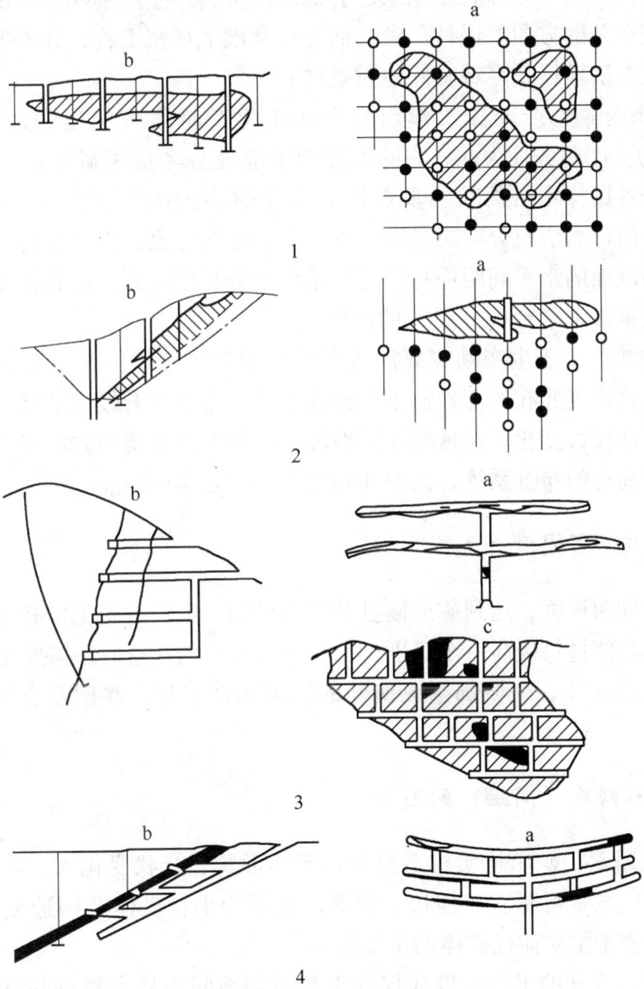

图 6-58　各种布置的示意图

1—勘探网形式工程布置；2—勘探线形式工程布置；3—垂直与水平剖面组合形式工程布置；4—开采块段形式工程布置

6.3.3.3　地质勘探工程总体布置的原则

如前所述，目前用来追索与圈定矿体的勘探工程总体布置方式有勘探线、勘探网、水平勘探三种。

为了揭露矿床，对矿床进行调查研究，以获得可靠的地质资料，必须面向全局，慎重考虑勘探工程的总体布置方式。在考虑勘探工程的总体布置时，应遵循：全局性原则，即勘探工程应该能够控制矿床的全局，能均衡地分布到矿床的各个部分；系统性原则，勘探工程的布置应有利于绘制地质剖面图或平面图；代表性原则，勘探工程应尽可能垂直矿体走向，尽可能沿矿体厚度方向穿过整个矿体，控制矿体的边界和厚度。

生产勘探工程的总体布置，除了应考虑地质勘探工程总体布置的原则外，还必须遵循下列原则：

（1）连续性原则。生产勘探是地质勘探的继续和深化，其工程的总体布置应尽可能保持与地质勘探的连续性，便于充分利用原来已有的地质资料。生产勘探工程所形成的剖面系统应尽可能与原有系统在总的方向上保持一致，而在此基础上加密工程，并根据新获得的资料修改原有资料，使之更准确地反映客观实际地质条件。

（2）生产性原则。生产勘探工作与整个矿山生产是紧密相连的，应既很好地与生产结合，又很好地为生产服务。为此，它的工程布置应充分考虑采矿生产工程布置的特点。例如，地下开采矿山各勘探水平面间的垂直间距应与各开拓中段的间距一致，或在此基础上加密；而且加密工程的标高应充分考虑各种采准工程的分布标高，以利实行探采结合。又如，地下开采矿山各勘探剖面的水平间距应尽可能与采场划分长度一致，或在此基础上加密，各勘探水平之垂直间距就是开采平台（分层）的高度。

（3）灵活性原则。由于生产勘探要深入到矿体的各个部位，其中某些部位矿体的形状产状可能有较大的变化，因此在局部地段生产勘探工程的布置应有较大的灵活性。这样能因地制宜地适应矿体的局部较大变化。在这些局部地段，不仅工程系统的方向或间距以有所改变，甚至个别工程可以脱离总的布置系统，而单独布置在某些必要的地点。

6.3.4　生产勘探的工程网度（工程间距）

为了提高矿床勘探程度，达到矿产储量升级的目的，生产地质工作必须在原矿床勘探的基础上加密工程。通常储量每提高一个级别，工程需加密一倍，有时还需要更密。但是进行生产勘探时并不是对所有矿体、地段都毫无例外的同等加密工程，在确定合理工程网度（间距）时必须综合考虑。

6.3.4.1　影响工程网度（间距）的因素

（1）矿床地质因素，矿床地质构造复杂，矿体形状、产状变化大，取得同级矿产储量的工程网度应较密，反之则可稀。矿体边、端部，次要的小盲矿体及构造复杂部位勘探难度较大，工程网度一般密于主矿体或矿体的主要部位。

（2）工作要求，合理的工程网度应保证工程及剖面间地质资料可联系和对比，不应漏掉任何有开采价值的矿体。

（3）工程技术因素，坑道所获资料的可靠程度高于钻探，在相似地质条件下达到同等勘探程度，坑道间距可以稀于钻探。

（4）生产因素，露天采矿的地质研究条件较好，在相似地质条件下，取得同级矿产储量所需工程网度可以稀于地下采矿。所用采矿方法的采矿效率越高，采矿分段、盘区及块段的结构越复杂，构成参数要求越严格，对采矿贫化与损失的管理要求越高或者要求按矿石品级、类型选别开采，需要进行矿石质量均衡而应对矿石品级进行严格控制等情况下，对勘探程度要求越高，所需的工程网度也越密。此外，为了便于探采结合，地下采矿时生产勘探工程间距应与采矿阶段、分段的高度以及开拓、采准及切割工程的间距相适应。

（5）经济因素，生产勘探网度加密将增加探矿费用，但却可减少采矿设计的经济风险。当两者综合经济效果处于最佳状态时的网度应为最优工程网度。此外，生产勘探工程网度与矿产本身的经济价值大小也有一定关系。价值高的矿产与价值低的矿产比较，勘探程度可以较高，工程网度允许较密。

6.3.4.2 确定生产勘探网度（间距）的方法

（1）类比法，也称为经验法，是划分矿床的勘查类型，再将被勘查矿床（区段）与同类型矿床（或区段）的勘查工程网度对比，以选定合理的工程网度。

矿床勘查类型是确定勘查工程间距的主要依据，不同的勘查类型要求的勘查网度也不同，在实际工作中，要根据具体的实际矿山的现状来确定工程的网度。

（2）验证法可分为工程网度抽稀验证法和探采资料对比验证法两种。前者是将同地段不同网度的所获资料进行对比，以最密网度资料作为对比标准。选定逐次抽稀后不超出允许误差范围的最稀网度作为今后采用的生产勘探工程网度；后者是将同地段开采前后所取得的资料进行对比，以开采后资料作为对比标准，验证不同网度合理性。

（3）统计计算法是用数理统计分析方法计算合理工程数目和合理工程间距的方法。如同变化系数及给定精度确定合理工程网度，根据参数的方法及给定精度要求确定合理工程网度和应用地质统计学法计算探矿工程的合理网度。

6.3.5 生产勘探设计

生产勘探设计一般每年进行一次，是矿山年度生产计划的组成部分之一，必要时也进行较长或较短的设计。生产勘探设计的主要任务为：根据矿山地质、技术和经济条件、企业生产能力、任务以及三级矿量平衡和发展建设的要求，按照开采工程发展顺序所安排的生产勘探对象、范围以及储量升级任务来拟定生产勘探方案，确定工程量、人员、投资、预计勘探成果，并对生产勘探设计的合理性作出说明。

生产勘探设计按工作顺序一般分为总体设计和工程单体技术设计两个步骤。

6.3.5.1 生产勘探总体设计

总设计主要解决生产的总体方案问题，如勘探地段的选择、技术手段的选择、工程网度的确定、工程总体布置形式、工程施工顺序方案等。设计完成后，应编写设计说明书。设计说明书由文字、设计图纸和表格组成。文字中应说明：上年度生产勘探工程完成情况，本年度生产勘探任务和依据；设计地段地质概况；生产勘探总体方案；勘探工作及工程量统计、预计矿量平衡统计、预计技术经济指标计算；工程施工顺序和方案等。主要设计图有：露天采矿的采场综合地质平面图及勘探工程布置图、预计地质剖面图；地下采矿的预计阶段地质平面图及工程布置图，预计地质剖面图。必要时提交矿体顶、底板标高等高线图，矿体纵投影图和施工有关的网格图表。

6.3.5.2 生产勘探工程的单体设计

单体设计主要解决各工程的施工技术和要求等问题。

（1）探槽。要确定工程位置、方位、长度、断面规格，提出施工目的和要求。

（2）浅井。要确定井位坐标、断面规格、深度，提供工程通过地段的水文地质和工程地质条件，施工目的与任务要求，井深大于10m者还应提出通风、排水、支护措施；进入原岩的浅井，应提出爆破、运搬措施。

（3）钻探。要求编出钻孔预计地质剖面图及钻孔柱状图，并说明钻孔通过地段的地层、岩性、水文及工程地质条件；确定钻孔孔位坐标、方位、倾角，预计换层、见矿及终孔深度，提出对钻孔结构、测斜、验证孔深，岩（矿）芯采取率，水文地质观测及封孔等的要求，孔深小于50m，上述要求可简化。

（4）坑探。要求提供坑道通过地层、岩性、构造、水文及工程地质条件；说明坑道开门点位置和坐标，工程的方位、长度、坡度、断面形状和规格，弯道位置及参数，工程的施工目的和地质技术要求。探采结合坑道的技术规格要符合生产技术的要求，必要时由采矿人员设计、纯勘探坑道的技术要求可以适当降低。

6.3.6 生产勘探中的探采结合

所谓探采结合，是指在保证探矿效果的前提下，实行探矿工程与采掘工程的统筹规划，统一安排，利用采掘工程进行生产探矿，或生产探矿工程能为采矿工作所利用，实行探采结合是我国矿山地质工作实践中总结出来的一套行之有效的工作方法。

6.3.6.1 探采结合的意义与要求

生产探矿工作贯穿于矿山生产的全过程，它常与采矿工程交叉进行，许多工程互有联系，并往往可以互相利用。实行探采结合可以减少矿山坑道掘进量，降低采掘比，加快生产探矿进度，缩短生产探矿和生产准备周期，降低生产成本，提高探矿工作质量与效果，有利于安全生产和加强生产管理，充分发挥矿山生产能力，并可使矿山坑道系统更趋合理。

实施探采结合时，要求探采双方在工作上必须打破部门界限、实行统一设计，联合设计，统筹施工和综合利用成果，形成一体化工作法；探采结合必须系统、全面贯穿于采掘生产的全过程；合理确定施工顺序，在保证“探矿超前”的前提下，探采之间力求做到平行交叉作业；探采结合必须以矿体的一定勘探程度为基础，特别是对地下采矿块段内部矿体连续性应已基本掌握，不致因矿体变化过大导致在底部结构形成后，采准、回采方案的大幅修改，工程的大量报废。在条件不具备的情况下，仍先施工若干单纯的探矿工程。

6.3.6.2 露天矿山的探采结合

露天采矿在剥离前，一般均已进行一定工程密度的探矿工作，矿体总的边界已经控制。因此，露天采矿的探采结合主要存在于爆破回采阶段。此时能用于生产探矿的生产工程为采场平台、台阶边坡、爆破孔、爆破硐井、爆破矿堆。利用平台与探槽的资料编制平台地质平面图，利用岩芯钻及爆破孔揭露的资料编制地质剖面图。

剥离和堑沟（新水平准备），是露天开采的重要采准工程，同时可引起到生产探矿作用。通过剥离，可重点查明矿体在平面上的四周边界和矿体的夹石分布。通过堑沟，可掌握矿体上、下盘具体界线。

采矿平台和爆破孔，是采矿过程中的直接生产工程，可以直接利用平台上部和侧面已暴露部分进行素描、编录、取样等地质工作，确定在平台上的矿体边界、地质构造界线、夹石分布、矿山品位和类型等，并编制平台实测地质平面图。在该图的基础上，进行穿爆设计。根据穿爆孔岩粉取样化验结果和爆破孔岩粉颜色的变化，进一步圈定矿体的局部边界，指导采矿工作的进行，同时根据爆破孔孔底取样资料，编制下一台阶预测平台地质平面图，作为平台开拓设计的依据。

6.3.6.3　地下开采的探采结合

A　开拓阶段的探采结合

在生产勘探与开拓的结合中，一般先由矿山地质人员根据地质勘探队提供的地质资料上一中段的地质资料，提出新开拓地段的初步地质资料。然后根据开拓方案和探矿方案要求，由采矿人员编制开拓设计，再由地质人员补加生产勘探设计，并共同选择可进行探采结合的工程，这些工程能为探采两方面所用。同时，矿山地质和采矿人员还要共同研究确定合理的施工顺序。其原则是优先掘进探采结合工程和专门探矿工程，并使其适当超前于其他开拓工程，以便及早掌握该地段矿体的形态。等到基本掌握了该地段矿体的形态，可适当修改开拓设计，再掘进其他开拓工程。这样才能防止由于矿体形态的变化，而使其他开拓工程的掘进方向发生过多的摆动。

在开拓工程的施工中，一般以地质人员为主，采矿人员配合掌握施工方向。此时，为了适应矿体形态及位置的变化，有时需要适当改变坑道掘进方向，但是应注意不要使坑道拐弯过多或打得过于弯曲，以免不利于以后的生产运输。当上述开拓和生产勘探工程施工全面结束后，对于矿体形态或地质构造复杂而控制不够的地段，还可采用坑下钻探或深孔取样加密工程密度，为转入采准时期的探采结合作好准备。

开拓阶段各种工程中能用于探采结合的工程分析。(1) 控制性工程，包括竖井、斜井、主平窿，无探矿作用。(2) 联络工程，包括石门、井底车场等，也不能起探矿作用。(3) 探采结合工程，包括脉内沿脉、运输穿脉等，这些工程大部分切穿矿脉，能起探矿作用。(4) 脉外开拓工程，此类工程对矿体产状、形态、边界的空间位置依赖性较大，必要时在探矿后才能施工，不能实行探采结合。(5) 纯生产探矿工程，包括探矿穿脉、天井、盲中段、坑内钻等，这类工程对生产无直接生产意义。

开拓工程与生产探矿结合的具体步骤和方法：

(1) 地质人员提供阶段开拓的预测地质平面图及矿石品位、储量资料。

(2) 在充分考虑阶段地质条件和探矿要求的基础上，采矿人员拟定阶段开拓方案。

(3) 进行探采联合设计，采矿人员布置开拓工程，地质人员布置探矿工程，双方共同选择探采结合工程，并进行工程的施工设计。

(4) 地采双方联合确定工程施工顺序并统筹施工；施工中，地质人员与测量人员配合掌握施工工程的方向、进度、目的，采矿人员控制技术措施。

(5) 阶段开拓工程施工结束后，地质人员视情况补充一定探矿工程，再整理开拓阶段生产勘探所获资料，为转入采准阶段的探采结合创造条件。

B　采准阶段的探采结合

在生产勘探与采准的结合中，一般先由地质人员根据上、下中段水平生产勘探所获得的地质资料，提出将要进行采矿方法设计地段的初步地质资料，作为采矿方法方案选择和探采结合设计的依据。根据这个资料，由采矿人员初步确定采矿方法和采准方案，然后由地质和采矿人员联合研究提出探采结合方案，并联合进行采场的探采结合施工设计。

探采结合的采准工程应以采矿人员为主进行设计；补加的专门探矿工程以地质人员为主设计。同时，矿山地质人员与采矿人员还要共同研究确定合理的施工顺序，以保证尽快摸清矿体为原则，以便为全面的采准施工设计及施工创造条件。

采准的探采结合工程和专门探矿工程竣工后，由地质人员整理出采场地质资料，采矿人员据此再进行全面的采准施工设计。

采准工程施工全部结束后，如果某些地段对矿体的控制程度尚不能满足回采设计的要求，还可以补加一些专门的简易探矿工程或利用探采结合的深孔爆破孔，对矿体作最后圈定，以作为回采的依据。

探采结合设计，必须尽可能使探矿工程系统与开采工程系统相协调，做到：

（1）勘探剖面方向应尽可能与开采穿脉坑道方向一致。

（2）探矿工程间距应尽可能与开采工程间距一致或成简单比例关系等。

（3）设计的探采结合工程，其断面规格、弯道系数及坡度等都必须满足开采使用要求。

采准工程与生产探矿工程结合的具体步骤：

（1）地质人员提供采矿块段地质平面图、剖面图和矿体纵投影图。

（2）采矿人员依据资料初步确定采矿方法及采准方案。

（3）地采双方共同商定采准阶段的探采结合方案，从采准工程中，选定能达到探矿目的的而又允许优先施工的工程作为探采结合工程，有时与分段等生产工程结合实现探采结合层。

（4）编制块段探采结合施工设计，利用采准工程进行生产探矿的工程，一般由采矿人员设计，纯生产探矿工程由地质人员设计。

（5）确定工程施工顺序，首先掘进离矿体较远或对矿体空间位置依赖性不大的工程，以接近矿体和构成通路然后选择某些能起探矿作用又符合探矿间距的采准工程作为探采结合工程，并优先施工。配合部分纯生产探矿工程，对矿块内部的矿体边界、夹石、构造、矿石质量及品位变化情况进行控制。

（6）地质人员整理块段探采结合工程施工所获地质资料，提供给采矿人员进行全面采准工程设计。

（7）采准工程全面施工。施工结束后，地质人员视情况补充必要的探矿工程，再整理采准阶段生产勘探阶段所获地质资料，为转入块段矿石回采做好准备。

C　采准阶段探采结合实例

采准阶段的探采结合方法，随矿体地质条件和采矿方法的不同而有别。

（1）壁式采矿方法的采场。此法适用于薄而缓倾斜的矿体。结构简单，采准工程多布置于矿体内，能用于探矿。此种采矿方法沿矿体走向布置（图 6-59）。先从脉外大巷开溜井进入

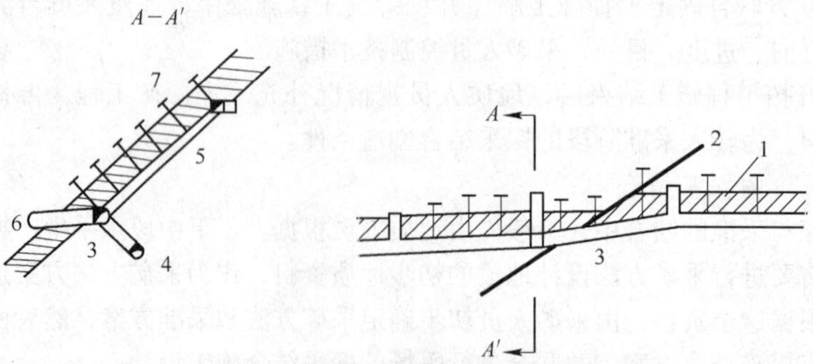

图 6-59　某锡矿壁式采矿法探采结合工程示意图

1—矿体；2—断层；3—切割沿脉；4—脉外运输巷道；

5—斜井；6—探矿小穿脉（探采）；7—钻孔

矿体下盘，切割沿脉和倾斜井为探采结合工程，斜井中的探矿小穿脉、短天井，用于探矿体厚度。这些工程也为探采结合工程，如地质构造复杂，还应补充纯生产勘探工程。

（2）留矿法采场。此类采矿方法适用于薄而陡倾斜的矿块，采场多为沿矿体走向布置，这类采矿方法分有底柱留矿法及无底柱留矿法（图6-60）。

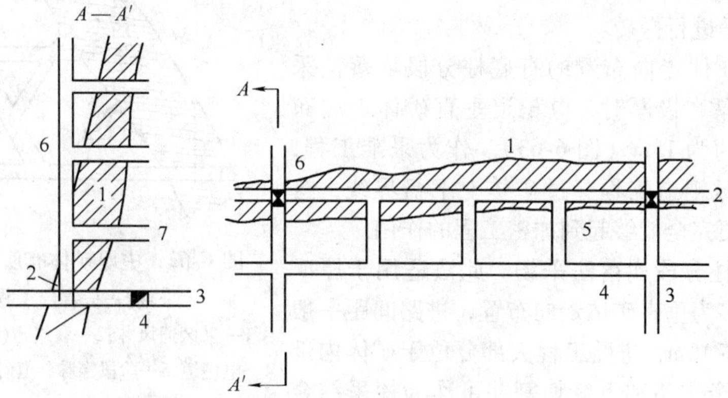

图6-60　某铅锌矿无底柱留矿法探采结合工程示意图

1—矿体；2—沿脉（探采）；3—穿脉（探采）；4—脉外运输巷道；
5—出矿进路；6—探矿天井（探采）；7—分段副穿

（3）分段法（空场法）采场。此类采矿方法适用于中厚、陡倾斜矿体，电耙道沿矿体走向布置。采场可分二或三个阶段，分段高10~15m，用中深孔凿岩，采场各天井为探采结合工程。它可以控制矿体下盘界线，用天井副穿或天井里打钻孔代替副穿探矿体上盘界线，再于分段凿岩巷道里布置扇形坑内钻进行矿体的重新圈定（图6-61）。

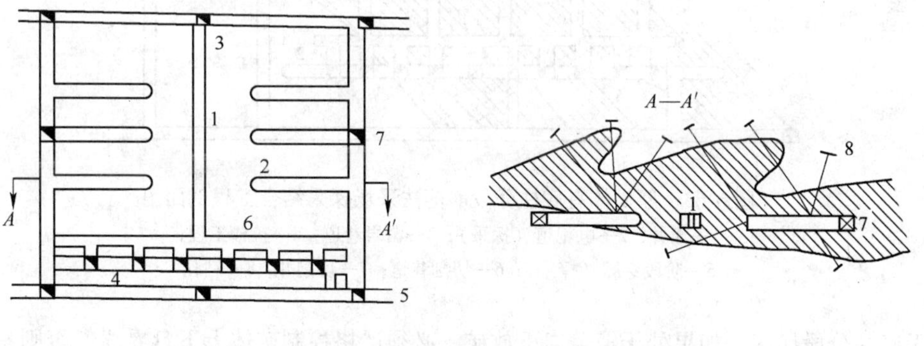

图6-61　空场法探采结合工程示意图

1—采区天井（探采）；2—分段凿岩坑道（探采）；3—阶段穿脉（探采）；4—电耙道；
5—阶段沿脉运输巷道；6—切割槽；7—天井副穿（探采）；8—钻孔

（4）沿矿体走向布置的有底柱分段崩落法采场。此法适用于中厚、缓倾斜矿体的采矿，即一个阶段分二或三个分段，分段高15~20m左右，利用电耙道出矿，电耙道于脉外沿脉沿矿体走向布置，电耙道长为30~40m（图6-62）。

这类采场，下盘脉外通风井或溜矿井，属采矿工程，一般距矿体较远，对控制矿体边界位置的依赖性不大，可首先掘进。然后选出一个或两个电耙层作为探采结合层（中等倾斜可选择一个电耙层，其位置大致介于阶段高度的一半；缓倾斜至少要选择两个电耙层），并优先施工，待联络道掘进到矿体下盘位置后，从中打扇形钻控制矿体厚度，作为采场矿体的圈定资料，为全面采准施工提供依据。矿体形态复杂时，尚需利用凿岩天井、各类联络道和切割工程进行探矿。

（5）垂直矿体走向布置的有底柱分段崩落法采场。当矿体为厚和极厚时，电耙道垂直矿体走向布置，一般间距约为15m（图6-63）。作为采准工程，常要求这些穿脉耙道工程穿过矿体上下盘界线，这样，这些坑道便完全能够起到加密工程的作用。

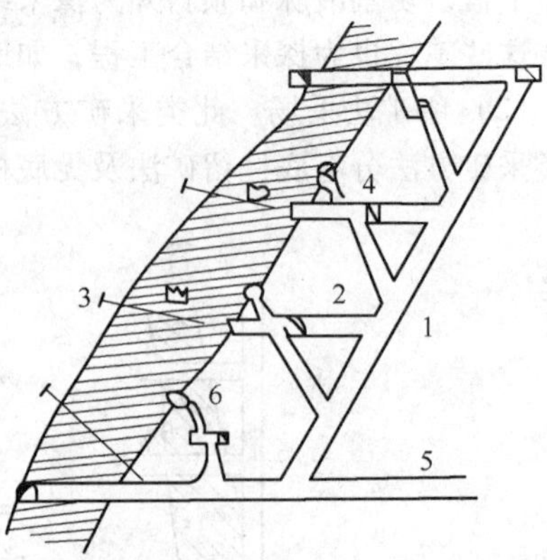

图6-62　中厚矿体有底柱分段崩落法采场探采结合工程剖面图

1—采区通风井；2—联络道（探采）；3—钻孔；4—电耙道；5—阶段穿脉巷道（探采）；6—切割巷道

（6）无底柱分段崩落法采场。此法适用于厚矿体，进路工程多为垂直矿体走向布置，进路间距一般为10m，分段高10m，进路工程大部分位于矿体内部（图6-64），各个进路和下盘切割井可作为探采结合工程。依据这些探采结合工程的地质资料进行矿体的重新圈定和储量计算，提供备采设计利用。

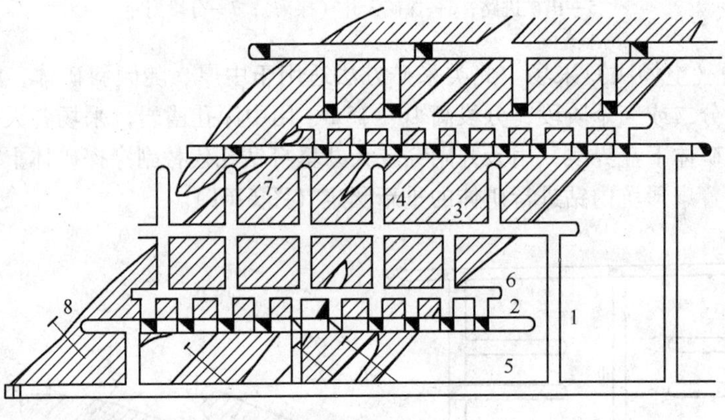

图6-63　厚矿体有底柱分段崩落法采场探采结合工程剖面图

1—溜井；2—电耙道（探采）；3—凿岩巷道；4—拉槽工程；5—阶段穿脉（探采）；6—切割巷道；7—切割井；8—钻孔

无底柱分段崩落法如果处于覆盖岩下放矿，必须严格控制矿体上下盘界线，否则易造成矿石的贫化损失。

D　回采阶段的探采结合

经过采准阶段的探采结合，重新圈定矿体，一般已经控制住矿体的形态和质量。对于形态变化复杂的矿体，为了更准确地掌握矿体的变化，应该充分利用回采阶段的切割层、回采分层、爆破中深孔等进行最后一次生产探矿，进行矿体边界的再次圈定，正确指导下一步的回采工作。

6.3.7　勘探程度的要求

矿床生产勘探程度，是指经过生产勘探工作之后，对生产勘探范围内矿床或矿体的地质特

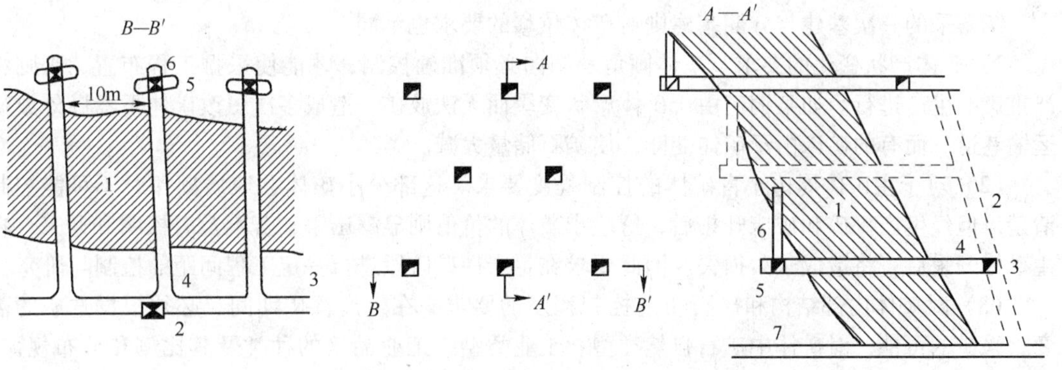

图 6-64 无底柱分段崩落法采场探采结合工程布置图

1—矿体；2—溜井；3—运输联络道；4—溜井联络道（探采）；5—切割巷道；
6—切割井（探采）；7—阶段穿脉运输巷道（探采）

征控制和研究程度，其最基本内容与地质勘探阶段基本相同，所不同的是在地质勘探程度的基础上，进行更为深入、细致的勘探程度的要求。

6.3.7.1 生产勘探程度对矿山生产的影响

矿体的形状、产状、空间赋存特征和受构造影响或破坏的情况，是反映矿体外部形态特征的重要因素，也是确定矿山开采、开拓方案和选择开采方法的重要依据。

矿体外部形态控制研究程度的高低，直接关系到露天采场的底界标高、最终境界线位置、分别扩建范围及期限、边坡角及平台高度、开沟位置、剥离方案、排土系统、运输线路、地面建筑物等生产要素的确定；关系到地下开采矿山井筒的位置、盘区及阶段划分、阶段高度、开拓方案、开拓运输系统、采矿方法块段构成、矿石回收工艺的确定；还影响生产的各项技术经济指标；采掘和采剥比、贫化率及损失量、生产成本及效率。对矿石质量内部结构研究程度不足，将会直接影响到矿山产品方案的质量及选矿加工工艺流程、选矿效果。

6.3.7.2 生产勘探程度的具体要求

（1）对矿体产状、形态、空间位置的控制程度的要求。

1）对矿体边界位移程度的要求。矿体的实际边界与生产探矿圈定的边界位置不一致而发生边界位移，对采掘、采剥工程的正确布置有直接的影响。它是衡量生产探矿程度的重要参数。即使是储量误差不大而边界位移过大，也严重影响矿山正常生产、导致工程报废、资金浪费。

矿体边界位移误差允许范围决定于下列因素：

①储量级别高低，级别高，要求严。

②位移的方向，垂直位移比水平要求严。

③矿体倾角，缓倾斜陡倾斜要求严。

④矿体下盘位移比上盘位移要求严。

⑤地下开采比露天开采要求严。

⑥当开拓、采准工程多数位于矿体内部时此时生产工程对矿体边界的摆动适应性好，边界位移允许大些。但当工程位于脉外时，则对边界位移要求甚严，否则将引起开采；贫化与损失

的增大，如误差过大时，将造成整个坑道的报废。

⑦露采的一次基建与分期基建则对矿体位移的要求也不同。

2）矿体产状变化的要求。矿体倾角及倾向必须准确控制，才能使采掘工程布置，否则将严重影响生产进行。如某铜矿由于矿体产状变缓而无法放矿，造成多次更改矿体下盘脉外放矿运输巷道。而有的矿床由于矿体变陡，使矿石储量大减。

（2）对于主矿体周边小盲矿体的控制程度要求。这部分小矿体在地质勘探时不可能控制清楚。但经生产探矿和矿床开拓后，这些小矿体的价值则显露出来，若不及时探明和开采，在主矿体开采后，将造成永久损失。因此要求在生产探矿阶段进行一定工程间距的控制与研究。

（3）对矿体内部结构和矿石质量控制程度的要求。在生产探矿期间，必须根据选矿的需要，采矿的可能，对矿体中矿石自然类型、工业类型、工业品级的种类及其比例和分布规律，夹石性质与分布规律，矿石品位及其变化规律，进行必要的工程控制与深入研究。为了进一步确定矿石的选冶性能和伴生矿产综合利用的可能性，必须认真研究矿石的物质成分、结构构造及其变化情况。

（4）对地质构造及矿床水文地质条件等控制研究程度的要求。应针对地质勘探阶段工作程度不够或尚未查清的问题，开展深入、细致的工作，以保证矿山生产工作的顺利进行。

6.3.7.3 生产探矿深度的基本要求

生产探矿深度依据矿山服务年限、矿体延深及生产接替情况来决定。对于小矿体、薄矿体一般一次探清。厚大而延伸较深的矿体则多年持续分段进行。

6.3.8 矿山探采资料的验证对比

6.3.8.1 验证对比的意义和作用

矿床探采资料验证对比，是根据矿山开采所获得的有关资料，通过与开采前对应地段勘探资料的对比，来研究勘探方法、验证勘探网度和检查勘探程度的合理性，从而达到总结勘探经验，提高以后的地质勘探水平，深化对矿床地质特征与成矿规律的认识，更好地为矿山生产建设服务。

其具体作用，主要有以下几点：

（1）验证地质勘探对矿床地质认识及结论的正确与否。

（2）验证矿床地质勘探类型划分与勘探网度确定、勘探手段选择的合理性。

（3）验证矿床使用工业指标及地质储量的合理性与可靠性。

（4）为编制和修订地质勘探规程与有关技术政策提供资料依据。

6.3.8.2 地段选择原则

（1）矿床中参加对比的矿体，在地质特征、矿石类型、矿石质量等方面应具有代表性。

（2）参与对比的对象,应是主矿体分布地段,其储量应占储量的大部分,或至少在一半以上。

（3）矿体开采已结束或基本结束，以取得足够可供对比的生产地质资料。

6.3.8.3 验证对比方法与标准

A 探采对比的基本要求

（1）根据矿山具体情况，探采对比可分：生产勘探与开采资料对比，地质勘探与开采资料对比，少数为地质勘探与生产勘探资料对比。

(2) 根据矿山生产勘探地质资料，进行不同勘探网度的试验对比，进一步研究矿体合理勘探网度。

(3) 探采对比应以最终开采资料为对比的标准和基数。

(4) 开采储量对比基数应包括采出矿量、损失矿量。

B 验证对比内容

(1) 矿体形态对比分析。

(2) 矿体产状和位移的对比分析。

(3) 矿体品位、储量对比与分析。

(4) 矿体地质条件对比分析。

6.4 矿山生产地质工作

6.4.1 生产地质工作内容

(1) 在地质勘探、基建地质工作的基础上进行生产勘探和生产地质工作达到近期开采矿石储量升级，为制定矿山采掘计划，进行开采设计提供地质依据。

(2) 及时、系统地收集采场原始地质资料，矿石质量取样资料，并经综合整理，对矿山原有的资料不断进行补充和修正，编制采场所需的成套地质基础资料。

(3) 参加矿、场，年、季、月采掘计划的编制工作，提供所需的地质资料和图件。

(4) 对采掘工作进行指导、服务、监督和验收。

(5) 承担地质编录、采样、样品加工、副样保管工作。

(6) 参加选矿试验工作，承担矿石可选性试验矿样的采集工作。

6.4.2 地质工作的手段

6.4.2.1 地质素描

A 地质素描图的内容

(1) 素描图的名称，如某铁矿某米水平某矿块（平面）地质素描图。

(2) 比例尺。一般采用1∶200，局部地段可酌情选用1∶100或1∶50。

(3) 工程方位角。要求在素描图的左上方用箭头标出素描工程的方位角。

(4) 素描图起、止位置控制点的位置、控制点的编号、控制点坐标值（钻孔柱状图则填写钻孔方位角、倾斜角、孔深、实测孔口坐标值）。

例如：起点名称：*N* 100512；终点名称：*N* 100412

起点坐标：$X = 35536.048$；$Y = 19336.835$

终点坐标：$X = 35553.265$；$Y = 19289.517$

(5) 用全矿统一的“地质图例”符号表示出素描的地质内容。应在素描图上表示出来的地质内容有矿岩类型、地质构造、水文地质现象。

(6) 采样位置、样品编号、样长及基本分析、组合分析、铁物相分析结果（含岩、矿标本采集位置及编号）。

(7) 文字描述。

(8) 编录、审核人员签名，编录日期。

B　地质素描工作要求

（1）地质素描应在现场进行，不得在井下收集一些数据和做简单的描述，再在室内编制图件。室内只能根据化验、鉴定成果进行补充和修正。

（2）凡在图中大于1mm的地质现象均应表示。一般包括岩石、矿石类型、岩层、矿体、断裂及岩矿接触面的产状要素、采样位置等。

（3）岩、矿定名要准确；如果没有把握准确定名时，应采标本进行岩矿鉴定。

（4）探槽、浅井、竖井、溜井、坑道、钻孔的地质编录及图式要符合相关技术规程。为方便图件使用，素描图一律要做到：素描工程的北帮（壁）或东帮（壁）置于素描图的上方。素描和采样的起止位置用导线点控制。

（5）室内复制的原始地质编录图按性质分类，于工程结束后（如分层地质工作结束）分别装订成册归档，并附素描工程平面位置索引图和目录。

（6）各种编录资料需自检、互检。检查中发现问题时，检查人员不得随意修改，只有和编录人员共同核实后，才能修改。

6.4.2.2　生产探矿

生产探矿（包括钻探、巷探、槽探、井探）的主要目的是探边摸顶。

钻矿工程布置有垂直探矿、水平探矿、探顶工程三种方式。

在岩芯钻探中，钻机是主要设备之一，它要实施钻具的回转和轴向调节，以破碎岩石加深钻孔；要从孔内起下钻具（为了采取岩芯或更换钻头等）或升降加固孔壁用的套管。

6.4.3　矿山采掘（剥）技术计划编制

矿山生产计划可以分许多种。由于矿山生产的特点是以采矿为中心，工程掘进为手段或必经途径，地质与技术、经济、设备为基础和条件。所以，通常所讲的矿山生产技术计划即指采掘（剥）技术计划。又以年度采掘（剥）技术计划为主，而更短期（季、月、旬、日、班）可靠的生产技术计划（或作业指令）对其起着保证作用。为保证采掘（剥）计划的完成，必须配以相应的生产勘探计划（或设计）及其他主要技术经济指标计划等。

编制采掘（剥）技术计划的目的是用来指导完成上级机关下达的年度生产任务，进行掘进和矿石回采工作的合理安排。通过具体安排矿体、阶段和矿块回采的先后顺序和工作量，达到完成矿石产量和质量指标，并验证基建与生产准备、各生产阶段（开拓、采准、切割和回采）之间的衔接是否协调，确定生产所需的人员、设备及投资费用等。

采掘（剥）计划的编制必须遵循的原则包括：（1）坚持计划生产的原则。经制订审批的计划，必须坚决执行。（2）坚决贯彻有关生产技术方针与政策的原则，尤其要坚持合理的采掘（剥）顺序。（3）最大限度利用矿产资源的原则，根据矿山具体地质条件和技术经济条件，实行综合勘探、综合开采、综合评价、综合利用的方针。（4）贯彻安全生产和保护环境的原则。（5）在计划指导下集中作业的原则。（6）以最少的生产投资，取得最佳生产成果与经济效益的原则。总之，在综合考察社会、资源、政策、地质与技术经济诸因素的基础上，理顺各方面关系，加强全面质量管理，力求挖掘矿山生产潜力，做到优质、高产、低耗，保证全面完成上级下达的任务。

矿山采掘（剥）技术计划是在广泛收集矿山整个生产历史和现状全面资料的基础上，以文字和图表的形式明确表示出计划年度的生产安排和预计成果。文字部分应说明年度生产任务、生产历史与现状、采掘（剥）工作的总体安排和具体安排，完成计划所存在的问题及主要技术措施等。表格和图件种类较多，表格包括产品产量、采掘（剥）作业量、主要技术经济指标、生产勘探作业量等表格；图件包括矿区总平面图、地质剖面图、中段（平台）地质平面图、矿体（纵）投影图、采掘（剥）进度图及其他图件。

矿山地质人员在编制生产计划中的工作：

(1) 提供计划编制所需的全部基本地质图件资料。

(2) 提供矿石质量和储量资料，会同生产技术人员编制生产计划中的矿石种类、质量与产量计划。

(3) 编制矿山地质勘探、生产勘探和所有地质工作计划。

(4) 对编制计划的有关采掘（剥）技术方针政策的贯彻，工业指标的修订，开采贫化与损失指标，储量保有期限及平衡指标，矿产资源的保护和综合利用，矿山环境保护、经济管理等提出意见和建议。

6.4.4 井巷掘进的地质工作

任何井巷坑道掘进，地质人员都必须及时进行原始地质编录、取样，并通过观察、分析、研究与判断，充分了解揭露的地质情况，正确指导坑道掘进。特别要注意掘进的目的性和安全性的指导。

坑道掘进是依据工程技术设计进行安排的，其目的是探矿、探水、探构造、为坑内钻施工创造条件，不论何种坑道，其作用均已事先规定。掘进之先，应将目的向施工人员交底，明确坑道设计位置，开门及终点坐标；坑道方位、坡度、规格、进尺、施工期限；掘进时可能出现的地质问题。掘进中不断分析揭露的情况，如发生预计不到的问题，应及时提出或修改设计。接近达到目的时要加强工作。已确实证明达到预期目的，通过工程验收，填写停工通知书。验收由地质、测量、施工三方面人员共同进行，验收主要项目为：方位、坡度、规格、进尺、技术经济指标（如工效、成本等）及施工目的。

坑道掘进必须确保安全，这不仅指掘进过程中保证施工安全，而且要保证未来坑道的安全使用。坑道掘进的安全问题与矿岩地质技术条件有密切关系。掘进前要充分研究施工地段地质构造条件，预计可能出现的安全问题，如矿岩的稳固性、含水性、岩体的稳定性等，提出应采取的预防措施。掘进时进行水文地质、工程地质和岩矿物理技术性质的观察与测定，注意研究岩石的水理性质、力学性质；观察巷道滴水、渗水、涌水现象，观测含水层、流沙层的性质与流量；研究断层、裂隙的位置、产状、发育程度、规模、组合关系、结构面力学性质和特征，特别注意有影响的软弱夹层或构造弱面、破碎带、老窿、溶洞；测定岩矿的稳固性、硬度与强度；预测可能的涌水、突水、冒顶、脱帮的地点和规模；总结各类影响施工安全的地质因素的类型和规律性，以指导坑道顺利掘进。

坑道掘进是一项具有探索性的工作，比如探矿体，矿体是否存在，大小、形态、产状、矿石质量如何，地段岩石、构造条件又如何等都具有未知因素。因此，随坑道掘进要求加强地质构造研究，由已知去推测未知，正确指导坑道掘进。主要研究项目有：(1) 矿体形态、产状、空间分布规律；矿体的形态变化规律；(2) 小型构造的类型、产状、规模，与主要构造的关系；切割矿体的断层的类型、断裂位移方向和距离，判断坑道前进方向；(3) 矿岩的物质成分，与矿化有关的各类地质现象，力求查明矿化富集的规律，指导探寻富矿地段及新的小盲矿体。

6.4.5 露天开采剥离的地质工作

露天采场剥离是矿石回采的基础，及时而得当的地质指导有助于矿石的正确回采。

露采剥离地质指导集中在下述问题上：（1）矿岩分界、夹石边界及矿石工业品级、自然类型分界的位置；（2）边坡岩体的稳定性，边坡角的正确性；矿岩的稳固性、含水性和力学性质；（3）剥离境界线的实际位置等。露采剥离的目的在于指导矿岩分爆和铲运，为矿石回采的质量管理、边界及边坡管理创造条件。地质指导时要注意贯彻“剥离先行”方针及“定点采剥，按线推进”，及时取样圈定矿岩边界，避免过多的剥离。缓倾斜且矿区地势平坦的层状矿体，要做好三角区的剥离（图6-65）。这种剥离工作比较困难，但如不做好，会产生矿石贫化。

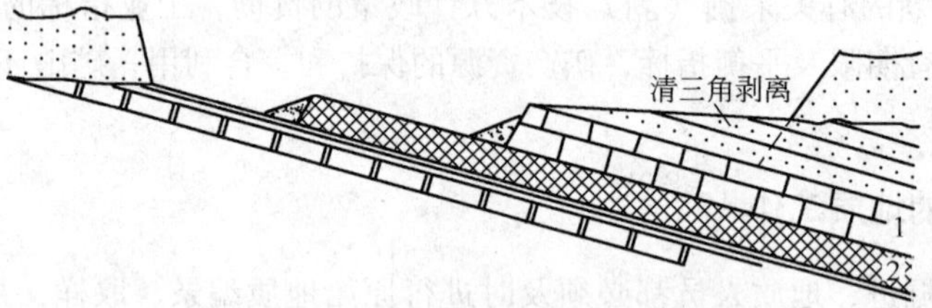

图6-65　某矿露天采场剖面图

1—熔剂灰岩矿层；2—铝土矿层

6.4.6　矿山爆破工作的地质工作

提高矿山爆破效果是一个重要问题，它与地质工作有关。

6.4.6.1　影响爆破效果的地质因素

影响爆破效果的地质因素包括：

（1）矿岩物理技术性质。影响爆破效果的矿岩物理技术性质有：普氏硬度系数、弹性、塑性、韧性和脆性等，这些性质又取决于许多因素，爆破中要求查明：矿岩矿物成分、结构构造、夹层及其产出情况；测定矿岩的体重、比重、密度、孔隙度、湿度、热学性质、松散性、耐风化侵蚀性及力学性质。

（2）岩层产状。岩层产状与爆破效果的关系表现在：岩层走向与自由面的关系（互平行效果较好）、与最小抵抗线的关系、岩层倾角大小、岩层倾向与工作面的关系等。如处理不好，将造成块度过大（工作面与岩层倾向一致时）、出现活动三角块（岩层与自由面倾向相反时）、块度不匀（岩层走向与自由面近直交）、留根底（岩层与自由面倾向相反时）等后果。

（3）矿岩中裂隙发育状况。爆破效果与矿岩裂隙的发育、产状、构造模数及比稠有关。裂隙构造模数指垂直裂隙方向单位距离内裂隙的平均数。模数特大或特小均易产生大块。裂隙构造比稠指裂隙的开口程度，即裂隙构造比稠等于裂隙构造模数与裂隙的平均开口宽度之比。比稠值大，爆破效果不好；反之则较有利。

（4）岩体中的断层。断层是一种构造弱面，它的产状和自由面关系对爆破效果的影响与上述岩层、裂隙相似，不同的是它的影响范围小而作用大，特别是露天采场进行山头处理、路基开挖、山坡拉段等。采用硐室爆破时，断层的存在使爆破效果为断层所限，可使爆破后坡面角大于或小于设计要求。

6.4.6.2 爆破中的地质指导工作

地质人员提供地质剖面（露采）或分层平面图（地下深孔）；表示爆破孔分布、深度，矿体及围岩构造和产状；影响爆破效果的其他地质现象。凿岩爆破时，地质人员与采矿人员配合确定爆破孔位置、倾角、深度、装药量，力求提高爆破效果。

6.4.7 采场（回采）地质工作

6.4.7.1 采场生产地质资料

A 生产管理地质资料的作用与内容

随采场矿石回采，编制采场生产管理地质资料有如下作用：(1) 及时反映采场内矿体产状、形态、矿石质量、矿体内部结构和地质构造特征，有利于加强生产地质指导与管理，保证尽可能多地回采工业矿石，少采围岩、废石，保证安全生产作业。(2) 便于计算生产矿量、采下围岩废石量、采下矿石量、损失矿石量，了解采场矿量变化；计算开采的贫化与损失，了解矿石质量变化；为生产计划的安排，采场生产管理提供依据。(3) 在采矿结束后，保留采场地质资料和生产数据，是进行采场验收、探采验证资料对比、储量报销、矿柱及残矿回采、中段及平台废除和闭坑的重要依据。(4) 积累矿床综合地质研究的资料。

采场生产管理地质资料的编制以采矿块段（矿块）为单元，由图纸、文字、表格构成，是整个采场地质、测量、采矿生产资料的总和。

采场生产管理地质资料一般由下述内容构成：

(1) 采场位置，所在中段、采场编号、坐标、尺寸、四邻。

(2) 采场地质情况，矿体产状、形态、构造、厚度、内部结构等。

(3) 采场矿石质量，包括地质品位、原矿品位、采下矿石品位、采下围岩废石品位、存窿矿石品位、矿柱及残矿品位、出矿品位等。

(4) 采场矿量资料，包括地质储量、原矿量、采下矿石量、采下围岩废石量、损失矿石量、矿柱及残矿量、存窿矿量、出矿量、副产矿量等。

(5) 采矿贫化与损失计算、统计表。

(6) 图件主要有：块段“三面图”和采场素描图；上下中段、分段地质平面图；露天开采的平台（分层）地质平面图；块段地质横剖面图；块段纵投影或纵剖面图；缓倾斜矿体的矿层顶、底板标高等高线图；块段（矿块）储量分布图。

(7) 测量资料主要有说明采场推进、矿石产量验收、工程位置有关的测量资料。

B 地下采场生产管理地质资料

地下采场生产管理地质资料，随矿床地质条件和采矿方法的不同而有多种形式。

a 缓倾斜矿体壁式采矿法

缓倾斜矿体壁式采矿法（图6-66）采场生产管理地质资料由下述资料构成：

(1) 矿块最终矿层底板等高线图，随矿石回采在采场内布置地质点，地质点上测量矿层顶、底板标高，矿体厚度等，然后在矿块测量图上用测点法编制标高等高线图。

(2) 矿块最终矿体厚度等值线图，利用上述地质点厚度测定资料绘制。

(3) 矿块最终储量计算图，表示采空区、矿柱及残矿量，非工业矿石量。

(4) 矿块最终地质剖面图。

(5) 表格，储量计算表、贫化损失计算表、断层登记表等。

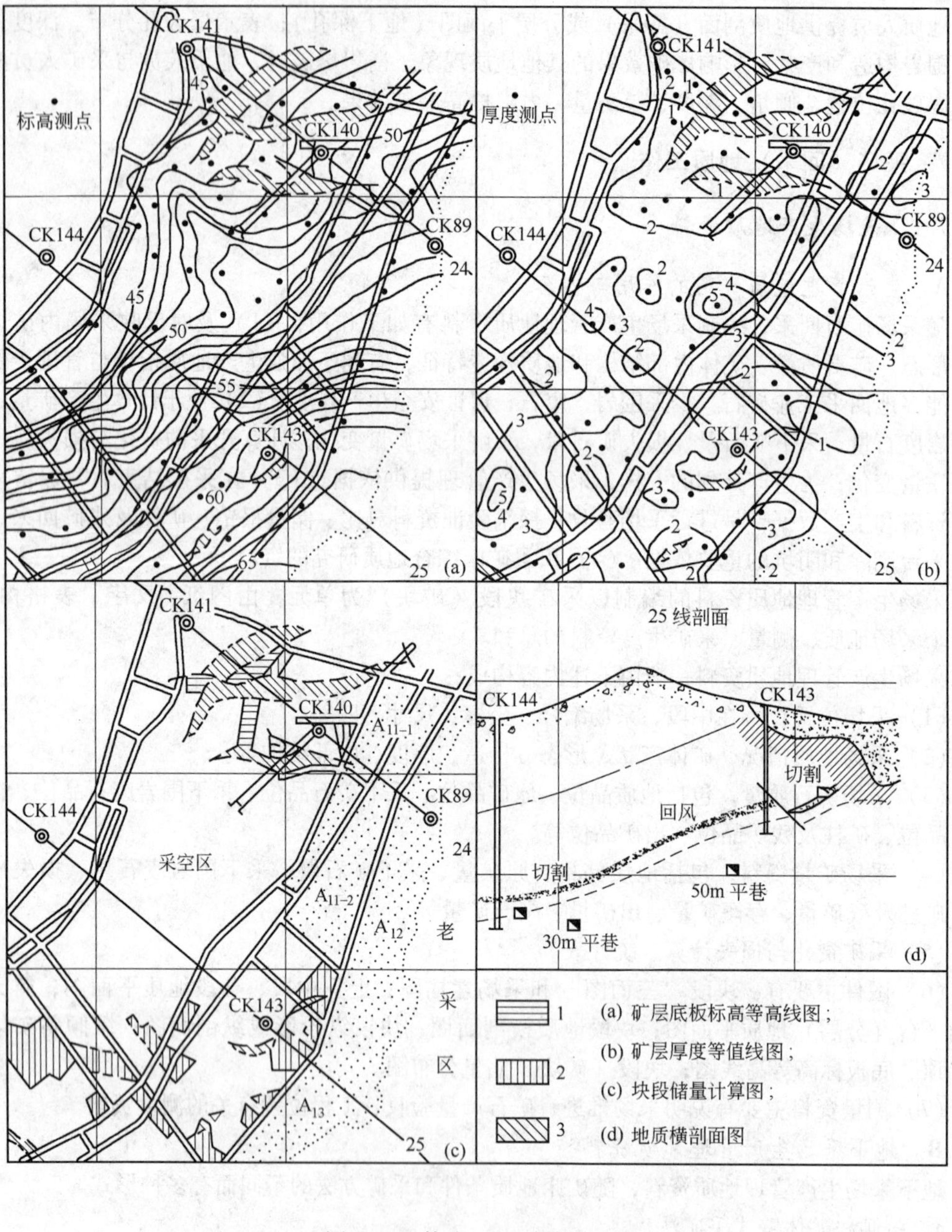

图 6-66　某矿 3003 矿块地质图

1—低于可采厚度的矿体；2—矿柱及残矿；3—断层无矿带

b　急倾斜矿体浅孔留矿法

急倾斜矿体浅孔留矿法（图 6-67）采场生产管理地质资料由下列资料构成：

（1）采场上采掌子面素描图，比例 1∶100，一般每上采 2～4m 或每周、每旬编录一次，是贫化、损失计算的依据。

（2）矿块上、下中段复合地质平面图，比例尺 1∶200。

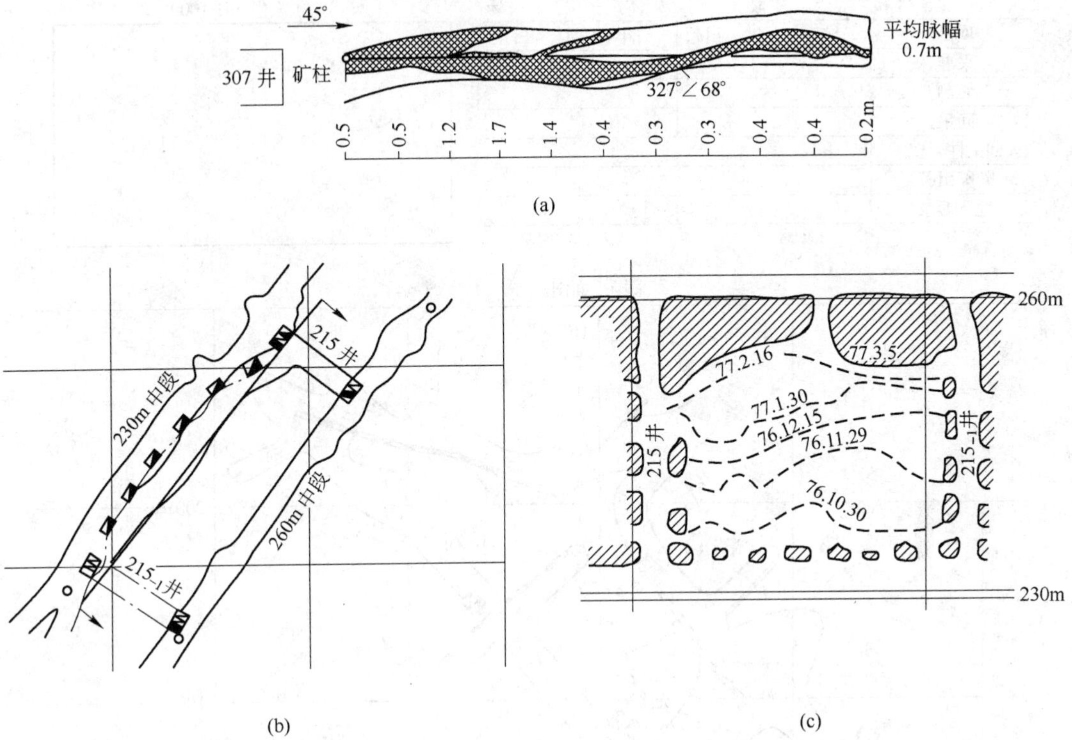

图 6-67 某铅锌矿采场地质资料素描图

（a）采场掌子面素描图；（b）采场上下中段复合地质平面图；（c）采场垂直纵投影图

（3）矿块地质横剖面图，比例 1∶200 。

（4）矿块垂直平面纵投影图，比例尺 1∶200 ，表示采场结构、上采及验收界线和时间。

（5）采场贫化、损失率及矿量计算表。

c 不规则矿体水平分层充填法

不规则矿体水平分层充填法采场管理地质资料由下列资料构成：

（1）采场平面总图，居于图册首页，说明矿块位置及地质情况（图 6-68），附有矿房储量及贫化与损失计算表。

（2）矿块地质横剖面图（图 6-69），随采场上采逐步修改，一般每个采场有 1 ~ 5 张。

（3）矿块垂直纵投影图（图 6-70），表示矿块结构。

（4）矿房分层掌子面图一般每上采一个分层素描一次，整个采场有几十张。比例尺 1∶50 ~ 1∶100 。并附上分层生产资料，即矿石及围岩品位，矿量及贫化与损失计算表，开采情况的说明等（图 6-71）。

C 露天采场生产管理资料

大型露天采场在平台内划分爆破区段，一个爆破区段作为穿孔爆破的一个单元。穿孔后及爆破前，应向采剥人员（电铲司机、推土机司机、爆破人员、铲运人员、采场值班调度人员）提供区段全面性的地质资料，如矿体空间位置、岩矿及夹石分界线、矿石工业品级及自然类型分界线位置；矿石质量、地质储量、爆破矿量、剥离量等资料，以指导爆破和采矿。爆破区段

矿区　　　　中段　　　　矿体　　　　采场

项目	年　月　日起	年　月　日止
采准		
切割		
回采		
回采柱、壁		
贮矿出矿		
地质编录		

索引图 1:1000

采场平面图　　　　1:200

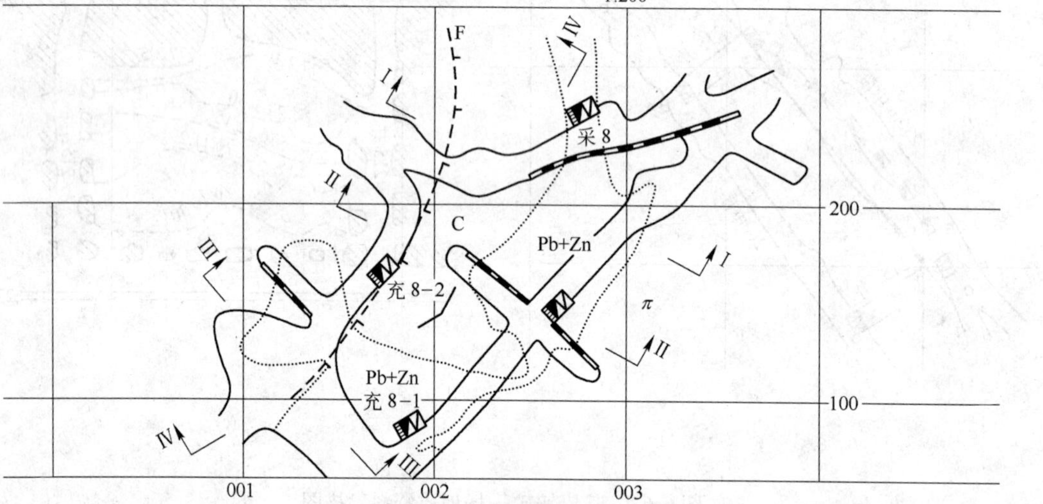

矿房储量及误差率计算表

提交生产储量										采下矿石量/t					损失量/t					柱、壁矿石量/t					误差率/%				
矿块号及级别	面积 /m²	幅宽 /m	体积 /m³	体重 D /t · m⁻³	矿石量 /t	金属量/t				矿石量	金属量				矿石量	金属量				矿石量	金属量				矿石量	金属量			
1	2	3	4	5	6	7	8	9	10	11	12	13	14	15	16	17	18	19	20	21	22	23	24	25	26	27	28	29	30

矿块开采贫化损失计算总表

采矿量		围岩量					损失量						矿房开采结束后的				矿块开采结束后的			
矿房 /t	柱壁 /t	采下		混入 /t	选出 /t	合计 /t	未采下			遗留采场矿石 /t	自然冒落 /t	合计 /t	计划		实际		计划		实际	
		矿房 /t	柱壁 /t				矿房	矿柱	矿壁 /t				贫化率 /%	损失率 /%	贫化率 /%	损失率 /%	贫化率 /%	损失率 /%	贫化率 /%	损失率 /%
1	2	3	4	5	6	7	8	9	10	11	12	13	14	15	16	17	18	19	20	21

说明

(7) = (3) + (4) + (5) − (6)

(13) = (8) + (9) + (10) + (11) − (12)　　$(16)=\dfrac{(3)}{(1)+(3)}\times100\%$　　$(20)=\dfrac{(7)}{(1)+(2)+(7)+(12)}\times100\%$

(5) = 冒顶、片帮、倒入围岩量

(8) = 开采过程上下盘及两端损失　　$(17)=\dfrac{(8)}{(1)+(8)}\times100\%$　　$(21)=\dfrac{(13)}{(1)+(2)+(8)+(9)+(10)}\times100\%$

(12) = 未采下矿石自然冒落量

图 6-68　某铅锌矿采掘图

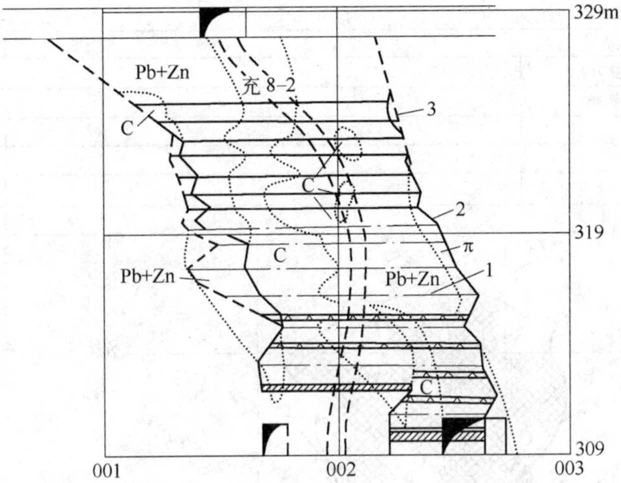

图 6-69　某铅锌矿地质横剖面图

1—分层位置；2—第一次爆破；3—扩帮线；C—石灰岩；

Pb + Zn—铅锌矿体；π—石英斑岩

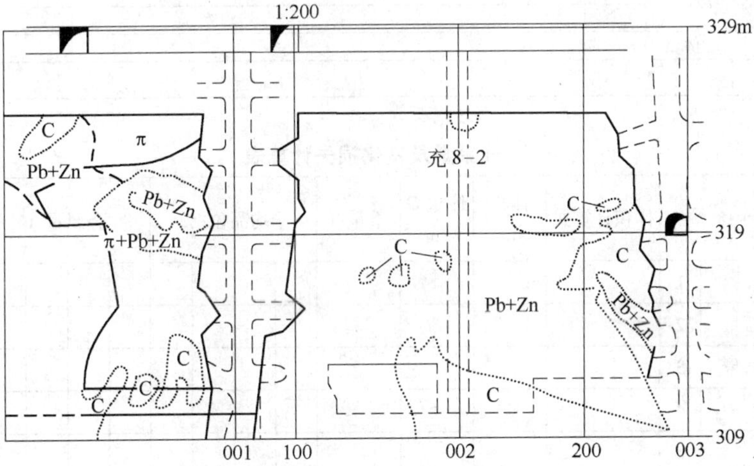

图 6-70　某铅锌矿垂直纵投影图

地质图（图 6-72）比例尺 1∶500，在同比例的平台地质平面图的基础上编制，并依据爆破孔取样、掌子面素描资料补充和修改。该图包括：（1）区段地质平面图；（2）区段地质剖面图，只切到本平台；（3）矿石品级、类型的品位矿量资料。由于穿孔到爆破时间间隔不长，要求爆破孔取样能快速得到化验结果。

中、小型或矿石品级、类型简单的露天采场，只编制爆破区平面图指导生产。图纸格式如图 6-73 所示。比例尺 1∶500。系在采场掌子面素描图及平台地质平面图的基础上编制。其作用同于爆破区段地质图。年度爆破区图可以装订成册，便于保存。

				第一分层顶板参数平均值
矿石	样品号			
	长度/m			
	距离/m			
	金属品位/%			
	体重 D			
描图 1:200	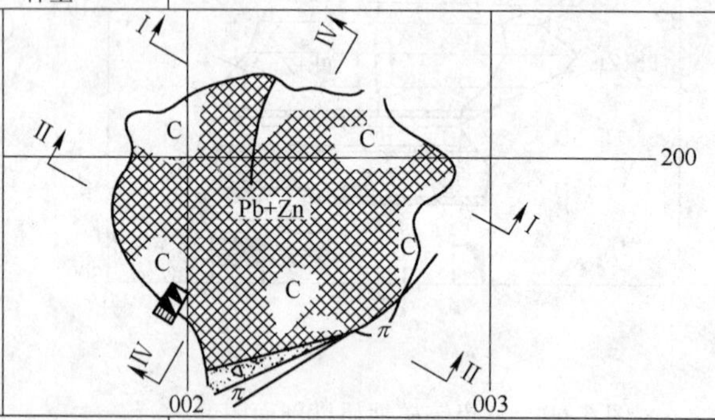			写生图 1:100
矿化围岩	样品号			参数平均值
	长度/m			
	距离/m			
	金属品位/%			
	体重 D			
描述				

开采量及贫化损失计算表

项目				体积计算式	体积/m^3	体重 D /$t\cdot m^{-3}$	重量/t	平均品位/%				金属量/t				开采情况说明
测期	采矿量		1													
	其中	矿石量	2													
		围岩量	3													
	损失量		4													
累计	采矿量		5													
	其中	矿石量	6													
		围岩量	7													
	损失量		8													

测期	贫化率 $=\frac{(3)}{(1)}\times100\%$	损失率 $=\frac{(4)}{(2)+(4)}\times100\%$	实测期间 自　年　月　日 至　年　月　日
累计	贫化率 $=\frac{(7)}{(5)}\times100\%$	损失率 $=\frac{(8)}{(6)+(8)}\times100\%$	索引：　测量图册　号　页

编录者　　年　月　日　计算者　　年　月　日　审核者　　年　月　日

图 6-71　某铅锌矿地质编录资料

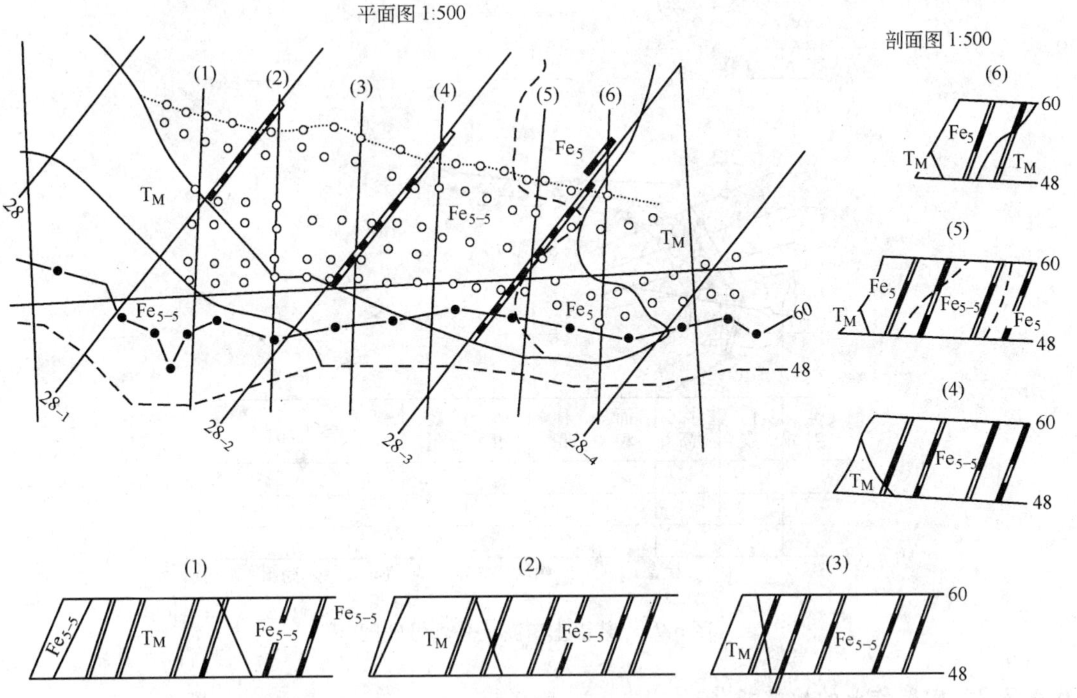

说　明　书

水平层	块段	矿石类型	品位/%				体积/m^3	体重 D	矿量/t	运往地点
	No.	Fe_5								
		Fe_{5-5}								
		……								
说明										

采样编号	采样间距/m	长度/m	品位/%				采样编号	采样间距/m	长度/m	品位/%			图例
													Fe_5 1
													Fe_{5-5} 2
													T_M 3
													4
													5
													6

单位名称　　　　制图人　　　　　　日期

图 6-72　某铁矿露天采场某平台爆破地质图

1—高铜氧化矿；2—高硫高铜氧化矿；3—大理岩；4—爆破孔；5—平台顶线测点；6—平台底线测点

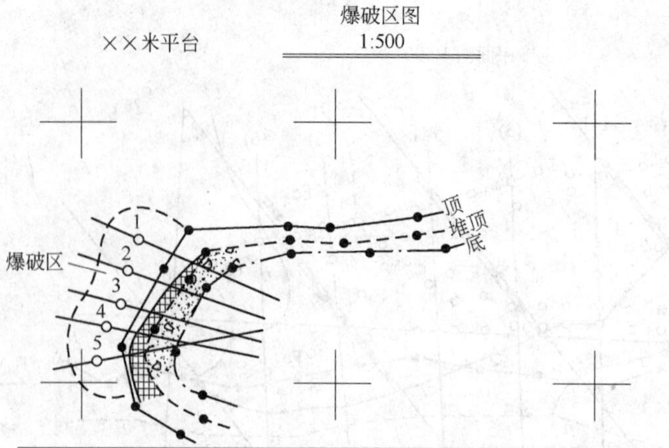

类别	孔数	均高	面积	体积	体重	数量	岩性描述

检查：　　测量：　　地质：　　绘图：

图 6-73　某铝土矿露天采场爆破区

6.4.7.2　回采作业的地质指导

矿石回采作业的中心问题是尽可能多地采出工业矿石，少采围岩废石，保证出矿质量均衡，提高生产效率，降低生产成本。

A　地下采场地质工作

（1）指导切割。切割或切割拉底是整个采场上采的基础，对矿体边界不清、边界形态曲折的矿体，切割的地质指导更有重要意义。指导切割工作包括：1）据矿体边界位置确定切割拉底的范围、宽度，使拉底边界与工业矿体边界尽可能吻合。发现拉底不足，提出扩帮；发现过多切割围岩，及时制止。2）指导并确定上采倾角。3）依据拉底揭露的地质现象预计上采过程中可能出现的矿体形态产状变化、夹石位置、断裂带、岩脉等影响矿石回采的有关地质技术问题，以便采取预防措施。

（2）检查矿房两帮。对允许进入采场的矿房，每一次爆破作业后，检查两帮是否残留工业矿石，如有则提出扩帮地点、范围、深度。

（3）检查回采掌子面目的在于圈定上采边界线，使上采边界与矿体边界尽可能符合要求（图 6-74）。

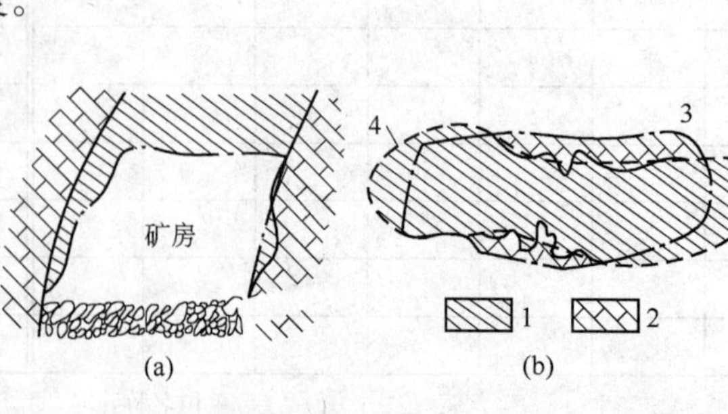

图 6-74　上采边界的圈定
（a）剖面图；（b）平面图
1—矿体；2—大理岩；3—现有采场边界；4—上采边界

（4）指导炮孔布置。上采炮孔应当依据矿体倾向、倾角正确布置（图6-75）；否则，在顶盘会引起矿石贫化，而底盘会造成矿石损失。采用无底柱分段崩落法的采场，要注意切割井（图6-76）及炮孔（图6-77）的正确布置，避免炮孔的无效进尺或造成矿石贫化。深孔崩落法爆破后不可能进入采场，只能利用凿岩天井及深孔探顶，以指导炮孔布置及装药深度。

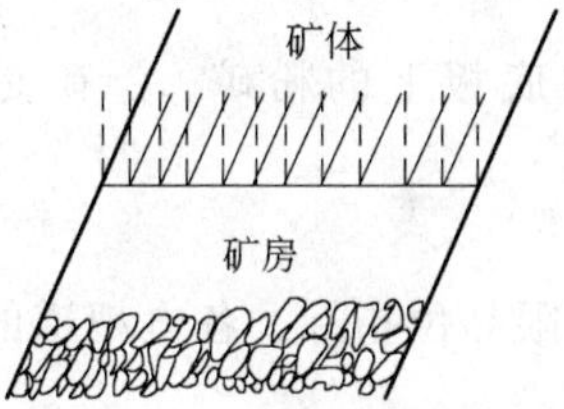

图 6-75 回采掌子面上炮孔的布置
实线—正确；虚线—不正确

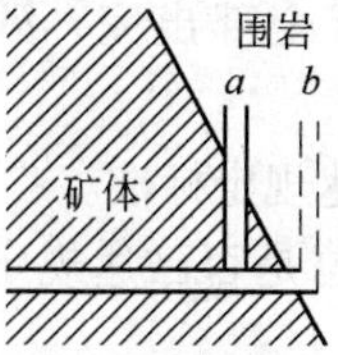

图 6-76 切割井布置
（沿进路断面）
a—正确；b—不正确

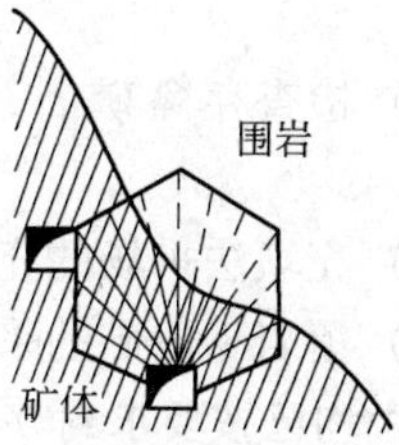

图 6-77 无底柱分段崩落法扇形炮孔的布置(垂直进路断面)
实线—正确;虚线—不正确

（5）指导爆破及充填。多品级、类型分采或矿石、夹石分采的采场，指导分区、分段爆破。充填法采场，指导充填范围、深度；检查充填料，不允许混入工业矿石。

B 露天采场

要求按计划做到“定点采剥，按线推进”。回采过程中还要注意管理好边坡，会同采矿人员确定边坡角。

6.5 生产结束地质验收工作

6.5.1 采场（矿块）验收工作

6.5.1.1 验收的依据

采场（矿块或块段）是地下开采的基本采矿单元，采场（块段）采矿工作结束后，应进行有组织的鉴定与验收工作。

采场（块段）验收应具备如下的资料依据：

（1）采场地质资料，包括采场内矿体的分布、产状与形态、矿体边界位置、夹层与夹石情况；矿石质量及矿石工业品级、自然类型划分和分布；破坏和影响采矿的构造：褶皱的高度和幅度；断层类型、规模、产状、断距。对矿体的破坏情况与程度；火成岩脉的穿插及对开采的影响；围岩性质、分布、产状；矿块水文地质情况，含水层的位置、含水性、涌水情况，对采矿工作的影响。

（2）采场地质工作，地质勘探对采场内矿体的控制程度；生产勘探“二次圈定”对矿体控制的准确程度；开采中的生产地质工作。

（3）采场生产资料，采矿块段的采矿技术条件，如矿岩的硬度、稳固性、块度等；采矿工艺过程、采矿方法、矿块构成参数、矿石回采技术措施。采矿中的贫化与损失，分层及采场总的贫化率和损失率，贫化与损失原因分析。采场工业矿石储量，采下矿量及出矿量，顶柱、底柱、矿壁、房柱的损失量，残矿量及采下损失量。采场总回收率。采场地质、原矿、出矿品位，矿石质量变动及管理。

（4）采场测量资料，采场测量图纸。产量及采空区测量验收。

（5）图纸，主要是采场（块段）生产管理地质图（采掘图）。

6.5.1.2 验收项目

验收项目包括：

（1）最主要的是验收回采率，检查采场设计回采的矿石是否全部回采，矿柱及残矿是否回采。

（2）检查存窿矿石，应出矿是否全部出完，残留在矿房底板上的粉矿、浮矿是否扫清出净。

（3）充填法采场的充填量是否已达规定标准。

（4）覆岩下放矿的采场，出矿品位是否已达规定的出矿极限品位指标，各电耙道的放矿漏斗是否均已按要求封斗。

（5）由于地质或技术原因和安全条件等的限制，未采下或采下损失矿石确实无法补采或不可能放出；对这些永久损失必须查明其数量质量、分布和原因，指出将来补采的可能性和方法。

（6）采场采掘设备是否已全部拆除和转移。

6.5.1.3　验收的步骤

首先是阅读和掌握采场全部资料，并针对具体情况和查出的问题，会同测量与生产部门进行现场鉴定，确定是否具有验收结束的条件。然后逐项对采场矿量、采矿质量等进行验收。验收完毕，正式停止该采场采矿和出矿工作。

6.5.2　中段及平台结束验收工作

6.5.2.1　地下中段结束的条件

（1）中段范围内的矿床地质构造，矿体分布及其地质条件已探明，“空白区”也已探索完毕，中段资源已查清，无矿地段已作出无矿的结论。

（2）中段范围内所探明的主要、次要矿体，一切可供利用的矿产资源已采尽出光。

（3）中段范围内各采场（块段）采矿均已结束，已经正式鉴定验收，采矿块段已经封闭。

（4）中段范围内的矿柱、残矿已按设计要求补采并出尽。损失矿石量的数量、质量，损失性质及原因、分布等均已查明，已证明确实无法回采。

（5）中段范围内的地质测量资料已收集完毕，无遗留问题。

6.5.2.2　露天平台结束的条件

（1）平台范围内的地质构造条件已查明，矿产资源已全部探明，开采境界线外已无矿。

（2）采场剥离、采矿均已达到规定露采境界范围；采场边坡角已达到设计规定标准。

（3）平台范围内的工业矿石全部采出。残留在边坡上的矿石已经补采。积压在建筑物和线路下的工业矿石，暂时无法回采，其数量、质量、分布均已查明。

6.5.2.3　中段或平台结束所需资料

中段或平台结束资料是申请结束的依据，是地质与采矿工作的阶段性总结，是闭坑的基础地质资料。

（1）中段或平台矿床地质特征包括：矿体分布、规模、产状和形态、矿石质量和品级、类型分布；工业矿石地质储量、表外矿石储量；矿床构造、围岩及水文地质条件等。

（2）地质勘探与生产勘探工作。

（3）生产工作包括：开采方式、开拓方案、采矿方法、掘进或剥离及采矿工作，存在的问题和经验教训，采矿技术经济指标。

（4）矿量变动包括：工业地质储量的变动，历年采矿量、剥离量、损失量，矿量核销；采矿的贫化与损失，各采场回采率，中段或平台总回采率。

（5）中段或平台范围内的探采资料验证对比。

（6）矿山生产地质管理工作及经验教训。

（7）中段或平台结束处理的意见和遗留的问题。

（8）图纸包括：本中段或平台的地质平面图、剖面图、探采对比图、采场单体设计和施工图；采场生产管理地质资料；储量计算图、采掘工程素描图；取样、加工、化验、贫化与损失、矿量等各种表格。

6.5.2.4 中段或平台结束的审批和步骤

在中段或平台结束前提前提出结束资料和报告，批准后即可拆除生产设施，转移生产设备。设备转移后还要经有关部门现场鉴定，方得正式关闭中段或报废平台。对于具有长期使用意义的某些坑道（如运输、通风巷道）、溜矿井、人行井等，允许暂作保留，以备必要时使用。

6.5.3 矿山开采结束的地质工作

矿山开采结束一般称为闭坑，即井区、坑口或露天采场结束，是矿山生产中具有全局性的一件重要工作。

6.5.3.1 闭坑应具备的条件

（1）坑口、井区或露天采场范围及深部的矿产资源已经地质勘探和生产勘探探明，其地质结论或勘探报告已经批准。

（2）关闭范围内的一切探明可供开发利用的矿产资源已经开采，采矿工作已结束，存窿或储备矿石量已全部放出和运出。

（3）因地质或经济技术原因而损失的矿量，其数量、质量、分布及原因已查明，矿量已经上报核销。

（4）坑口、井区或露天采场范围内的采场（块段）、中段或平台采矿工作已结束，并已办完验收或结束手续。

（5）矿山永久保留的地质、测量与采矿生产资料搜集与整理工作已全部结束。

6.5.3.2 闭坑报告的编写

坑口、井区或露天采场关闭的报告既是一个终止生产的请示报告，又是矿山生产建设历史的经验教训的总结报告。编写时要坚持实事求是的科学态度，对资源远景的结论和资源回收利用程度的论述要有充分的科学依据，使闭坑工作不遗留问题。

闭坑报告一般分地质、测量与采矿、选矿生产两大部分，下面只介绍地质、测量部分编写的要求。

A 文字资料

（1）概述。矿区交通位置；勘探及生产历史；投产、达产及结束日期；原探明地质储量，最终地质储量，历年产量及主要技术经济指标的结论性意见。

（2）矿区及矿床地质。地层及岩性；岩浆活动；褶皱断裂构造及其对开采工作的影响；

矿体数目、分布，埋藏及赋存特征；矿体产状、形态、厚度及其变化；矿石物质成分，矿物成分及化学成分，主要有用及伴生组分品位，品位的变化规律；矿石物质成分的共生组合关系；矿石结构构造；矿石工业品级及自然类型划分和分布；矿床围岩蚀变及其与矿化的关系；矿床水平及垂直分带特征；成矿控制因素；成矿过程及矿床成因；矿石及围岩的物理技术性质；矿床水文地质条件与特征。

（3）矿量及其报销。历年及累计探明地质储量的级别和数量；经核实的采下矿石量、放出矿石量、矿柱及其他未采下损失量、采下损失量、副产矿量、区户表外矿石量。矿石质量包括：地质品位，采下矿石、存窿矿石和出窿矿石品位，精矿及尾矿品位，历年矿石质量变化情况；矿石贫化与损失。矿量报销包括：历年储量变动平衡，储量的报销；损失量报销；表外储量的利用；井区或露天采场矿产资源利用率。

（4）探采资料验证对比。包括地质勘探与生产勘探的探采资料验证对比。通过验证对比的结论确定矿床勘探类型，勘探手段选择，求得各级地质储量的工程间距，工程布置的正确性和合理性；勘探质量评价；勘探程度的合理性。

（5）生产地质工作。历年地质编录、编图、地质及生产取样；生产勘探方法评述；储量计算方法；工业指标选择及其合理性。矿山生产各项地质管理工作评述。

（6）结语。矿山地质工作变动，取得的成绩，存在的问题。遗留问题的处理和闭坑后工作安排的意见与建议。

B　图纸及其他资料

必须随同文字报告提交下述图件：（1）矿区交通位置图；（2）矿区地形地质图；（3）矿区总平面布置及坑内外工程布置图、露天采场的历年综合地质图；（4）地质勘探及生产勘探所获勘探线剖面图；（5）中段或平台地质平面图；（6）矿体纵投影图或缓倾斜矿体的矿层顶、底板标高等高线图；（7）储量计算平面图；（8）采掘工程实测图；（9）地表矿石堆积场、排土场及尾矿库实测图；（10）矿床探采资料验证对比图件；（11）钻探、坑道、采场原始地质资料；（12）储量计算及贫化、损失率计算资料；（13）矿床水文地质图及历年气象、水文、排水资料；（14）矿山永久性地质测量资料目录。

6.5.4　闭坑报告的审批

闭坑前一定时间（如一年）应向主管机关提出申请，阐明闭坑理由；未经同意闭坑前不得拆除生产设施或破坏生产系统。

由主管部门组织鉴定，现场了解情况，查清问题，分析原因，确认已具备闭坑条件的，批准闭坑。中小型矿山和坑口由主管机关审批；大型矿山或坑口由主管机关将审查意见报主管部门审批。

闭坑或关闭矿山后，将正式闭坑报告及所附资料，除报送主管机关外，还应送省及国家资料局归档存放。

6.6　矿山生产水文地质工作

矿山水文地质工作的目的是通过矿山水文地质调查，正确全面地掌握矿区水文地质条件，合理布置矿山防治水工程，正确指导矿坑采掘作业，确保矿坑生产作业安全。促使矿产资源、地下水资源得以合理开发利用，从而提高矿山经济效益。

矿山水文地质工作的任务是进行矿区水文地质调查，查明影响矿山正常生产和建设的水文地质因素；分析矿区充水条件，预测核定矿坑涌水量，提出矿山防治涌水方案预处理措施；开展矿山日常水文地质观测工作，研究矿区地下水的动态并及时预报，以便指导采掘施工，防止地下水害，实现安全生产。通过对地下水水质动态观测分析，研究对地下水资源及环境资源的保护，研究和解决矿区供水水源以及矿坑水的综合利用；建立健全水文地质观测资料及水文地质图，做到规范化、标准化，以及提供给生产部门使用。

6.6.1 地下水的概念

自然界中的水，存在于大气中、地壳表面和地壳里。大气中的水呈水蒸气及云、雾、雨雪和冰雹等形态存在于空气中；地壳表面的水分布在河流、湖泊、海洋内或呈冰雪覆盖于高山顶部。

地壳里的水，存在于岩石与土壤的空隙中，有气态、液态、固态等三种不同的形态。

大气中的水称为大气水，地壳表面的水称为地表水，埋藏在地表以下的水称为地下水。

专门研究矿床地下水的成因、分类、物理性质、化学成分及它的运动规律以及采矿时防地下水对生产的影响的科学称为矿床水文地质。

根据地下水埋藏条件和含水层的性质，地下水分为包气带水、潜水、层间水、裂隙水、岩溶水、泉水（图2-13）。

6.6.1.1 包气带水

包气带水是处在地表以下第一个含水层中的水，由于岩层孔隙没有完全被水充满，存在气体，故称包气带水。它是季节性存在的，分上层滞水、土壤水、沼泽水三类：

（1）上层滞水：指包气带中暂时或局部储存于透水层内，不透水或微弱透水层凸镜体表面上的水。上层滞水大部消耗于内部的蒸发。

（2）土壤水：埋藏在地表附近的土壤里，是土壤的重要组成部分。这些水受季节性气候影响大。

（3）沼泽水：坡积、洪积、冲积、湖积、冰水沉积物中的水，出露或接近地表时成为沼泽水，它和地表水体、降雨量有密切的关系。

6.6.1.2 潜水

潜水是埋藏在地表以下，第一个隔水层以上含水层中的水。当潜水充满所有岩石孔隙后就具有统一的自由水面，称为潜水面。潜水的主要来源为雨水、地面水、凝结水及经过包气带水而汇集，所以它受气候的影响较大。

6.6.1.3 层间水

埋藏在两个不透水层之间的水称为层间水。层间水一般受地壳构造运动的影响，由于岩层大多数为倾斜，故层间水具有静水压力而形成承压水，它可以沿着岩石的裂隙、钻孔等涌出地面，故又称自流水。

自流水具有很大的经济价值，可作饮用水、工业用水，有些含有盐类矿物，可作为工业原料。

6.6.1.4 裂隙水

裂隙水是埋藏在岩石裂隙中的地下水。裂隙水可能是基岩风化壳或黏土裂隙中季节性存在的水（无压的潜水），也可以是构造盆地或向斜中基岩的层状裂隙水、单斜岩层中层状裂隙水、构造断裂带及不规则裂隙中的深部水（承压水）。

6.6.1.5　岩溶水

岩溶水是分布于可溶性岩石的裂隙、溶洞或暗河中的水。由于裂隙、溶洞一般较大，降水易下渗，动态变化受气候影响显著，水位变化幅度大。地下水溶滤可溶性岩石（石灰岩、白云岩、石膏）而在该岩石中形成的岩溶现象，称为喀斯特。在岩溶现象比较发育的地区，地下水往往将这些地区的岩石溶解，形成溶洞和裂隙，并不断扩大，形成良好的通道。另外，地下水也在构造裂隙中运动，流到很深的地方。有岩溶水的地方，水流速度较快，涌水量大。

在岩溶分布多的地区进行采矿时，要特别引起注意，防止矿坑突然涌水。

岩溶水的来源主要是大气降水和区内地表水。岩溶含水层上部的地下水矿化低，适于工业用水和饮用。

6.6.1.6　泉水

从地下能自己流出地面的水称为泉。

泉又分为上升泉、下降泉两类。

上升泉：补给泉的水在含水层中是由下而上运动的，即由承压水补给的泉。

下降泉：补给泉的水在含水层中是由上而下运动的，即由潜水补给的泉。

6.6.2　矿床充水条件

6.6.2.1　矿床充水的自然因素

(1) 大气降水。大气降水的渗入是多数矿区矿坑充水的经常补给水源之一，矿坑涌水地区气候具有明显的季节性变化，随开采深度的增加，变化幅度减小。

(2) 地形。矿坑涌水量与地形有着密切关系，同样的地质条件下，位于河谷、沼泽和低洼地区的矿床，含水量较多。

(3) 地表流水和湖泊、河流、池塘的水。它容易成为坑道充水的水源。

(4) 透水基岩出露程度和隔水层的厚度。矿坑涌水量的大小，取决于透水基岩露出程度和能使含矿层与地表水隔绝的亚黏土和黏土覆盖层的厚度。

(5) 矿区的地质构造。岩石中的构造破碎带，是地下水集中和流入矿坑的通道。

(6) 围岩性质。地下水流入矿坑与矿坑所揭露的围岩性质有关。围岩为疏松碎屑状，则涌水量大；黏土为不透水层，可隔绝邻近含水层；岩溶发育的地方，可能会发生突然涌水而淹没矿坑。

(7) 岩层透水性。涌水量常随深度的加深而减小。

6.6.2.2　矿床充水的人为因素

(1) 旧巷道。废弃的巷道，常储存积水，水易流入新开坑道，对生产造成危害。

(2) 未封闭钻孔。地下水易沿未封闭的钻孔涌入坑道。

(3) 采矿方法不当。矿体上部充水或接近地表水体，如随意使用崩落法，就可能使顶板岩层形成人为裂隙或引起地表陷落，造成地下水或地表水涌入坑道。

(4) 露天采场防洪措施不力，使山洪流入采场。

6.6.3 地下水害的治理

矿山建设和开采时期，由于矿坑水的存在，常常妨碍矿山正常生产，甚至造成灾害，因此，对形成矿坑水的各种水源和通道等必须采取有效的防范和治理措施，防治方法有：矿坑水预测、矿区地面防水、坑下防水、矿山排水、矿床预先疏干、注浆堵水等。

6.6.3.1 一般防水措施

(1) 选择正确采矿方法和合理布置坑道。正确地选择采矿方法，对防止地下水的危害是很重要的。在江河湖海及富水含水层下采矿时必须留有一定厚度的保安矿柱，采用房柱法、充填法采矿为宜。

布置巷道系统时，将第一期巷道布置在远离河谷和地表水体的地方，巷道尽可能避开岩溶地段和充水的构造破碎带，布置在富水程度弱的一盘。

(2) 矿区地面防水。

1) 井巷口布置在最高洪水位 3m 以上。

2) 修筑渠道、截水沟，将对矿区有影响的洪水导离矿区。

3) 井下留保安矿柱，防止裂隙产生。

4) 在小河或灌渠下铺防水层，防止河渠水渗入。

5) 注浆封堵。

(3) 矿坑内防水。

1) 超前探水与放水。用钻机超前探水，并疏干含水层或地下水体中的水。

2) 砌筑防水墙、防水门。

3) 矿山排水。一般采用自流式或压升式进行矿坑排水。

6.6.3.2 矿床疏干

矿床疏干是采用各种排水工程（如巷道、疏水孔、明沟）和排水设备（水泵、排水管道）排出矿床水的疏水方法，在基建以前或基建过程中，降低开采地区的地下水位，是保证采掘工作正常、安全进行的一项措施。

常用的疏干方法有：

(1) 深井泵疏干法（地表疏干法）是在需要疏干的地段施工大口径钻孔安装深井泵，依孔内水泵工作而降低地下水位的一种疏干方法。

深井泵疏干法的适用条件：

1) 疏干渗透性良好，含水丰富的含水层。

2) 疏干深度一般不宜超过水泵最大扬程。

3) 深井抽水后，可能发生塌陷或强烈沉降而又难以处理的条件下不宜采用。

优点：

1) 施工简单，施工期限较短。

2) 劳动和安全条件好。

3) 灵活性强。

缺点：

1) 受疏干深度和含水层渗透条件的限制，使用上有局限性。

2) 泵运转可靠性差，效率低，管理维修复杂。

3）供电故障影响疏干效果。

（2）巷道疏干法（地下疏干法）是用巷道直接或通过各种类型的疏水钻孔来降低地下水位的方法。

优点：

1）适用范围广。

2）疏干强度大，比较彻底。

3）排水设备运转可靠性强，检修管理方便，效率高。

4）水仓能容纳一定量的地下水，暂时停电不影响疏干效果。

缺点：

1）井下施工条件差。

2）施工期限长，基建投资大。

（3）明沟疏干法是在地表或露天矿台阶上开挖明沟以拦截流入采场的地下水的疏干方法。明沟疏干法一般用于露天矿矿区，它常以辅助疏干手段与其他疏干方法配合使用。明沟疏干法结构形式简单、节省材料、施工快、投资省。

（4）联合疏干法。在矿区水文地质、工程地质条件复杂时，合理地配合使用适合于当地条件的两种以上疏干方法。

6.6.3.3 透水前的征兆及防水措施

A 井巷透水的征兆

（1）岩壁或顶板突然渗出水珠，岩层突然松散发潮。

（2）工作面温度下降，空气变冷或工作面水蒸气大，常产生雾气。

（3）接近石灰岩溶洞时，有时工作面“出汗”，见“黄泥”或岩层碎屑物质，有时有水啸，此时溶洞很可能在附近。

（4）工作面顶板淋水增大，或底板突然涌水。

（5）工作面顶板“来压”，掉渣、冒顶或出现支架倾倒、折梁断柱现象。

（6）水的气味发生变化。

B 探水前进

发现突水征兆时，应停止工作，探水前进。常用钻机探水，探水孔的终孔位置必须超前掘进工作面一定距离，一般不宜小于5m。超前探水孔是从巷道掌子面上以水平或倾斜方向打进，长度可为10～15m，孔径一般不超过75mm。水量大时，可适当加大孔径或增添孔数。

为了保证放水安全，对钻孔的进尺和变层位置要准确记录，在放水孔口装置套管，控制水量，在中段砌闸门，健全管路和排水设备。

6.6.3.4 注浆堵水法简介

A 注浆堵水的概念

将具有充填、胶结性能的材料配制成浆液，用注浆泵经输浆管和布置在矿坑可能突水或渗水点周围的钻孔，压入到岩层裂隙或空洞中，由于浆液的充塞作用，达到堵塞裂隙或空洞，隔绝矿坑充水的水源，并起到加固岩层的作用。

B 注浆材料及应用条件

依据地质、水文地质条件正确选择注浆材料是很重要的，它不仅影响堵水效果，更是堵水的成败关键。

(1) 硅酸盐类型浆液。单液水泥浆、水泥-水玻璃双液浆，在动水流较大时，注入骨料(砂、石子) 后，采用水泥、水玻璃双液注浆，效果较好，减少地下水对浆液的稀释、携带作用。

(2) 化学类型浆液。克服水泥浆液缺陷而出现的新型注浆材料，现在普遍应用的是有机高分子化合物，它们是不含颗粒的溶液，凝胶时间可以控制，黏度低可灌性好。目前，用得较多的是 MG-646、水玻璃类脲醛树脂、聚氨脂、糠醛树脂、铬木素类等。

6.6.4　地面河流防渗方法

6.6.4.1　渗压计法

渗压计法是通过观测河水对预埋在河床底部的渗压装置的渗透压力来监测河床、湖泊防渗情况。

6.6.4.2　地下水位观测法

地下水位观测法（防渗观测孔水位观测法）是在河流、湖泊两岸采用物探的方法探测地表下的断裂构造位置（构造裂隙水），然后在断裂构造对应位置建立一定数量的长期水文观测孔，通过定期观测观测孔水位变化来分析河水、湖泊断破碎带及矿坑地下水是否存在水力联系。常用测量方法有：

(1) 万用表法。运用水的导电性来测量孔内水深。

(2) 自记水位仪法。工作原理是靠钻孔内自然水位的升降促使浮标及拉线的升降，凭借拉线与滑轮间的摩擦力促使滑轮转动，驱使来复杆旋转，又拉动了来复杆上的记录笔做垂直与时间坐标的横向移动。以直线或曲线的形式表示出相应的水位值。

(3) 水化学分析法。水化学分析方法是通过化验水中所含的化学成分来判断水的来源及不同水源间是否存在水力联系。

(4) 电话传送法。被测水位在压力传感器处形成相应的水压强，由压力传感器受水压强的作用感生出相应电压，经传感器内部的变送器放大转换成电流。

6.6.5　塌陷区水文地质工作

采用崩落法采矿的矿山要求地表塌陷，地表的塌陷形成了采区通往地表的天窗，改变了原有岩石的结构及渗透性，大气降水成为矿坑地下水的强大的补给来源。改变地表塌陷区域的径流方向，将流向塌陷坑的降雨汇水尽量排走，测算降雨渗入量成为塌陷区水文工作的重点。常用排水方法有：

(1) 导流堤法（建立防洪挡水墙）。为避免地表汇水直接流入塌陷坑进入井下回采工作面，在塌陷区周围建立导流堤，将流向塌陷区的水排走。

(2) 防洪排水沟法。修建塌陷区防洪排水沟，改变地面水径流方向。

(3) 预先疏干地表水。

(4) 及时放顶，加强空区管理。井下回采空区能否及时被上覆围岩充填，即上覆围岩是否及时垮落是降低巷道顶板压力的有效途径。

塌陷区水文地质工作的内容：

(1) 了解并圈定地表崩落区的界限与面积。

(2) 了解潜水、降雨在崩落区渗漏情况及其渗漏规律。

（3）了解降雨在地表崩落区周围汇集、延流情况。

（4）通过各种手段观测了解地表水、潜水、降雨通过塌陷区补给井下的形式与数量。

（5）了解地表松散土体及基岩风化物随潜水、降雨溃入矿坑的可能性及其具体情况。

（6）收集采空区位置资料。

（7）收集矿区降水和井下排水资料。

（8）提供崩落区各项防洪排水工程设计方案性，提供水文地质资料。

（9）做好汛期崩落区防洪监督管理工作。

6.6.6　井下水文地质工作

矿山经过地质勘探、基建时期进入正常生产后，已经基本摸清矿山水文地质条件。监测、预测矿坑涌水量，分析矿坑涌水源间的比例关系成为矿坑地下水文工作的重点。

6.6.6.1　日常工作主要内容

（1）观察和描述矿坑水文地质现象。

（2）矿坑水文地质的调查与测量。内容包括：井巷岩层及其含水性的编录；断层构造的水文地质测量；裂隙测量；地下水活动的水文地质现象观测与描述；地下水活动所产生的工程地质现象编录；水文地质摄影；地下水水化学测量。

（3）井巷岩层及含水性的编录。可分段选择有代表性的测点进行观测、描述。描述的内容应包括：地层时代、岩石名称、颜色、结构构造、岩性、矿物成分、含水性、产状等。测点位置应按编号标定在坑道素描图上，测点的代表范围应明确反映在坑道水文地质图上。

（4）断层构造的水文地质测量。准确标定断层位置，测量其产状，查明力学性质及断裂类型，测量破碎带宽度，描述破碎带内充填物的岩性和空隙性，研究充填物的稳定性（胶结程度、抗冲刷、抗管涌等性能）和含水性。在断层构造测量时，必须同时研究两盘围岩的孔隙性、岩性、含水性等现象。并根据上述现象综合分析，对断层带的不同地段进行富水程度分级。

（5）裂隙测量。以构造裂隙为主要充水方式的矿坑，对各中段揭露的含水层，均要进行裂隙统计，测量结果应编绘出含水裂隙等密线图。裂隙测量的内容有：产状要素、长度、宽度、张开度及充填物、成因类型等。此外，还应观察各组裂隙的生成次序及测点所处的构造部位。

（6）观察与描述地下水活动的水文地质现象。1）岩溶（溶洞）现象的描述：岩溶发育段的岩性、溶蚀孔洞的形态、规模、分布密度、连通程度、充填程度和充填物的性质。2）风化和水蚀现象的描述：包括水蚀岩段的褪色、发黄、锈膜沉析、挂色等现象；矿物氧化，水解溶滤，岩石结构疏松程度；岩性软化，崩解，吸水膨胀和失水干裂等情况。3）出水现象的描述：应划分出巷道的潮湿、滴水、淋水区段。对于出现股流，射流涌水现象的井巷，其周帮须作素描编录，确定涌水点出口的大小、形态、性质、位置；详细记录水色、水温、气味、水量。对于岩层稳固性不良的地段以及有溃缺突水隐患存在的地段，每日须进行流量测定，研究其变化动向。

（7）工程地质现象编录。在井巷水文地质编录中，应详细记录软弱夹层；井巷底鼓、冒落、片帮、缩径、流沙；黏塑性岩土流变、管涌以及支护区的支护方法。支柱变形破坏；围岩的异常声响、岩爆等情况和它们发生的时间、地点、分布范围、演变的状态等；对地面塌陷、沉降和因此而引起地面建筑物的变形、开裂等工程地质现象和破坏影响程度都应做好专门的记录。

（8）矿山水文地质摄影工作。必须拍摄的水文地质、工程地质现象有：代表各层位岩体完整程度揭露面、小构造现象；主要的断层破碎带、节理密集发育带；导水裂隙的形态和张开度、各组断裂分支复合关系、生成顺序、切割情况；对工程有影响软弱夹层；岩溶现象及洞穴形态；涌水点及涌水出流状态；岩土充填物的流变、管涌、流沙现象以及因施工引起的工程地质现象等。

（9）地下水水化学测量。矿山地下水水化学测量应在矿山基建工作开展前，对矿区所有地下水源、坑内涌水点全面进行水质分析，找出能代表各水源特征的标志元素或组分；划分地下水水化学类型；编绘区地下水水化学图。井巷掘进时，对新出现的主要涌水点应取样作标志组分检测，以判别补给方向，必要时还可利用井巷附近钻孔、泉井投放示踪剂，进行连通性试验。矿山正常生产后应根据地下水综合利用和环境保护的需要，定期（通常是半年至一年）进行检测。

6.6.6.2　水文地质资料

（1）水文地质工作台账：

1）矿区水文地质大事记。

2）历年来各种专门水文地质试验所得的主要参数。

3）主要气象资料。

4）地表水体、钻孔、井泉动态变化。

5）主要涌水点，涌水量和矿坑总涌水量。

6）含水岩层，含水断裂类别及其主要特征参数，疏干排水设计中主要参数，疏干排水工程的实测资料。

7）历年来水质分析结果及评价。

8）各类补充设计和生产过程中对设计的验证资料等。

水文地质工作台账应健全，各种数据尽量以表格形式登记台账，做到详细、清晰、实用。

（2）实际材料：

1）地质点及综合观测点位置及编号。

2）地下水观测点位置及编号。

3）探点、试验点的位置及编号。

4）观测路线、勘探线及剖面线位置及编号。

5）地下水、地表水长期观测点和编号。

6）气象站、水文站位置和主要居民点、交通线。

（3）水文地质图件：

1）矿区水文地质图（比例尺1∶2000）。标明地层、岩性、构造，含水层和隔水层的分布，岩层富水性，地表水体，水文地质钻孔和井泉分布及涌水量和水位值等，必要时可按水文地质分区编制。一般在矿区地质图基础上填绘。

2）水文地质剖面图（比例尺1∶2000）。在地质剖面图上填绘含水层、隔水层、储水构造，地下水水位，泉的位置，构造对水力联系的影响，水文地质观测及试验资料等。

3）坑道水文地质图（比例尺1∶2000）。用中段平面地质图填绘含水层、隔水层、干燥、潮湿、滴水地段、涌水点位置及涌水量、水流方向、水文观测点位置、裂隙统计点及图表、水质分析取样点及分析结果等。

4）矿区排水疏干系统图。地面及井下主要排水设施平面布置。

5）钻孔水文地质柱状图。

6）钻孔地下水位变化曲线。

7）矿坑涌水量与降雨量，涌水量与巷道掘进长度，涌水量与开采面积，开采深度关系曲线图。

6.7　矿山工程地质工作

矿山工程地质工作的目的在于对工程地质问题作出正确评价和有效防治，确保矿山正常运营。它的基本任务是查清矿区在矿床开采过程中工程地质环境与工程地质条件及其变化，为分析和评价已经发生和可能出现的工程地质问题提供信息。

6.7.1　矿山工程地质的主要内容

与矿山工程有关的地质要素主要包括矿区地形地貌、地层与地质构造、岩土类型及其工程地质性质、岩体应力状态、水文地质条件、环境地质条件。

矿山工程地质解决的主要问题有：

（1）区域稳定问题，包括构造活动、地震、沙土液化、地面变形与沉降、区域构造应场强度、主应力方向。

（2）矿区岩体稳定问题，地表塌陷边坡、井下采场和坑道围岩、重要建筑地基（土）体的变形、破坏与失稳。

（3）与下水渗流有关的工程地质问题，尾矿坝渗透破坏。

（4）矿山环境地质问题，主要有滑坡、泥石流、采空区塌落、尾矿坝溃决以及“三废”污染等。

6.7.2　矿山工程地质工作

矿山工程地质工作主要有：矿山工程地质测绘与调查；矿山工程地质勘探；矿山工程地质测试与监测，地下开采岩体稳定性分析；矿山环境地质调查及矿山特殊工程地质勘探。

6.7.2.1　矿山工程地质测绘

工程地质测绘的基本任务：查明工程地质条件的空间分布及其相互关系；判定构造复合关系及构造应力场；调查岩体结构特征与力学特征；调查影响岩体稳定性和岩体移动因素、变形破坏和移动特点、移动规模；调查环境地质及其可能造成的影响与灾害。

工程地质测绘范围：坑道、采空区岩石崩落法影响的可能移动破坏范围及邻近地区；库区汇水面积至分水岭范围。

工程地质测绘的内容：软弱岩组及围岩风化的调查；结构面与软弱夹层的调查；节理裂隙等结构面的统计；地貌与第四纪地质调查；矿区水文地质条件调查；自然斜坡与边坡的调查；矿山岩石移动的调查。

6.7.2.2　工程地质图编制

常用的工程地质图主要有：工程地质分析图、综合工程地质图、工程地质分区图、工程地质综合分区图。按图的用途分为通用工程地质图和专用工程地质图。

6.7.2.3 矿山工程地质勘探

矿山工程地质勘探的目的是在工程地质测绘的基础上开展的掩盖层下的和深部的工程地质条件的勘探。

A 工程地质勘探的一般要求

调查矿床开采中发生的工程地质问题，查明其产生的条件和原因；查明对矿床开采不利的软弱岩组的性质、产状与分布；查明影响采矿工程的结构面的分布、产状、规模及充填、充水情况，确定结构面的级别及主要不良优势结构面；查明矿体及围岩的岩体结构、岩体质量，对岩体质量及其稳定性作出评价；查明岩体的风化程度、风化带界面及标高、强风化带的物理力学性质，对强蚀变矿区，应圈定蚀变范围；测定勘探范围内各种岩石（土）的物理力学参数；对扩建（延伸）矿区，应针对扩建（延伸）可能产生的工程地质问题进行相应的工作；有条件时，应专门进行地应力测量，确定矿区最大主应力方向及大小。

B 勘探工程布置原则

(1) 工程地质勘探应与生产勘探结合进行，工程地质孔应与地质、水文地质孔相结合，做到一孔多用。

(2) 当槽探、井探、物探可取得工程地质资料时，应布置适量的探槽、探井及物探工程。

C 勘探手段的选择

(1) 复杂的工程地质现象的调查及原状土样的采集应用井探，深部勘探及埋设监测仪器设备应采用钻探。

(2) 井下工程地质勘探应利用生产勘探探矿坑道、钻探工程和采矿工程。

(3) 土层及软岩层勘探可采用冲击钻探、静力触探、动力触探。

(4) 深部断裂构造等的探测可采用物探。

6.7.2.4 矿山工程地质测试

A 室内岩土物理力学性质测试

在矿山工程地质勘探中，应采集有足够数量和代表性的岩土试样；采集原状土样，应使其受到最低程度的扰动，保持原状结构及天然湿度。砂砾石土样应保持原状级配。岩土测试项目，应根据工程地质评价的要求来确定。试验项目有：

(1) 评价岩（土）物理性质测试的项目有颗粒成分、相对密度、容重、密度，天然含水软化系数、孔隙比、界限含水量、膨胀性（膨胀量、冻胀量）、耐崩解性指数、安息吸水率（含水率）。

(2) 评价岩（土）力学性质的测试项目有压缩性、抗压强度（干、湿）、抗拉强度、抗剪强度（干、湿）、弹性模量（干、湿）、泊松比、抗冻性。

B 现场岩石点荷载强度试验

本试验适用于各类脆性岩石（包括低强度与风化的岩石），可测试岩石的点荷载强度指数与强度各向异性指数。

C 大剪仪法直剪试验

本试验适用于测定边坡和滑坡岩土体的接触面、滑动面。适用于黏性土、粉土、砂土、碎土、碎石土的混合土层和其他粗颗粒土层的抗剪强度的测定。

D 声波测试

通过声波测试，确定岩石（岩体）的物理力学系数；测定岩体中裂隙分布情况，裂隙发育程度及硐室围岩松动圈的范围。达到了解岩体结构特征，岩体所处应力状态，以及进行岩体质量分级，应力分析和稳定性评价。测试方法有平透法、对穿法、横波法。

6.7.2.5　矿山工程地质监测工作

矿山工程地质监测项目主要有：地压监测、尾矿坝安全监测。

A　地压监测

地压监测方法有：地面塌陷观测（采矿地表塌陷区岩移观测）、井下岩体变形（移动）的监测、岩体中应力变化的测量。

（1）地面塌陷观测是通过地表布设观测点（线），并坚持长期定时观测来完成的。

（2）岩体变形观测是通过硐室围岩收敛位移的测量、硐室围岩松弛变形的测量、岩体裂隙观测、顶底板相对位移的观测来完成的。

（3）岩体中应力变化监测通过压力盒测定顶板压力，光应变片的观测、光应力计测定采空场围岩或矿柱中应力变化、电阻应变计的岩体应力测定。

B　尾矿坝安全监测

尾矿坝安全监测是以尾矿坝（库）整体的安全为目的监测，是为防止大坝发生灾难性事故的监测。其任务是使用监测仪器，选取监测项目，建立监测系统，周期地、系统地监测坝体、地基以及所在环境和各种有关结构性的物理量，并对监测资料进行整理、计算、分析，判断和分析坝体所处的稳定条件及坝体长期运行的安全工作状态。

尾矿坝（库）安全管理监测的内容：

（1）坝体运行中各种构筑物的应力状态，抗滑与抗震的稳定性，坝体与基础的状态。

（2）监测项目有坝体表面水平位移测量；坝体垂直位移测量；滑动位移测量；浸润线观测；渗透流量观测；孔隙水压力观测；固结观测；分层沉降测量；土压力测量；地震观测；库面的水位观测；滩长、滩高、渗流水质的观测。各矿山可根据自己的实际情况选择监测项目。

6.7.2.6　矿山特殊工程地质勘探

矿山专用线路地基、工业场地、尾矿坝坝基（库址）、工业与民用建筑地基、井下重大开拓工程（如井下粗破碎硐室）、桩基等工程地质勘探工作。

复习思考题

6-1　地下坑道工程有几种？画图说明它们在矿体上的相对位置。

6-2　布置地下坑道工程时，为什么要考虑矿床开采时的应用，一般都应该如何布置？

6-3　坑探工程与钻探工程各有何优缺点，在实际勘探中应如何充分发挥其优点？

6-4　地质编录工作有哪些基本要求，为什么？

6-5　各种坑探工程地质素描图的编制方法及其应注意的问题是什么？

6-6　岩芯钻探地质编录的主要内容有哪些？

6-7　编制钻孔剖面图时，为什么要对钻孔弯曲角度进行投影校正？具体的投影校正方法有哪几种？并评述其优缺点。

7 地质采样工作

7.1 概述

7.1.1 概念

7.1.1.1 定义

采样又称为取样，矿山地质取样是按照一定要求，从矿石、岩石或其他地质体以及矿产品中采取一定数量的代表性样品，并对所取样品的分析、测试、鉴定和研究，从而确定矿石及矿产品的组成、矿石质量（矿石中有益、有害组分含量）、物理力学性质、矿石技术加工性能以及矿床开采技术条件的矿山地质工作。它的全过程包括从矿体（或某些近矿围岩）上采取原始样品、样品的加工、样品的化验、化验资料的整理与研究等阶段。矿产的取样工作也同原始地质编录一样，在矿床地质研究的各个阶段（找矿、地质勘探、矿山地质工作）都要进行。假若矿石的质量是完全均匀的，那么取样工作可以很简单，只需任意采取少量样品就可以了。但实际上，自然界中任何矿体的矿石质量都是不均匀的，它们总是在空间上（即沿着矿体的走向、倾向及厚度方向）有着不同程度的变化，所以在取样过程中，一定要注意样品的代表性、全面性和系统性。

矿山地质取样，按照取样检测内容要求的不同，可分为化学取样、水文地质取样、工程地质取样、矿石物理力学性质测试取样、矿石测试鉴定取样、矿石加工试验取样等。

其具体的取样方法大致有刻槽法（连续打块法）、拣块法、岩芯劈取法、矿粉收集法、剥层法等。

7.1.1.2 采样目的

（1）在各种生产勘探工程中进行生产勘探取样，确定矿石质量及其变化，详细的圈定工业矿体，并按采矿和选矿工业要求，圈定矿体内部不同类型和工业品级的矿石界限，计算资源储量及生产准备储量。

（2）在矿山开采过程中进行生产地质取样，掌握生产矿石质量，均衡出矿品位，达到产品质量要求，控制并计算开采过程中的矿石损失与贫化，检查和监督矿产资源的利用程度，减少矿产资源的损失。

（3）进行矿石、岩石物理力学性质测试取样，掌握矿石、岩石物理力学性质，为计算资源储量和确定开采技术条件提供资料。

7.1.1.3 采样要求

（1）地质取样必须随生产勘探、巷道掘进及时进行，要确保地质取样的代表性、准确性和系统性。

（2）所有井下基建开拓工程、生产勘探线上的采准工程、坑探工程、钻探工程、脉外巷、回风巷、斜坡道、硐室等矿化段都要采样分析。不在生产勘探线上的采准工程，也应根据准确圈定矿体边界的需要酌情进行采样分析。

（3）原始地质样品质量应在理论质量的90%～110%，理论质量应符合切乔特公式要求（见7.3.2节）。样品加工需按切乔特公式编制加工流程图，要及时清扫破碎机和样筛，并按正确的方法加工到化验所需的粒级。

（4）巷道地质素描与地质采样工作应尽可能同时进行，在素描图上应反映采样起止控制点位置及编号、样号及样长。采样时样袋应放在采样位置上，样号准确放入样袋，检查确认无误后，样袋才能堆放在一起。

（5）样品送化验时，要正确填写基本分析、组合分析、矿物相分析送样单、工程名称（采样地点）、采样起止点编号、样长、采样日期、采样人。

7.1.2　采样种类

矿产取样的种类很多，但根据取样的目的，可分为化学取样、矿物取样、技术取样、技术加工取样四种。

7.1.2.1　化学取样

化学取样的目的是通过对采集的样品进行化学分析，确定其有用及有害组分的含量，据此可以圈定矿体的界线、划分矿石的类型和品级、了解开采矿石的贫化和损失。从而为研究矿石综合利用的可能性，确定合理的采矿、选矿方法，做好采场矿石质量的管理等工作提供可靠的依据。化学取样的数量最多，应用最广，在矿床地质研究的全过程中，对绝大部分矿种以及各种探、采工程都要进行这类取样工作。

7.1.2.2　矿物取样（或称岩矿取样）

在矿体中系统地或有选择性地采取部分矿石（有时也包括近矿围岩）的块状标本，进行矿物学、矿相学及岩石学方面的研究，从而达到如下两方面的目的：一是确定矿石或岩石的矿物组成与共生组合、矿物的生成顺序、矿石的结构与构造，以解决与成矿作用有关的理论问题；二是鉴定矿石中有用矿物及脉石矿物的含量、矿物的外形和粒度、某些物理性质（如硬度、脆性、磁性、导电性等）以及有用组分和有害杂质的赋存状态，以确定矿石的选矿和冶炼加工性能。

7.1.2.3　技术取样（即物理取样）

技术取样的目的是研究矿石或近矿围岩的各种物理机械性质和技术性质。根据矿种的不同，又有两种情况：对于一般矿产来说，技术取样是为了确定矿石（有时也包括部分近矿围岩）的体重、湿度、松散系数、强度、块度等性质，为储量计算和采掘设计提供依据；对于某些非金属矿产来说，技术取样是确定矿产质量的主要方法。例如，对云母矿来说，主要是确定云母片的大小、透明度、导电系数、耐热强度；对石棉矿则是确定其纤维长度、韧性、耐火强度；对压电石英则是确定其晶体的大小、颜色、压电性能等；建筑石料则要确定它的瞬时抗压强度、吸水性、导热系数、摩擦阻力等。技术取样的特点一般是以单矿物或矿物集合体为样品，采集时要特别注意其完整性，尽量避免损伤。

7.1.2.4　技术加工取样

技术加工取样的目的是通过对相当质量的样品进行选矿、烧结、冶炼等性能的试验，了解矿石的加工工艺和可选性质，从而确定选矿、烧结、冶炼的生产流程和技术措施，对矿床做出正确的经济评价。

技术加工取样可分为：实验室试验、半工业试验、工业试验等三种。实验室试验所需样品质量较小，可初步确定矿石的提取方法、回收率以及试剂的消耗量，评定矿产被利用的可能性；半工业试验和工业试验，则需采集大量样品，并尽可能在接近正式生产条件下进行试验，为选矿、冶炼设备的选择和工艺流程的确定提供可靠依据。技术加工取样虽在找矿、地质勘探、矿山地质工作等各阶段均可进行，但主要是在地质勘探阶段中，对于已经确立了工业价值，并用足够工程控制了工业储量的矿床，进行该类取样工作。在生产矿山，只有当改变选、冶方法或发现新的矿石类型（如大冶铁矿深部发现菱铁矿）时，才要求重做技术加工试验。

7.1.3　采样工具

在探采工程结束后，即用凿岩的高压水将坑道的两帮和顶板冲刷干净，将坑道壁上的岩粉洗掉。观察地质现象和安全情况，将作业现场的浮石撬好，确认作业现场安全后，方可进行采样作业。根据布置原则和布置依据，布置样线和样点，按系统进行编号和丈量样段的实际长度，并用彩色铅油（一般为红色）写在样线上相应的位置，写好样号，在样号下写样段的实测长度（根据矿山实际，也可以用嘎斯灯现场熏画）。根据测量画出工程示意图，将样品位置、样号、样长，记录在素描本上，并做出简要描述，包括工程位置、样号、样长、取样位置、岩性和矿化程度等。当进行地质素描时，依据测点将样长和位置实测到素描图上。常用采样工具有以下几种：

（1）采样锤。一般采用质量为 2 磅的铁锤，两端为平面，要求硬度适中，硬度过大，铁锤击打手钎时容易崩裂碎渣，可能伤人；硬度过小，铁锤击打时容易变形。硬度过大过小都会影响使用寿命。

（2）采样手钎。一般矿山自制，现市场也有出售。长度 300mm，直径 20mm 左右。采用圆钢制作，一端镶制钎头使用的合金或其他高硬度的金属或合金，打磨成尖，用秃后及时打磨。

（3）接样布。铺在待采样品的下面，以收集承接采下来的样品。外形尺寸一般约为 1.5m×0.6m。用厚帆布或其他材料做成，要求质轻耐用，便于清洁，使样品不相混。接完一个样品，清理干净之后再采下一个样品。

（4）样袋。以能盛装一个样槽的矿样量为宜。外形尺寸一般为 17cm×25cm。材料一般选用厚棉布做成，装上样品后上口用绳系牢。样袋内应放好样品卡片（矿样标签），用来标记所采样品的编号、地点、长度、采样日期等信息，防止样品在运输和加工等环节出现无法辨认的现象。

除此以外，采样工还应该佩戴好防尘口罩、护目镜、照明灯等劳动保护用品。

7.2　样品采取工作

7.2.1　采样方法

人们在长期的取样实践工作中，总结出了各种取样种类的不同取样方法，其中技术取样（物理取样）的方法较多，几乎每个矿种都有不同的取样方法，只有矿物取样的方法较简单。

现仅对化学取样和技术加工取样中常用的几种方法进行简要介绍。

7.2.1.1　刻槽法

刻槽法是在需要取样的矿体部位，开凿一定规格的槽子，将槽中凿取下来的全部矿石或岩石作为样品，它是取样中使用最广泛的方法之一。在使用此法的过程中，应注意以下几点：

（1）刻槽的基本原则。样槽应沿着矿体变化最大的方向布置，通常是垂直矿体走向而沿着矿体厚度方向，且样槽应从矿体的顶板刻到底板，在刻槽前尽可能将矿（岩）表面弄平，槽子要直，断面规格要一致，从而避免造成系统误差。

（2）样槽的具体布置。在布置样槽的具体位置时，一方面要注意上述刻槽的基本原则，另一方面还要考虑施工的方便。在不同的探、采工程中样槽布置的具体位置一般是：探槽中样槽多布置于槽底中心在线上（图 7-1）；浅井中多铅直布置于井壁上（图 6-38）；沿脉坑道中多布置于掌子面上，穿脉坑道中多布置于坑道一帮的腰线附近。各种井巷刻槽位置如图 7-2 所示。

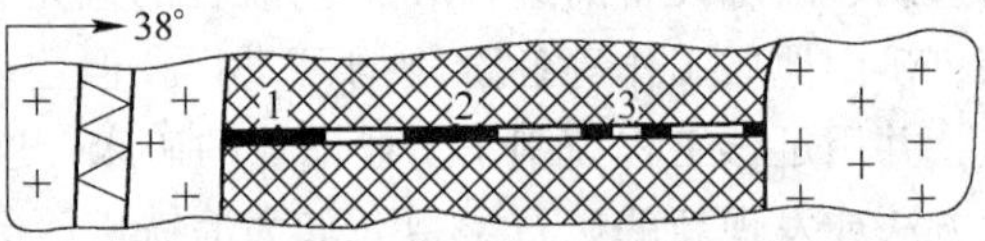

图 7-1　探槽采样位置
1～3—采样位置及编号

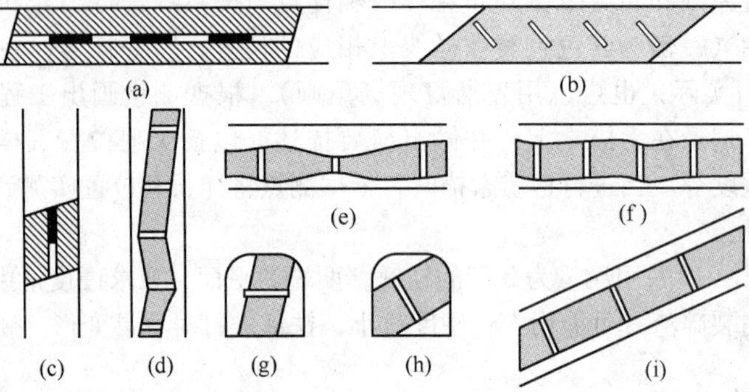

图 7-2　各种井巷采样位置
（a）穿脉壁，急倾斜矿体；（b）穿脉壁，缓倾斜矿体；（c）天井壁，缓倾斜矿体；
（d）天井壁，急倾斜矿体；（e）沿脉顶板，急倾斜矿体；（f）沿脉壁，缓倾斜矿体；
（g）掌子面，急倾斜矿体；（h）掌子面，缓倾斜矿体；（i）上山壁

（3）样槽的断面形状及规格。样槽断面的形状有矩形和三角形两种，一般多使用宽度大于深度的矩形。断面的大小主要取决于矿化的均匀程度和矿体厚度。表 7-1 是在取样实践工作中所积累的样槽规格经验数字。

表 7-1　样槽断面规格　　（cm × cm）

矿化均匀程度	厚大矿体 2.5～2m	中厚矿体 2～0.8m	薄矿体 0.8～0.5m
均　匀	5 × 2	6 × 2	10 × 2
不均匀	8 × 2.5	10 × 2.5	12 × 2.5
极不均匀	10 × 3	12 × 3	15 × 3

（4）样品的长度。样槽的长度一般是以切穿整个矿体为准，而单个样品的长度一般为1m。当矿体厚度小于1m或1m左右时，样品的长度可与矿体的厚度相同；当矿体厚度很大且矿化均匀或矿山采场取样时，可放宽到2~3m或更长。

用此法取样时，单个样品的质量变化范围很大，可以从0.5~50kg，一般为2~5kg。它的优点是：代表性较强，取样工具简单。缺点是：劳动强度大，效率低，矿尘大，影响工人健康。为了克服其缺点，有的矿山已采用机械化刻槽取样，有的矿山采用了简易刻槽法（又称为直线刻槽法），即对于矿化均匀的矿床，可沿一直线刻取1.5~3cm深的小沟（样槽断面规格没有严格要求），将所刻出的全部矿石和夹石作为一个样品；对于矿化不均匀的矿床，则采用缩小样槽断面，加多样槽并列数目的办法，从而克服了上述缺点，并基本保证了样品的代表性。

7.2.1.2 拣块法

拣块法是用一定规格的绳网，铺在所需采样的矿堆上，在掌子面前爆破矿堆上布置取样网格，单个网格大小约10cm×10cm、15cm×15cm、20cm×15cm，从每个网眼中间拣出大致相等的小块矿石，合并在一起，作为一个样品（图7-3）。每个样品的质量一般为1~3kg。其优点是：效率高，操作简便，并具有一定的代表性。缺点是：对不同类型的矿石不能分别取样。这种取样方法常用于矿点（区）检查、在矿体中掘进的坑道、采矿掌子面以及矿车中的取样。在矿车中取样时，还常采用简化的五点梅花状或三点对角线的形式布置拣块取样点。

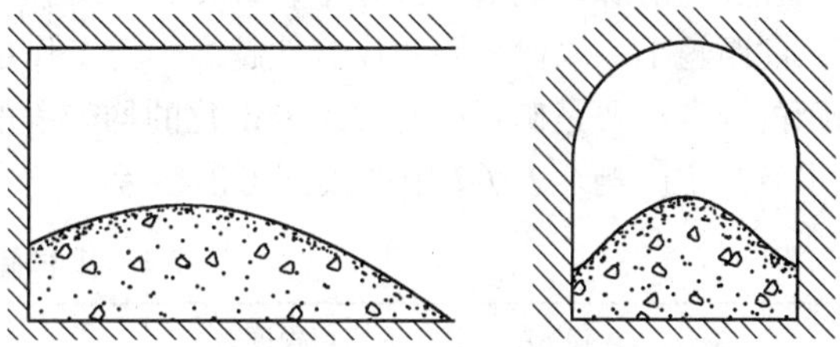

图7-3 拣块法网格布置

7.2.1.3 方格法

方格法（即网格法）是在需要采集样品的矿体出露部位，布置一定形状的网格，如正方形、长方形、菱形等，在网格交点处凿取大致相等的小块矿石，合并为一个样品。每个样品可由15~100个组成，总质量一般为2~5kg。其优点是：效率高、比较简便，不同类型的矿石可分别取样。缺点是：薄矿体不适用此方法，只适用于厚度较大的矿体。

7.2.1.4 打眼法

打眼法是在坑道掘进或采场回采时，收集炮孔中所排出来的矿、岩泥（粉），作为化学分析样品。使用时虽有某些局限性，并对生产进度有一定的影响。但由于它具有效率高、成本低、样品不用加工、代表性较强、可实现取样机械化等突出优点，所以在生产矿山取样中使用比较广泛，而且目前正在改进与推广之中。

7.2.1.5 剥层法

剥层法是在需要取样的薄矿体出露面上，每隔一定距离剥取一定厚度（5~10cm）的矿体作为样品。每个样品的长度一般为1m。其优点是：代表性强。但因劳动强度大，效率低，故一般只用于检查上述几种取样方法的可靠性和矿化极不均匀的稀有或贵金属薄矿脉的取样。

7.2.1.6　全巷法

全巷法是把在矿体内掘进的某一段坑道中爆破下来的全部（或在现场进行初步缩分后的部分）矿石作为样品，每个样品长度一般为1～2m，质量可达数吨至数十吨。其优点是代表性最强。但因其成本高，效率低，劳动强度大，所以一般只用于检查其他取样方法的可靠性、技术取样和技术加工取样等。

7.2.1.7　钻探取样

岩芯钻机中的取样是将钻机中提取出来矿芯用劈岩机劈成两半，取其一半作为样品，每个样品长度一般为1～2m，另一半保留下来，以备检查和地质研究用。当矿芯采取率小于70%时，还要求补采矿泥（粉）作为样品。

7.2.2　采样距离

在脉内沿脉、上山、天井中，即沿矿体走向或倾斜布置取样点时，取样点间应有一定间距。间距越小，取样结果的代表性越高，但工作量也增加。取样间距必须合理选择。决定取样间距的因素主要是矿石中有用组分矿化的均匀程度，矿体厚度及其变化程度，取样方法的可靠性也有一定影响。表7-2中的数据可供参考。

表7-2　采样间距参考表

矿床类别	有用组分分布的均匀程度		取样间距/m	矿 床 举 例
	特　征	品位变化系数		
Ⅰ	极均匀	20	50～15	最稳定的铁、锰沉积、沉积变质矿床，岩浆型钛磁铁矿、铬铁矿矿床
Ⅱ	均　匀	20～40	15～4	铁、锰沉积变质矿床，风化铁矿床，铝土矿床，某些硅酸盐及硫化镍矿床
Ⅲ	不均匀	40～100	4～2.5	矽卡岩型矿床，热液脉状矿床，硅酸盐及硫化镍矿床，金、砷、锡、钨、钼、铜的热液矿床
Ⅳ	很不均匀	100～150	2.5～1.5	不稳定的多金属，金、锡、钨、钼等矿床
Ⅴ	极不均匀	>150	1.5～1.0	某些稀有金属矿床，铂原生矿床

7.2.3　生产采样

矿石回采前在生产勘探和开拓、采准工程中的取样，称地质取样。从矿石回采到进入选矿厂破碎前的取样，称生产采样（取样）。生产取样是矿山生产及质量管理的依据。由于生产取样必须与采矿生产配合进行，要求快速得到化验结果，一些简便的取样方法得到广泛的采用。

7.2.3.1　露天采场采样

一般从岩芯钻取样长度1～2m，从炮孔取样间距5～7m。矿石类型简单，一孔一个样，否则应按矿石品级、类型分段采样。一般每4m取一个样，最后2m一个样，代表下平台矿石质量；从孔口岩泥堆取样时要注意采样位置及颗粒粗细。

从平台采样一般采用刻槽法采样，爆堆采样一般采用拣块法。

7.2.3.2　地下采场采样

根据采矿方法不同，采用不同的采样方法。一般留矿法采用刻槽法随回采 4 ~ 5m 采样一次，采样间距 3 ~ 4m，分段长 1 ~ 2m。全面法随回采前进 3 ~ 5m 采样一次，间距 3 ~ 5m，样槽垂直矿体。充填法上采一次采样一次。

7.2.3.3　采出矿石取样

采出矿石取样一般在矿车、汽车、火车、储矿堆上进行，多数采用网格法、拣块法采样，网格布置如图 7-4、图 7-5 所示。

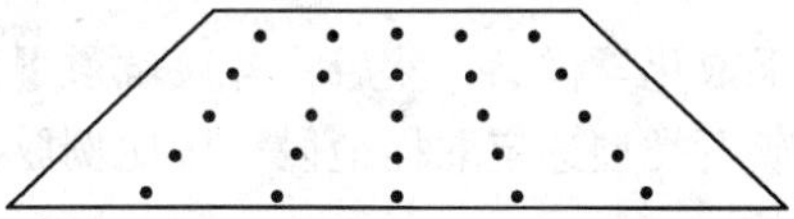

图 7-4　矿堆采样网格布置

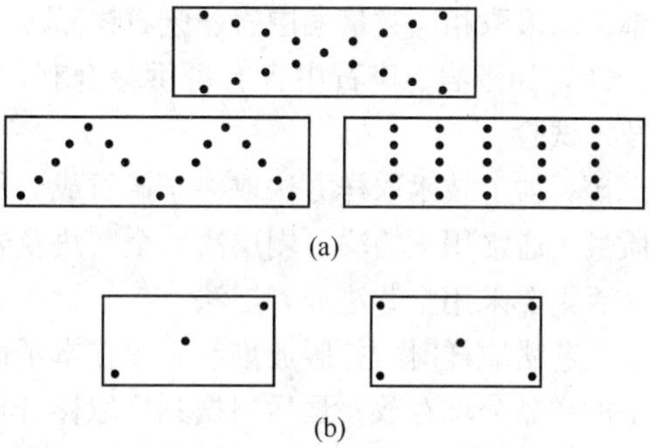

图 7-5　车上采样网格布置
（a）汽车、火车；（b）矿车

7.2.4　砂矿采样

砂矿取样（采样）具有一定特点：样品为疏松沉积物；加工方法为淘洗；一般用矿物鉴定方法确定有用组分含量。

常用采样方法有：

（1）刻槽法。样槽对壁或四壁布置，规格(0.1 ~ 0.2)m × (0.05 ~ 0.1)m。分段长度与矿层和第四系分层一致，一般 0.2 ~ 1m。各壁取样合并为一个样品。

（2）剥层法。用于粗砂层及含少量砾石的砂砾层。剥层宽度一般 0.5 ~ 1m，深 0.05 ~ 0.1m。

（3）全巷法。用于砂及含土砂砾层、松散砂砾层。取样时，在浅井掘进中，按一定间距将全部物质挖出作为样品。全巷法主要用来检查刻槽法和钻探取样的正确性并采取加工技术样品。

（4）钻探取样，砂钻在开孔时离地表 1 ~ 2m 内用筒口锹，往下用泵筒在套管中抽取样品。一般 0.5 ~ 1m 连续分段取样，或按砂矿分层取样。通常将整个砂柱作为样品。

取样后精确测量样品原始体积，用淘砂盘、瓢淘洗。样品质量大时，用洗砂槽或淘砂机。淘洗过程分粗淘及精淘两个步骤。粗淘在野外完成，主要是去泥、砾石、轻砂。精淘可在室内完成，取得重砂。

7.2.5　矿石加工取样

矿石加工技术样品的采取，保证样品具有充分的代表性，是加工技术取样应注意的重要问题。应注意：

（1）凡需要分别加工处理的矿石，应单独采样试验。

（2）当样品为数种矿石工业品级、自然类型组成的混合样时，样品中各品级、类型矿石所占比例应与矿山各时期采出矿石中各品级、类型矿石所占比例基本一致。

(3) 样品中主要有用组分及伴生有用、有害组分的平均品位及品位波动特性应与其所代表的矿石品级、类型的组分平均品位和品位波动值近似。

(4) 样品的矿物成分、结构构造矿物嵌布特征及物理机械性质等应与其代表的矿石的实际情况类似。

(5) 由于开采时可能混入的废石、围岩而引起矿石贫化，采样时应考虑废石、围岩的混入率，以采取相应数量的围岩、废石样品。

(6) 如围岩、废石中含有可供综合利用的贵重、稀有、分散元素时，应单独采样进行加工技术试验。

矿石加工技术取样方法取决于矿石成分的复杂程度、矿化均匀程度和试验单位所需要样品的质量，通常用刻槽法、剥层法、全巷法及岩芯劈开法。质量不大时，用刻槽法或利用钻孔岩芯，否则要采用全巷法或剥层法。

全巷法取样时，打眼放炮前，先在掌子面上用刻槽法采取化学样品，然后将各段坑道爆破下来的样品分堆存放，最后根据刻槽取样分析结果，结合矿石类型选定取样地段，按比例取出部分矿石混合为样品。取部分样品时用铁铲缩减法。

7.3　样品加工

7.3.1　样品的合并

在实际工作中可以把相邻品级、类型相同的样品适当合并。经证明，样品合并不影响平均品位值，又可减少样品加工、化验数量，有助于降低化验费用和简化储量计算方法。样品合并数量一般2～4个，合并时要按每个样品原始质量的比例攫取样品。当样品质量大时，合并可在现场进行。样品质量不大时，则在样品加工后在室内进行。

7.3.2　样品加工原理

所采集原始样品的质量是比较大的，常为0.5～50kg。一般为2～5kg。且样品的块度也是比较大的，而进行化学分析的样品，最终质量只需1～2g。颗粒直径也要求小于0.1mm。所以在进行样品的化学分析之前，必须对样品进行加工处理。它的具体步骤是：破碎→筛分→拌匀→缩分。将这一过程反复进行数次，直达到化学分析的要求为止。一般来说，原始样品的质量越大，则加工的过程也就越繁杂、越慢，成本也越高。为此，样品加工时必须遵守这样的原则：即过程要简单、速度要快、成本要低、缩减后样品的代表性要强。样品加工的主要问题是使加工后的样品保持原始样品的代表性。要求样品加工按一定原理和程序进行，实际工作中常采用切乔特公式。

$$Q = Kd^2 \tag{7-1}$$

式中　Q——缩减样品的最小可靠质量，kg；

K——由矿石矿化特性决定的样品加工常数，与矿产种类有关，K值一般为0.05～0.5，个别达0.8～1；

d——样品中最大颗粒直径，mm。

7.3.3　样品加工方法

一般分几个加工阶段，每个阶段都要经过破碎—过筛—拌匀—缩分四个工序。

（1）破碎。一般采用小型破碎机械。粗碎破碎到 10 ~ 20mm，用颚式破碎机；中碎破碎到 2 ~ 6mm，用颚式破碎机、轧辊式破碎机；细碎破碎到 0.07 ~ 0.18mm，用盘磨机或球、棒磨机。

（2）过筛。采用金属筛或标准金属筛，筛孔以“网目”为单位。

（3）拌匀。粗粒用铁铲搅拌拌匀法，细粒用帆布搓动。

（4）缩分。一般用四分法（图 7-6），将样品堆为截面圆锥，用铁皮十字形板插入堆中，取其对角两象限样品，其余抛弃。如果用白铁皮制分样器效率更高（图 7-7）。

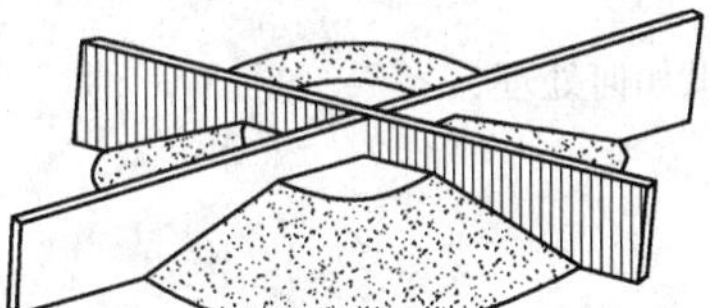

图 7-6 四分法缩分样品

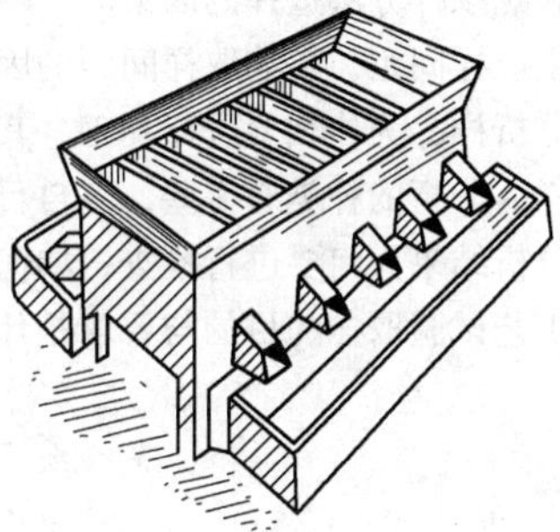

图 7-7 用分样器缩分样品

7.3.4 样品分析

7.3.4.1 基本分析

基本分析，又名单项分析或普通分析，只要求分析矿石中主要有用组分的含量，它是用来评价矿石质量最常用的一种分析，其样品数目最多，差不多每个样品都要进行这类分析。例如：铅、锌矿床中分析 Pb、Zn、Cu；铁矿床中分析全铁和可溶铁，当掌握了全铁和可溶铁之间关系的规律后，也可只分析全铁。

7.3.4.2 多元素分析及组合分析

多元素分析是检验矿石中伴生的有用及有害元素的情况，以提供组合分析的项目。组合分析则是为系统地研究伴生有用元素提供资料，其样品是由相邻的 8 ~ 12 个基本分析副样所组成的，而且必须按同一矿体的同一类型或同一品级矿石进行组合。

7.3.4.3 合理分析

合理分析的目的在于区分矿石的类型和品级界线。如硫化矿床可划分为：氧化矿石、混合矿石、原生矿石等。样品的采取是以肉眼鉴定为基础的，在分界处附近采集 5 ~ 20 个样品，作为进行合理分析的样品。

7.3.4.4 全分析

全分析就是将矿床中由光谱分析所确定的全部元素（只有痕迹者除外）作为分析项目，了解矿床中可能存在的全部化学成分及其含量，为研究成矿规律和矿石的综合利用提供资料。全分析样品可采用具代表性的组合样品，其样品数目视矿床的规模和复杂程度而定，一般为几个即可，最多不超过 20 个，并要求各种元素分析结果的总含量应接近于 100%。

复习思考题

7-1　为什么要取样，取样的核心问题是什么？
7-2　怎样评定金属矿产及非金属矿产的质量？
7-3　化学分析取样的目的与任务是什么，其取样方法有哪些，各自的优缺点与适用条件？
7-4　简述影响取样方法选择的因素。
7-5　什么是取样间距，影响取样间距的因素有哪些，如何确定合理取样间距？
7-6　化学分析样品为什么要进行加工，其加工过程如何？
7-7　化学样品分析的种类有哪些，各自目的是什么？
7-8　化学分析结果为何要进行检查，如何进行检查，检查结果如何处理？
7-9　各种工艺试验取样的目的与要求是什么？

8 地质钻探工作

8.1 钻探工程

8.1.1 钻探的应用

探矿手段（方法）包括坑探工程和钻探工程两种方法，这两种工程作为地质勘探的手段，用于求出准确详细的地质矿床资料。

坑探工程是为达到地质勘探的目的（了解岩性和地质构造、矿体的赋存情况、寻找有用矿床）而在地表或地下岩层中挖掘各种不同形状的空间场所，这种工程称为坑探工程。一般包括地表坑探工程（浅坑、剥土和探槽）和地下坑探工程（水平坑道、垂直坑道、倾斜坑道、硐室）。

钻探工程是研究如何按照一定目的和要求，运用适当的设备，采取相应的工艺措施，以最优方式钻出一定孔径和深度的孔（井）。其主要应用范围在地质勘探工作中、普查找矿钻探、矿产勘探钻探、水文地质钻探、工程地质钻探、油汽田钻探、普通水资源开采（水井）、热水资源开采（热水井）、露天开采的爆破孔、工程施工的钻孔（大型桥墩、高层建筑的基桩孔）。

8.1.2 钻孔

8.1.2.1 钻孔要素

根据一定目的向地壳内钻出直径小而深度大的柱状圆孔，称为钻孔或钻井。钻孔的地面出口称为孔口或井口；底部称为孔底或井底，侧面称为孔壁或井壁。钻孔直径、钻孔深度和钻孔方向组成钻孔三要素。钻孔三要素可根据钻探目的、钻探地点的地质条件等因素来确定。钻孔的方向，有垂直的（90°），各种不同倾角的（0°~90°），也有在一定距离内作特定曲率弯曲的定向孔。而在地下坑道进行勘探时，可打水平的或垂直向上的钻孔。地质钻探孔的直径一般为46~150mm，钻孔深度可由数米至数千米。根据孔深，钻孔一般分为0~150m为浅孔，150~1000m为中深孔，1000m以上为深孔。

8.1.2.2 钻孔结构

钻孔结构是指钻孔由开孔至终孔，孔身口径的变化。一般地说，换径次数越多，钻孔结构越复杂，换径次数少，则钻孔结构简单。由于地层要求，设计的钻孔结构在孔径上有变化，因此钻进时使用的钻头和岩芯管等钻具的直径应有相应的不同。

8.1.3 钻孔钻进

8.1.3.1 钻孔程序

钻孔成孔由下列三个基本程序所组成：

（1）破碎孔底岩石。钻进工作首先要进行破碎岩石。破碎岩石的快慢决定整个钻进效率的高低。破碎岩石就是根据不同性质的岩石选择各种不同类型的钻头切削具和研磨材料，以冲击力、压力和剪切力、研磨力，作用于岩石使小块岩石离开整体。

（2）岩芯及岩粉。破碎岩石过程中，产生出岩芯和岩粉。为了获取地质资料及继续有效地进行钻进，必须及时取出岩芯和岩粉。由孔底取出所钻出的岩芯和岩粉的方法，有以下几种：

1）岩样附着在钻具上与钻头一同提出。

2）用抽筒（捞砂筒）将岩粉提出。

3）岩芯随岩芯管或取芯管提出。

4）利用冲洗液在孔内不断地循环把岩粉冲出。

（3）加固孔壁。当地层岩石被破碎后，在地层中留下一个孔穴，从而破坏了原有地层的平衡状态，在不坚固的岩层中，为防止孔壁的坍塌、隔离含水层和堵塞漏失，必须加固孔壁。加固孔壁的方法有如下几种：

1）借助于孔内循环冲洗液（水或泥浆等）的液柱重对井壁施加压力和泥浆的胶体化性质，在孔壁形成可保护孔壁的泥皮。

2）金属套管下入孔内，并借助黏土和水泥封闭。

3）用黏土和水泥加固孔壁。

8.1.3.2　钻探工序

钻探工序从大的方面可分为三个阶段，即准备阶段、钻进阶段和结束阶段。

（1）准备阶段要根据钻孔的目的要求、孔深和孔径大小以及所要遇到地层地质条件等，准备应采用的设备和工具，然后搬运和安装。

（2）钻进阶段工序，为了孔的不断加深进行钻岩外，还有为了取出岩芯而进行升降钻具；为了保证质量，在进尺一定数量后进行测斜；钻进中机械出了故障需进行检修；出了事故需进行处理等。

（3）结束阶段就是钻孔钻到预定要求和深度，结束钻进，移动钻机及辅助设备，做好岩芯的编号、装箱、移交工作。

8.1.3.3　钻探方法

根据破碎岩石的方法不同，钻探方法分为物理的、化学的和机械的。其中机械破碎岩石在目前应用最广。这种方法主要是在岩石中产生很大的局部压力（主要是冲击力、压力及剪力）使岩石破碎考虑到目前钻探实际情况，可以根据破碎岩石的方法将机械钻探方法分为冲击钻探、回转钻探和其他钻探方法三类。

8.1.4　钻探质量

钻探质量包括岩芯采取、钻孔弯曲、原始报表、简易水文测量、孔深校正和封孔等。

8.1.4.1　岩芯采取

采取岩芯的目的是圈定矿体边界,了解矿石质量计算矿产储量和进行地质研究的依据;是评价矿产资源,提交矿产储量和矿山开采设计的原始地质资料,因此必须保证其准确性和可靠性。

对岩矿芯质量的要求：

（1）岩矿芯的采取率：岩芯不低于65%，矿芯不低于75%。

（2）完整性：即取出的岩芯、矿芯要保持其天然的结构和构造。

（3）纯洁性：要求取上岩矿芯不受外污的侵蚀，以免影响矿石的品位、品级和物理性能。

（4）磨损性：避免选择性磨损岩矿芯，选择性磨损会使其内在物质成分发生变化，造成矿物人为的贫化富集，歪曲原来的品位和品级，丧失其代表性。

影响岩矿芯采取的因素如下：

（1）地质因素。影响岩芯采取率的地质因素主要有岩石的强度、硬度、完整性、胶结性、研磨性和易溶度等。

1）钻进坚硬、致密、完整的岩矿时，岩矿芯不怕冲刷，不怕钻具振动，取出的岩矿芯完整能保持其原生结构，且采取率高。

2）钻进松散、破碎、节理发育的岩矿时，取出的岩矿芯多呈粒状、块状和粉状。不仅原生结构遭到破坏，而且岩矿芯的采取率也低，甚至取不上岩矿芯。

3）钻进研磨性强的地层时，切削具易磨钝，钻进效率低，岩矿芯受外力作用时间长，因而增加了岩矿芯的振动破坏的可能性，也影响岩矿芯采取的品级和采取率。

（2）技术因素。主要是未能根据不同的地层条件合理选择钻进方法、钻进规程参数、取芯钻具及冲洗液类型，因而影响到岩矿芯的采取品级和采取率。

8.1.4.2 钻孔弯曲

在施工过程中，由于种种原因，钻孔都要偏离设计的轴线，凡是钻孔实际轴线偏离了设计轴线的钻孔，均称为钻孔弯曲，简称孔斜。

用钻孔的弯曲度衡量钻孔弯曲的程度。钻孔过度弯曲，超过了设计要求时，会给地质及施工带来严重危害。钻孔弯曲的影响因素：

（1）地质工作方面。钻孔过度弯曲不仅会降低取芯质量，而且不能穿过预定的见矿点，或者偏离设计的勘探线，从而造成地质失真，影响对矿床的评价，给矿山开采设计带来错误，造成经济损失。

（2）钻探施工方面。钻孔弯曲度过大使钻具回转阻力变大，引起钻具磨损严重，引发孔内事故的发生，由于钻孔弯曲度大会造成孔内事故难以处理。因此在施工中要更加注意，避免钻孔弯曲度的增大，而影响到地质可靠性和钻探施工难度。

8.1.4.3 原始报表

原始报表是今后查对钻探地质资料的原始依据，也是编写地质报告的基本资料。

（1）原始报表记录的内容。

1）如实记录生产活动，准确划分起止时间。正常钻进时，按回次记录各工序的时间、内容及有关数据，包括起下钻；冲洗扫孔；钻进和采芯。

2）非正常钻进时，护壁、处理事故应记录孔内工作的内容与时间。

3）在孔内没有工作时，应记录停钻后和开钻前的主要工作。

（2）原始报表记录要求。

1）准确划分和记录换层深度。钻进时应根据换层的反映，如冲洗液返回的颜色、钻进速度等，来确定换层的位置，以供地质人员划分层位时参考。

2）认真做好事故记录。发生孔内事故时，应详细记录事故发生的原因、处理方法、处理工具和钻具组配、数量，以及处理时间和效果。

3）做好计算和填报工作。报表应由各班记录员认真填写。严禁涂改、撕毁、事后补记和重抄。

8.1.5 钻机

岩芯钻探中，钻机是主要设备之一，它要实施钻具的回转和轴向压力的调节，以破坏岩石加深钻具；要从孔内起下钻具（为了采取岩芯或更换钻头等）或升降加固孔壁用的套管。

为了完成以上工作，钻机必须具有下列基本组成部分：回转装置，调压及给进装置，升降装置、变速装置和机架。

为了满足生产的需要，钻机应具备下列要求：

（1）钻进的机构能最大限度地适应最优化的钻进规程，有足够的起重能力，工作平稳振动小。

（2）钻机结构紧凑，可迁性和可卸性强，以适应运输安装。

（3）具有适应钻进工作的各种检测仪表和安全防护装置。

（4）易于操作和维护。

目前应用较普遍的有：油压给进立轴式钻机、转盘式钻机和全液压式钻机。

钻探工具根据其功用分为钻进工具和附属工具两类。

钻进工具通称钻具。常指钻头、岩芯管、异径接手、取粉管、钻杆、水龙头等。钻头是破碎孔底岩石的工具。岩芯管在钻进时起收容岩芯和导向作用。套管在钻进中起保护孔壁和作其他技术之用。异径接手是将钻杆柱和岩芯管连接起来。钻杆是钻具的主要组成部分之一，钻进时，通过它把动力传递给粗径钻具。同时又把需要冷却钻头和携带岩粉的冲洗液输送到孔底。水接头是将回转的钻具和不回转的高压水管连接起来的装置。

附属工具又分为如下几类：（1）提引类有提引器、提引钩，主要用来升降孔内钻具。（2）夹持类有垫叉、钻杆夹持器等，其作用是在升降钻具时用以停留钻具、夹持之用，以便拧卸。（3）拧卸类有管钳、自由钳、链钳等。（4）打捞工具类是处理孔内事故的专用工具，主要有丝锥、割管器等。

8.1.6 岩芯钻探钻进方法

目前，岩芯钻探常用的钻进方法有：硬质合金钻进、钢粒钻进、金刚石钻进以及冲击-回转钻进等几种钻进方法。

下面以金刚石钻进为例简介钻进方法。

金刚石钻进是利用硬度最大的金刚石作磨料的一种钻进方法。由于金刚石的硬度大，耐磨、抗压性能好，所以它能钻进多种坚硬岩石，也能打各种不同角度和深度的钻孔，它具有钻进效率高、质量好、钢材消耗少、成本低、设备轻便等优点。

8.1.6.1 金刚石钻进

金刚石钻头有两种：表镶钻头和孕镶钻头。它们破碎岩石的方式有所不同。一般认为表镶钻头对岩石的破碎方式为压裂、压碎加体积剪切；孕镶钻头对岩石的破碎方式为磨削。井下钻探用的钻头为孕镶金刚石钻头。

金刚石钻进具有钻进效率高、钻孔质量好、岩矿芯采取率高、代表性好、钻孔弯曲度小、设备工具轻、劳动强度低、孔内事故少、钻探成本低等优点。

金刚石钻进主要应用于中硬以上地层。金刚石钻头是金刚石钻进破碎岩石的工具，它由三部分组成：金刚石、胎体和钻头体。金刚石分天然和人造两大类。胎体是钻头底部包镶金刚石的一圈假合金，主要功用是牢固包镶金刚石颗粒和牢固地与钻头体焊接在一起。钻头体是指钻头的钢体部分，用中碳钢制成。

8.1.6.2 钻进规程

在正确选择钻头类型的情况下，金刚石钻进效率的提高很大程度上取决于合理选择钻进参数——钻头压力、转速和冲洗液量。根据岩石和金刚石本身的特性，金刚石钻进应采用以高转速为主的钻进规程，同时配用适当的压力及充足的冲洗液量，保证钻头及时排粉和有效冷却。

(1) 钻压。钻压一定要保证金刚石有效地破坏孔底岩石。孕镶钻头地钻压可根据式(8-1)计算：

$$p = p_0 A \tag{8-1}$$

式中 p——钻头总压力，N；

p_0——推荐单位压力，中硬岩石 5～7MPa、硬岩石 7～9MPa、坚硬岩石 9～10MPa；

A——钻头端面与岩石接触面积，m^2。

(2) 转速。孕镶钻头所用金刚石颗粒细小，所以只有靠单位时间内尽量增加钻头转速，实现多次破碎，才能获得较快的进尺，一般要求钻头圆周线速达到 1.5～3.0m/s。

(3) 冲洗液量。保证清洗孔底所钻出的岩粉，防止出现糊钻及岩粉的重复破碎而影响金刚石有效地碎岩；同时能有效地冷却钻头，防止钻进中产生的高温降低金刚石的性能。

当采用乳化液或泥浆作冲洗液时，还能起到减振、润滑、护壁作用。冲洗液量一般为：

$$Q = 6VS \tag{8-2}$$

式中 S——钻孔与钻杆之间的环状面积，cm^2；

V——推荐的返流速度，m/s，一般不应小于 0.4～0.6m/s。

8.1.6.3 钻孔冲洗

钻孔中的冲洗介质又称钻探的“血液”。一般常用冲洗液有清水、泥浆、乳化液、空气。钻孔中冲洗介质选择不当或停止循环，就会发生烧钻，钻进时破碎的岩粉不能及时排出孔外，甚至不能进尺。同时还会发生孔壁坍塌夹埋钻具等一系列孔内事故。

钻孔冲洗介质的主要功用有：

(1) 冷却钻头。钻头在破碎孔底岩石时，因摩擦而产生大量的热，如不及时冷却，会使切削具很快磨损，降低破碎岩石效率，甚至会发生烧钻事故。

(2) 清洗孔底。把破碎的岩粉及时排出孔外，以防岩粉在孔底堆积产生重复破碎，增加钻头、钻具磨损，影响钻头寿命和钻进效率。

(3) 保护孔壁。由于钻进破坏了岩层的平衡，因此冲洗介质应具有一定的比重以平衡地层压力。

(4) 润滑钻具。由于介质在钻具上形成一层润滑层，减少功率的损耗、钻具的磨损，提高钻具的使用寿命。

8.1.7 钻进规范与安全

8.1.7.1 安全事故

钻孔中常常遇到一些破碎、裂隙、松散、断层等复杂地质条件的地层。在这样的地层里钻探，不仅效率低、质量差，而且常会出现卡钻、断钻等孔内事故。

（1）人身事故：生产中发生人身伤亡的事故。

（2）机械事故：施工机械一些主要部件损坏，而被迫停钻的事故。

（3）孔内事故：凡因孔内各种情况，使正常钻进中断的事故。孔内事故一般有：埋钻事故、钻具折断和脱落事故、套管事故、跑钻、小件物掉入孔内事故等。

8.1.7.2 规范要求

（1）每日检查钻机及水泵运行是否正常，钻机及水泵半年清洗、维修、保养一次。

（2）钻具在每次下钻前必须仔细检查，钻具丝扣必须经常上润滑油。

（3）井下施工场地平整，顶、帮无松石，施工场地通风良好，照明良好，作业点水电齐备。

（4）检查地脚螺丝是否松动，支撑顶柱有无松动，卷扬挂钩锚杆是否可靠。

（5）卷扬机齿轮箱连接处、卷扬操作把螺杆连接处、齿轮箱与机架连接处、立轴与齿轮箱、离合器支架接合部、电动机与传动轴及齿轮箱的接合部、电动机底座接合部、油压操作阀连接处、配电箱与机架连接处等牢固可靠。

（6）液压油、机油、油位是否合适，每根油管、油压操作阀接头灵活可靠，无松动。

（7）导轨、卷扬绳、油泵皮带及电动机皮带干净无泥沙杂物。

（8）岩芯箱搬运时要实行封盖、顶柱拆卸时要确认顶板安全、钻机运输时要指定专人统一指挥、协调作业。

8.1.7.3 钻机钻进程序

（1）开钻准备。检查原始记录报表并进行核对，孔深与钻具是否相符，孔内地质情况，上班次留言内容。

（2）试机。断开离合器，启动，调速；合上离合器，运转，加压。

（3）下钻。核对孔深，丈量残尺，使用提引器时挂接可靠，垫叉必须叉牢靠，钻具连接可靠，控制下钻速度，防止跑钻、蹾钻。

（4）开钻。调整冲洗液（水量），油压从0位逐渐加压至合适的位置，调整转速，保持匀速钻进，监听孔内有无各种异常声音，遇到情况立即停机，着手处理。

（5）提钻。停钻丈量残尺，采取岩芯，在提升钻具中发生轻微卡钻或孔壁受阻时，禁止用卷扬强行提升，谨慎操作卷扬，防止钻具受冲击使岩芯脱落，当岩芯管提离孔口后，不得用手触摸钻头底部，以防岩芯突然下滑伤手，填写记录报表，编写整理岩芯，整理清洗工具钻具等物件。

（6）停机。关紧水阀、切断电源，整理清洗工具钻具等物件，按定置管理规范整理工作场地，规范填写交接班记录。

8.2 MKG 地质钻机

为了达到探矿的目的，前已述之，采用的方法有坑探和钻探，而钻探根据地点又分为地面钻探和井下（巷道）钻探。地面钻探设备由于空间不受限制，设备高大、每节钻杆长度达2～2.5m，其他钻进工艺与井下相同，完成地质勘探的钻机类型很多，现在简介 MKG-5S 型全液压钻机结构及应用。

8.2.1 钻机特点

MKG-5S 钻机是一种高转速、大通孔、钻进能力大的全液压坑道钻机。该钻机既适用于金刚石绳索取芯钻进，也适用于硬质合金钻进和冲击回转钻进，能够满足矿山井下钻进各种用途的钻孔。如：地质勘探孔，煤矿瓦斯抽放孔，注水孔，放水孔以及其他工程用孔，也可在地面地质勘探作业中使用。

该机具有结构合理、技术性能先进、工艺适应性强、操作省力、安全可靠、解体性好、搬迁方便等优点。

钻机由三大件组成，即主机、泵站、操纵台。

机械自动拧卸钻具，夹持器卡瓦容易取出，扩大其通孔直径，便于起下岩芯管，可减轻工人劳动强度，提高工作效率。

双杆双油缸-链条倍速机构直接给进与起拔钻具，结构简单，安全可靠，给进、起拔速度快，提高了钻进效率和处理事故的能力。

采用双泵系统，回转参数与给进工艺参数独立调节。变量油泵和变量马达组合进行无级调速，转速和扭矩可在大范围内调整，提高了钻机的适应能力。

回转器通孔直径大，更换不同直径的卡瓦组可夹持不同直径的钻杆，钻下的长度不受钻机本身结构尺寸的限制。

用支撑油缸调整机身倾角方便省力，安全可靠。通过操纵台进行集中操作，安全可靠，人员可远离孔口一定距离，有利于人身安全。液压系统保护装置完备，提高了钻机工作的可靠性。

开孔直径 130mm，钻孔倾角 0° ~ ±90°，主轴通孔直径 75mm，钻杆长度 1.5m，给进行程 1.2m，外形尺寸：主机 2.2m × 1.2m × 0.8m，泵站 1.6m × 0.8m × 1.2m，操纵台 0.6m × 0.45m × 0.82m，适用巷道高度 1.5m，钻孔深度见表 8-1。

表 8-1 钻孔深度

钻杆直径/mm	钻孔直径/mm	钻孔深度/m	备 注
71	75	300	绳索钻进
55.5	60	375	绳索钻进
50	75	400	普通钻进
42	75	500	普通钻进

8.2.2 钻机结构

钻机采用分组式布置，全机分主机、操纵台、泵站三大部分，各部分之间用软管连接，摆布灵活，解体性好，便于搬迁运输，在运输条件较差的地区，主机还可以进一步解体。

8.2.2.1 主机

主机由回转器、夹持器、给进装置、机架组成（图 8-1）。各部分之间装拆方便。

（1）回转器。回转器由斜轴式变量马达、齿轮减速器和胶筒式液压卡盘组成。马达经一级齿轮减速，带动主轴及液压卡盘实现钻具的回转。调节马达排量可以改变回转器的输出速度。主轴为通孔结构，通孔直径 75mm，更换不同直径的卡瓦组可使用直径 71mm、55.5mm 的绳索取芯钻杆，也可使用 50mm、42mm 直径的常规钻杆；钻杆长度不受钻机本身结构尺寸的限制，回转器安装在给进机身的拖板上，借助双杆双油缸-链条倍速机构沿机身导轨往复运动，实现钻具的给进或起拔。回转器具有侧向开合装置。

液压卡盘采用液压夹紧、弹簧松开常开式结构，具有自动对中，安全可靠、卡紧力大等特点，它不但能保证正常钻进，而且还可用来升降钻具、强力起拔等。

(2) 夹持器。夹持器采用碟形弹簧夹紧，滚压松开的常闭式结构。固定在给进装置机身的前端，用于夹持孔内钻具，还可配合回转器实现机械拧卸钻杆。夹持器卡瓦坐落在卡瓦座上，靠上下两根销轴限制卡瓦的退出，圆周方向靠卡瓦座上的一对平键固定。将两板销轴抽出，卡瓦就可以取出，夹持器通孔即可通过直径 108mm 的岩芯管。

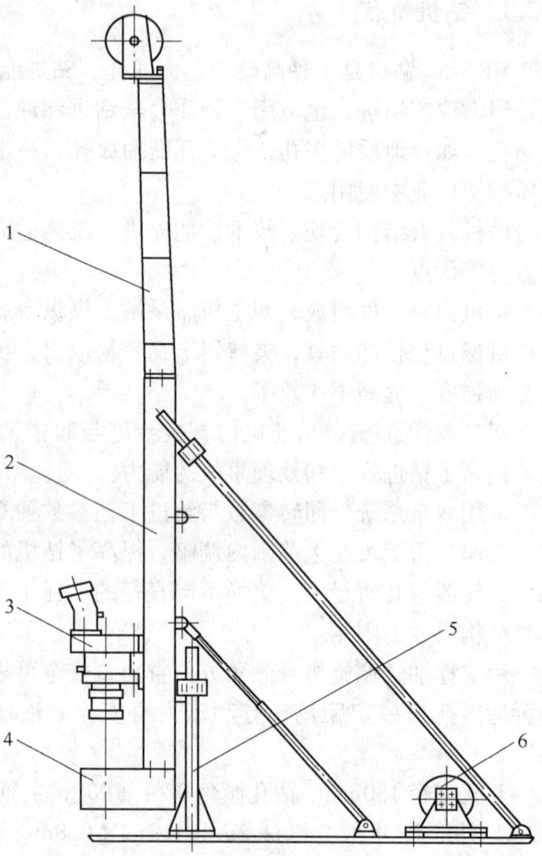

图 8-1　主机示意图
1—提升架；2—给进装置；3—回转器；4—夹持器；5—机架；6—取芯绞车

(3) 给进装置。给进装置采用双杆双油缸，通过板式链条倍速机构带动拖板及回转器沿机身导轨做往复移动。双杆油缸的活塞杆分别固定在机身的两端，缸体沿活塞杆运动。这种机构的优点是可以获得长行程短机身；运动平稳；导向性好；机身刚度好。

回转器与拖板之间采用翻箱式结构联结。一边用销轴把拖板与回转器穿在一起，另一边用铰式螺栓把回转器压在拖板上。起下岩芯管时，将螺丝松开，即可把回转器扳向销轴一侧，让开孔口。给进机身通过锁紧卡瓦固定在机架的立柱及支撑杆的横梁上。

(4) 机架。机架用于安装给进装置和固定钻机。机架由爬履式底座、立柱、支撑油缸及支撑杆等组成。给进装置在机架上可以调头安装，利用支撑油缸可调整倾角，满足各种倾角的钻孔。支撑杆采用二节式结构，根据需要配合作用。利用爬履式底座以常规方法可将钻机安装在基台木上。

8.2.2.2　操纵台

操纵台是钻机的控制装置。由各种控制阀、压力表及管件组成。钻机的回转、给进、起拔与卡盘、夹持器的联动功能是靠操纵台上的阀类组合实现的。

操纵台上设有回转马达、支撑油缸、给进起拔、起下钻功能转换、夹持器功能转换，副泵功能转换六个操作把手，调压溢流、减压钻进、给进背压、起拔背压四个调节手轮及指示主泵系统压力、给进压力、起拔压力、副泵系统压力、回油压力五块压力表。油管排列整齐，并有指示牌标明连接方位。控制阀均安装在操纵台框架内。油管安装，采用 A 型扣压式高压胶管，拆卸方便。各个把手的操纵方法也有标牌标明。

8.2.2.3 泵站

泵站是钻机的动力源。由电动机、主泵、副泵、油箱、冷却器、滤油器、底座等部件组成。电动机通过弹性联轴器带动油泵工作，从油箱吸油井排出高压油，经操纵台驱动钻机的各执行机构工作。

油箱是容纳液压油的容器，它置于油泵的上方。在油箱上设有多种保护装置。如：吸油滤油器、回油滤油器、冷却器、空气滤清器、油温计、油位指示计、磁铁等，为避免在井下加油时脏物进入油箱，可通过空气滤清器加油。

8.2.3 钻机液压系统简介

钻机采用回转和给进分别供油的双泵开式循环液压系统（图 8-2）。电动机 1 启动后，主变量泵 2 经滤油器 3 截止阀 4 吸入低压油，输出的高压油进入操纵台多路换向阀 8。副变量泵 31

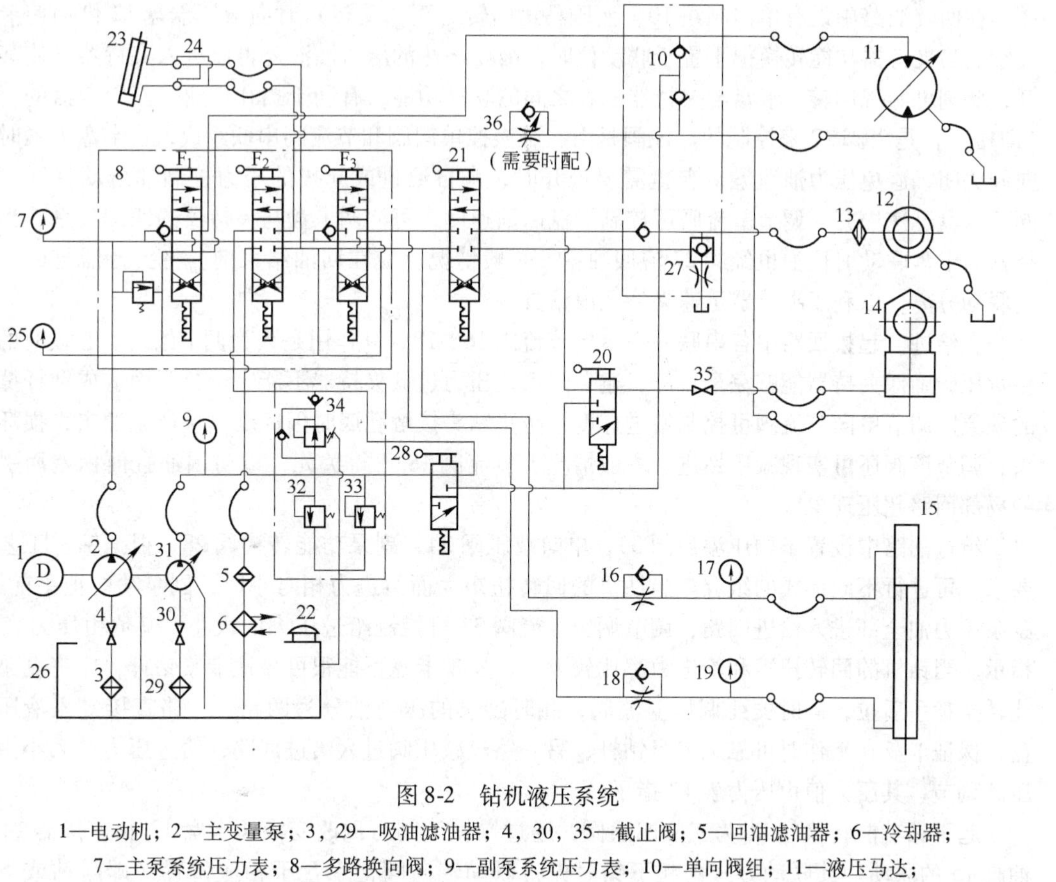

图 8-2　钻机液压系统

1—电动机；2—主变量泵；3，29—吸油滤油器；4，30，35—截止阀；5—回油滤油器；6—冷却器；7—主泵系统压力表；8—多路换向阀；9—副泵系统压力表；10—单向阀组；11—液压马达；12—液压卡盘；13—精滤油器；14—夹持器；15—给进起拔油缸；16，18，36—单向节流阀；17—起拔压力表；19—给进压力表；20—夹持器功能转换阀；21—起下钻功能转换阀；22—空气滤清器；23—支撑油缸；24—液压锁；25—回油压力表；26—油箱；27—卡盘回油阀；28—副泵功能转换阀；31—副变量泵；32—安全溢流阀；33—调压溢流阀；34—单向减压阀经吸油滤油器29截止阀30吸入低压油，输出的高压油先进入副泵油路板，再进入多路换向阀8的中联。多路换向阀8由三联阀组成，左边一联F_1控制液压马达11的正转、反转和停止；中间一联F_2控制支撑油缸的起落；右边一联F_3控制给进起拔油缸15的前进、后退和停止。三联门都处于中位时主、副油泵均卸荷，液压马达11和油缸15处于浮动状态。操作阀F_1主泵输出的高压油全部进入回转油路。副泵的压力油可根据钻进工况选择，有两种方式：一种是油液全部进入给进回路由调压溢流阀控制给进压力；另一种是油液分两路，一路进入卡盘（或卡盘和夹持器）对卡盘实行高压输入，强力卡紧钻杆，另一路经减压阀进入给进回路由减压阀控制给进压力。当F_1处于中位时，操作阀F_2或阀F_3。主、副泵油液合流，实现快速提升。

为防止系统过载，主泵的工作压力由多路换向阀内设的安全溢流阀限定，其值由压力表7来监视。副泵的工作压力由副泵油路板上的安全溢流阀32控制，其值由压力表9监视，使用时不得超过允许值。

主泵回油经回油滤油器5和冷却器6回到油箱，回油压力表25指示回油的压力大小，反映回油滤油器的脏污程度。副泵回油可进入主泵回油路，也可以经油路板上的泄油路直接回到油箱。

在回转油路中设有单向阀组10，液压马达回转（正、反转）时向液压卡盘12供油使卡盘夹紧。当夹持器功能转换把手置于联动位时，液压马达的压力油液还可以进入夹持器，使其松开，此刻可实现回转、卡盘与夹持器三者之间的联动功能，有利于扫孔作业。液压卡盘的回油（即松开）是由阀27来控制的。该阀是由一个液控单向阀和节流阀串联组成，当卡盘夹紧时单向阀关闭，避免压力油泄漏，卡盘需要松开时，来自给进或起拔的压力控制油自动打开单向阀，卡盘迅速松开。调节节流阀可控制卡盘回油速度，可协调卡盘与夹持器的匹配关系，当夹持器与卡盘联动时回油也经阀27流回油箱。一般情况，应在回油结束前，将夹持器与回转器的联动分离，以利于夹持器迅速夹持孔内钻具。

在给进、起拔回路中各串联一个单向节流阀16、18，其作用是人为调节给进、起拔时的回路背压，确保夹持器能够完全打开，避免因系统压力过低夹持器不能完全打开而造成钻杆擦伤的现象。调节单向节流阀可控制钻进速度，防止钻头接触孔底时因速度过快产生冲击，损坏钻头；调节该阀还可实现减压钻进。一般情况下节流阀18不得关死，以防因油缸面积差而引起的局部回路超压现象。

给进油路中设置了调压溢流阀33，单向减压阀34，副泵功能转换阀28，根据钻进工艺的要求，可进行不同形式的组合。当钻机的回转扭矩大而给进力相对小时，副泵功能把手前推，副泵压力油全部进入给进回路，调节调压溢流阀33可控制给进压力的大小，其值由压力表17指示。当钻机的回转扭矩和给进力都比较大时，发现卡盘不能很可靠地卡紧钻杆，应将副泵功能转换把手后拉，同时关死调压溢流阀，此时副泵的压力油分为两路：一路直接进入液压卡盘，保证卡盘在工作时可靠地卡紧钻杆；另一路经减压阀进入给进回路，给进压力的大小由减压阀调节，其压力值由压力表17指示。

起下钻功能转换阀21为三位四通阀，通过操纵该阀可以改变液压卡盘12和夹持器14与油缸15的联动，其联动方式：起下钻时先将联动转向阀把手置于相应位置（即起钻或下钻位），然后只需操作给进、起拔把手，即可完成起、下钻动作。当该阀处于中位时，其联动功能失效。夹持器油路中串联一个三位三通功能转换阀20，该阀可以改变液压马达11和夹持器14的联动方式，操纵该阀可使夹持器与液压马达联动或分离。把手置于中位相当于一个截止阀，用于钻进或称重时关闭夹持器油路，使夹持器保持打开状态，不受其他动作的影响。

8.2.4 钻机的安装与管路连接

8.2.4.1 钻机的安装

在地表装车之前，要根据钻孔倾角大小确定机身与机架的连接方式。当钻进下斜或垂直孔时，给进装置机身与机架的安装如图 8-1 所示，当钻进上斜孔时，给进装置与机架的安装如图 8-3 所示。

钻机运到工地之后，先安装主机，然后再将操纵台、泵站摆放在有利操作安全的地方，用地脚螺钉把底座固定在机台木上或水泥基础上。在井下也可用单体液压支柱直接将钻机压固在基台木上，还应根据钻孔倾角，给进、起拔力的大小决定是否在机架前后安装辅助支撑，以保证钻机在工作过程中安装可靠。

钻机倾角的调整，根据需要接上支撑杆短节，松开机身与前、后横梁上及支撑杆与横梁上的锁紧轴瓦螺钉，然后用支撑油缸将机身缓缓顶起到所要求的角度，拧紧所有螺钉。

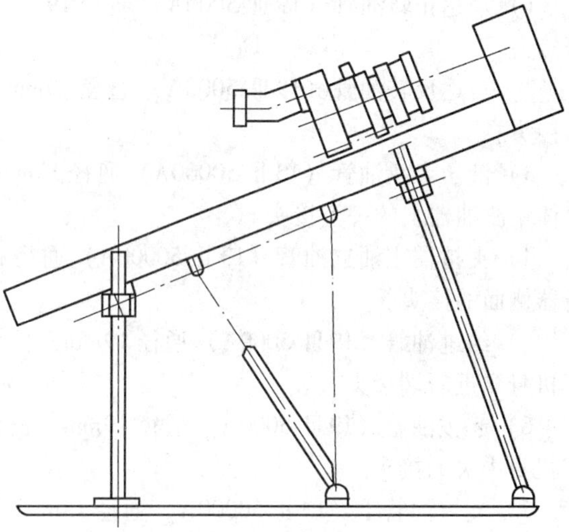

图 8-3 钻机钻进上倾斜孔安装示意图

8.2.4.2 管路连接

钻机共有 15 根高压胶管，其中 13 根与操纵台连接，其接头位置如图 8-4 所示。在操纵台背面及多路换向阀上也有标示。

	多路阀	
夹持器主油缸 (9) O 给进 (8) O　支撑油缸Ⅰ (5) O 副油泵　起拔　支撑油缸Ⅱ (10) O　(7) O　(6) O 夹持器副油缸(11)O	(4) O 总泄油 (3) O 卡盘 (1) O 马正 (2) O 马反	O o 总回油管接头 高压油管接头

图 8-4 管路连接示意图

（1）泵站与操作台连接。

1）主泵高压油管（19Ⅲ-50000A）通径 19mm、长 5m，连接主泵出油口和操纵台上多路阀左边靠前面的接头。

2）总回油管（25Ⅰ-50000A）通径 25mm、长 5m，连接油箱上回油滤油器入口接头和操纵台上多路阀左边靠后面的接头。

3）卡盘回油管（13Ⅱ-50000A）通径13mm、长5m，连接操纵台背面4接头和油箱侧面三个空接头中的任何一个。

4）副泵高压油管（13Ⅱ-50000A）通径13mm、长5m，连接副泵出油口和操作台背面10号接头。

（2）主机与操纵台连接。

1）马达正转油管（19Ⅲ-5000A）通径19mm，长5m，连接马达右边接头与操纵台背面1号接头。

2）马达反转油管（19Ⅲ-5000A）通径19mm，长5m，连接马达左边接头与操纵台背面2号接头。

3）液压卡盘油管（13Ⅱ-50000A）通径13mm、长5m，连接操纵台背面3号接头和回转器箱体精滤油器上的一个接头。

4）夹持器主油缸油管（13Ⅱ-50000A）通径13mm、长5m，连接操纵台背面9号接头和夹持器侧面的接头。

5）给进油管（19Ⅲ-5000A）通径19mm，长5m，连接操纵台背面8号接头和给进油缸位于机身靠近后端接头。

6）起拔油管（19Ⅲ-5000A）通径19mm，长5m。连接操纵台背面7号接头和给进油缸位于机身中央的接头。

7）支撑油管Ⅰ（13Ⅱ-50000A）通径13mm、长5m，连接操纵台背面5号接头和液压锁上接头之一。

8）支撑油管Ⅱ（13Ⅱ-50000A）通径13mm、长5m，连接操纵台背面6号接头和液压锁上另一接头。

9）夹持器副油缸油管（13Ⅱ-50000A）通径13mm、长5m，连接操纵台背面11号接头和夹持器下端的接头。

（3）主机与泵站连接。

1）马达泄油管（13Ⅱ-50000A）通径13mm、长5m，连接回转器液压马达上的接头和油箱侧面接头之一。

2）齿轮箱主轴泄油管（13Ⅱ-50000A）通径13mm、长5m，连接回转器齿轮箱下部接头和油箱侧面接头之一。

8.2.4.3　安装注意事项

（1）各胶管连接之前，应将接头清洗干净，快速接头一定要安装到位。

（2）拆卸油管时最好用旧布包好，以防下次安装时脏物带入油路。

（3）内径及长度相同的油管，可以互换。

（4）连接管路时应注意将油管摆放通顺（不扭动），排列整齐。

8.2.5　钻机操作

8.2.5.1　各种操作装置

（1）泵站上的装置。

1）主泵变量手轮：位于油泵上。用于改变油泵排量达到对回转及起拔速度的无级调整。调整时注意观察。

2）副泵变量手轮：位于副油泵上，用以改变副油泵的排量达到对给进速度的无级调整。

3）截止阀把手：位于油箱底部与油泵吸油口连接处。用在检、拆油泵时关闭油箱油流；把手与管路平行，油路开通；把手与管路垂直，油路关闭。

（2）操纵台上的装置。

1）液压马达操作把手：位于操纵台前面左起第一个把手，用以改变马达的转向，把手向前推，回转器正转；把手往后拉，回转器反转；把手置于中间位置，回转器停转，马达浮动。

2）支撑油缸操作把手：位于操纵台前左起第二个把手，把手向前推油缸活塞杆伸出，机身起升，把手往后拉，油缸活塞杆缩回，机身下降。把手置于中间位置，油缸保持在原工作位置上。

3）给进起拔操作把手：位于操纵台前面左起第三个把手，操作此把手可使回转器在机身导轨上前进、后退和停止。把手向前推，回转器前进；把手往后拉，回转器后退；把手置于中间位置，油缸浮动。

4）副泵功能转换把手：位于操纵台前面右起第一个把手，有两个位置，把手前推，副泵油液进入多路换向阀，调节调压溢流阀可以调整给进压力，满足钻进的需要。在钻进过程中，若将把手后拉，副泵的压力油液一部分进入卡盘，用于提高卡盘的工作压力，使卡盘在大扭矩、大给进力的情况下都能可靠地卡紧钻杆（此时调压溢流阀应关死）；另一部分通过减压阀进入给进油缸，调节减压阀可以调整给进压力的大小。减压阀手轮顺时针旋转压力增大，反时针旋转，压力减小。

5）夹持器功能转换把手：位于操纵台前面右起第二个把手，用于控制夹持器的状态。有三个位置：把手前推，夹持器与给进、起拔油缸联动，压力油使其松开；把手后拉，夹持器与回转液压马达联动；把手位于中位时，可使夹持器油路关闭。

6）起下钻功能转换把手：位于操级台前面右起第三个把手，用以改变卡盘、夹持器与给进油缸的联动方式。下钻时，把手推向前位；起钻时，把手拉向后位；钻进时，把手置于前位或中位（中位时联动功能失效）。

7）起拔背压调节手轮：位于操纵台右下部16号阀上，控制油缸起拔时背压，主要针对施工上斜角度较大的钻孔，防止回退速度过快引起的冲击。顺时针旋转时，背压减小。调节该阀还可以解决“倒杆”时夹持器不能完全张开擦伤钻杆的问题。

8）调压溢流给进压力调节手轮：位于操纵台右部中间，顺时针旋转时，给进压力增加；反时针旋转时，给进压力减小，压力大小由给进压力表指示。

9）减压阀给进压力调节手轮：位于操纵台右部下边，顺时针旋转时，给进压力增加；反时针旋转时，给进压力减小，压力大小由给进压力表指示。

10）给进背压调节手轮：位于操纵台下部中间18号阀上。控制油缸的回油压力，达到控制回转器的给进速度。顺时针旋转时，背压减小，给进速度加快，反时针旋转时背压增大，给进速度减小；调节背压还可以解决起下钻时夹持器卡瓦不能完全张开而拉伤钻杆的问题。背压大小由起拔压力表指示。

11）油马达变量手轮：位于油马达上，用于改变马达排量，调整回转速度。手轮顺时针旋转排量增大，回转速度减小；手轮反时针旋转，马达排量减小，回转速度增大。

12）副泵压力的调定：先让回转器回转，再使回转器移至端头（即上死点或下死点），将操纵阀的把手置于中位，操纵阀操纵把手置于前位，再调阀即调整副泵压力，顺时针增高，逆时针转压力降低，其大小由压力表指示。

8.2.5.2 开钻前的准备工作

（1）油箱内加满清洁油液（钻机正常工作后油面应在油位指示计的中间偏上约2/3处），一般用30号液压油，如果环境温度较高可用40号液压油。

（2）检查钻机及各部分紧固件是否紧固。

（3）在需要润滑的部位加注润滑油和润滑脂。

（4）检查各油管连接是否正确。

（5）主泵按指示的箭头先将泵量调至最小位后，再反转5～8圈即可，副泵的泵量调至25%左右即可。

（6）将操纵台上副泵的功能转换把手置于调压阀位（也就是前位）。其他的操纵把手均放在中间位置，背压调节手轮（单向节流阀）顺时针调到极限位置。减压阀、溢流阀手轮调至最小位置。马达变量手轮按需要调节，一般在中速排量范围。

（7）打开油箱上的截止阀，此阀未打开前不准启动电动机。

8.2.5.3 启动程序

（1）启动。

1）接通电源。

2）试转电机，注意转向是否与油泵的要求一致。

3）启动电机，观察油泵是否正常运转（应无异常声响，操纵台上的回油压力表应有所指示）、检查各部件有无渗漏油。

4）使主、副油泵空转3～5min后再进行操作，如油温过低，空转时间应加长，待油温达20℃左右时，才可调大排量进行工作。

（2）试运转。

1）油马达正转、反转双向试验，运转应正常平稳，系统压力表读数不应大于4MPa。

2）反复试验回转器的前进、后退，以排除油缸中的空气，直到运转平稳为止，此时系统压力不应超过2.5MPa。

3）试验卡盘、夹持器，开闭要灵活，动作要可靠。

4）检查各工作机构的动作方向与指示牌的标记方向是否一致，如不一致应及时调换有关油管。例：回转器马达的正、反转，前进、后退等。

5）在以上各项试运转过程中，各部分应无漏油现象，如发现应及时排除。

8.2.5.4 开钻准备

（1）无岩芯开孔。

1）从回转器后端插入一根钻杆，穿过卡盘，顶在夹持器端面上（因此时夹持器闭合，不能穿入）。若从回转器后端不能插入钻杆时，可关掉钻机，待钻杆插入回转器后，重新启动钻机。

2）副泵功能转换阀把手推到前位（即溢流给进位），夹持器功能转换把手推到分离位（即前位）。将起下钻转换把手推到下钻位置，向前推给进起拔把手，使钻杆进入夹持器，在夹持器前方人工拧上岩芯管及钻头，准备钻进。

（2）取芯开孔。

1）抽出夹持器卡瓦，回转器后退到极限位置，在卡盘前方放入粗径取芯钻具（应用短岩芯管）。

2）从回转器后端插入一根钻杆，与粗径钻具接头拧在一起，准备钻进。

8.2.5.5 下钻

（1）将夹持器上盖翻转到一侧，抽出夹持器下卡瓦，将直径200mm的粗径钻具下入孔内，用垫叉悬置在孔口管上（钻下垂孔时）或顶在夹持器前端（钻上仰孔时）。

（2）合上夹持器上盖，从回转器后端插入钻杆，将起下钻把手置于下钻位置，向前推给进起拔把手（即给进回转器）使钻杆穿过夹持器，与粗径钻具接头连接在一起（手动或机动），然后装上夹持器卡瓦。

（3）搬动给进起拔把手，靠回转器的往复移动将钻杆送入孔内，待钻杆尾端接近回转器主轴后端时停止送入。

（4）从回转器后端插入第二根钻杆，人工对上丝扣，后退回转器，并且正转（卡盘自动夹紧）拧紧钻杆，重复上部操作，送入第二根钻杆。以后依次反复，直到送完全部钻杆。

8.2.5.6 钻进

（1）接上水龙头，开动泥浆泵，向孔内送入冲洗液。

（2）待孔口见到返水后按如下程序操作：

1）将给进起拔把手拉向起拔位置，使回转器后退到极限位置。

2）将转换把手置于起钻位置，使夹持器完全打开，随之扳动夹持器功能转换把手，使其置于中位，让夹持器处于打开状态。

3）逆时针旋转给进背压调节手轮，使其关小，垂直孔需关死。

4）扳动马达回转把手让回转器正向旋转，切勿反转。

5）将给进起拔把手回到中位。

6）将转换把手置于中间位置。

（3）根据具体情况调整回转速度进行加压或减压钻进。

1）加压钻进。将给进压力调节手轮朝反时针方向旋转到极限位置（此时给进压力最小），顺时针旋转给进背压调节手轮，当钻具开始移动时停止旋转，让钻头慢慢推向孔底进行扫孔，扫孔完毕，继续旋转背压调节手轮，使背压降为零，再把给进起拔把手推到给进位置，然后逐渐增大钻进压力（顺时针方向旋转给进调节手轮）使达到规定值，开始正常钻进。

2）减压钻进。钻进下垂孔，当钻具质量超过钻头所需要的压力时，应减压钻进，此时应在钻具悬置状态下读起拔压力表读数（称重），然后顺时针方向旋转背压手轮，减小背压，使钻具缓慢下移进行扫孔，待钻头接触孔底后，再继续减小背压，提高孔底压力到达规定值，开始正常钻进。

钻进过程中，转速和压力应根据工艺需要及时调整，孔底压力可按式（8-3）计算：

$$p_{钻} = 623p_{给} - 431p_{起} - 9.8g \times \sin\alpha \tag{8-3}$$

式中 $p_{钻}$——孔底压力，N；

$p_{给}$——给进压力表读数，MPa；

$p_{起}$——起拔压力表读数，MPa；

g——每米钻杆的质量。

8.2.5.7　接杆

（1）倒杆。

1）减小孔底压力，停止给进，然后停止回转，向前推夹持器功能把手（即夹持器油路开通），夹持器夹住钻具。

2）退回回转器（俗称“倒杆”）。

3）借助于给进，打开夹持器，将夹持器功能把手扳到中位（即夹持器油路关闭），然后重新开始钻进（操作同前）。

（2）加杆（接长钻具）。

1）减小孔底压力，停止给进和回转，向前推夹持器功能把手。

2）停供冲洗液，卸下水龙头。

3）接上加长钻杆，再接上水龙头，退回回转器，打开夹持器，夹持器功能把手扳到中位，即可开始钻进。

（3）停钻。

1）减小孔底压力，停止给进和回转，向前推夹持器功能把手。

2）将钻具提离孔底一定距离。

3）停供冲洗液。

（4）起钻。

1）停钻，停供冲洗液，卸下水龙头。

2）将起下钻转换把手置于起钻位置，回转器马达排量调到最大。

3）扳动给进起拔把手，拉出钻杆，待欲卸的接头露出夹持器250～300mm时停止，马达反转拧开钻杆即可。注意，开始卸钻杆时回转器绝不能后退到极限位置，须留70mm以上的后退余地，以便回转器能在卸扣过程中随着丝扣的脱开而自动后退，否则将会损坏机件或钻杆丝扣。

4）前移回转器，使孔内钻具的尾端进入卡盘，同时取下已卸开的钻杆。

5）拉出下一根钻杆，重复操作。如此循环往复，直到拔出孔内全部钻杆。

6）最后取出粗径钻具。

8.2.5.8　操作中应特别注意的问题

（1）油管没有全部接好以前不允许试转电机。

（2）孔内有钻具，除按规定程序卸钻杆外，绝不允许马达反转。

（3）停止钻进时，要立即将夹持器功能把手推向前位，使夹持器夹紧钻杆，确保安全。

（4）用马达反转卸开钻杆接头时，必须留足卸扣长度。

（5）在钻进过程中要随时注意观察各压力表的读数变化，发现异常及时处理。

8.2.6　故障排除

MKG地质钻机常见故障及排除见表8-2。

表 8-2 MKG 地质钻机常见故障及排除

故障现象	可 能 原 因	排 除 方 法
油泵不排油	电动机转向错误	调转方向
	油泵变量机构在 0 位	应调节器在 0 位以上
	截止阀门没打开	打开截止阀
泵排量不足 噪声大	油箱吸油滤网阻塞	清洗吸油滤网
	油的黏度过高	换用低黏度油或预热
	油箱空气过滤器阻塞	拆卸清洗空气过滤器
	吸油管道漏气	查明漏气处,加以紧固
	油泵内部损坏或磨损过度	检修或更换新泵
系统压力 升不上去	油泵排量不足	检修或更换新泵
	安全阀开启压力太低	调整开启压力或检修
	操纵把手停位不当,内部串油	调整把手位置
	系统有泄漏	对系统顺次检查、排除泄漏
回转器不回转	主轴卡死	检查轴泵或配油套
	马达发生故障	检修或更换新马达
卡盘升不开	复位弹簧失效	更换新弹簧
	卡盘端盖压死卡瓦	加垫片调整端盖与卡瓦的间隙
卡盘打滑	卡瓦磨损严重	更换卡瓦
	配油套磨损,内漏严重	更换主轴和配油套组件
	胶筒损坏,漏油	更换胶筒,并检查卡盘端盖与卡瓦的间隙是否过大
夹持器夹不紧	碟形弹簧损坏	更换弹簧
	油的黏度过高	换用低黏度油或预热
马达回转不力	操纵把手不在正确位置上	将把手放在正确位置上
	卡盘配油套泄漏严重	更换配油套与主轴组件
	马达磨损严重,内漏过大	检修马达
回转器不前进 或后退	油泵不上油或无压力(起下钻时)	按上述方法排除
	给进压力太小	增大给进压力
	背压阀关死	顺时针旋转手轮,打下背压阀
	拖板与导轨卡死	松动拖板两侧螺钉
	给进油缸活塞密封损坏内部窜油	检修给进油缸
	副泵发生故障(钻进时)	检修副泵
夹持器松不开	滑座上脏物太多(矿粉、岩粉)	拆开清洗,去除脏物
	卡盘端盖压死卡瓦	拆洗,去锈加油
压力表无指示	缓冲螺钉切槽阻塞	清除阻塞物
	铜管接头松开、漏油	拧紧接头
	压力表损坏	更换压力表
压力表无回零	缓冲螺钉切槽太小,阻力大	扩大切槽
	压力表损坏	更换新压力表
	系统回油阻力大	减小回油阻力

8.3 SGZ 地质钻机

8.3.1 钻机的结构

SGZ-ⅢA 立轴式油压给进高速岩芯钻机如图 8-5 所示，既能用于钢粒钻进，又能用于金刚石钻进。

SGZ-ⅢA 型钻机是立轴式岩芯钻机，适用于水电、交通、桥梁、坝基等建筑物的地质勘探、工程钻孔以及煤矿井下钻孔施工，设有液压给进，液压移机、液压卡盘，钻进效率高、劳动强度低。立轴内径 60mm，可供绳索取芯钻进和使用 ϕ42mm、ϕ50mm、ϕ53mm 三种钻杆钻进，转速范围宽，可满足钢粒、硬质合金、金刚石钻进等工艺的需要，传动系统设计先进，所有传动零件工艺精湛，强度高，使用寿命长，结构紧凑，稳定性好、拆装容易，便于分拆搬运及维修。

SGZ-ⅢA 型钻机主要技术参数见表 8-3。

图 8-5 SGZ-ⅢA 型钻机

表 8-3 SGZ-ⅢA 型钻机技术参数

项 目	型 号 参 数	SGZ-ⅢA
钻进能力	钻孔角度/(°)	
	终孔直径/mm	
	钻进深度/m	
	钻杆直径/mm	ϕ42、ϕ50、ϕ53
回转器	立轴转速/r · min^{-1}	128、200、300、514、800、1200
	立轴内径/mm	
	给进力/kN	22.5
	提升力/kN	36
	立轴行程/mm	
移动装置	移动行程/mm	
卷扬机	型 式	
	卷筒直径/mm	ϕ165
	卷筒长度/mm	185
	卷扬速度/m · s^{-1}	0.24、0.37、0.55、0.94、1.46、2.18
	卷筒容量	
	起重量/kN	
变速箱	型 式	移齿式
	转速挡数	6
离合器	型 式	干式重荷单片
油 泵	型 号	
	额定流量/L · min^{-1}	
	额定工作压力/MPa	
动力机	电动机	
	柴油机	

8.3.1.1 钻机的组成

（1）机组组成。机组由动力机构（电动机或柴油机）和钻机主机组成，钻机主机的传动有机械传动和液压传动两部分。钻机整机结构可分为动力装置、变速箱、卷扬机、回转器、卡盘和机架等部件。

（2）钻机的机械传动系统。动力从电动机（或柴油机）经离合器将运动传至变速箱的输入轴，由于变速箱的变换，可以得到变速箱输出的六种不同速度。

（3）液压传动系统。钻机液压系统由齿轮泵、操作阀、立轴给进油缸、卡盘油缸、仪表等部件组成。

8.3.1.2 钻机主要构件

（1）传动系统。SGZ-ⅢA 钻机的动力从电动机经离合器将运动传至变速箱的输入轴，由变速箱内 Z9、Z11、Z12 三联滑移齿轮和 Z7 变速齿轮啮合位置的变换，可以得到变速箱输出的六种不同速度，两个变速把手分别控制变速齿轮 Z7 和三联滑移齿轮 Z9、Z11、Z12，一个分动把手控制回转或卷扬动作。

（2）卷扬机。为升降钻具和起拔套管之用，它用前轴承座和后轴承座支承在变速箱上，用螺丝固定。卷扬机有提升抱闸和制动抱闸，由两个操作把手来操作。

（3）回转器。回转器是钻机的重要工作机构之一，其主要功用是带动钻具回转，为钻头有效地破碎岩石提供合理的转速及扭矩。所谓立轴式回转器，即回转器有一根较长的立轴，而且给进结构和回转器通过立轴连接在一起，构成一个独立拆装部件，由箱管、横梁、被动伞齿轮、立轴导管、立轴、卡盘、卡瓦活塞杆、活塞、油缸等组成。钻进时依靠立轴和卡盘传递扭矩和轴向力。回转器每钻进 300m 要进行一次清洗。

对回转器有如下要求：

1）回转器转速和扭矩要满足钻进工艺需要。

2）回转器应有反转速度，以满足处理事故及特种钻进工艺的需要。

3）回转器应具有良好的定向和导向性能，以适应不同倾角钻孔。

4）回转器的通孔要能通过所需通过的钻杆。

5）回转器回转要平稳，震动和噪声要小。

（4）调压及给进机构。给进机构提供一定的轴心压力与给进速度、平衡钻具重力，倒杆，提动与悬挂钻具，强力起拔钻具等。目前，机械传动式钻机的液压系统，除完成给进系统功能外，还可以完成松紧卡盘、前后移动钻机和拧卸钻杆的工序。

（5）升降机构。钻机的升降机构用于升降钻具和套管，处理孔内事故，提吊钻具等。升降机工作时有四种情况：提升、制动、下降和微动操作。

（6）摩擦离合器。这种离合器基本传动件由输入轴和主动盘、输出轴和被动盘以及压力盘组成。

（7）机座。固定整个钻机。

8.3.2 钻机操作

8.3.2.1 运转前的检查和准备

（1）安装必须牢靠，各部分连接坚固、可靠。

（2）检查液压油箱和变速箱油位是否合适。机架导轨面立轴等运动摩擦部位均应清除泥沙，并加注润滑油。

（3）离合器把手放在断开位置，分动把手放在回转位置，用手扳动卷筒，将变速把手放在高速位置，用手旋转立轴，检查各旋转件是否灵活，有无阻力过大现象或异常。

（4）检查油路系统各接头是否拧紧，钻机开动后，应先检查油压系统，有无漏油现象，油泵是否起压。

（5）开动电动机后，检查离合器是否灵活可靠，检查变速把手、分动把手变挡是否灵活。

（6）将操纵把手放在“卡盘松开”位置，放入直径42mm钻杆检查卡盘松开卡紧是否灵活。

（7）检查操纵阀各操纵位置是否可靠灵活。

（8）操纵卷扬机操作把手，检查提升抱闸和制动抱闸在闸紧和松开状态下的松紧程度是否合适，工作是否可靠。

8.3.2.2　钻机操作程序

（1）加压钻进程序。

1）操作阀把手放在“通钻探机”和“钻机前进”位置。

2）操作阀把手放在“卡盘卡紧”位置。

3）操纵阀把手放在“立轴上升”位置。拧动给进压力调节手轮，使钻具提高离孔底几厘米，然后放在“停止”位置。

4）接合离合器使立轴旋转。

5）操纵把手放在“立轴下降”位置，拧动给进压力调节手轮，使孔底压力表数值为需要值（孔底压力为表数值加上钻具重力），进行正常钻进。

（2）倒杆操作程序。

1）断开离合器，使立轴停止旋转。

2）操纵把手先放在“卡盘松开”位置，然后再将操纵把手放在“立轴上升”位置。拨动快速增压把手，使立轴快速上升50mm行程。

3）操纵把手放在“卡盘卡紧”位置。

4）接合离合器使立轴旋转。

5）操纵把手放在“立轴下降”位置，继续钻进。

（3）减压钻进操作程序。在加压钻进的基础上，将操纵把手放在“立轴上升”位置，拧动给进压力调节手轮，使孔底压力表数值为需要值（孔底压力为钻具重力减去表的数值），进行正常钻进。

（4）卷扬机的操作程序。

1）断开离合器。

2）将卡盘操纵阀放在“松开”位置。

3）扳动分动把手到卷扬位置。

4）接合离合器提升钻具，然后拧动主动钻杆，并将主动钻杆拉高10～20mm，再将卡盘操纵阀放在“卡紧”位置。

5）松开锁紧上机架的前后压板上的锁紧螺钉。

6）操纵移动操纵阀把手放在“钻机后退”位置，使上机架等后退到极限位置。

7）拧紧锁紧上机架的前后压板上的锁紧螺钉。

8）进行卷扬操作，左手操纵卷扬刹车把手，右手操纵卷扬提升把手。

（5）电气控制箱操作程序。当钻机使用电动机时，配备有电气控制箱，电气控制是由综合磁力启动器和手动星形-三角形启动器组成，采用二级启动的方式，特点是降压启动，减少启动电流，操作方便，运行可靠，电路设有短路保护、过载保护，接触器兼作失压保护。其操作程序如下：

1）电动机启动首先拉离合器。

2）启动时，先将星形三角启动器把手放在“○”位，然后按下“启动”按钮，再将把手扳至“Y”，待 5～10s 电动机转速趋于正常时，将把手扳至“△”启动完成。

3）关闭时，先拉离合器，再将星形三角启动器把手扳至“○”位置。

4）下班或停止工作时，应切断电源，按“停止”按钮。

8.3.3　钻机操作注意事项

SGZ 钻机操作时应注意如下事项：

（1）钻机不得在无人照顾的情况下运转。

（2）油泵是钻机液压系统的心脏，正确使用和维护保养油泵是保证正常钻进的必要措施，油泵用油必须保持清洁无杂质，加油时，应用漏斗向油箱口加入，油箱口内有过滤网，切不可在加油时拿去滤油网。油泵和操作阀对不洁的油很敏感，不洁的油会提早磨损油泵和操作阀，导致钻机不能工作。加入的液压油必须是同一牌号，以延长油泵使用寿命，牌号不同的液压油不得加入压力油箱。

钻机的液压和润滑用油要求：

1）液压系统中的压力油用 46 号机械油或液压油。

2）液压油的过滤，在油泵吸口有 100 目铜丝过滤，加油口有 80 目铜丝过滤，上述过滤网每周必须检查，如有堵塞立即清洗。

3）在油箱内装有 4m 直径 18mm 的紫铜冷却管两根，油箱下端设有两个冷却水管接头，当油温超过 60℃时，通入冲洗泵回水进行冷却降温。

4）变速箱润滑油用黑色齿轮油。

5）卷扬机行星机构、伞齿轮等处用二硫化钼润滑油，也可用钙基润滑脂。

6）每班应去除机架导轨面的泥沙、泥污，并在导轨面上加机油，上机架导轨面上的油杯每班注油一次。

（3）接合离合器要平稳，禁止猛开猛合，避免离合器在半离合状态下工作。

（4）扳动变速把手和分动把手时，必须先断开离合器，待齿轮转动停止后，再进行变挡，以免齿轮打坏，并注意将把手置于定位孔中，以免齿轮跑挡。

（5）起重卷扬时，不得超负荷吊重，并注意钻具在孔内卡住时，不能硬拉，否则会拉断钢绳，甚至损坏机器和发生事故。

（6）卷扬机的提升抱闸和制动抱闸不可同时闸紧，在升降钻具时，两把手要同时握紧，以便及时配合操作，以防发生事故。

（7）钻机在钻孔深达 200～300m 时，下钻具中如操作人员对制动把手操作不灵活，不够熟练，就会引起刹车鼓发高热，结果会引起制动失灵，此时需冷却片刻再用；如操作得好，可避免发生高热。

（8）钻机移动至前面极限位置，拧紧前后压板的锁紧螺钉后，才允许进行钻进或提升工作，在钻进或提升过程中，不得移动钻机和移动操纵把手，以免发生事故。

(9) 上、下机架导轨的接触面上，立轴和活塞杆上，在起钻时往往有泥沙等落在上面，在下钻后钻机复位前应擦净，否则会很快磨损，影响钻机的使用寿命。

(10) 液压卡盘是用油压卡紧钻杆的结构，故在卡盘失去油压后，卡盘逐渐松开，原卡紧的钻机上钻杆或钻具自行落下，在操作使用中尤应注意，卡盘的卡紧油压已整定为2MPa，一般不需要进行调整，卡盘使用在钻进300m时，应拆开清洗一次。

(11) 使用液压卡盘时，钻头对孔底的钻进压力，应为孔底压力表的读数加上钻具重力（对加压钻进）或减去钻具重力（对减压钻进）。钻具重力，自行估算。

为了合理配合液压操纵，达到安全工作，各种液压装置工作压力范围规定见表8-4。

表8-4　液压装置工作压力范围

液压装置名称	工作内容	工作压力 MPa	调压方法
立轴给进油缸	给进	0.3	微调
	起重提升	0.3	微调或快速
钻机移动油缸	移动钻机	2	定压
卡盘油缸	卡盘夹紧	2	定压
	卡盘松开		

(12) 钻进中，应随时注意压力表和孔底压力表指示的工作情况，发现异常，应立即处理。

(13) 运转中，经常注意各运动部位有否异常的响声和高温，如有应立即停机处理。

8.3.4　地质液压钻机安全操作规程

地质液压钻机安全操作规程如下：

(1) 钻机作业时每班不少于4人。

(2) 作业现场必须悬挂好照明，保证照明充足，井下作业必须对顶板、两帮进行“敲帮问顶”，发现浮石必须撬净，确认安全后方可开机作业。

(3) 悬挂滑轮锚杆螺纹钢直径不小于18mm，插入长度（不含挂钩部分）不小于1.2m，焊接、锚杆注浆应牢固可靠。

(4) 使用单滑轮无安全卡（栓）时，必须用铁丝将钩头扎牢，滑轮荷载以3t为宜。

(5) 运输钻机时，应由班长或指定专人统一指挥、协调作业；放置在平板车上要平稳、捆扎牢固；铲运机装运时，作业人员不得在铲运机前面行走。

(6) 钻机辅助设施，配电箱、变压器必须放置在安全、干燥地点，严禁放在潮湿或积水、淋水地点，钻杆、钎具要摆放整齐、牢靠。

(7) 钻机移动作业地点时，必须有专职电工拆装总电源，其他人员严禁乱接拆总电源。

(8) 作业前必须检查提升钢丝绳、吊锤耳和冲击杆是否完好；升降制动装置、升降把手是否灵敏、可靠。发现问题要及时处理。

(9) 使用钻具液压千斤顶时，千斤顶底部应用硬枕木垫实，起拔时，其他人员必须离开孔口5m外。

(10) 松紧液压卡盘螺丝，未经操作者同意离合器不准开动。

(11) 使用拧管机卸钻具时，垫叉必须叉牢。

(12) 当岩芯管提离孔口后，不得用手触摸钻头底部，以防岩芯突然下滑伤手。

(13) 在提升钻具中发生轻微卡钻或孔壁受阻时，严禁用卷扬机强行提升。

(14) 在处理孔内故障“反钻具”操作时，钳把的回转范围内严禁站人，以防钳把反转伤人。

(15) 在井下采区作业时，遇有爆破作业（大炮、二炮、小炮）时，作业人员必须停机并撤离作业区至安全地点，必须等炮烟散尽后，方可进入作业区作业。

(16) 下班时，按定制管理标准搞好文明生产。

(17) 本规程亦适用于地面工勘作业人员。

8.3.5 常见故障及排除方法

SGZ 地质钻机常见故障及排除方法见表 8-5。

表 8-5 SGZ 地质钻机常见故障及排除

故障情况	故障原因	排除方法
离合器在工作位置,但不能传递扭矩或断续传递发生打滑现象和发热	摩擦片上有油污	拆开并用汽油洗净摩擦片
	摩擦片磨损、烧坏或变形	更换或校正
	分离轴承回位弹簧失去弹力	更换弹簧
	压摩擦片的三个弹簧失去弹力	更换弹簧
	分离轴承套筒在活动处有脏物卡住	清除脏物,加注润滑油
	离合器三个小臂的小轴严重磨损	更换
离合器在分离位置变速箱第一轴仍然转动	摩擦片上沾有脏物	拆洗洗净摩擦片
	摩擦片变形	更换或校正
	离合器分离爪和分离轴承之间间隙不当,以致把手在分离位置,摩擦片没有完全脱开	调整间隙
变速箱温度过高	箱内油量过多或太少、油脏	按规定加入清洁润滑油
	所用润滑油不当	按规定加入润滑油
	轴向游隙太小	加大轴向游隙
	轴承损坏	更换
变速箱内有异常的响声	齿轮损坏或磨损严重	更换齿轮
	轴变形弯曲	更换或校正轴
	变速箱内有异物	清洁润滑油,排除异物
回转器轴承处温度过高	轴承润滑不良	检查润滑油是否清洁和不足,更换和加注
	圆锥辊子轴承轴向间隙太小	调整上、下调节螺母到合适间隙
立轴和立轴套卡住	立轴和立轴套之间有脏物	清除脏物并修整毛刺
回转器有异常响声	圆锥齿轮啮合间隙不当	调整上下调节螺母到规定间隙
	圆锥齿轮磨损严重或损坏	更换齿轮
	圆锥辊子轴承损坏	更换轴承
卷扬机在运行中发生异常的响声	游星齿轮滚珠轴承损坏	拆除并更换轴承
	游星齿轮系中齿轮损坏或磨损严重	拆检并更换齿轮
卷扬机提升或制动刹车不灵	提升抱闸和制动抱闸上有油污或进水	清除制动带上的油污或更换
	提升抱闸和制动抱闸的制动带磨损	更换制动带
	提升抱闸和制动抱闸与闸轮之间的间隙过大	调整抱闸与闸轮之间的间隙
	杠杆操纵系统被脏物或阻碍物卡住	排除系统中脏物或阻碍物

续表 8-5

故障情况	故障原因	排除方法
制动把手虽然放开,钻具仍然下降困难或不降	提升抱闸和制动抱闸与闸轮间有脏物卡阻	清除卡阻脏物
	抱闸与闸轮之间的间隙过小	将间隙调整适当
	卷筒或游星轮系内轴承损坏阻力大	拆检或更换
液压卡盘卡不住或松不开	钻进负荷太大超过额定值	降低负荷
	油压不足	检查液压系统是否有故障
	卡瓦磨损或卡瓦齿板脱落	更换卡瓦或卡瓦齿板重新黏结
	三片卡瓦的厚度尺寸不一,卡瓦与压板螺钉松动	检查内齿轮弹簧垫圈是否有效,无效则更换
	有脏物卡在卡盘体内	清除卡盘体内的脏物,并在压板滑动槽内加润滑油
液压系统压力不足或完全没有压力	油泵皮带打滑	对油泵传动架支架的调整达到皮带一定的张紧力
	油箱内油面过低或完全没有油,油泵吸空	给油箱增加油量到规定值
	吸油管和吸油口过滤器堵塞	清洗吸油管及过滤器
	油泵过度磨损或损坏	更换油泵
	安全阀的压力过低	拆检安全阀,清除脏物或更换零件,调节到规定压力
	系统中的油缸各种阀、管接头等处有泄漏	对系统各件检查,排除泄漏或更换密封件
给进油压提不高或没有压力	卡盘调节阀失灵,活塞或控制活塞被卡住后端盖的密封圈	拆检和清洗卡盘调压阀,更换密封圈
	给进调压阀的调节阀体被脏物卡住	拆检和清洗给进调压阀
油温过高	高压工作时间过长	暂停一段时间或降低工作压力
	油泵损坏	更换或修理油泵
	油箱内油量太少,油液循环太快	加油到规定值
	油路堵塞	检查油路,清除障碍物

复习思考题

8-1　简述地质钻机的用途。

8-2　简述常用地质钻机传动方式。

8-3　简述常用地质钻机的组成及其作用。

8-4　简述常用钻机钻进工具组成及其作用。

8-5　如何提高岩矿芯采取率?

8-6　简述造成钻孔弯曲的原因。

9 矿山地质管理工作

9.1 矿石质量管理工作

矿石质量管理属于矿山企业全面质量管理的重要组成部分，是为了充分合理地利用宝贵的矿产资源，减少损失贫化，并保证矿产品质量，满足矿石质量要求而开展的一项经常性工作。要搞好矿石质量管理，就必须按照矿石质量指标要求，编制完善的矿石质量计划，进行矿石质量预测，加强采矿贫化与损失的管理，搞好矿石质量均衡工作，并加强生产现场全过程的矿石质量检查与管理，以减少输出矿石质量的波动，保证矿山按计划、持续、稳定、均衡地生产，提高矿山企业生产的总体效益。

9.1.1 矿石质量计划

9.1.1.1 *矿石质量管理的概念*

矿石质量一般是指矿石满足当前采矿、选矿、冶炼加工利用的优劣程度或能力。矿石质量的好坏，取决于矿石中有用组分或有用矿物的种类及含量，有害杂质的种类、含量，伴生有用组分和有害杂质的赋存状态，矿石类别及其物理机械性质和工艺加工技术性能等方面。

矿石质量指标是评价矿石的工业利用价值、圈定矿体、计算矿石储量的技术标准和尺度，检查和评价矿石质量在现有技术经济条件下为工业利用的价值大小和合格程度。矿石质量指标的制定，主要根据国家一定时期内有关的政治、技术、经济等政策，采矿、选矿、冶炼、工业利用等科学技术的发展水平和趋势，国内外矿产品市场的供求情况，以及矿产资源的地质特征等因素而制定。

9.1.1.2 *矿石质量计划的作用*

众所周知，矿石质量与产量计划是矿山采掘（剥）生产技术计划的核心，规定要求矿石质量计划必须与采掘（剥）计划同时编制、上报、考核、验收和下达。矿山必须是在能够保证满足规定的矿石质量指标（如矿石类型要求、有用组分品位、有害杂质允许含量等）的前提下，具体安排矿石回采范围、作业进度、回采顺序及出矿数量等。所以，矿石质量计划是矿山采掘（剥）生产技术计划的重要组成部分，是保证实现矿石质量指标，满足用户对矿石质量要求的具体活动安排，是进行矿石质量管理的首要措施。

矿山应对矿石质量全面负责，并组织综合管理。矿山地质部门是原矿质量技术管理的主管单位，应会同矿山生产、计划和技术等部门编制矿石质量计划。矿石质量计划分为长期、中期、短期，季、月、旬、日、班矿石质量计划等。

编制矿石质量计划的作用在于衡量计划期内将生产的矿石能否达到规定的矿石质量指标要求，以便及时发现问题，预先采取措施，调整生产计划；可以有目标、按计划地指导矿石质量均衡工作；保证矿山企业均衡生产，有助于提高矿山生产效率和资源回收率。

矿石质量计划的基本内容应分为文字、图件和表格三部分。

（1）文字部分包括：计划开采块段矿石质量的基本情况；预计的矿石贫化率与损失率；各类型或品级矿石计划达到的质量指标；矿石回采作业进度、顺序、各地段的出矿计划及矿石质量均衡安排；为实现矿石质量计划所采取的技术措施和要求等。

（2）图件部分包括：综合地质图、矿石类型与品级分布图、采样位置图、矿石品位分布图、块段或爆区单体性地质图件、采掘（剥）进度计划图等。

（3）表格部分分为：年度计划表、季度计划表、月度计划表、日（班）计划表。内容应包括出矿地点、出矿时间、计划出矿量、原矿石质量指标、损失贫化指标、采出矿石质量指标、出矿安排等。

9.1.1.3　矿石质量计划的编制

矿石质量计划，尤其是与年、季、月及旬、日、班采掘生产相协调的矿石质量计划的编制，其理论依据是“全面质量管理”，必须实行“全面、全员、全过程”的系统管理；矿山必须建立健全原矿质量管理机构和体系，制定生产工序质量的考核标准，增强“全员”的质量意识，并注意研究和推行提高矿石产品质量的新方法、新技术等，矿石质量计划编制的直接依据是合同规定的按照矿山实际能够达到的矿石质量指标。

矿石质量计划受矿山具体的矿床地质条件、采掘生产技术水平和作业计划、矿石损失与贫化指标以及相应的地质工作程度的制约。

矿石质量计划的编制时间，随矿山采掘计划的编制时间而定，一般可编年、季、月计划，必要时可编旬及当班计划。

通过质量计划的编制，应当解决如下几方面的问题：

（1）明确得出各时期所生产的各品级、各类型矿石能够达到的质量指标。

（2）根据计划采矿地段内矿床的具体条件，提出保证矿石质量指标实现的具体措施。

（3）进行矿石质量均衡（配矿）工作的具体安排。

矿石质量计划也就是围绕上述问题编制的。以上第一个问题由矿山地质部门具体计算得出；后面两个问题应当在采矿技术部门参与下共同讨论拟定。

应当指出，矿石质量计划编制的最终结果必须达到矿石质量指标要求，否则各地段采矿量、开采顺序及进度等均必须重新安排，直到满足质量指标要求为止。

矿石质量计划编制的一般步骤：

（1）安排采矿计划进度线及采矿量，必须在了解矿床地质与矿石质量分布特征，符合合理采掘顺序的前提下，按计划时间和采矿单元进行。

（2）计算计划开采地段内的矿石平均品位（地质品位），按矿石类型、品级、矿体以多（台阶）、块段（爆区）分别进行。

（3）计算计划采掘范围内的预计贫化率，根据所圈定的夹石与矿石分布、厚度、产状、品位等和采掘技术水平进行计算，并研究分采的可能性。

（4）计算采出矿石的预计平均品位。

（5）做出矿石质量均衡（配矿和分选）的具体安排。

（6）提出防止与降低矿石损失与贫化的措施。

（7）编制矿石质量计划所需图表与文字说明。

9.1.1.4　影响矿石质量指标的因素

影响矿石质量指标的因素很多，主要有：

（1）矿山地质因素，包括矿床地质特征，矿体空间形态、产状、厚度及结构特征，矿石类型等质量分布特征等。这是客观存在决定采矿方式与方法，矿石的损失与贫化，可能的矿石质量高低的基础因素。

（2）地质工作程度，尤其是生产勘探程度、矿石取样（采样）研究程度，决定着对矿床（体）地质特征信息资料掌握的全面性、正确性和准确可靠程度。这是合理采矿方法选择与矿石质量管理的依据。

（3）开采技术因素，指所选择的矿床开采方式、采矿方法，采掘生产技术装备的机械化程度和生产效率，组织管理水平等。这是影响采矿的贫化、损失和矿石质量变动的重要原因。

（4）矿石加工因素，主要指矿石进入选矿厂后的破碎和选矿工艺流程的技术水平。这是决定入选矿石、中间矿石及精矿质量与回收率等技术经济指标的重要因素。

矿石质量指标正是在全面综合研究上述因素的基础上确定的。

9.1.1.5 *矿石质量的预计方法*

矿石质量预计是采掘（剥）技术计划、矿石质量计划与管理的基础工作。矿山地质人员在矿床开采前和采矿过程中随时预计未采下矿石的质量（如矿石类型、品级、品位、杂质含量等）和采下矿石质量，以便采、选及有关部门掌握矿石质量的变化动态，按照各段矿石质量指标的要求，适时调整采矿与选矿生产计划，采取适当措施加强各阶段矿石质量管理，保证入选矿石和矿产品质量。

矿石质量体系因矿种、矿床类型和工业利用方法、途径等不同而各有结构重点的区别。金属矿床侧重于矿石的品位和有害杂质的含量等。

预计矿石质量的方法很多，但总体上可分为定性预测与定量预计两类。

定性预测法，其实质是经验法或类比法，是指根据已有经验判断矿石质量未来可能的变化趋势，根据地质规律研究矿石质量特征的方法亦属此类。

定量预计法，定量预计矿石质量的方法是根据矿石质量的影响因素与矿石质量变化的因果关系，根据已有的矿石质量历史数据，采用数学方法计算与推断未来的矿石质量出矿品位常用的预计方法。

采出矿石质量的预计及预告工作是矿石质量管理工作中的一个重要组成部分。

采出矿石质量的预计，不同情况下可采用不同的计算方法，其最基本的公式为：

$$c_n = c(1 - P) \tag{9-1}$$

式中 c_n——预计的采出矿石的品位；

c——原矿石的地质平均品位；

P——预计贫化率。

按式（9-1）计算时必须先求得预计贫化率。如果将要开采地段的矿石质量稳定，而且开采条件和地质条件都和已往开采地段相近，那么预计贫化率可参考历年经验数据加以确定；但是一般情况下按式（9-2）计算：

$$P = \frac{Q'(c - c')(1 - K)}{c[Q + Q'(1 - K)]} \tag{9-2}$$

式中 Q'——预计开采时将混入的夹石（或围岩）的质量；

Q——原矿石的质量；

c'——夹石（或围岩）的地质平均品位；

K——预计废石挑选率，即 $K = \frac{R'}{Q'}$；

R'——预计可能挑选出来的废石的质量。

以上 Q 与 Q' 系根据地质图件上资料，用储量计算的方法求得；c 与 c' 根据原矿石和夹石（或围岩）化学取样资料计算求得；K 一般根据本矿生产中经验数据确定。

9.1.2　矿石质量均衡

9.1.2.1　矿石质量均衡的意义

矿石质量均衡又称为矿石质量中和或配矿，是指在矿山生产的各个环节，有计划有目的地按比例搭配同类型不同品级（或品位）的矿石，使之混合均匀；或进行初步分拣，使矿石质量达到规定要求的标准，然后送入矿石加工利用部门（选矿厂或冶炼厂）的技术措施。

由于用户对所用矿石质量有相当严格、相对稳定的要求，如金属矿石的入选品位变化幅度不应大于5%～10%；或因某些共生矿物（或元素）会恶化（或改善）矿石加工技术指标，对其含量也有一定的要求标准，而采下矿石并非随便都能满足规定指标要求，所以往往需要按计划对矿石质量进行必要的调整，以保证达到规定的质量指标。这是矿石质量管理的重要环节。

矿石质量均衡的直接作用在于保证矿石质量能够满足用户要求的矿石质量指标，有助于提高选（冶）工作效率和效果；有计划地搭配部分低品级、低品位矿石，有助于充分利用矿产资源；相应地提高部分低质量矿石的等级，即相对的提高其价值，有助于增加矿山经济收入、降低成本，并延长矿山服务年限。

9.1.2.2　矿石质量均衡的原则

（1）贫矿石的加入量，必须保证高质量矿石品位降低后仍能达到利用的规定标准。

（2）两种矿石品位及特性相差悬殊时，不能搭配，否则会给选冶部门造成技术上的困难。

（3）不同自然类型和工业类型的矿石，因加工利用方式、方法不同，不能搭配。

（4）两种颗粒规格相差过大的矿石不能搭配，因其质量不同、用途不同，价值也不同。

（5）耐火材料及某些利用其特殊物理性质的矿产，一般不能搭配。

9.1.2.3　矿石质量均衡的计算

为了使不同质量矿石搭配后能满足一定的质量指标的要求，必须进行一定的计算，不同情况下采用不同的计算方法。

（1）多种不同品位矿石均衡时的计算。在采矿场出矿或栈桥翻板等配矿场合中，有时要把几种不同品位矿石加以搭配，此时需先计算每个采区（或采场、台阶、中段）的均衡能力系数。均衡能力系数可按式（9-3）计算：

$$F_i = D_i(c_i - c) \tag{9-3}$$

式中　F_i——各采区（或采场、台阶、中段）的均衡能力系数；

D_i——各采区（或采场、台阶、中段）的计划采出矿石量；

c_i——各采区（或采场、台阶、中段）的预计采出矿石平均品位；

c——要求达到的品位指标。

如果 F_i 为正值时，则可搭配一部分低品位矿石；如果为负值时则需搭配一部分高品位矿石。最后必须使各采区（或采场、台阶、中段）的均衡能力系数之和满足下列要求：

1）当进行有益组分均衡时必须满足式（9-4）的要求：

$$\Sigma F_i = F_1 + F_2 + \cdots + F_n \geqslant 0 \tag{9-4}$$

式中 $F_1, F_2, \cdots, F_n$——各采区（或采场、台阶、中段）有益组分的均衡能力系数。

2）当进行有害组分均衡时必须满足式（9-5）的要求：

$$\Sigma F_i = F'_1 + F'_2 + \cdots + F'_n < 0 \tag{9-5}$$

式中 $F'_1, F'_2, \cdots, F'_n$——各采区（或采场、台阶、中段）有害组分的均衡能力系数。

如果不能满足上述要求，则必须重新调整其中某一采区（或采场、台阶、中段）的产量。

（2）两种矿石均衡时的计算。在贮矿槽输出矿石进行质量均衡等场合中，往往是两种矿石进行搭配，此时可用式（9-6）直接计算可能被搭配的低品位矿石量（X）。

$$X = \frac{D(c_1 - c)}{c - c_2} \tag{9-6}$$

式中 D——较高品位的矿石量；

c——要求达到的品位指标；

c_1——较高品位矿石的预计采出矿石平均品位；

c_2——低品位矿石的预计采出矿石平均品位。

必须指出，以上只是最简单条件下的计算。如果要考虑更复杂的配矿条件，则需要用矿业系统工程学的方法进行计算。

9.1.2.4 矿石质量均衡的方法与步骤

矿石质量均衡的主要方法是指配矿，但矿石采下后的初步分选（矿石与废石分拣）也属于矿石质量均衡的范畴。

A 配矿的系统方法和步骤

配矿工作贯穿于从矿石开采设计到商品矿石输出全过程的各个环节，可通过一次或多次不同质量矿石的搭配达到规定的矿石质量标准。

（1）在编制开采设计和采掘作业计划时，应在充分了解矿石质量分布特征的基础上编制配矿计划，有针对性地合理安排各计划中段（台阶）、地段（爆区）矿石的采矿方向、出矿顺序及产量比例，以利于矿石质量均衡。

（2）爆破时配矿，合理安排各品级矿石的爆破范围、数量和顺序，露天采场更易于产生初步配矿效果。

（3）出矿时配矿，根据各采场或掌子面矿石质量特点安排出矿顺序和出矿量，对矿车进行编组，达到配矿目的。

（4）入仓或栈桥翻板时配矿，将不同品位的矿车对翻，或利用移动式卸矿车往复移动，或使用皮带输入贮矿仓，尽量使矿石逐层分布均匀。

（5）商品矿石或精矿石装车、船时配矿，即设法使矿石质量相对均一。

B 矿石初步分选

矿石初步分选是指对采下矿石或在其运输过程中进行工业矿石与废石的分拣，以达到提高正式入选矿石质量的方法，也称为矿石预选。实践证明，当矿石质量波动很大时，预先用人工或仪器设备把不同品级矿石、废石分拣开来，按不同路线运输、不同方式加工是有利的。最简单者是块度法、肉眼法分选，较复杂的是地球物理法分选。据进行分选的地点分为工作面（回采矿块内）分选、地下分选设备（或分选站）分选和地面分选设备（或破碎分选工厂）分选。

地面分选可看作是选矿总过程的一部分。

(1) 块度法分选。利用筛子（固定或振动式），把矿石按不同块度分开，因为有时矿石块度对加工具有独立意义，如某些脆性矿物，经筛选的细粒级组分往往是高质量、高品级矿石，甚至可直接进行冶炼。块度法分选可在地下进行，也可在地表进行。

(2) 肉眼法分选。若不同品级、类型矿石，或矿石与废石的物理性质（如颜色、光泽等）易用肉眼加以区别，则用手工加以分拣：挑出废石作充填料（地下），或另行处理；或挑出特富矿石作特殊加工等。该法常用于某些金属矿产及云母、石棉、水晶等非金属矿产。可在地下开采工作面的矿石堆上或在运输机皮带上进行肉眼法手工分选。

(3) 地球物理法分选。对于放射性矿石，可用仪器测量天然放射性射线强度，据此确定每个矿块的金属品位，并据此将矿车按矿石质量品级编组。也可在运输机皮带下先逐块测量皮带上经筛选的矿石，将测量结果传给专门的设备，此设备把矿石逐块分送到不同的贮运设备中分别加工处理：普通矿石进行浸出处理，合格矿石送选矿厂或冶炼厂，表外贫矿储存起来，废石送入废石场等。

无论采用哪种分选方法均需通过与全部矿石质量均衡比较，并进行技术经济论证。

9.1.3　采场矿石质量管理

9.1.3.1　地下采场质量管理

在采矿过程中，防止过高的损失与贫化（尤其是薄矿体）是保证矿石质量的首要环节，但地下开采矿石质量管理的关键是出矿管理及矿石装运过程中的配矿和分选。出矿管理总的要求是实行岩矿按计划、按品级、按类型分装分运。充填法采场，尤其注意工业矿石的扫清出净，不得将高品位粉末状矿石混入充填料，也不准将充填料混入采出矿石中，减少矿石的损失与贫化。房柱法采场，要注意将房柱布置于低品位（或表外）矿石或无地段，并防止出矿时顶盘与四壁围岩的塌落。深孔崩落法采场，覆岩下放矿，应编制放矿图表，保证岩矿界面的不等量均衡下降；正确确定和掌握出矿极限（截止）品位；矿石出完后应及时封闭漏斗。当然，在矿石开采与运输过程中，应避免“采富弃贫”造成原设计应采下矿石的未采下损失，按开采设计作好采掘工程的质量管理；同样按计划进行必要的配矿和矿石初步分选，达到矿石质量均衡，这是矿石质量管理相辅相成的两项工作内容。

9.1.3.2　露天采场质量管理

露天采场往往因范围大、多台阶、多掌子面同时作业，回采与剥离交错进行，尤其是多品级、多类型矿石的采场，矿石质量管理工作比较复杂。在矿石质量计划的指导下，管理的主要措施是实行分穿、分爆、分铲、分装、分运、分级破碎储存，并加强配矿和矿石的分选。其中主要环节有：

(1) 爆破块段管理。爆破块段地质图或爆区图是确定划分矿岩、矿石品级和类型边界的依据，在现场采用一定标志（小旗、木牌等）表示其分界线位置，指导分穿、分爆工作。

(2) 爆破矿堆管理。最好绘制爆破矿堆矿石分布草图，同样在现场设置标志表示矿岩、矿石品级或类型界线位置。爆堆草图应一式三份，分别交调度室、地测部门和电铲司机，指导分铲、分装、分运工作。

(3) 出矿指挥。按计划指导分装、分运、分别存放或加工，并进行必要的配矿和矿石初步分选。为此，矿山地质人员必须参与。

(4) 矿石质量检查。每次爆破后，地测人员配合进行产量与矿石质量验收，既检查爆破效果，又要及时进行生产取样与质量检查取样，以指挥出矿和完成块段管理台账。同时，配合质量检查部门，做好出矿质量的反馈和存在问题的调查，指导生产计划的必要调整与修订，保证矿石质量达到规定的标准。

9.2 矿山矿量管理工作

在矿山生产中，矿石产量是完成生产任务的主要指标之一。矿石产量指标的完成与原矿石储藏量有关，同时也和生产勘探程度以及开拓、采准和回采工作的衔接情况有关。而这些工作都要通过矿量管理工作以保证其协调进展。

任何一个生产矿山，随着矿石的不断采出，开采过程中矿石的损失，以及生产勘探过程中对矿体边界、品位等的修改，新矿体的发现等，矿石的储量数字经常处在变动状态之中。为了对矿石储量的变动做到心中有数，矿山地质部门必须开展储量变动统计工作，以采场为单位建立矿量台账。其目的在于掌握该采场从采准到开采结束，各时期矿量的采出、损失及结存的变化情况。按年度（必要时按季度）统计全矿山开采的矿量变动，编制矿量变动报告表。

9.2.1 生产矿量的划分

生产矿山的保有储量是由地质储量和生产矿量组成。地质储量是按照矿床勘查研究程度不同进行分级计算的，表明探明储量的可靠程度；而生产矿量是按照采矿工作的准备程度不同进行分级计算的。它们之间既有内在不可分割的联系，又有构成内容和划分标志上的区别。生产矿量的计算是在地质储量的基础上进行的，它是地质储量的一部分。

9.2.1.1 地下开采生产矿量的划分

A 开拓矿量的划分

按照矿山设计的规定，地下开拓系统的井巷工程已开凿完毕，形成完整的运输、通风、排水、供水、压风、电力、照明系统（充填法还有充填系统），并可以在此基础上布置采准工程，分布在此开拓水平以上的可利用（表内）矿量，称为开拓矿量。

凡是为了保护地表河流、建筑物、运输线路以及地下重要工程，如竖井、斜井、溜矿井等所划定的永久性矿柱矿量，应单独计算。只有在废除上述被保护物或允许进行回采保安矿柱时，方可划入开拓矿量。在勘探程度上，开拓矿量视具体条件应达到可控制的储量标准。

B 采准矿量的划分

在已经开拓的矿体范围内，按照设计的采矿方法完成了规定的采准工程，形成了采区外形，分布在这些采区范围内的矿量，称为采准矿量。

采准工程随采矿方法不同而有不同的规定，一般指沿脉辅助运输平巷、穿脉，采区天井、切割巷道及上山、耙矿巷道、格筛硐室、溜矿井、充填井等。

顶柱、底柱、中间矿柱内的矿量，只有在完成矿柱回采方法规定的采准工作，不违反开采顺序及采矿安全要求，且预计矿房回采结束后相邻矿柱在能够回采时，才能列入采准矿量。

在勘探程度上，采准矿量一般应达到探明的储量标准。

C 备采矿量的划分

在做好采准工程的采区（块段）内，按采矿方法的规定，完成了各种切割工程，可以立即进行回采的矿量，称为备采矿量，又称其为回采矿量。

备采矿量一般均达到探明的储量标准。

顶底柱及中间矿柱的矿量，只有按设计矿柱回采方法的规定，完成了切割工程，且采矿安全条件允许进行回采时，才能列入备采矿量。如果有的采场由于违反采矿顺序不允许回采，或因事故、地压活动等原因停产，而短期内不能恢复生产时，则此采场的矿量不能列入备采矿量。

切割工程依采矿方法不同而有不同的规定，一般是指切割层、槽、井、拉底层，扩大漏斗及形成正规采矿工作面等。

9.2.1.2　露天开采生产矿量的划分

A　开拓矿量

在计划露天开采的范围内，覆盖在矿体上的岩石（或表土）已剥离，露出矿体表面，并完成了通往开采阶段（台阶）规定的工程和完整的运输系统，则分布在此阶段水平以上的矿量，称为露天开采的开拓矿量。规定的工程是指总出入沟、边坡及放矿、排土、防水工程等。

开拓矿量一般应达到可控制的储量标准。

B　采准矿量

在露天采场正常采矿的阶段范围内，在完成开拓工程的基础上，进一步完成新水平准备（掘沟）工作，具体是指出入沟、开段沟、扩帮达到一定宽度，位于此水平以上的矿量称为采准矿量。

采准矿量一般达到探明的储量标准。

C　备采矿量

矿体的上部和侧面被完全揭露出来，完成运输线路架设、清理了废石、残渣，自上台阶边坡底线算起的安全工作平台最小宽度以外，可供立即回采的矿量，称为备采矿量。

备采矿量要达到探明的储量标准。

9.2.2　影响生产矿量保有期的因素

生产矿山的生产矿量常处于变动状态，为了贯彻“采掘（剥）并举，掘进先行”的方针，坚持合理的采掘顺序，进行正规的采掘作业，要求矿山保有的各类矿产储量及生产矿量大致平衡。如果保有储量过多，会造成资金积压，影响周转，增加了采掘工程的维护费用；如保有储量不足，在生产中就缺乏必要的矿量储备，造成三级矿量不足的被动局面，使矿山不能稳定持续生产。矿山保有的“三级生产矿量”必须有一定的保有期限指标。确定生产矿量保有期限时，须考虑下列因素：

（1）矿床开采方式。露天开采因其采矿技术条件较好，增加储备矿量容易，周期较短，故生产矿量保有期限较地下开采短些。但若为多类型、多品级矿石时，则应以保证主要类型、品级的生产衔接为准，备采矿量保有期限应高些。

（2）生产能力与生产效率的高低矿山总的生产能力一定时，若采用低效率的采矿方法，由于采场生产效率低，需较多同时回采的采场和备用采场，则保有备采矿量数较多，保有期较长；反之则较短些。

（3）矿床地质条件。矿床地质条件较复杂，则勘探程度准备较困难，采掘工程施工亦困难，要求的备用采场多些，保有指标应高些。

（4）坑道掘进速度。若坑道掘进速度较高，采掘生产准备较易，生产矿量保有指标可以低些；反之则应高些。

（5）坑道工程维护的难易程度若坑道穿过的围岩或采场顶底板围岩不稳固，或由于构造破坏、地压较强，容易产生片帮冒顶及坑道变形，维护困难，则保有指标在保证生产衔接需要的前提下，应尽可能低些。

9.2.3 生产矿量保有期的计算

9.2.3.1 工业储量保有期

工业储量保有期按式（9-7）计算：

$$T = \frac{Q(1-\phi)}{A(1-P)} \tag{9-7}$$

式中 T——工业储量保有期，a；
Q——矿山保有工业储量，t；
ϕ——采矿损失率，%；
A——矿山生产能力，t/a；
P——采矿贫化率，%。

9.2.3.2 生产矿量保有期

（1）开拓矿量保有期按式（9-8）计算：

$$T_K = \frac{Q_K(1-\phi)}{A(1-P)} \tag{9-8}$$

式中 T_K——开拓矿量保有期，a；
Q_K——计算期末开拓矿量，t。

（2）采准矿量保有期按式（9-9）计算：

$$T_c = \frac{Q_c(1-\phi)}{A(1-P)} \tag{9-9}$$

式中 T_c——开拓矿量保有期，a；
Q_c——计算期末开拓矿量，t。

（3）备采矿量保有期按式（9-10）计算：

$$T_b = \frac{Q_b(1-\phi)}{A(1-P)} \tag{9-10}$$

式中 T_b——开拓矿量保有期，a；
Q_b——计算期末开拓矿量，t。

9.2.4 矿量管理工作

9.2.4.1 储量管理工作

矿山储量管理工作由矿山地质、测量与采矿部门共同负责。对矿产储量的数量和质量实行全面管理，亦属矿山保护范畴。其中心问题是“开源”与“节流”。一般每季、每年召开生产矿量与地质储量分析会，研究矿山储量保有情况及存在问题，制定储量管理的有效措施。建立储量变动统计台账，作好储量计算图表，坚持储量表报与报销制度，按规定指标平衡与管理矿山储量。除此而外，还应做到：（1）加强矿山找矿与地质勘探工作，扩大矿产储量，延长矿山服务年限。（2）加强矿产综合利用研究，增加新矿种。（3）兼采和兼用伴生矿产，使矿山资源得到最大限度的综合开发利用，改进采矿方法，优化选冶工艺流程，降低采矿贫化与损失，设法回收残矿、矿柱及表外贫矿。(4) 加强掘进、采矿、放矿及配矿的各工序质量管理，努力提高回采率与选冶回收率。(5) 坚决贯彻有关的方针政策，坚持合理的采掘（剥）顺序。(6) 加强生产勘探和生产地质指导，使生产矿量及时达到规定标准，并使矿山保持高效益地持续均衡生产。

9.2.4.2　矿山储量的检查

矿山应保有一定数量的高级别的控制的矿产储量。因此，每个矿山企业除了要求保有足够数量的工业储量外，还特别要求保有一定数量的高级储量。高级储量的保有程度，以能保证生产衔接为原则。在此基础上，可根据具体的地质及采掘条件，制定合理的保有期限。矿山地质部门应对高级储量的保有程度进行定期的检查。

9.2.4.3　三级矿量保有期限的检查

三级矿量是指矿山在采掘过程中，依据不同的开采方式和采矿方法的要求，用不同的采掘工程所圈定的矿量。它包括开拓矿量、采准矿量和备采矿量。“采掘（剥）并举，掘进（剥离）先行”是我国矿山重要采掘技术方针之一。划分三级矿量并确定一定的保有期限，就是保证实现这个方针的重要手段。执行这个方针，才能保证矿山生产能力的持续，保证开拓、采准与回采的衔接，才能顺利完成生产任务。矿山地质部门有责任对三级矿量的保有情况进行经常的检查与分析，并督促有关部门及时采取措施，保证达到保有期限指标要求。

9.3　矿石损失贫化管理

采矿过程中矿石贫化与损失的管理，包括做好贫化与损失的统计报表工作，根据影响贫化与损失的因素，确定合理的采矿贫化率与损失率指标，并进一步寻求降低采矿贫化与损失的措施。其中，损失与贫化的统计台账和报表是实际情况的编录，损失与贫化的影响因素与合理的损失、贫化指标是管理的根据，降低贫化与损失的措施是贫化损失管理的宗旨。

9.3.1　矿石贫化与损失的统计

为衡量和检查矿山采掘（剥）生产的优劣，采矿方法与技术管理的好坏，确切掌握矿产资源的利用情况，要求定期按采场（块段）、矿体、中段或台阶、井区（或露天采场）计算和统计矿石的贫化与损失的有关参数，并分别建立相应的统计台账（表9-1）；据此，按月、季、年度填表（表9-2）呈报主管部门。这是矿山地测与生产部门进行矿石贫化与损失管理的基础工作。

表 9-1　开采过程中贫化与损失统计台账

采区　　中段（平台）　　　　　　　　　　采场　　矿体

日期	采矿方法	矿种	采下矿石			采下围岩			采下矿岩总量			贫化率/%	未采下矿石			未运出矿石			损失总矿量			损失率/%	备注
			矿石量/t	品位/%	金属量/t	围岩量/t	品位/%	金属量/t	矿岩量/t	品位/%	金属量/t		矿石量/t	品位/%	金属量/t	矿石量/t	品位/%	金属量/t	矿石量/t	品位/%	金属量/t		
1	2	3	4	5	6	7	8	9	10	11	12	13	14	15	16	17	18	19	20	21	22	23	24

表 9-2　贫化与损失年或季度报告表

项目	设计开采矿岩总量/t	实际采下矿石量		二次贫化围岩量/t	贫化率/%		未采下损失 $\left[\frac{\text{损失量/t}}{\text{储量/t}}\right]$		采下损失 $\left[\frac{\text{损失量/t}}{\text{储量/t}}\right]$	未采下损失量/t	总损失率/%	备注
		总量/t	其中围岩量/t		总的	可避免的	矿房	矿柱				
1	2	3	4	5	6	7	8	9	10	11	12	13
甲												
乙												
丙												

填写贫化与损失统计表的具体要求如下：

（1）对地质原始资料的要求。设计图件与掌子面素描图上，要准确圈定矿体；矿石与围岩体重尽可能采用实测资料；工业矿石储量的计算以备采矿量为基础，在设计指定的范围内确定；矿石及围岩品位必须以生产取样为依据，不能采用经验数据；采出矿石平均品位可以依据矿石量与金属量用反求法确定。

（2）对生产记录资料的要求。实际出矿量应据实测资料填写，出矿品位应按矿车或漏斗口矿堆取样确定，累计总数也可用出矿矿石及金属总量用反求法确定。

（3）对开采损失率的统计要求。矿山应分别按未采下损失及采下损失进行统计，一般以前者为主。金属矿产应分别统计矿石损失率与金属损失率。当采场回采结束后，必须将历次（分层）计算的原始资料加以整理，计算采场总损失率。回采矿柱、残矿应单独计算。整个中段或台阶回采结束，再计算全中段或台阶工业矿石储量的总损失率。

（4）对开采贫化率的统计要求。贫化率统计程序同于损失率。对于实际贫化率，非金属矿山一般只统计废石混入率；金属矿山还应统计贫化率。当有害组分影响显著时，则需统计有害组分的增高率。

9.3.2　贫化与损失的影响因素

影响采矿贫化与损失的因素很多，但总体来讲，可分为可以避免的偶然性因素和不可避免的必然性因素。前者主要决定于生产施工过程中的组织管理水平与采场工艺参数确定的正确性；后者主要决定于矿床（体）地质条件的复杂程度和选择的开采方式、方法与设计的正确性。例如，影响矿石贫化率的主要因素有：矿体厚度越薄（尤其是小于最低采幅时），其贫化率越高；含矿系数越小，其贫化率越高；矿体形态越复杂，其贫化率越高；矿体产状、矿石和围岩的稳固程度、断裂构造的发育程度、水文地质条件等开采地质因素越不利，其贫化率越高；露天开采一般较地下开采，其贫化率低；机械化程度越高，其贫化率也高；地下开采效率较低的充填法其贫化率最低，留矿法与空场法次之，效率较高的崩落法的贫化率往往最高。影响贫化的施工组织管理及工艺技术因素更是多种多样，贯穿于采掘生产过程的各个环节，且往往属于可以避免的随机性（偶然性）因素。影响采矿的矿石损失和金属损失的因素同样很多，有时采矿贫化与采矿损失具有某种相互对立的关系。

各个矿山应根据实际情况全面系统地进行综合分析，查明影响贫化与损失的具体因素，分清主次，制定合乎矿山实际的贫化与损失管理指标。许多矿山实行指标管理的方法，已取得了很好的效果。

9.3.3　降低采矿贫化与损失的措施

由于各矿山影响采矿贫化与损失的因素千差万别，所以，应全面分析其影响因素，尤其要抓主要因素，研究贫化与损失的逐年变动情况，推断未来生产期间可能的贫化与损失数值，确定合理的损失与贫化管理指标，作为采取具体措施的依据。综合众多矿山的实践经验，总体来讲，降低采矿贫化与损失的主要措施有：

（1）把好地质资料关。因为准确的地质资料是采矿方法选择、开采设计与采矿工艺合理确定的唯一依据。其手段是加强生产勘探，提高勘探程度，彻底准确控制矿体形态、产状及矿石质量等实际分布，提高储量可靠程度，取得生产必须的规范、准确的地质资料，这是降低采矿贫化与损失的首要措施。

（2）认真贯彻采掘生产技术政策。必须遵循合理的采掘顺序，若违反采掘顺序往往会造成较大规模的损失或贫化；必须贯彻正确的采掘（剥）技术方针，探采并重，探矿超前，适时提高生产准确程度；露天开采须定点采剥，按线推进，保证生产的正常衔接；坚持大小、贫富、厚薄、难易、远近矿体尽可能兼采的原则；生产计划需当前与长远相结合，防止片面追求产值、产量、利润指标而滥采乱挖、采富弃贫，造成资源浪费，缩短矿山寿命等短期行为。

（3）选择合理的采矿方法。先进合理的采矿方法是指工艺先进、工效高、安全性好，同时，矿石贫化率与损失率低、经济效益好的最佳采矿方法。并且把好设计关，做好采掘生产的总体设计和单体性工程设计；未经严格审批的设计，不能交付施工。设计是研究合理采矿贫化与损失管理指标的先决条件。

（4）加强施工作业过程的质量管理。质量管理包括工程和矿石质量管理，除了把好设计关外，在施工作业过程中要求把好施工质量关、打眼关、装药爆破关和放矿管理关。加强采掘生产地质指导与地质技术管理工作，并做好合理贫化与损失指标的技术经济论证。强化地测部门的监督管理职能，严格执行设计-施工-验收制度；针对产生贫化损失的具体原因，及时研究并提出降低贫化与损失的措施，贯彻“以防为主，防检结合”的方针。

（5）提高认识，人人参与管理。借助于经济手段考核管理生产和贫化与损失指标。该指标应是根据矿山实际，经过努力可以达到的。做好群众工作，提高对采矿贫化与损失的思想认识，增强整体与全局观念；全矿上下，同心协力，以主人翁的姿态，认真持久地开展“全员”、“全过程”、“全面”质量管理活动。这是降低采矿贫化与损失、保证矿石质量的根本措施。

9.4　现场施工的地质管理

9.4.1　生产期间地质管理工作

矿山现场施工和生产的重要特点之一是工作面和工作对象处于不断变化之中，无论是井巷掘进的工作面或是采场的工作面每天都在推进。随着工作面的推进，总是不断地出现新的地质条件，而且有许多新情况可能是生产勘探中未发现和采掘设计中未考虑到的，对于这种情况，地质人员和采矿人员必须密切配合，搞好施工生产的管理，必要时甚至修改原设计。地质工作应该起到施工生产中“眼睛”的作用。

9.4.1.1　井巷掘进中的地质管理工作

在井巷掘进过程中，矿山地质部门除了要及时进行地质编录及取样等工作之外，还要进行经常的地质管理工作。

(1) 掌握井巷的掘进方向。例如，一般情况下沿脉巷道要沿矿体或紧贴矿体底板掘进，而运输大巷一般不能离开含矿层底盘，如果因矿体界限与原来预计的有变化而使巷道有所偏离，则地质人员应及时指出，并和采矿人员一起研究解决。

(2) 掌握井巷掘进的终止位置。例如，多数穿脉要求穿透矿体顶底板后即终止掘进，地质人员应经常到现场观察，及时指出掘进终止地点；又如，有的沿脉在掘进中发现矿体尖灭了，地质人员应到现场调查并判断矿体是否可能再现或侧现，以决定是停止掘进还是继续掘进。

(3) 掌握地质构造变动情况。例如，有的矿山在掘进中经常碰到对掘进影响很大的断层，地质人员应经常到现场调查了解，一旦发现断层标志或接近断层的标志，则应及时判断断层的类型、产状、破碎带的可能宽度、破碎带的胶结程度以及两盘相对位移方向等情况，以便掘进施工部门及时采取有效的过断层措施；如果是矿体被错断了，而且断距较大，还要确定错失矿体位置，以便采矿人员及时修改设计；如果发现有生产勘探中尚未发现的褶曲构造，也应及时判明情况，提请有关部门采取适当措施。

(4) 参加安全施工的管理。矿山生产安全工作虽然有专门人员管理，但是有许多安全问题直接与地质条件有关，地质部门应参与管理。例如，井巷中的冒顶、片帮或突水等事故都与地质条件有关，地质人员应及时发现其征兆，及时向生产部门发出预告，并会同有关部门商讨预防事故的措施。

(5) 参加井巷工程的验收工作。井巷掘进施工告一段落后，地质部门还要会同掘进队及采矿、测量人员对井巷工程进行验收。验收的主要项目是：工程布置的位置、工程的方向、工程的规格质量及进尺等是否达到原设计的要求。有的矿山在验收中还同时测算掘进中副产矿石的矿量。

9.4.1.2 采场生产中的地质管理工作

在采场生产过程中，矿山地质部门除了要进行地质编录和取样等工作外，还要进行经常的地质管理工作。

A 进行开采边界管理

对于形态变化复杂或构造变动大的矿体，在回采工作中往往发现矿体的实际边界与生产勘探所圈定的边界有出入。此时，如果开采边界不正确，就会造成矿石的损失或贫化。在这种情况下，对于用深孔采矿的地下采场，常利用打深孔时取矿（岩）泥的方法对矿体进行二次圈定以保证开采边界的准确（前已述及此工作属生产勘探工作之一）。但是，对于用浅孔采矿的地下采场，地质人员则应与采矿人员密切配合，管理好开采边界。其办法可及时用油漆或粉浆等标出开采边界，以指导生产；对采场两帮残留矿石也应及时标出，及时扩帮。

露天矿的开采边界管理也很重要。在此项工作中，除了要掌握剥离境界外，更要指导矿、岩分别爆破及分别装运。为了指导分爆、分装及分运，矿山地质部门应提供“爆破区地质图”之类的图件，并用一定标志（如小旗、木牌等）在现场直接标出矿、岩分界。

B 进行现场矿石质量管理

矿石的质量管理工作在上一节已作介绍，这里主要是指现场管理。实际上，上述开采边界管理也包括部分矿石质量管理，即通过掌握开采边界而减少矿石的贫化。除此之外，在现场管理中主要是保证矿石质量计划和质量均衡方案的实现。例如，指导不同类型、不同品级矿石的分爆、分装及分运；指导现场矿石质量均衡工作等。

C　参加安全生产的管理

在地下采场中也可能碰到在井巷中碰到的那些与地质条件有关的安全问题，尤其是采场往往有比井巷更大的暴露面，当然更要加强这方面的管理工作。

在露天采场，矿山地质人员还要经常注意边坡稳定情况，及时发现因断层、软夹层或水文地质条件等引起的不稳定地段，与采矿人员共同研究预防边坡滑动或垮落的措施。

以上只是矿山现场施工生产中常遇见的一些地质管理问题。各矿山的地质条件不同，所遇到的问题可能是多种多样的，但凡是与地质条件有关的施工生产问题，矿山地质部门都要参与管理。

9.4.2　采掘结束时的地质管理工作

采场、中段（或露天矿平台）、采区（或坑口）或整个矿山均可泛称采掘单元。在采掘单元停采或结束时，矿山地质部门都要与测量及采矿部门一起，共同进行管理，其中矿山地质部门所进行的管理工作亦属地质管理工作之一。

9.4.2.1　采掘单元停采中的地质管理工作

一个大型采掘单元（如矿山或坑口）的停采，是一个不常有的情况，一般是由于发现了开采或利用条件更优越的矿床，或由于原来生产的矿石品种不再需要，或由于技术经济政策上的原因等。而小型采掘单元（如地下采场或中段）的停采，可能是由矿山采掘顺序的调整或矿石产量的调整等造成的。

在采掘单元停采中地质管理工作的目的总的说来是为了给以后重新恢复生产打下基础。具体说来，一方面是为了给复产提供必要的地质资料，另一方面则是为了便于以后复产时地质工作的衔接。其主要工作内容有：

（1）完成停采时已有采掘工程的地质调查与原始地质编录工作。

（2）系统整理出停采地段的综合地质图件及其他地质资料。

（3）统计出已采矿量和尚存储量。

9.4.2.2　采掘单元结束时的地质管理工作

采掘单元的结束，大部分是由于已无继续可开采的矿石，但是也可能是由于发生了重大事故（如大面积岩体移动）破坏了继续开采的条件，或由于地质条件与设计时所掌握的地质资料有了极大差异，以致在现有技术经济条件下已不具备继续开采的价值。

在采掘单元结束时，都要报销矿量和拆除设备，因此，必须极为慎重。在此工作中地质管理工作的主要目的在于确保充分回收国家矿产资源，其次也是为了系统积累已采地段的矿床地质资料存档备查和总结工作经验教训，以指导未采地段以后的工作。

小型采掘单元（如地下采场）结束时的管理工作较为简单，在正常开采结束情况下地质管理的主要内容为：

（1）检查设计中的应采矿石是否已全部采完。

（2）检查采下矿石是否已全部出完。

（3）确定残矿是否需补采或补出。

（4）重新核实原始储量，统计采出矿量与开采中的损失及贫化。

（5）系统整理出有关该单元的地质资料归档。

小型采掘单元因重大事故等原因而被迫结束等情况下，地质管理工作的主要内容为：

（1）会同采矿及安全技术等部门检查鉴定是否确属已无法复产。

（2）统计已采矿量与残存矿量，计算其损失及贫化。

（3）系统整理出有关该单元的地质资料归档。

大型采掘单元结束中的地质管理工作与上述工作相似，不过若属正常开采结束，尚应着重检查应采的矿柱或矿体分支等是否已全部回采，以及在结束地段范围内或其附近是否已确无再发现盲矿体的可能。除此之外，对于大型采掘单元的结束，地、测、采部门应共同提出正式的采掘单元结束的总结资料，并报送有关部门审查和批准。

复习思考题

9-1 简述矿石质量的基本概念、矿石质量的评价体系。

9-2 简述矿石质量管理的手段。

9-3 简述矿山储量级别的划分方法。

9-4 简述地下开采矿量的划分。

9-5 简述影响矿山开采损失贫化的原因。

9-6 简述降低损失贫化的措施。

9-7 简述影响生产矿量保有期的因素。

10 矿山环境地质工作

随着世界人口的增长，随着生产力的提高，生产规模的扩大和人类活动范围的扩张，环境问题，即由于人类活动作用于人们周围的环境所引起的环境质量变化，以及这种变化反过来对人类的生产、生活和健康的影响问题，已成为全球性的突出问题，受到世界各国的重视。环境科学也得到了较快的发展。

人类与环境的关系主要是通过人类的生产和消费而表现出来的，人类的生产和消费活动也就是人类与环境之间的物质、能量和信息的交换活动，人类通过生产活动从环境中以资源的形式获得物质、能量和信息，然后通过消费活动再以“三废”的形式排向环境。因此，无论是人类的生产活动，还是消费活动（生产消费与生活消费）无不受环境的影响，也无不影响环境，其影响的性质、深度和规模是随着环境条件的不同而不同，随着人类社会的发展而发展的。

10.1 概述

10.1.1 矿山环境地质的概念

矿山环境地质是介于矿山地质学与环境学之间的边缘学科。它主要研究在矿山开采过程中，自然地质作用、人为地质作用与地质环境之间的相互影响与作用，以及由此产生的环境污染与破坏问题，从而达到合理开发利用矿产资源和保护地质环境的目的。

传统地质学认为地质作用是地质动力引起的，两种基本类型的作用——内动力地质作用和外动力地质作用，推动着地壳运动和发展。内动力地质作用，有构造运动、岩浆活动、地震及变质作用；外动力地质作用，包括风化、剥蚀、搬运、沉积和成岩作用等，由这两种基本地质作用，控制和改变着地球表面的结构和形态。

但是，人类的出现，特别是在人口剧增、社会生产力和科学技术大大发展的情况下，地球表面受到了人类活动的强大冲击，人类活动成了除上述天然的内、外地质动力之外，使地球表面发生变化和发展的不可忽视的又一动力，产生了其规模与速率都可以同天然地质作用相比拟的人为地质作用。

人为地质作用包括：人为剥蚀地质作用（如露采矿山剥离覆盖层、工程挖掘土石等）、人为搬运作用（如填筑工程基础、采掘矿产、工程场地开挖等）、人为堆积作用（如由建筑施工和工业生产产生的废弃物的堆积、固体生活垃圾堆积层等）和人为塑造地形作用（如采矿堆积的尾矿、废石堆、挖掘的采矿场陡壁斜坡、矿坑、陷落漏斗、修建的人工湖、假山，工程与道路建设削平高地，填平低地，建筑路堤、路堑等）和人类活动的其他地质作用，如人类活动可以使地壳表层内的地球化学场、应力场、水动力场、热力场等发生改变，产生其他新的地质作用和地质现象。例如，在长期大规模强力开采地下水的地区，由于开采区含水层中水压的降低，导致含水层和隔水层发生新的压密作用，引起地面沉降，在岩溶发育区发生地面坍陷；又如在露天开采矿山，由于开采而引起的边坡岩体的滑动和地下开采矿山的井下岩体的崩塌与移动等。上述人为地质作用，必然破坏地质环境在天然地质作用下的平衡条件，形成新的平衡关系。随着人口的增长，社会生产力的发展和科技的进步，人为地质作用力将越加强大，它们对地质环境的冲击亦将更加强烈。深入研究人为地质作用和地质现象的发生、发展，有助于评价地质环境的变化趋势。

10.1.2 矿山环境地质研究的意义

矿业开发的过程，实际上是利用、改造和破坏自然环境的过程。所以，环境问题是矿山生产进程中必然出现而又必须解决的问题。环境问题已经成为地质工作的重点之一。在某些情况下，合理利用、保护和改善地质环境，包括合理开发利用矿产资源的调查研究，可能比勘查矿产的意义更大。而在环境地质研究中，矿山环境地质工作占有重要地位。因为矿山存在着特殊的地质环境，特别是矿床开发后，这种特殊地质环境对人类的影响更为严重。在生产过程中，人与地质体直接接触，而且在矿产资源开发的同时，又排出了大量废弃物（废石、矿坑水、尾矿），更增加了对生产与生活环境的污染与恶化，造成的危害就更大，甚至呈现为一种恶性循环。要使恶性循环向良性循环转化，就需要加强对矿山环境的保护与治理。

根据我国环境保护法的规定，环境保护的内容包括“保护自然环境”与“防治污染和其他公害”两个方面，运用现代地质学和环境科学的理论与方法，在更好地利用自然资源的同时，深入认识和掌握污染和破坏环境的根源和危害，有计划的保护环境，预防环境质量的恶化，控制环境污染，促进人类与环境协调发展。

开展矿山环境地质调查研究，做好地质环境的保护，不仅有利于地质灾害的防治，为经济建设和社会发展创造有利条件，而且对人类生产和生存发展提供良好的环境空间也具有重要的现实意义和战略意义。

10.1.3 矿山环境地质研究的主要内容

矿山环境地质工作涉及的问题比较广泛，总的来说，它既涉及自然地质灾害方面的问题，又涉及人类对自然的影响而产生的环境破坏方面的问题。

10.1.3.1 *矿山工程地质调查与研究*

其主要任务是紧密结合矿山生产，解决与矿床开采有关的岩（矿）体稳定性和预报地质自然灾害问题。其主要工作内容有：开展露天矿边坡工程地质调查，进行边坡稳定性评价；进行岩（矿）石物理力学参数测定，地应力测量，岩体变形和位移的监测；对采区岩（矿）体的稳定性，回采工艺等技术问题进行研究或论证；开展地质自然灾害（矿区岩体的崩塌、滑坡和泥石流灾害，露天矿边坡的滑移，井下矿山的地压活动）的预报，以及灾害调查和处理中的工程地质工作。

10.1.3.2 *矿山水文地质调查与研究*

其主要任务是根据设计确定的开采范围深度、采矿方法和技术要求，进一步查明影响矿床充水的各种因素，研究地下水处理前后的补给、径流和排泄条件的变化情况，校核矿坑涌水量与各项计算参数，制定防治和综合利用地下水的方案，保障矿山安全生产的进行。其主要工作内容是：在充分利用已有矿床水文地质资料的基础上，开展一些补充性或专门性的水文地质勘探与试验工作，必要时还要进行防排水工作的研究。以便进一步查清矿区含水层的水文地质特征，地下水的补给、径流、排泄条件；主要构造破碎带、风化破碎带、岩溶发育带的分布和富水性及其与其他各含水层和地表水体的水力联系密切程度；主要充分含水层的富水性、地下水径流场特征、水头高度、水文地质边界线；地表水体的水文特征及其对矿床开采的影响程度；老窿分布、积水情况等；确定矿床主要充水因素、充水方式及途径；对矿床疏干排水方案进行综合研究与综合评价；研究地下水对岩土体稳定的影响。

10.1.3.3　矿山水土污染的地质调查与研究

其主要任务在于查明影响矿山环境的地质因素和矿床开发后有害物质的含量、迁移、转化和分布规律。配合矿山环保部门开展对矿山开发产生的废弃物污染的环境监测和质量评价。研究的主要内容有造成矿山水土污染的元素；矿山水土污染对人体健康的影响及矿山开发污染源地质调查等。

10.1.3.4　矿山空气污染的地质调查

其中包括有害粉尘的地质调查及其有害气体的地质调查两个方面。

10.1.3.5　矿石（围岩）自燃的地质调查

其研究内容包括：矿石（围岩）自燃的原因调查，预防自燃的地质调查及识别初期自燃火灾的地质调查等内容。

10.1.3.6　矿床热害的地质调查

对有热害或赋存有地热水的矿区，应研究地热场的情况、地热增温率及热异常的范围，地热水的赋存条件，补给来源，评价地热及地热水对矿床开发的影响及其利用的可能性。

10.2　矿山工程地质研究

10.2.1　矿山工程地质

矿山工程地质工作是为了查明影响矿山工程建设和生产的地质条件而进行的地质调查、评价及研究工作。

尽管矿山在基建前已进行过一定的工程地质测绘和勘察工作，但其详尽程度不完全能满足工程建设和生产需要。因此，在矿山开始基建乃至投产后，对于工程地质条件复杂的矿山仍有继续深入进行工程地质工作的必要。

矿山工程地质工作的任务是更详细地查明工程建设和生产地段的工程地质基础条件，更深入地查明可能危害建设和生产的工程动力地质现象，以保证工程建设和生产的顺利进行。具体工作内容包括对基建施工中的厂房地基、尾矿坝的坝基、铁路和公路的路基及边坡等进行工程地质调查；对掘进中井巷、硐室、采场中工程地质条件复杂地段，进行工程地质调查和编录，并与采矿人员密切配合及时解决掘进中的工程地质问题；系统地开展有关露天矿边坡稳定和地下矿岩体稳定的综合性调查研究（包括岩土工程地质特征、岩体结构特征、有关水文地质条件、构造应力场的调查研究以及失稳地段定期的移动观测等）；对可能危害工程施工或工程设施的工程动力地质现象（包括流砂、泥石流、崩塌、岩堆移动和岩溶等），进行专门的工程地质调查；当矿山进行扩建时，还可能要开展扩建工业场地、路基及尾矿坝的工程地质调查。

10.2.2　岩土工程地质特征的调查

岩土是矿山工程的地基或围岩，又是地下水埋藏的物质基础。岩土的工程地质性质将直接影响到工程的设计、施工和使用，因此在矿山工程地质工作中要首先对岩土的工程地质特征进行调查。

为了对岩质和半岩质岩石进行工程地质性质的评价，应进行下面的调查或测试：一般岩石学特征（岩石的矿物成分、结构、构造、产状和岩相变化等）；岩石的化学性质（溶解性、水或其他溶液对岩石的作用等）；岩石的物理性质（密度、体重、孔隙率、裂隙率、含水性等）；岩石的力学性质（抗压强度、抗剪强度、抗拉强度、弹性模量等）；岩石的水理性质（透水性、吸水性、抗冻性、软化性等）；岩石的风化程度和抵抗风化的能力。

为了进行土的工程地质性质的评价应进行下面的调查或测试，土的一般特征（包括土的粒度成分、矿物成分、胶体物质类型及电性、含水和气体状况以及土的结构、构造等），土的物理性质（密度、容重、含水性、孔隙性）；土的水理性质（透水性、毛管性以及黏性土的膨胀性、收缩性、崩解性、塑性等）；土的力学性质（压缩性、抗剪性和动力压实性等）。

10.2.3 岩体结构特征的调查研究

岩体结构特征是岩体在长期成岩及形变过程中形成的产物，包括结构面和结构体两个要素。结构面是地质发展历史中，尤其是变形过程中，在岩体内形成具有一定方向，延展较大、厚度较小的两维面状地质界面。包括物质分界面和不连续面，如层面、片理面、节理面、断层面等。结构体是由不同产状的结构面组合将岩体切割而成的单元块体。影响岩体特性的因素很多。在进行岩体结构特征调查时，应着重研究结构面的特性、结构体（岩块）的坚固性、岩体的完整性和岩体质量系数四个主要因素。

（1）结构面特性调查研究。岩体结构决定岩体特性，并控制着岩体的变形破坏机制和过程。岩体结构特性是由结构面发育特征所决定，因此，岩体结构的力学效应应主要是结构面力学效应的反映。结构面的力学效应应主要反映在：结构面结合状况，结构面充填状况，结构面形态，结构面延展性和贯通性，结构面产状以及结构面组数。

由于结构面的力学效应对工程岩体稳定性起控制作用，进行露天边坡、地下工程岩体稳定性分析时，应先找出优势、软弱、控制性结构面及其组合关系，应用赤平极射投影等方法分析边坡和地下岩体稳定性。

（2）结构体（岩块）的坚固性研究。岩块的坚固性是指岩块对变形抵抗力的强弱。

（3）岩体的完整性研究。主要考虑两项指标，结构面间距和完整系数。前者可在现场不同地段分组测定，后者为岩体纵波速度和岩石纵波速度的平方比。

10.2.4 矿区构造应力场的调查分析

地壳中天然应力状态取决于某一地区的地质条件和所经历的地质演化史。天然应力状态对工程岩体的稳定性影响很大，尤其在高应力岩体中，地表或地下工程施工会引起岩体与卸荷回弹、应力释放相关的变形破坏，恶化工程地质条件。有时作用的本身对工程也造成危害，例如坑道底部隆起、边帮爆裂、边帮围岩向临空面的水平位移或沿已有近水平的结构面产生剪切错动等。

矿区应力场的调查分析主要有两方面：一是地壳运动保留在岩体中的残余构造应力；二是现代正在积累的构造应力。调查的内容有下列几方面：（1）查明矿区所处区域地质特征，地质演化历史，并分析区域构造行踪特点以进行构造体系配套；（2）研究矿区及其外围构造应力场演化，现代地应力的基本特征，并以构造体系特点进行地质力学分析，得出构造应力场的主应力方向；（3）查清矿区内应力集中的可能部位；（4）研究矿区内岩体自然应力积累条件和程度。应先查明矿区内各地质时期及当代地壳隆起的速度和幅度，通常是以矿区内的主要河流各阶地的绝对年龄并测出它们之间的相对高程而取得。然后以这些资料结合区内岩体应变速率的变化趋势及各地史时期的断裂活动情况，总体判断当前区内岩体应力积累条件和程度。

10.2.5　露天矿边坡岩体稳定性的调查研究

大多数露天矿山在开采过程中，都要形成大规模边坡。这些边坡的稳定性直接关系到矿山生产安全和矿山开采的正常进行。因此对露天边坡稳定性的研究具有重要意义。

10.2.5.1　影响边坡工程岩体稳定性的因素

（1）地质构造因素，主要有断层与破碎带，节理与裂隙，层理与片理，软弱夹层等。这些岩体的结构面及其空间组合将岩体切割成不同类型的结构体。这些结构面与结构体就决定了岩体的稳定性。

（2）断层与破碎带，它普遍存在于各种岩体中，断层的延续性、发育程度、产状及其与边坡的组合关系，控制着边坡岩体的稳定性。当断层有破碎物存在，且破碎物已成断层泥或者是断层破碎物被水解泥化，则更会促使岩体沉陷下滑。

（3）岩层的层理与片理，这种结构面是抗剪强度很低的弱面，它们的产状和边坡的空间组合关系，是边坡岩体稳定性的主要因素。在无其他因素参与的情况下，具有顺向层理面及片理面的岩体稳定性差，易产生活动，反之则较稳定。边坡角小于结构面倾角时较稳定，反之则不稳定。

软弱夹层一般与岩层产状一致，为层间结构面，它具有厚度小，有较强的延续性，所含的黏土矿物较多，易水解泥化，发生膨胀，受力产生塑性变形等特点。所以，往往成为边坡岩体的滑动面。

（4）节理与裂隙，节理与裂隙对边坡岩体稳定性的危害，取决于它的密度、延续性及其空间组合。密集的节理，造成岩体的极不连续，易于产生掉块与崩塌。

（5）岩性因素，主要是指岩石的矿物组成、水理性质、结构等以及岩石物理特性。如含片状、鳞片状矿物的岩石，抗剪强度低；含有黏土矿物的岩石，易吸水膨胀，受压后发塑性变形；未经胶结或胶结不好的岩石抗风化能力弱；水理性质特殊的黏土岩、某些泥岩、板岩、黏土页岩、灰质页岩、凝灰岩等经不起地表及地下水浸泡，一旦出露地表，很快就吸水崩解成为碎块，并逐渐变为有塑性的岩石。故易造成边坡岩体的错动和倾倒。

（6）水文地质因素对边坡岩体稳定性的影响是多方面的，而且是复杂的。水的因素主要破坏作用表现在大气降水渗入上部岩体，岩石湿度增加，因而上部岩体的重力增加，使下滑力增强，滑动的可能性加大；当边坡岩体处于水淹状态时，水对边坡底部岩体可产生静水浮托力；岩体结构面中存在的水，对岩体滑动可起到滑润作用，降低结构面的摩擦力；结构面中的积水因结冻膨胀会加宽结构面的宽度，并相应产生一定的位移；软岩层，特别是含黏土矿物较多的岩石受地下水作用或经长期降水浸泡时，可发生软化，甚至水解泥化，有的发生膨胀，导致岩体移动；岩石颗粒间的孔隙处于饱水状态，则力学强度降低；若开采境界四周岩层中有承压水存在，必然产生向着开采境界内采空区方向的侧向压力；从露天采场周围流向境界内的大气降水可产生类似的动压力。

（7）矿山生产和岩石工程作用因素，露天采场的形状及深度，边坡形状存在的时间长短，爆破震动作用，边坡上面的荷载等也会增大其下滑力。

10.2.5.2 边坡工程地质调查

边坡工程地质调查的任务是查明矿区或边坡岩体的工程地质特征，以及与边坡岩体稳定性相关的矿山开采技术条件，为露天矿边坡设计的修改、边坡稳定性评价、边坡工程的变形破坏预报、灾害的预防和处理提供依据。

(1) 岩体稳定性评价的工程地质调查，它包括区域稳定性调查（通过区调、地震资料的研究、分析区域地质构造特征、地震规律和新构造运动特征，查明区域构造线和构造应力的方向与特征）；矿区工程地质特征调查（查明影响边坡稳定性的地质构造、岩性、岩体结构和水文地质因素等）；矿区岩体的工程地质分布（在工程地质测绘基础上，进一步对各类岩体工程地质特征综合对比、研究，以岩石性质、地质构造、水文地质特征为主要依据，将矿区划分为若干带和亚类），作为矿区边坡工程地质评价的依据；边坡岩体的工程地质分区，作为采场结构要素调整、边坡工程维护和整治的依据。

(2) 边坡整治工作中的工程地质调查，由于自然、地质、设计和生产等因素的综合作用，往往引起露天边坡工程的变形或破坏，影响矿山的安全和持续生产。所以，维护边坡工程的完整和稳定，整治遭受破坏或严重变形的边坡，改善矿山安全条件，恢复正常生产，几乎是每个露天矿山预防或面临的难题。边坡工程的整治，必须以查明引起边坡变形、破坏的主要因素和边坡变形破坏机制为依据，从而拟定整治方案，治理边坡。

10.2.5.3 边坡稳定性的岩体结构分析

大量的工程实践证明，边坡岩体的变形或破坏，都是沿着岩体中的软弱结构面发生的。也就是说，边坡岩体受工程作用力的破坏过程，主要是结构体沿着结构面的剪切滑移、拉开及整体的累积变形和破裂。所以，从岩体结构考虑，边坡岩体的稳定性主要取决于结构面的物理力学性质及其空间组合；结构体的物理力学性质及其立体形式；结构面、结构体与边坡结构要素的空间组合形式。边坡岩体结构分析，就是根据结构面和结构体对边坡稳定性的控制作用，通过野外调查和室内分析，定性评价边坡岩体的稳定性。其工作过程是结构面的野外调查，边坡岩体稳定结构类型的判别，稳定边坡角的推断。

10.2.6 井下岩体移动的地质调查

地下开采矿山，由于采掘工程的进行，破坏了岩体的原始应力状态，由于应力重新分布引起岩体变形、移动、破坏、冒落等一些岩体活动现象，这些岩体活动通称地压活动。在岩体活动的发展过程中，在空间上是由近至远，由下而上，逐渐扩展，甚至达到地表。在时间上经历初期变形、微弱移动、中期激烈移动，逐渐减弱达到相对稳定阶段，即达到新的力学平衡状态。处于岩体移动的井下、井上建筑物、工业设施等将会受到不同程度的破坏和影响，甚而使矿山的竖井、斜井和其他坑道也可遭到破坏，严重的可威胁安全生产和开采的正常进行。因此，研究开采区的岩体移动地质条件以及岩体移动规律，对解决采掘工程施工的安全，合理有效地确定井巷维护方法，改善顶板管理方法、采矿方法和开采顺序，减少矿产损失，提高矿石回采率等都具有重要意义。

10.2.6.1 井下岩体移动的类型

依其活动范围的大小和空间位置，可将其分为：大面积岩体移动，局部岩体移动。巷道地压活动及冲击地压四类。大面积岩体移动是指一个采区的大部分采空区或一个采区的数个中段在同一时间发生岩体移动。局部岩体移动是指一个采区的1～2个中段或几个采场所发生的岩体移动。这类移动其后果虽不像大面积岩体移动那样严重，但在一个矿山内，局部活动往往比较频繁，且易引起连锁反应。个别或少量采矿矿柱被压裂，顶板脱落，频繁掉块等就是此类岩体移动的具体表现。巷道地压活动是指巷道中出现片帮、冒顶、顶板下沉、两帮内鼓、底部岩石膨胀等都是地压活动的表现。冲击地压又称岩爆，往往发生在开采深度很深的矿山，也有采深较浅的出现岩爆。岩爆发生时，不仅破坏井巷工程，甚至可能引起人身伤亡，它的发生时间短促，可引起气浪，产生展动，并有响亮的声音。

10.2.6.2　岩体移动调查

井下岩体移动虽然规模大小、表现的形式不同，但发生岩体移动除了与采矿方法、采空区处理、开采深度等因素有关外，更直接和矿床的地质条件有关。为此，岩体移动调查的主要内容是：断裂构造的调查和查明最新构造应力场的分布；岩体的岩石性质与结构的调查，岩石的水理性质和岩体的结构特性以及溶洞、水文地质条件等的调查。

10.2.6.3　岩体移动的征兆与监测

初期变形阶段的征兆：岩层发响，顶板掉块次数增加，巷道出现新裂隙并不断加宽，巷道底板流水的变化，巷道变形和地表缓慢下沉及动物活动反常等；岩体大规模移动的征兆：井下局部岩体冒落。岩体移动的监测包括岩体位移监测、压力测量和岩声监听等。

10.3　矿山水文地质研究

10.3.1　矿山水文地质研究工作的意义

在矿山资源开发中，矿山水文地质工作有很重要的地位。这不仅是由于地下水直接或间接威胁矿山采掘作业的安全，影响经济效益，而且在矿山排水疏干期间，还会改变矿山环境地质条件，对附近城乡的工农业生产与建设造成一定的影响。合理治理地下水，开展地下水的综合利用，正是矿山水文地质工作者的光荣职责。

地下水活动会大大恶化矿坑的工程地质条件，降低露天矿采场边坡或坑道顶底板的稳定性，引起滑坡、崩塌与冒顶、塌方、泥砂溃入等现象。在岩溶矿山，大规模的疏干排水引起区域地下水位下降，井泉干枯或流量锐减，使农田灌溉和城镇供水发生困难；尤其严重的是，疏干排水常常引起大规模的地面塌陷，给附近城乡人民的生活、生命财产安全和工农业生产带来巨大的威胁。

有些以硫化矿为主的有色金属矿山，地下水常呈酸性，其pH值可达2～4。坑道中的酸性水既对各种金属设备具有强烈的腐蚀性，排放后又会污染环境。

由上可见，开展矿山水文地质研究和矿坑水的防治与综合利用，对保证矿山生产和人民生命财产安全，对保护环境都有着非常重要的意义。

10.3.2　矿山水文地质工作的内容

矿山开发阶段的水文地质工作因不同的开采方式和矿山水文地质条件的不同，其工作内容往往有很大的差异。但总的来说，在水文地质条件一般的矿山，其工作内容是在原水文地质工作的基础上，设置必要的防治水设施，组织排水疏干和日常监测；对水文地质条件复杂的矿山，往往由于原勘探工程量和工作深度的限制，其所取得的水文地质资料，难以满足矿山开发的需要，故应结合矿山的实际，在建设前期到生产的初期进行补充（或专门性）水文地质勘探与试验。必要时，还应建立专业的防治水队伍，进行防排水工作的研究、设计、施工工作。

10.3.2.1 露天开采矿山水文地质工作

露采矿山的主要特点是采掘范围大、揭露岩层多、工作面宽阔、进出运输方便，但开采深度一般均较地下矿山小。由于露天矿坑直接暴露面积大，大量降水可直接降入或汇入矿坑内。此外，如若地下水涌入矿坑，对矿山采掘的主要影响则表现为突然溃水淹没矿坑，影响爆破和矿岩装运效率和露天边坡的稳定性。应分别根据其特征和开采要求，有针对性的开展工作。

对地下涌水（或暴雨）可能淹没矿坑的露天矿，必须建立完善的防排水系统。如在深凹的露天采矿场，一定频率的暴雨径流量，往往大大超过地下涌水量，成为淹没矿坑的主要因素之一，故对这类矿山，首先应计算矿坑涌水量和暴雨径流量，以便确定防排水系统的排水能力。暴雨径流量取决于暴雨频率的选择和矿坑允许淹没深度与天数。对进入矿坑的降水和地下水，要尽可能分段拦截、分段排出，以减少排水扬程和能耗。这类矿山水文地质工作的主要任务是进一步查明主要充水岩层与矿体的疏干排水条件，建立可靠的排水疏干系统和观测检验系统，进行疏干塌陷及其他环境工程地质问题的预测与防治的研究，条件允许时，可采取措施封堵主要充水岩层、矿体与地表水体的水力联系。

在凹陷露天采矿场，地下涌水（大气降水）会使松散或软弱岩层构成的工作面与道路变得泥泞，严重影响装运的效率。工作面和爆破深孔中的地下水，会影响爆破效率。还有些矿山，由于地下水渗流，可能导致冬季道路和工作面结冰，给采掘作业和运输的安全带来很大影响。故对这些矿山，应采用预先疏干方式，把地下水位降低至最低采掘工作面以下。地下水对露天矿山边坡稳定性的影响，主要表现为大大降低边坡的稳定性，严重时会造成大面积的片帮、滑坡、崩落等一系列工程地质问题，威胁人员、设备的安全。由疏散、松软地层或遇水软化的岩层构成的边坡尤其严重。为此，必须查明边坡各含水层，特别是弱含水层分布范围、产状、厚度、分层的岩性及其透水性、地下水的补给排泄条件，进而研究其疏干条件，建立疏干系统和边坡加固措施。

10.3.2.2 地下开采矿山的水文地质工作

地下矿山的采掘范围较小，揭露岩层主要为矿体及其围岩，工作面狭窄，出入通道既小又少，且受提升能力的影响。因此，地下水对采掘生产的危害，往往比露天矿山严重。地下水突然喷入，造成的淹没事故，在一些矿山中时有发生。伴随着溃水或坑下涌水，常有大量泥砂涌入和冒顶、片帮、底鼓、断面收缩等不良工程地质现象。由于采矿造成采矿场顶板岩层的沉陷波及地面还会产生陷落和疏干塌陷，还会沟通上部含水层、地表水体，引起地表水、地下水和大气降水的下渗与溃入。此外，酸性水还会对井巷中的金属部件和设备，产生强烈的腐蚀性。

坑道突然溃水，常发生在开采深度大、地下水压高，主要含水层的强透水性裂隙或岩溶、裂隙发育的矿山。突水时，地下水以极大的压力和速度冲入巷道，易造成灾害事故。产生突水淹井的原因，主要是对矿山水文地质条件未查清，涌水量预测不准，防范措施不利等。为了防患于未然，首先，尽可能准确地预测矿坑涌水量，并据此确定合理的水仓容量和水泵的数量与规格；超前探水（放水），必要时还要进行坑道超前疏干和地表群孔预先疏干等措施与工作。此外，为了检验矿山涌水量和设计疏干手段的可靠性、有效性，可在基建时利用已建成的部分疏干工程进行坑道放水（疏干）试验。

对因坑道涌水造成泥砂溃入、坑道变形的地段，可采用超前疏干，预先降低地下水位、预先疏干的方式。除前述者外，对渗透性较差、涌水量不大的松散含水层，可用打入式过滤器、真空过滤器放水，配合巷道疏干，以提高坑道的稳定性。

采矿和疏干引起的地面变形（沉降、开裂、塌陷）对地下水的影响，主要是形成了沟通地面与地下巷道的各种形式的通道，它们将导致大气降水的汇集与下渗。地表水的下灌及上部含水层地下水的下泄。从而使巷道涌水量增加，甚至造成灾害。这部分水量，在勘探阶段是无法预测的，只有在矿山设计与施工中，根据所确定的采矿方法、设计影响开采范围和降水量，计算降水渗入量。同时，要在生产实践中，不断积累矿山开采影响范围、降雨量和巷道涌水量的增加值之间的动态关系，修正降雨渗入量。通常的治理办法是回填塌陷、河流改道和在采矿崩落区外设排水沟，减少渗入量。

地下水对管道及排水设备的腐蚀与有色金属硫化物矿床含酸性地下水密切相关。对此类涌水量不大，酸性水危害严重的矿山，应定期采取水样分析，掌握水质变化规律与发展趋势，与环保部门配合，搞好污水处理。废水中的有益元素，应进行回收。

10.3.3 水文地质条件复杂的矿山专门水文地质勘探与试验

专门水文地质勘探是在初步确定防治水方案之后，根据方案的要求进行的专题勘探与试验工作。它包括：

(1) 为鉴定防治水方案的技术可靠性和为施工设计提供资料而进行的半工业试验工程，如地表群孔疏干（抽水）试验、坑道放水试验、帷幕注浆堵水试验、疏干塌陷的试验研究。

(2) 为进行防治水工程设计而进行的勘探，如寻找疏干孔位及查帷幕注浆边界的勘探。

(3) 为检查矿坑涌水量，核定矿床充水条件，查清计算边界条件，以建立矿山水文地质模型而进行的大流量、大降深抽水试验、疏干试验、坑道放水试验。

(4) 为延长矿山服务年限而延深矿坑或扩大开采范围而进行的深部或矿区外圈的水文地质勘探等。

专门水文地质勘探工程的布置，要尽可能与矿山防治水工程相结合，尽可能利用已有的开拓工程，力争一孔多用。

10.3.4 水文地质条件复杂矿山的地下水防治

在水文地质条件复杂的矿山，为了减轻地下水的危害，改善劳动条件，保障矿山生产建设的安全，提高劳动生产效率，必须对矿坑涌水采取经济有效的防范和治理措施。

10.3.4.1 地下水的预先（超前）疏干

地下水的预先疏干是利用专门的排水系统，将地下水位提前降至工作中段（平台）以下，使采矿场处于干燥状态。常用的方法有地表群孔疏干、地下巷道疏干法、明沟疏干法和联合疏干法。

10.3.4.2 注浆堵水

注浆堵水是将具有充填、胶结性能和较高强度的材料配制成浆液，压入岩层的裂隙或空洞中，以局部或全部堵塞矿坑充水的通道，加固岩层，减少矿坑涌水量，预防塌陷。此法是矿山防治水害的重要方法之一。此法可分预注浆堵水和后注浆堵水两种。前者是指开凿井巷前预先注浆封堵构造破碎带、岩溶裂隙和松散透水岩层，后者则是在掘砌井巷后注浆，处理井壁瀚水、加固井壁岩层和恢复被淹矿井。

10.3.4.3 矿山排水工程

有许多矿山，在矿坑中直接排水和设置必要的防护工程。它包括地面防水工程和矿坑防排水工程两类。地面防水工程有防水堤坝、截水沟、防渗工程，矿坑防排水工程有超前探水放水孔、防水门和挡水墙，水仓、水泵房及排水管线及监测系统；露天矿防排水工程，如各台阶临时或永久性集水沟渠、水泵房、水仓及排水管线。

10.3.4.4 矿床疏干引起的塌陷及其防治

隐伏的浅部岩溶发育区，由于疏干排水或井下突水，地下水位大幅度下降，使地下水对上粗土层的浮托力减少甚至完全消失。地下水运动过程中的潜蚀作用，溶洞充填物被携带流失形成新的空洞，以致在真空吸蚀力和重力的作用下，从沉降、开裂进而发展成塌陷。塌陷的产生，恶化了矿区的工程地质条件，使地面建筑物开裂甚至倒塌、耕地毁坏、河流中断、井泉干涸，铁路、公路、桥梁、管道发生变形、破坏，由于塌陷，大量地表水携带泥砂涌入矿坑，淹没铁轨、淤积水仓。为此，应该加强对塌陷分布规律的研究，以便开展塌陷的预测工作和采取疏干塌陷的防治措施。

10.4 矿山地热的地质研究

对于位于地热异常区的矿山或预计开采深度较大的矿山，一方面应掌握地热的变化规律，以便在矿山开采中采取适当措施，避免其危害；另一方面又应尽可能设法利用它来为生产和生活服务。

查明影响矿区地热变化的地质因素，并定期在专门的钻孔或井下测温钻孔中进行地温观测，了解地热增温率等地热变化规律，以便预测深部尚未施工井巷或采场中的最初温度。

对存在地热异常的矿山，应查明产生异常的地质条件和地下地温梯度的空间变化，圈定地热异常范围，计算热流密度，推算热储温度，并对地热异常的成因、热储结构特征、控热构造及可能存在的热源做出合理的分析推断。

10.4.1 地热现象及其研究的意义

在地球内部由于放射性元素不断进行蜕变或其他原因放出大量热能，加之岩石是热的不良导体，因此在地下深处积累了热能，温度较高，此种现象称为地热现象。随着矿山开采深度的加大，地热将逐渐升高，此时矿山地质工作部门必须对地热进行观测和研究。在年常温带以下，地壳温度随着深度的增加而有规律的增加，因此矿井内岩石的温度也随着矿井的延深而逐渐增高，矿井中空气的温度也随着岩石温度的增高而增高，掌握此种地热变化规律可以预测某个深度下巷道内空气的温度，所以研究矿区内地温变化规律对于深部探采工程的设计是有很大实际意义的，矿山安全规程规定，井下作业地点最高不应超过26℃。

10.4.2 地热增温率及其影响因素

10.4.2.1 地热增温率

地热增温率是地热增温度和地热增温级的统称。在年常温带以下地壳温度作有规律的上升，每增加一单位深度（一般100m）时，温度的增加值（摄氏度）称为地热增温度；反之，平均温度每上升1℃所需要增加的深度值（一般用米表示）称为地热增温级（又称地热梯度）。世界各地平均的地热增温度约为3℃，平均地热增温级约为33m，但在各地区可以有很大的不同。

10.4.2.2 影响地热增温率变化的因素

（1）岩石导热性的不同。导热性好的岩石，其内部热量易于传导，所以温度易于趋向均匀，单位距离的温度差可较小，因而地热增温度的数值较小，而地热温级的数值则较大。

（2）各地区岩层产状的不同。具有层状构造的岩石，沿其不同方向导热性是有所不同的。一般平行层面方向物质结合较紧密导热性较好，而垂直层面方向则相反。因此，如果两个地区虽然其岩性相同，但产状不同，则在岩层产状为水平状态时地热增温度的数值将较大，地热增温级的数值则较小；而当岩层产状为垂直时，地热增温度的数值将较小，地热增温级的数值将较大，当岩层为倾斜时，则其地热增温率的数值界于上述两者之间。

（3）地下岩石或矿石所发生的化学反应。地下某些岩石或矿石在其发生化学反应时，有时是放热的，例如含某些硫化物的岩石或矿石在其发生氧化时能放出热量，此时其内部温度必然升高，使此岩石或矿床与近地表岩石的温度差加大，所以地热增温度数值增大，地热增温级数值减小；相反，热岩石或矿床与其下伏岩石间的温度差则相对减小（因为深部岩石本来温度就高），而使该放热岩石或矿床以下的地热增温度数值减小，地热增温级数值增加。在放热反应的岩石或矿床中进行采矿作业时，常由于温度太高而给工作带来很大困难，甚至危险。

（4）地下水的影响。灼热的地下水能使岩石温度升高，冷的地下水甚至在相当深的深度下能降低岩石的温度，因此地下水的温度也能改变局部地区的地热温度及地热增温率的变化。这种情况在采矿中也必须注意。

10.4.3 地热变化规律

要掌握矿区内地热的变化规律，首先应对影响地热增温率的地质因素进行调查研究，以便查明影响矿区地热变化的控制因素。此外，还需定量地确定矿区地热年常温带的深度、温度及地热增温率。

为确定矿区地热常温带的深度及温度，可选择一个或数个钻孔进行不同深度、不同时期的地温观测，一般需深约一百米的钻孔即可。如无钻孔，也可在不同深度的坑道中进行，但应尽可能避开矿山通风和排水的影响，并在坑道壁上打出水平炮孔，在炮孔中采用测温方法进行测定。

年常温带的温度一般相当于当地年平均气温（地面），后者通常比年平均气温高出1～2℃。上述日常温带深度，年平均地面温度以及年平均气温的数据，一般均可在当地气象台站直接查到。

为了定量地确定矿区地热增温率，还必须在矿区内不同深度的已开凿的井巷中测量地温，然后求出矿区内地热增温率，并用此调查所得到的地热增温率预测深部设计井巷中的最初温度。也可以利用求得地热增温度的平均值预测深部岩石的可能温度，或预测深部坑道或采场的最初可能温度。

10.4.4 地下热水的运动规律

10.4.4.1 地下热水的运动

前述的地热调查，属于一般正常情况下地热规律的调查，这种调查只对开采深度大的地下开采矿山才是必要的，但是有的矿区，当存在地热异常时，不论开采深度如何，都需对地热异常规律进行调查。

地热异常现象往往与大地构造、岩浆活动等因素有关，但就矿区范围来说，其分布与变化又与地下热水的运动有关。因此处于地热异常区的矿山还必须调查地下热水的运动，地下热水与其他地下水一样，其运动受地质构造、透水层和不透水层的分布、地形变化等条件的控制。所以需调查这些因常与地下热水运动的关系。

10.4.4.2　*地下热水异常的探查方法*

地下热水异常的探查方法热晕法、电阻法、氡晕法、水化学法和同位素等方法。

10.4.5　地热的利用

地热资源是一种很有希望的能源，利用也较广泛。地热在生产矿山多用于防寒方面，特别在我国东北和西北地区，由于冬季冰冻时间较长，大气温度低、坑口冬季冰冻现象严重，甚至严重影响了生产，为此可利用地热进行井筒、坑口防寒，从而节约大量防寒经费。

利用地热防寒的办法是把空气送入提升井口之前，先将空气压入一定深度的坑道内，利用地热以提高其温度，这样就可使提升井口变暖而不致发生冰冻现象。

10.5　其他矿山地质灾害研究

10.5.1　矿岩自燃的地质研究

10.5.1.1　*矿石自燃研究的意义*

有些矿床的矿石（或围岩）氧化性能极强，特别是一些硫化物组成的矿床当其成为松散状态时，氧化更为强烈，在一定条件下，这些松散的矿石（或围岩）可因氧化而引起自燃。

矿石（或围岩）的自燃现象多发生于硫化物矿石的有色金属矿山，严重者可引起矿山火灾。矿石的自燃，不仅可以引起坑内火灾而破坏设备和危害工作人员的安全，而且还能造成矿产资源的损失。因此，对这种自燃现象必须进行调查研究，以便掌握其规律，为采取预防性措施提供地质方面的依据。

矿石自燃的产生虽然与采矿方法、通风方式、矿石损失状况、采下矿石的堆放时间和方式等采矿技术有关，更重要的还是取决于矿床的地质因素。如矿石的化学及物理性质以及矿床的赋存特点等，因此，对矿石自燃的调查研究是矿山地质人员责无旁贷的职责。在矿石自燃的地质调查时，需进行预防自燃的地质调查，处理自燃火区的地质调查，有自燃倾向地段爆破安全的地质调查研究工作。

10.5.1.2　*矿石（或围岩）自燃基本过程*

矿石（或围岩）自燃产生的原因是由于矿石中各种硫化物的氧化，因为硫化物氧化的过程是一个放热的过程。当氧化作用不断聚集起来的热能，不能逸散时即可引起自燃。含硫化物的矿床一旦被坑道工程揭露后，尤其爆破成松散体后，氧化作用就不可避免地要开始。随着氧化的进行，矿石的温度可逐渐增高。而温度的升高使其氧化产物又进一步加速了氧化速度，当温度升高到一定程度后，温度超过温升加速点后，氧化自热速度急剧加速，到达始燃点，而产生自燃现象，这种自燃现象既可发生于坑内受到破碎的存窿矿石，也可发生在裂隙较多的原矿石中，甚至发生于地表堆积的矿石中。在此需要指出的是除了硫化矿物是引起自燃的主要物质外，矿石中的一些其他物质如酚类等有机物或挥发物等也可能引起或促进自燃的发生。

10.5.1.3 预防矿石自燃的地质研究

为了掌握矿石自燃的可能，对矿石有自燃危险的矿山，需对地质因素进行调查研究：(1) 矿区范围内的矿石和岩石的物质成分及其含量，特别是能引起自燃的那些成分（如硫化物）及其量；(2) 矿石的结构构造特点；(3) 通过试验测定矿（岩）石氧化速度、升温加速点和始燃点；(4) 矿石的物理性质和力学性质；(5) 矿体厚度、产状、矿床分带性及其变化特点；(6) 矿床水文地质条件及地下水的成分等。

根据上述调查资料的综合分析，还应在有关地质图上圈定出自燃危险性程度不同的地段。以作为采取预防措施的依据。

10.5.1.4 预测自燃火灾的方法

(1) 矿坑内地下水分析法。根据许多实际观测资料证明，在硫化物矿床“火区”里流出来的地下水，其成分与非“火区”流出来的地下水是截然不同的。系统的分析矿坑各地段涌水的成分，在一定程度上可以预测矿石自燃是否发生或即将发生的地段。

(2) 矿物学-地球化学法。在氧化作用剧烈的条件下，矿体中的化学反应作用，能形成一些特殊的伴生矿物如胆矾、铁矾等，这些伴生矿物大约有二十几种。在“火区”的每个发展阶段都有特殊的地球化学过程。因此，“火区”的每个发展阶段都因其独特的伴生矿物而区别于其他阶段。伴生矿物的变化主要是决定于“火区”形成时期长短和矿石的化学成分，故对已知“火区”附近特征矿物进行系统调查，可以掌握这些矿物的种类及分布规律，以便对未知“火区”进行预测。

(3) 利用地层等温线圈划火源。为了确定“火区”界线，可在强烈氧化区（自燃区）的范围内，沿走向方向和宽度方向，每隔若干距离测量岩石的温度，然后将各点测得的温度值，标定在垂直剖面图或水平断面图上，绘成等温线图，用以表明火区的温度变化，借以掌握该区范围内有无危险的升温现象，确定升温地带的边界，研究初期火灾在时间上的演化过程等。

10.5.2 矿山水土污染的地质研究

成矿过程可使矿区某些元素的含量异常，而在矿山基建和以后的生产过程中，大量废石、废水及尾矿排放到地表，可进一步加剧矿区水、土中某些元素的异常，以至出现严重的污染。因此，为了协助环保部门搞好环境工作，在矿山开发过程中就应进行下列几方面的调查研究工作。

10.5.2.1 矿山原始环境地质调查与评价

此项工作的目的是为了查明尚未采掘的地质体，能否成为污染源和出现污染的可能程度。其主要工作内容包括：查明地质体中可能造成污染的有害物质的赋存状态、含量及分布，进行原始环境质量评价，以确定潜在污染源及其可能造成的污染程度；对可能产生污染的矿山，还要编绘出污染源分布图。

10.5.2.2 环境污染定点定期监测

对于经过原始环境地质质量评价，断定有可能产生环境污染的矿山，在基建阶段就应开展环境污染监测工作，对此，可先在废石堆以及矿坑水排入的水体（河、湖、塘或水库）布置一定的监测点，定期测定水体和土壤中有害组分浓度的变化，如发现污染情况，还应及时扩大布点范围，以开展全面监测。

10.5.2.3 废石中污染元素风化扩散情况调查

要调查开拓中排出废石的风化速度，并测定废石堆中元素的流失情况和从废石堆流出的水流中有害组分的含量，以便查明它们对附近水体、下游水体以及周围土壤的污染影响。

10.5.2.4 水土污染危害的调查

配合环保部门对矿区附近一定范围内，随开采的不同阶段，调查水土污染对人体健康和其他动、植物的危害，确定与环境条件和污染的关系。

10.5.3 矿山空气污染的地质研究

在矿山开拓及其生产过程中，都会有一些矿（岩）石粉尘悬浮于空气中。一些有害气体也可从地质体中逸出，这些都可能对矿山空气造成污染，危害人体健康。因此，在矿山开发阶段就有必要对可能造成污染的地质因素，进行调查研究，为矿山采取预防措施提供资料。

10.5.3.1 有害粉尘的地质调查

有害粉尘的地质调查主要工作包括对空气中粉尘样品的矿物成分、粒度、尘粒形状等进行显微镜下鉴定。对井巷中岩石及矿石样品进行鉴定，并与相应地段空气中粉尘的鉴定结果进行对比分析，以查明易于产生有害粉尘的岩石、矿石或其中某些矿物，编制有害粉尘预报地质图，即在有关地质图上圈出可能产生有害粉尘地段。

10.5.3.2 有害气体的调查

有害气体主要指自地质体逸出的有害气体，如氡气和二氧化硫气体等。调查时应查明有害气体成分、含量、来源和逸出部位等，绘成相应图件，并对影响程度做出评价。

复习思考题

10-1 简述矿石环境地质的概念。

10-2 简述矿石环境地质研究的主要内容。

10-3 简述矿山水文地质工作研究的意义。

10-4 简述矿山水文地质工作的主要内容。

10-5 简述研究地热现象的意义。

10-6 如何充分利用地热？

10-7 如何进行矿山水土、空气污染的研究？

11 矿产资源保护和综合利用

矿产资源是人类社会赖以生存和发展的重要物质基础，它又是一种基本上不可再生的，有限的自然资源。我国许多矿产的储量居于世界前列，但一些重要矿产的人均占有量则相对贫乏，不足世界人均水平的一半。

资源问题，是世界各国共同面临的人口、资源、环境这三大问题之一，已引起世界各国政府的高度重视，成为国际性重大议题之一。我国是世界人口第一大国，矿产资源既是总量大国，又是人均小国。目前，矿产资深形势相当严峻，这在相当程度上制约着矿业的发展，进而制约着能源、原材料工业和整个经济的发展，成为国民经济中的瓶颈。

加强矿产资源保护，不仅对保护和合理开发利用矿产资源，以及对保护和改善生态环境，是一项积极有效的措施，而且对经济社会长期持续、稳定、协调地发展，也是一项非常重要的保障因素。

11.1 矿产资源保护工作

11.1.1 矿产勘探阶段资源保护

在矿产勘查阶段要改变单一的矿产勘查方法，实行综合勘查与综合评价。在勘查主矿产的同时，要对勘查区内一切具有工业价值的共生和伴生矿产、进行勘查和研究。根据设计需要开展对有关矿产开发利用条件和矿石物质成分的研究与试验工作，并结合国家当前与长远利益的需要，对共生的各种矿产拟定正确合理的勘查程度和综合工业指标，对矿区做出全面评价，为矿产资源的综合开发和综合利用奠定基础，创造条件，提供依据。

11.1.2 矿山设计阶段资源保护

确定矿山总体部属或全面规划时，要充分考虑矿山发展及扩建要求。确定矿山企业开采方式、开拓方案、开采方法时，尽可能采用贫化与损失指标最低的先进方案，尽可能实行选别开采，对贫矿实行配矿，提高矿产资源利用率。

设计矿山选矿厂及冶炼企业时，要考虑采用先进而合理的矿石加工技术工艺方法与流程，使矿石中一切有工业价值的有益组分都能够得到最大限度的回收利用。

对于具有多种有用矿产存在的综合矿区，矿产品种及其回收将牵涉到几个工业行业。这时矿山企业设计部门会同各有关工业行业的联合进行；对矿产资源的开发，要打破行业界线，开发某一种资源时，要考虑共生、伴生或有密切关系的其他资源的开发利用；鼓励主业副业兼营、综合开发、综合利用，支持跨行业的联合开发。对于某些工业系统目前并不急需或暂时尚难于开发利用的矿产，矿山设计时要采取有效措施予以妥善保留，避免开采时遭到破坏；如果矿床地质或矿山采矿技术条件不允许保留，而必须随他种矿产一并采出时，应当设计必要的储矿场暂作保存，备将来利用。

确定矿山总体部署，设计各类主要厂房、井筒、选矿厂、运输线路、水塔、管道系统、高压线路、永久性公共建筑、供水水库、储矿厂、废石堆、排土场、尾砂坝等大型建筑前，必须充分考虑工程区内矿产资源的分布情况，避免压矿，造成资源损失。

在设计过程中，对矿山企业的“三废”应采取先进的方法充分利用，严格执行允许的排放标准，减少对环境的污染。

11.1.3　矿山企业资源保护的职责

11.1.3.1　矿山地质测量部门

矿山地质测量部门在矿山开采过程中要加强探矿工作，提高矿山勘探程度，为开采设计提供可靠依据。要加强综合地质研究及矿山深部或边部的矿产预测及勘查工作，寻找新矿体，增加矿山储量，同时深入进行矿石物质成分研究，为伴生组分综合利用提供基础资料。要根据地质条件的新变化和采、选、冶技术的新发展，及时修改和采用合理的工业指标。

矿山地测机构，充分发挥监督矿山企业充分合理开发利用与保护矿产资源的职责。作好生产勘探工作，提高矿产储量级别，为开采提供可靠依据；对矿产资源开发的损失、贫化以及矿产资源综合开采利用进行监督；对矿山企业的矿产储量进行管理；对违反矿产资源管理法规的行为及其责任者提出处理意见并可越级上报。

11.1.3.2　采矿技术生产部门

采矿技术生产部门在矿产资源保护工作中的主要任务是提高回采率、降低贫化及损失率。必须根据设计要求，本着贫富、大小、厚薄、难易兼采和综合利用的原则，制订合理的、切实可行的技术措施和作业程序。在开采过程中，应当经常研究、改进采矿方法，努力降低贫化率和损失率，最大限度地回采矿产资源。对设计中确定不予开采的矿体或已采出暂不利用的矿石，应从实际出发，采取保护措施，以备将来利用。对难采地段，如采矿场的矿柱、残矿等，应当采取措施，在保证安全生产及经济合理前提下，最大限度地加以回采。

11.1.3.3　选矿、冶炼部门

选矿、冶炼部门应采取先进而合理的矿石加工技术方法，提高选冶回收率，降低尾矿品位、炉渣品位。重视选冶理论及实践问题的研究，改进与改革矿石加工工艺流程，综合回收一切可以利用的矿产资源。特别要研究尾砂、炉渣、烟尘、尾水、阳极泥等综合利用问题，消除“三废”危害，化害为利，变无用为有用。

11.2　矿产伴生资源的综合利用

11.2.1　伴生矿产的基本概念

伴生矿产是指矿床（矿体）中与主矿、共生矿一起产出，未“达标”或为“成型”，技术、经济上不具有单独开采价值，但在开采、加工主要矿产时能同时被合理地开采、提取和利用的矿石、矿物或元素。

伴生矿产种类繁多，形式多样，但它们都必须是在当前技术经济条件下，可以回收利用并有经济效益的，才列为伴生矿产；对于那些在回收利用中虽然技术上可行，但经济上明显不合理的组分，应列为潜在性的伴生矿产；对于含量甚微，而加工中又不能富集回收的组分，不能列为伴生矿产。

11.2.2　伴生矿产简介

伴生矿产按照其存在形式，与主矿产的关系，开采（回收）条件，分为伴生矿物矿产、伴生元素矿产和伴生矿石矿产三大类。

伴生矿物矿产是一些可利用程度较高的矿物。它们在矿床中的分布较为普遍，局部也可富集到接近矿产工业指标的要求。在加工主矿产的选矿流程中可同时选出它们的合格精矿产品或中间产品；有的在矿石中含量虽低，但因特殊需要或经济价值很高，而有必要进行选别的某些重要矿物，可以分选出精矿产品，扩大了矿石组分回收利用范围，对进一步提高矿床的经济价值具有重要意义。

伴生元素矿产，通常是指含量低，呈分散状态存在的可以附带回收的伴生有用组分。它们包括赋存于其他有用矿物中的类质同象成分、机械混入物、微细包裹体、离子吸附型的有用组分。

伴生矿石矿产是指分别产出的异体伴生矿产。即在主要矿产的围岩或剥离层内形成独立的矿层、矿体，但由于有用组分品位低或者矿体厚度薄，未“达标”或未“成型”，经济上不具单独开采价值，只能随同主矿产一起开发利用的各种矿石。

11.2.3　伴生矿产的工业标准

伴生矿产的工业价值不仅与其本身的价值有关，同时更重要的是取决于赋存状态、回收难易和回收效果。决定伴生矿产价值的主要因素，一般也是确定伴生矿产工业要求的基本因素。

矿床中的伴生矿产应有主次贵贱之分，对储量较多，含量较高，分布稳定，回收工艺成熟，回收效果良好，既有销路又可盈利，可以有计划安排生产并可形成固定产品的伴生矿产，应特别加以重视。随着新技术新工艺的开发，回收利用伴生矿产的范围也日益扩大，工业要求也在不断变化。加之具体矿床的技术经济条件千差万别，在综合评价中应根据当时当地的具体条件，确定合理的工业标准。

对于某些矿床中的伴生有害组分，为了保护环境，改善生产条件，提高产品质量的需要，即使无利可图也必须处理并可回收的组分，可不受工业指标限制。

11.2.4　提高矿产综合利用的途径

11.2.4.1　国家政策的支持

国家应在政策上对积极进行矿产资源综合回收的矿山实行鼓励，保护和充分利用矿产资源应该成为国家的一项长远战略方针。我国大部分有色矿山在经过了三四十年开采后，由于品位的降低，采矿深度的加大，加上产品价格低等原因，普遍存在着经济效益差、资金紧张的现象，所以国家应免征或少征矿产资源综合回收产品的所得税，并对为提高资源回收利用而增加流程和新开发工艺的投资实行优惠或上级专项拨款。

11.2.4.2　提高矿产资源供应能力

我国政府按照建立和完善社会主义市场经济体制的要求，深化矿产资源勘查体制改革，实行公益性、基础性地质调查评价和战略性矿产资源勘查同商业性矿产资源勘查分开运行。我国政府鼓励并积极引导符合规划要求，以市场需求为导向，以经济效益为中心的商业性矿产资源勘查活动。鼓励在中西部地区、边远及少数民族地区等经济欠发达且具资源潜力的地区开展商业性矿产资源勘查。鼓励矿山企业在有市场需求和资源潜力的老矿山外围或深部开展商业性地质勘查工作，探寻新的接替资源。对以往由国家出资勘查形成的矿产地，鼓励投资者通过公平竞争获取探矿权采矿权。鼓励开展石油、天然气、煤层气、低灰低硫煤、优质锰、铬、铜、铝、金、银、镍、钴、铂族金属、钾盐等矿产资源的商业性勘查。科学、合理开发地热、矿泉水和地下水资源，厉行节约，优水优用，防治污染。

加大能源矿产资源的勘查开发力度。我国煤炭资源丰富且居能源主体地位，但煤炭对大气环境污染严重，能源结构需进行某些调整。我国将充分利用煤炭资源和水能资源，发展以煤炭洗选加工、液化、气化等为主要内容的煤的洁净技术。煤炭开发在稳定东部地区生产规模的同时，将重点开发山西、陕西、内蒙古，合理开发西南地区，适当开发新疆、甘肃、宁夏、青海的煤炭资源。加大煤层气开发力度。我国石油资源比较丰富，但和需求相比相对不足。解决油气供应不足的问题，将首先立足于开发利用国内的油气资源。西部地区已经发现丰富的油气资源，新疆塔里木、准噶尔，陕西、甘肃、宁夏、内蒙古、山西的鄂尔多斯和青海柴达木等盆地都有良好的开发前景。渤海海域也有重大发现。石油资源勘查开发，在深化东部、发展西部、加快海上的基础上，重点加强老油区的勘查工作，力争在新层系和地区取得新的发现，增加石油探明储量，保持合理的石油自给率。天然气勘探开发，以西气东输沿线的塔里木、鄂尔多斯、柴达木盆地和四川、重庆地区以及海上的东海盆地为重点，增加储量，提高产量，逐步改善我国能源结构。

11.2.4.3 扩大矿产资源勘查开发的对外开放与合作

我国坚定不移地实行对外开放政策。在互惠互利的基础上，积极参与矿产资源领域的国际合作，推进国内外资源、资本、信息、技术与市场的交流。

我国实行鼓励外商来华投资矿产资源勘查开发的政策。我国鼓励国内矿山企业与国际矿业公司合作，借鉴国际先进经验，引进先进技术，按照国际惯例经营运作。我国石油工业自1982年开始对外开放，利用国外资金和技术，合作勘探开发油气资源，近年来开发范围逐步扩大，原油产量大幅度提高。目前，我国已参与境外油气资源开发。我国政府在进一步改善外商投资环境，扩大对外开放和加强国际合作方面，已经或将采取一系列措施。

我国政府鼓励国内企业参与矿产资源领域的国际合作，勘查、开发和利用国外矿产资源。按照国际惯例促进和保护境外矿产资源勘查开发投资，规范投资和经营行为。积极开展地质调查、矿产资源勘查和开发领域的对外合作，扩大双边和多边科技交流与合作。

11.2.4.4 加强矿产资源管理

（1）深化矿产资源管理体制改革。为不断适应经济体制改革的要求，我国对矿产资源管理体制进行了改革，转变并加强政府职能，实行政企分开、政事分开。

（2）加强矿产资源规划管理。矿产资源规划是矿产资源勘查开发利用的指导性文件，是实施宏观调控的依据。我国政府正进一步加强矿产资源规划管理，完善规划体系，严格规划责任、规划审查、规划公告、规划修编、规划监督等制度，加强规划宣传，建立规划实施保障和信息反馈体系，确保规划目标的实现。

（3）改革探矿权采矿权管理制度。我国宪法规定矿产资源属于国家所有，同时矿产资源法又明确规定“由国务院行使国家对矿产资源的所有权”。近年来，我国改革了探矿权采矿权管理制度，明确了探矿权、采矿权的财产权属性，确立了探矿权、采矿权的有偿取得和依法转让制度。确立了探矿权人优先取得勘查区内采矿权的法律制度，强化了探矿权、采矿权的排他性。改革了勘查、开采矿产资源审批和颁发勘查许可证、采矿许可证的权限。探矿权采矿权可以通过招标、拍卖、挂牌等竞争的方式有偿取得。转让探矿权采矿权，应当遵循市场规则并得到政府部门的许可，依法办理转让手续。我国政府将继续按照产权明晰、规则完善、调控有力、运行规范的要求，培育和规范探矿权采矿权市场，加强对市场运行的监管。

11.2.4.5　应用新技术，提高资源综合利用

随着信息技术的迅猛发展，信息化已成为当前的发展趋势，并且发挥着越来越重要的作用，信息技术已对人类社会和经济的发展产生深远的影响。20 世纪 90 年代以后，信息化更是世界各国普遍关注的焦点，而以信息技术为核心的新技术革命为我国国土资源信息化建设带来了难得的历史机遇、国土资源信息化建设就是要以国家信息化建设的基本方针和任务为指导，在统一规划和组织下，结合我国国情采取强有力的措施，应用现代信息技术，深入开发和广泛利用信息资源，加速实现国土资源调查评价、规划、管理、保护和合理利用科学化、现代化的进程。

在地学领域，无论是生产还是科研，无论是应用研究还是基础研究，本质上都是信息的获取、存储、检索、分析、显示以及应用的过程。因此，在地质矿产勘查过程中，从野外数据的采集，到室内数据的整理管理、应用，再到对地矿工作成果的保存、管理、使用和出版印刷，以及地质矿产工作的科学管理与决策等诸多方面，无一不与计算机应用技术紧密相连，同时，地学领域所涉及的地理、地质、地球物理、地球化学以及遥感等方面的信息都具有空间性，因此在地学领域中大力发展对空间信息的管理和应用技术，已成为 21 世纪地球科学发展的重要技术取向。

信息资源已经成为国民经济和社会发展的战略资源，信息资源开发和利用已是衡量一个国家经济发展水平与综合国力的标志之一。在当今激烈的国际竞争中信息资源已成为各国争夺的重点，21 世纪将是各国争夺信息资源开发、利用的自主权和优势的最激烈的世纪。数据库建设是国家基础设施建设的重要组成部分，数字数据的积累为国家信息化提供资源保障。

复习思考题

11-1　简述矿产资源保护的概念。

11-2　简述矿产资源的特点。

11-3　简述矿产资源保护的意义。

11-4　简述伴生矿产的概念，常见伴生矿产类型。

11-5　如何提高伴生矿产的利用价值？

11-6　简述矿产资源保护的职责。

12 矿山综合地质工作与隐伏矿体勘探

现代矿山地质科学已开始由单纯地描述生产地质转向以综合研究为主的多层次、多学科的方向发展。综合地质研究其作用是提高地质勘探、生产勘探、生产地质工作的效率与质量；提高基础地质资料的质量，有利于保证、指导和管理生产；深化对矿床地质规律的认识，指导矿山找矿，以扩大矿产资源远景，延长矿山服务年限；有助于最新科学技术成果的引用与推广，实现矿山地质工作的现代化；积累地质研究资料，探讨地质规律，丰富地质科学理论知识；也有助于锻炼和提高地质人员的业务水平和工作能力。

综合地质研究的任务：金属矿床共生组分及工艺矿物的研究，矿区地质构造的研究，矿体产状和形态的研究，矿床成矿规律研究。

12.1 综合地质研究

地质综合工作是矿山地质工作的一项经常性工作，贯穿矿山基建、生产勘探、生产的全过程，地质综合工作需根据生产的进程及时进行整理、综合各类地质资料，并及时地提交矿山计划、生产、科研所需的地质成果。

综合工作的基本内容如下：

（1）标本和样品分析、鉴定、测试结果资料的整理。

（2）开展矿山综合编录，提交各类满足矿山生产、安全管理所需的综合性地质图件和文字报告。

（3）开展矿产储量计算工作，进行矿产资源储量监督管理，主要工作内容有各分层、中段的储量核算，生产储备矿量的核算和核销，矿石损失贫化管理；矿产储量的报销等。

（4）矿床经济地质分析。矿床经济地质分析是用矿床经济评价作为手段解决矿山经营参数的优化问题，衡量矿山经营管理水平，为矿山的技术改造、改善经营管理提供依据。地质经济管理是指在地质经济管理的过程中，如何以最少的代价取得最大的地质经济效果。主要内容包括：

1）矿床合理工业指标的分析及其方案比较。

2）合理的回采截止品位的选择及损失贫化指标分析。

3）矿产资源综合利用和开发。

4）合理的基建、生产勘探网度的评价。

5）最优采样布局及采样步距的选择和确定。

6）在地质勘探、管理过程中开展的各种降低成本、提高效率的技术革新。

（5）矿山地质研究。矿山地质研究的目的是解决生产中在技术方法、地质理论方面提出的研究课题。围绕生产技术成果的引用和推广，达到不断改进地质工作方法、提高技术水平和工作质量，总结成矿规律，丰富成矿地质理论，使地质科学更好地为矿山生产服务的目的。矿山地质研究的内容主要有：

1）配合采矿、选矿工作主体工艺研究，如开展矿石物质组分、共生组合及其工艺矿物方面的研究；矿石损失、贫化的地质因素分析；合理损失、贫化指标的选择研究配矿中地质和采矿因素匹配。

2）开展矿产资源综合开发和利用方面的研究，进行矿区内矿床伴生有益组分的赋存状态、富集规律及主要组分的关系及其评价；对矿区内岩石性能的研究和开发利用的评价。对选矿尾砂、废石的二次开发利用的研究和评价。

3）开展工程地质、岩体力学、水文地质方面的研究。

4）开展地质技术和技术管理工作研究。

5）成矿规律地质研究。

12.1.1　共生组分研究

12.1.1.1　共生组分研究方法

金属矿床共生（伴生）组分的种类和赋存状态不同，综合利用时的评价方式也不相同。当共生组分构成独立矿物并具备合格的工业品位时，可作为多金属矿床来评价。如果共生金属虽可构成独立矿物，但它的一部分或大部分呈微粒状矿物分散于其他矿物中，则需根据这些伴生组分的赋存状态、分布特征和富集程度来制定合理的储量计算方法，最后依据储量计算成果及回收的可能性、回收的经济价值等进行评价。当共生组分是在其他金属矿物中呈类质同象的分散组分时，则应根据它们在这些矿物中的分布规律采用相应的储量计算和评价方法。

12.1.1.2　研究共生组分所需资料

（1）矿石化学分析资料。

（2）矿物和某些组分赋存状态资料。未发现分散元素的独立矿物或伴生组分呈分散状态时，要相应对查定的矿物做这些元素的化学分析，查明其分布规律和主要富集矿物与某一组分的相关关系，做出分散组分在各种矿物中的配分比。要尽量得到有关组分赋存状态的结论，研究并从地球化学理论上做出解释。

（3）各粒级矿物比例和共生结构（嵌布关系）的资料。

（4）矿石可选性试验资料。矿石中元素配分资料在理论上应与可选性试验结果一致，如不符要找出原因，探讨选矿损失率的合理性。

（5）矿化规律研究资料。了解不同类型矿石的分布规律及其稳定程度。

（6）储量计算成果。

12.1.1.3　共生组分研究内容与方法

（1）矿床地质着重研究成矿与母岩关系；主要构造特征；矿床成因类型与伴生组分富集的关系；元素或矿物共生组合特点、地球化学特征；元素迁移、分散、富集的规律。

（2）测定伴生组分含量。一般采用组合样测定伴生组分含量，其采样研究方法有：

1）单矿物分离样，按矿石类型采集，最好能与组合样同时进行或取组合样的1/4合成。

2）人工重砂大样，主要用于研究元素的赋存状态、工艺性质；稀少矿物的鉴定和定量；分离单矿物，分析综合利用元素的含量，进行元素配分计算。

3）矿石鉴定样，包括手标本和光薄片，主要用于研究矿石的结构构造特点、有用矿物与伴生矿物的组合、矿物的生成顺序、次生与原生蚀变、矿物间的交代及矿物颗粒等。样品可在组合样采样部位按一定间距采取，也可在人工重砂大样位置采集。样品的数量取决于矿床大小、矿石类型及其变化程度。

(3) 矿石化学成分研究。进行矿石化学成分研究时，首先要做光谱分析，测定有益、有害组分种类及大致含量，防止漏掉某些少量元素或稀散元素。

(4) 矿物鉴定。对于具备综合利用价值的工业矿物，一定要取得必要的矿物鉴定数据，如密度、磁性、折光率、反射率、显微硬度。有时要作矿物X射线粉晶分析、差热分析及化学成分分析。对新工业矿物要作X射线晶体结构分析。此外还要鉴定其他非工业矿物和脉石矿物，了解它们之间的共生关系和生成顺序，以了解矿床成因、地球化学特征、预测和发现其他新工业矿物。

(5) 矿物分离。矿物分离常用方法为：人工或天然重砂可用淘洗分离、摇床分选、跳汰分离、重液分离、电磁选、介电分离、浮选、选择性溶解等。分离方法的选择，主要取决于矿物的物理、化学性质和粒度，通常是多种方法配合使用。

(6) 矿物定量。矿物定量常用的方法有面积法、计点法、直线法、质量法、数粒法。

(7) 元素配分计算。元素配分是指某一有益元素在矿石的各个矿物中所占比例。

(8) 元素赋存状态研究。元素赋存状态是确定元素综合回收途径的重要依据，元素赋存状态有独立矿物、类质同象、表面吸附三种形式。

(9) 矿石结构构造研究。矿石结构构造对采矿方法、选矿工艺流程都有影响。

(10) 矿物粒度分析。矿物粒度对是确定磨矿细度的依据。

12.1.2 矿区构造研究

矿区地质构造是矿山地质日常工作以及综合研究的重要内容。构造对成矿控制作用的研究，有助于矿山找矿;构造对矿体错失的研究,有助于指导采掘、采剥的正确方向;矿区大、小构造,特别是小型构造的研究,有助于解决矿区成矿规律、水文地质和工程地质等有关的各种问题。

12.1.2.1 成矿控制作用研究的内容

(1) 分析整理矿山生产中长期积累的构造资料，编制专门性构造图件。必要时组织专门性构造填图。

(2) 确定矿区构造与成矿在时间上的关系。

(3) 确定矿区构造与成矿在空间上的关系，划分出成矿前、成矿时、成矿后构造。成矿前构造又可进一步划分为导矿、散矿、容矿构造。注意控矿构造的等距性、对称性。

(4) 确定构造等级的控矿作用。据此可鉴定出矿田、矿床、矿体构造的控矿类型。

(5) 按地质力学观点划分构造体系，并确定其对成矿的控制作用。

12.1.2.2 对矿体断层的研究

生产中遇见构造断层应确定：断层的性质、类型；断层产状要素；断层的断裂位移的方向与距离。

(1) 追索构造断层矿体的标志。

1) 在岩性均一的岩石中，重视断层泥的研究。

2) 据断裂带两旁岩层或矿体牵引现象判断断层方向。

3) 据平行主要矿脉的小矿脉断层方向，判断主矿脉断层方向。

4) 据矿体顶底板围岩的标志层判断断层方向。

5) 据断裂两旁的羽毛状裂隙、劈理判断断裂位移方向。

6) 掌握全矿区断层产出和分布规律，以指导工程前进方向。

（2）断层类型的判断。成矿后的断层可分两类。第一类断层由宽大的破碎带组成，无明显断裂面，有断层角砾，断层两壁为厚层状岩石，岩性均一，缺标志层，很难判断断层性质和断裂位移的方向与距离；第二类断层有明显的断裂面，两壁常为薄层状岩石，标志明显，断面与错动易于辨认，破碎带狭窄，断层面上有擦痕及滑动镜面，两侧有牵引现象，这种断层较易于判断性质和断裂位移方向与距离。

工程中遇到第一类断层时，首先应了解破碎角砾组成物的松紧程度和胶结物性质。较松和黏结程度差，大多数可能是正断层；相反，可能是逆断层。角砾间如有方解石或成层泥沙充填，甚至有空洞，多属正断层。角砾紧接，很少次生充填物，可能属逆断层。研究破碎带中角砾成分及其分布，可判断矿体错失方向。坑道掘进遇到这一类断层时，应切穿破碎带，观察坑道两壁角砾成分，有矿石角砾一壁即断层对盘位移方向，沿此方向即可追索错失矿体。

工程中遇到第二类断层时，应首先观察断层擦痕判断断裂位移方向。断层性质可根据断层倾角、断层滑向、走向在断层面上的夹角、滑向倾角以及滑向水平投影与断层走向水平夹角来决定。

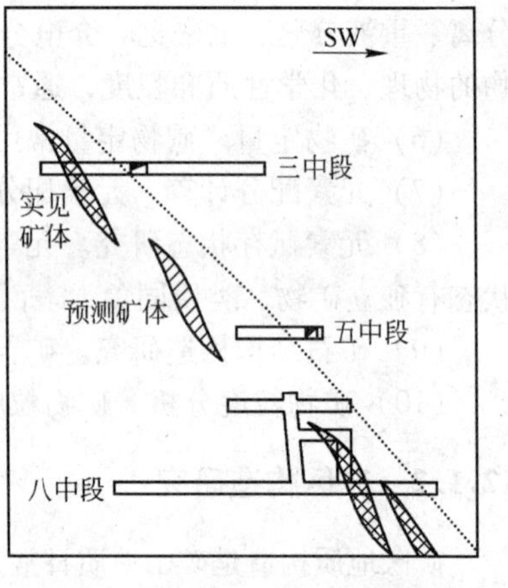

图 12-1 透镜状矿体工程布置

12.1.3 矿体产状和形态的研究

矿体产状测定是地质工作基本内容之一，无须赘述。脉状、透镜状、柱状矿体具侧伏产状，透镜状矿体在空间常呈雁行状分布（图 12-1）。群脉在空间上呈交替分布规律（图 12-2），如右行、左行、前侧、后侧；平行排列、衔接侧幕排列、断续侧幕排列、重叠侧幕排列等。这些规律对指导坑道掘进或工程布置均很重要。

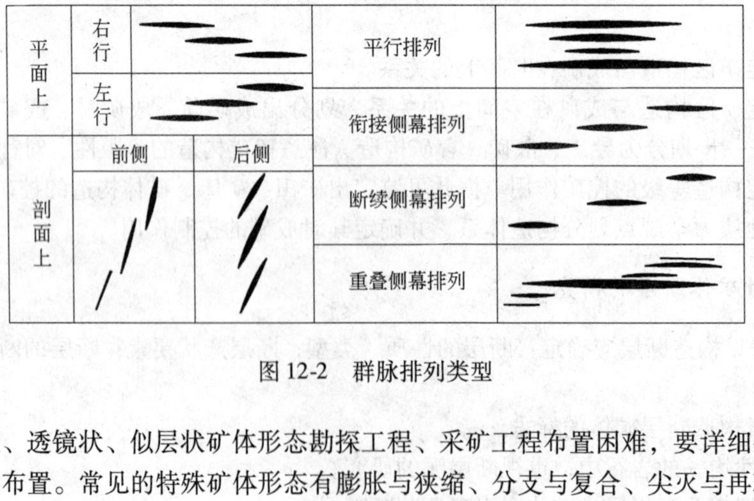

图 12-2 群脉排列类型

一般脉状、透镜状、似层状矿体形态勘探工程、采矿工程布置困难，要详细研究其变化规律指导工程的布置。常见的特殊矿体形态有膨胀与狭缩、分支与复合、尖灭与再现、侧现。

12.1.4 成矿规律研究

12.1.4.1 *岩石成矿条件*

（1）容矿围岩。研究矿区矿体全部围岩的岩性和物理化学性质，如岩石的化学成分、矿物成分、结构构造、机械强度及其各向异性、脆性、拉度、裂隙度、有效孔隙度，对其与成矿物质交代和充填的条件做出结论。确定最有利于成矿的容矿围岩的规模（如厚度）和空间分布规律。

（2）覆矿围岩。覆矿围岩亦称“遮挡层”，一般由化学性质较稳定，渗透性差的岩石构成，如页岩、火成岩、断层泥等。在某种产状条件下，遮挡层为矿液集聚和沉淀形成封闭条件。有层状岩层封闭、构造岩封闭、岩浆岩体或岩脉封闭、综合封闭型四种类型。研究时，要总结遮挡层封闭类型、分布规律，以求确定矿区内最有利的封闭条件。

（3）蚀变围岩。总结围岩蚀变的种类及其与矿化的空间关系，特别是与矿化关系最密切的围岩蚀变。分别总结矿体顶盘、底盘、尖灭端、贫矿与富矿段、构造发育地段等的围岩蚀变种类及强度。确定围岩蚀变的水平及垂直分带。围绕矿化中心呈环状分布的蚀变分带具有重要的找矿意义。

12.1.4.2 成矿时代规律

成矿时代是指地质发展史中成矿相对集中的时间阶段。外生矿床的成矿时代与地层时代相联系。内生矿床的成矿时代则常与强烈的构造运动有关。成矿时代概念的建立对找矿是有指导意义的。当然，成矿在时间上的规律是比较相对的，但也说明矿区必须重视成矿时代研究。

12.1.4.3 成矿过程研究

（1）成矿物质来源。内生矿床成矿物质来源是成矿规律研究应解决而又难于确切解决的一个问题。成矿物质源于上地幔、地壳硅铝层（有原生型岩浆还是重熔型岩浆等的区别）或者是沉积或火山沉积围岩（所谓“层控矿床”的“矿源层”），在成矿规律研究时应予以明确。采用的研究手段有稳定同位素地质、包体研究、绝对年龄对比研究以及地质信息统计等。

（2）成矿温度研究。成矿温度测定一般有两大类方法：1）矿物测温计观测法：主要是根据矿物的熔化、离解、多形转变、固溶体分解、重结晶、低共熔、天然组合、物理性质的变化，晶体习性等变化标志以及热液合成数据，来确定矿物的生成温度。矿物及其形成过程与温度关系已经系统研究和总结过；2）研究法：目前主要是利用矿物气液包裹体测定成矿温度。一般使用均化法或爆裂法。样品要新鲜，采自矿床有代表地段，最好采自坑内。

（3）成矿压力确定。地壳平均增压率为25.3MPa/km，在成矿深度已知的条件下可用以推定成矿压力。同时，只要知道成矿时上覆岩层厚度，也不难推出封闭系统的压力。但由于上覆岩石已受不同程度的剥蚀，这样的推定不一定准确。比较理想的方法是依据矿物气液包裹体测定资料。所测定的包裹体必须含二氧化硅成分。目前测得的金属矿床的形成压力均低于101.3MPa，一般只有10.1～15.2MPa。

（4）成矿深度的确定。在成矿压力已知的条件下，可依据成矿压力判断成矿深度。依据成矿时代和成矿时已形成的上覆岩层厚度，也可大致估计出成矿深度。如果成矿母岩已查明，那么母岩所表现的岩相特征，也可提供估计成矿深度的依据。根据矿床形成时地质和物理化学条件的不同，矿床成矿深度可分超深深成带、深成带、浅成带及近地表带，各带均有特征的岩石矿物可资鉴别。

（5）成矿溶液成分、盐度、pH值。这几个因素目前均主要依靠矿物气液包裹体中的气液成分、盐度和pH值来近似地确定。

（6）成矿阶段。内生矿床或与热液成矿作用有关的矿床，其成矿过程均较复杂，常是多期、多阶段活动。一般可依据成矿温度、成矿压力的逐步降低，物质成分及矿物共生组合的变化，矿脉的互相穿插关系，将矿床成矿过程划分为不同阶段。在不同阶段，由于成矿时的物理-化学环境的演变，形成矿物组合按一定顺序晶出的规律。研究成矿阶段及矿物沉淀顺序均需作大量岩矿鉴定、矿相鉴定等对比工作。根据这些成果编制成矿阶段及矿物沉淀顺序图，是说明矿床形成过程的依据之一。

12.1.4.4　成矿控制因素研究

（1）岩浆活动控矿因素。总结岩浆岩的岩石化学和矿物成分特征，成矿元素及微量元素变化规律；岩浆岩的成矿专属性；岩体产出的地质构造环境；岩体的形态，接触面性质和产状，岩体产状和构造，岩相划分，隐伏岩体顶面形态；岩体大小；成岩时代；岩体的形成深度、剥蚀深度和埋藏深度；岩体的接触交代和同化混染作用；火山岩与次火山岩产状关系，总结各种对成矿最有利的岩浆活动条件。

（2）构造控矿因素。构造与成矿的时空关系；构造的应力分析，构造总的类型、特征，构造体系划分，矿田及矿床构造类型；构造的等级控矿作用，成矿构造的等距性和对称性，矿化构造岩的形成与成矿的关系；总结对矿化最有利的构造条件。

（3）岩性控矿因素。矿床围岩岩性特征；岩石的物理、化学性质；岩性成分与成矿的关系；岩石结构构造与成矿的关系；围岩对成矿溶液的交代、封闭、渗滤等的作用，总结对成矿最有利的岩性条件。

（4）地层、岩相、古地理条件。沉积、沉积变质或“层控型”矿床的层位、层次；岩性及岩相划分及其侧变；成矿阶段的古地理条件，查明剥蚀区、沉积区的范围，成矿物质来源和最佳的沉积场所，如最有利于成矿的层位、岩相、古地理位置。

（5）变质作用控矿因素。总结矿区变质作用类型；变质岩的化学、矿物成分特征；典型的结构构造；变质的物理、化学条件；划分变质相带、相系。上述各种因素与成矿的关系；成矿元素在变质作用中的迁移、富集过程。总结最有利于成矿的变质作用条件。

（6）外力地质作用及地貌因素。总结砂矿床、风化矿床的产出特征，成矿物质在次生条件下的迁移富集过程，最有利于成矿的气候、地形条件和地貌单元。硫化矿床氧化带形成的物理化学和气候、地貌条件；次生分带的厚度、产状、形态、物质成分及结构构造特征；氧化带及次生富集带发育程度；沉积变质铁矿床的次生富集作用；产于古剥蚀面上的古风化-沉积矿床的古气候、古地貌条件。

（7）控矿因素的综合分析。目的在于将各类控矿因素联系起来，深入探讨成矿的本质性规律，总结出矿区控制成矿的最佳因素与条件，指出具备这些条件的可能地点，为成矿预测提供依据。

12.1.4.5　确定矿床成因

确定矿床成因对指导矿山找矿具有实际意义，但要正确确定矿床成因是一个经常引起争论而又难以作出肯定结论的问题。确定矿床成因时，第一要综合考虑成矿规律研究的各种成果，如成矿的地层、岩性、岩浆活动、构造和变质作用条件；成矿的温度、深度、压力、溶液成分；稳定同位素测定、同位素地质年代测定、包裹体测温等资料；矿体本身的产状、形态、构造特征，空间分布规律；矿石物质成分、结构构造等特征；第二要注意某些能说明矿床成因的特殊资料和数据；第三要应用最新成矿理论对研究成果进行科学的说明，以求得到较为正确的结论。

12.1.4.6　总结成矿类型、成矿系列及成矿模式

根据矿田和矿床成矿特征，控矿和产出条件的不同，将区内矿床划分为不同成矿类型，分别总结成矿规律；再根据区内各类矿床的相互关系，划分成矿系列，是成矿规律研究的基本方法之一。

人们重视对成矿模式的研究。所谓成矿模式，是在深入解剖个别矿床，特别是典型矿床的基础上，力图从本质上掌握矿床形成的过程，成矿的地质条件和因素，从而对矿床成矿作用做出的高度概括性的统一理论解释。

12.2　隐伏矿体勘探

12.2.1　概述

12.2.1.1　隐伏矿床（矿体）的概念

凡是在地表没有矿体的直接出露的矿床，称为隐伏矿床。与隐伏矿床相应，矿床中所有或部分矿体出露现代地表，称为出露矿床。

凡是在地表没有直接出露的矿体，称为盲矿体（或隐伏矿体）。与隐伏矿体（盲矿体）相对应，出露地表的矿体，称为表露矿体。

（1）全表露矿体。矿体大面积暴露地表，包括风化矿床（图12-3a）、砂矿床（图12-3b）及剥蚀殆尽的原生矿床（图12-3c）中的矿体。此类矿体有发育良好的露头，易于在地表直接发现。

（2）半表露矿体。矿体局部出露现代地表，包括风化或砂矿床（图12-3d），具有一定倾角产出的内生矿床（图12-3e）和沉积、沉积变质矿床（图12-3f）中的矿体。找矿时也易于经

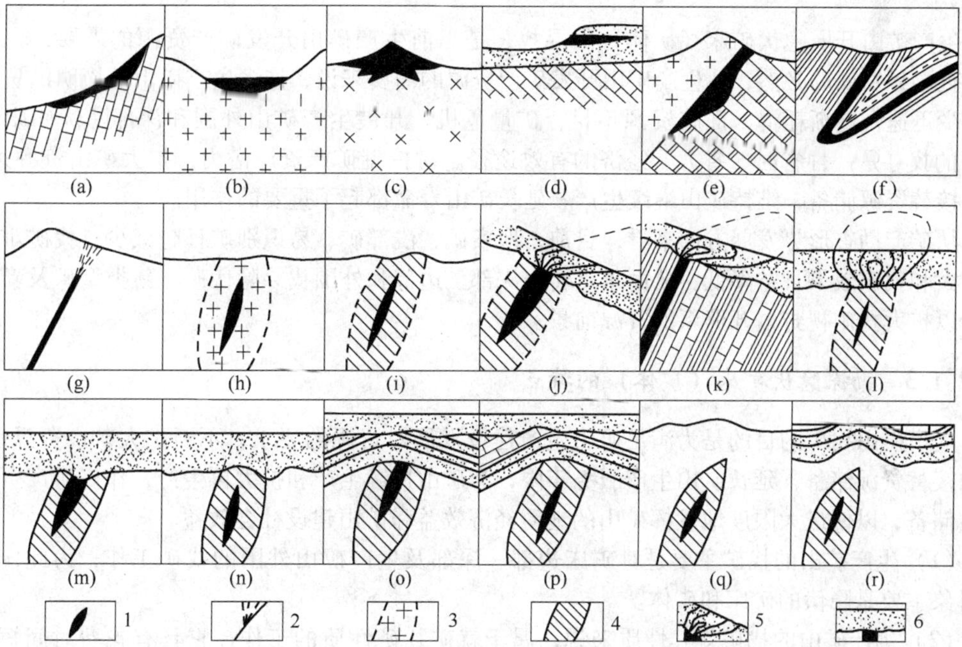

图12-3　隐伏矿体分类

1—矿体；2—矿化标志带；3—围岩蚀变矿体；4—原生晕；5—次生晕；6—气晕

观察或学用物、化探方法发现。

（3）未覆盖盲矿体。矿体在现代地表无露头，但有明显的矿化标志带（图12-3g）、围岩蚀变带（图12-3h）或原生晕（图12-3i）出露。此类矿体找矿时要进行大量的矿化标志的细致研究，次生晕及原生晕法是发现矿体的有效方法。

（4）覆盖型盲矿体。矿体（图12-3j、k）或矿体的原生晕上向晕（图12-3l）曾出露地表，被几米、十几米或几十米的残、坡积物掩盖，地表无矿体的直接露头，有次生晕或原生晕分解形成的次生浸染晕发育。各类次生晕法是找这一类盲矿体的有效方法。

（5）埋藏型盲矿体。矿体（图12-3m）或矿体的原生晕上向晕（图12-3n）被几十米或上百米的移运积物（洪积或冲积物）埋藏。移运积物中不可能形成原生晕或一般的次生晕，但某些迁移元素或气体能顺移运积物的孔隙、裂隙运移至地表形成气晕。由矿体内物质形成的气晕较强，而由原生晕内物质形成的气晕较弱。找矿时可借助气体测量法寻找盲矿体。特别是汞气测量法能探测10～300m移运积物之下的盲矿体。

（6）古埋藏型全盲矿体。矿体（图12-3o）或矿体的原生晕上向晕（图12-3p）曾出露于古侵蚀面之上，被后期各时代地层埋藏，埋藏深度几十到几百米不等，现代地表沉积物中无任何矿化或地球化学显示。找矿时，要进行成矿控制因素的深入研究，借助于分辨率很高、穿透力较强的物探方法才能找到该类全盲矿体。

（7）原生型全盲矿体。矿体形成后，矿体及其有关矿化标志、蚀变带、原生晕等从未出露过地表。有的无后期沉积（图12-3q），有的被后期各时代地层埋藏（图12-3r），矿体一般埋藏甚深，达数百米以上。此类矿体在地表亦无任何矿化和地球化学显示。找矿时同样要进行成矿控制因素的深入分析，借助于分辨率极高，穿透力极强，或对该类矿产特殊有效的物探方法才能发现这一类全盲矿体。

12.2.1.2 勘探隐伏矿床（矿体）的意义

生产矿山开展隐伏矿床（矿体）的寻找，是当前生产矿山开发矿产资源的需要，也是矿产勘查形势发展的必然，从生产矿山开发矿产资源的需要来说，许多生产矿山已探明的资源储量减少迅速，逐渐耗竭，面临资源不足，矿量危机。开展生产矿山外围和深部隐伏矿床（矿体）的找寻是一种省时、省力、经济的有效途径。对挖掘矿产资源潜力，扩大矿山资源远景、增加接替资源储备，维持矿山继续生产、延长矿山寿命都起了重要的作用。

从矿产勘查形势发展方面来看，目前，地表矿、浅部矿、易识别矿日趋减少，找矿难度日益增大和找矿效果日益降低，从而重点转入深部、边部和外围找寻隐伏矿、新类型矿及新领域矿，以扩大找矿视野，开辟新的资源前景。

12.2.1.3 勘探隐伏矿床（矿体）的特点

生产矿山找矿的目的是为满足矿山生产建设发展对资源的要求，不断扩大矿产资源远景，增加接替资源储备，延长矿山生产服务年限，为矿山持续生产和扩大再生产，作好矿产资源的地质储备，以便最大限度地发挥矿山的地质经济效益和矿山建设社会效益。

（1）生产矿山的找矿主要是对矿床边部、深部及生产矿山外围的找矿工作，为此，找矿的对象主要是隐伏的矿床和矿体。

（2）生产矿山的找矿就其性质来说，属于就矿找矿性质的工作，它具有花费时间短，投资少，见效快的特点，是一种行之有效的找矿途径。

（3）生产矿山找矿的过程实质上是对已知矿床成矿规律不断深化研究的过程。为此，加强对一些找矿有直接影响的关键性基础地质问题的研究，是能否取得找矿成效的关键环节之一。

一个断层性质的正确确定，一个普通地质现象的合理解释，都可能带来重大突破。在研究过程中，观念不能僵化，要以地质事实为依据，不断更新观念，采用新理论与新方法，则往往富有成效。

12.2.2 隐伏矿体预测的特点

(1) 生产矿山（矿区）成矿预测属大比例尺或小范围的矿产预测。通常是在远景区内的局部地段进行的，所以又称为局部性成矿预测。一般是在几公里至几十平方公里范围内进行，比例尺一般为1∶2000 ~ 1∶50000。随着预测范围的缩小，而比例尺则应逐步加大；预测结果不仅要指出可能找到新矿床埋藏深度、赋存标高、矿体形态产状、（新矿体）的地段，而且要预测新矿床（新矿体）的矿化类型，并估计其质量与规模。因此，生产矿山（矿区）成矿预测，要求的可靠程度大，精度高，往往是立体的定量预测。

(2) 预测对象比较隐蔽或比较难于识别。大中型生产矿山（矿区），特别是保有储量严重不足的矿区，一般都经过多次的矿产勘查工作，地表出露的矿床（矿体）和常规方法易于识别的矿床，大多已做出评价；其中主要工业矿床（矿体），正在开采，或地表、上部中段已采完。因此，预测地段主要是矿床的边部、深部，矿床与矿床之间、矿体与矿体之间的空白区，矿区外围的邻近地段，或原来评价否定的矿体组、带和矿化地段。预测的主要对象是地表缺乏直接找矿标志，宏观矿化信息较少，比较隐蔽的隐伏矿床（矿体），预测难度较大。

(3) 生产矿山（矿区）研究程度，开采投产年限极不均衡，各生产矿区现有资料的系统性，完整性差异比较大。如果已知矿床揭露比较充分，累积的资料比较丰富，研究程度较高，成矿规律已基本掌握，这是开展矿区成矿预测的有利条件。如果地质资料极不系统极不完整、研究程度较低，生产地段与深、边、外围预测地段研究程度差，给隐伏勘探预测带来极大困难。这些特点使得矿区成矿预测工作不能拘泥于一种模式，必须从实际情况出发，因地制宜，因矿制宜，才能达到预测的效果。

(4) 预测、勘查、评价、开采密切结合，预测结果能及时验证，反复进行，不断修正。在生产矿山日常地质工作中，对开采时碰到的矿体断层、尖灭、矿石变贫，都要及时做出预测判断，并立即布置坑道或坑内钻探验证，这样把预测、勘查、评价，开采紧密结合起来，反复多次进行，根据验证结果，不断修正预测资料。

生产过程中，矿山地质工作要系统地完整地收集各种资料，尽力提高地质编录的质量；注意加强基础地质研究工作，并将矿区地质与区域地质背景的调查研究紧密联系起来；对生产矿区的成矿认识，不能墨守成规，要随着开采生产实践过程，根据客观实际的变化，不断总结成矿规律，从感性认识上升到理性认识，反复实践，不断深化认识，打开思路，吸取最新成矿理论成果，善于运用理论进行科学预测和找矿。

必须抓住矿床（矿体）空间定位机制，矿床（矿体）空间排列、组合、展布规律，分带规律、共生规律，成矿系列规律，并综合各种矿化信息等主要关键，成矿预测才能取得实效；在预测方法、手段上既要综合运用各种预测方法和手段，又要从实际出发，因地制宜，因矿制宜；生产矿区成矿预测，不能乞求一次完成，要反复实践、反复认识、反复验证，不断修正，发挥生产矿山预测、勘查、评价，开采密切结合的优势，就能使成矿预测接近和反映客观实际，从而在找矿上取得重大突破。

12.2.3　隐伏矿体预测的依据

科学的预测应当以科学理论为指导。成矿地质作用有它的共性，这种共性就是我们进行预测的依据。含矿地段成矿规律的研究则是进行矿产预测的理论基础。由于矿化作用还受一些局部特殊因素和大量随机因素的影响，在从事矿产预测时，只有将成矿作用的共性与研究地段的具体地质情况结合起来分析，才能得到符合或近似符合客观实际的正确认识。因此，生产矿区的成矿预测研究的主要内容应当侧重成矿作用的特殊性。

为了使矿区成矿预测能够有效的进行，必须综合分析各个控矿因素对矿化局部富集的控制，即聚矿因素，它决定了矿化位置的具体条件，它们能够提供成矿的可能性；还必须把握能够说明矿产存在的地球物理、地球化学、矿物类型及其他矿化信息，以便预测矿产赋存的具体情况。

矿床分布的方向性、等距性、对称性、分带性、共生性、岩体成矿专属性、地层岩石容矿的相对选择性、成矿物理化学条件的特殊性、成矿的叠加、继承性、岩体特征标志及物化探异常等，都是矿区成矿预测的重要依据。

12.2.3.1　控矿的构造因素

构造是控制矿产空间分布、排列组合形式、矿体形态产状的重要因素，并对矿床（矿体）的改造、叠加、破坏，起重大影响。对局部构造的深入分析，不同性质的断裂构造、褶皱层间构造，侵入体与围岩的接触构造、火山构造等，都有明显的控矿和预测意义。

12.2.3.2　控矿的岩浆岩体因素

对隐伏岩体的研究是矿区成矿预测关键，对基性超基性和碱性侵入岩来说，岩体越大，形成的矿床也越大，以分异完善的岩盆或缓倾斜岩体对成矿最有利；对中酸性岩体来说，以中小型岩体与成矿关系最密切。岩体产状形态复杂的，一般更有利于矿床（矿体）的赋存。岩体的小突起部位，经常控制了矿化地段的分布，往往一个突起构成一个矿化中心。在突起顶部的断裂挠曲带以及突起的倾没端部，常是脉状、细脉状、透镜状矿体赋存的良好空间。

对岩体形态、产状及规模的判断，往往是根据接触面的产状、原生流动构造产状、接触带的宽窄、岩相的分布情况和物化探资料来推测的。

岩体的剥蚀深度对预测矿产也有重要作用。岩体的剥蚀深度，在一定程度上反映了有关矿床的出露程度，如剥蚀尚浅，未及岩体顶部，即使地表上仅有矿化及细脉出现，其下部找铅、锌、汞、锑等中低温矿床仍是有望的。当剥蚀区到中等深度，岩体在地面呈岛状分布，各种蚀变较强，尚有寻找各种热液及矽卡岩矿床的希望。如中酸性岩体大面积出露，剥蚀程度已深，则成因上与该岩体有关的矿床将大为减少，或仅剩矿床的末端。岩体剥蚀深度的判断，主要依据岩体形态、岩相变化、捕虏体分布、岩石化学、地球化学特征、副矿物分布及蚀变强弱等进行研究。

岩体成矿专属性迄今为止仍是内生矿床成矿预测的重要依据。在矿区成矿预测中，不仅要研究岩石类型、岩相划分、岩石结构构造、矿物成分与矿产的空间关系，而且要强调岩体酸度、碱度以及岩体中成矿元素、挥发分含量与成矿关系的研究。

岩体构造的研究主要包括受断裂褶皱制约的岩体形态变化、接触带构造、接触带与断裂复合构造、捕虏体构造、岩体原生流动构造和岩体边缘破碎带等。研究这些内容，对查明与岩浆岩体有关的许多金属、非金属矿床的空间分布、矿化富集规律，进而指导预测找矿都有重要指导意义。

接触带构造岩体与围岩接触面的接触形式、接触带形状以及上部围岩的破碎程度，对成矿也有重要的控制作用。依据接触面产状和围岩产状关系，接触构造有整合接触构造、交错接触构造、超覆式接触构造、接触带与断裂复合控矿几种类型，深入研究、找寻规律，寻找隐伏矿体。

12.2.3.3 矿床的分带性

分带性是矿区成矿预测的重要依据。矿床的原生分带是指矿物成分、化学成分、矿石结构构造在区域、矿床范围内和在矿体范围内空间上的变化规律。查明矿床的分带特征，对预测、勘查、评价以及指导开采，都具重要意义。

矿床的空间分带规律，可以反映为不同矿物组合沿矿体走向、倾向的规律变化，也可以是围绕某一岩体、一系列矿床作有规律的分布。从空间位置来说，可分为水平分带与垂直分带；从分带标志来说，可分为金属矿物分带、蚀变分带、矿石结构构造分带和元素地球化学分带等。

（1）金属矿物分带。对于许多矿床的原生分带成因，有不同的解释。对热液成因矿床，一般认为是地热分带、脉动分带或沉淀分带；对沉积矿床则认为含矿与成岩物质是同时沉积的，分带性与相变有关，与沉积区距海岸线的远近有关。

金属矿物的水平分带与垂直分带是含铜砂岩矿床的显著特点之一。原生矿物分带所显示的这种规律在勘查层状铜矿床过程中，被广泛地用来作为预测评价的依据。有许多成功找矿的实例。

（2）蚀变分带。应用围岩蚀变和蚀变分带特征，预测和探寻有用矿产，破碎带蚀变岩型金矿，岩石蚀变强度自矿体中心向两侧依次减弱，也呈现明显分带性。利用蚀变分带性质找寻矿体的实例不胜枚举。

（3）矿石结构构造分带。在斑岩铜矿床中，有时有明显的矿石结构构造的分带现象。在岩体中或接触带附近，特别是面状蚀变发育时，矿石构造主要为细脉浸染状和散点浸染状；向外过渡为细脉状或小脉状、条纹状等。再外为脉状铜矿，脉石矿物为石英、方解石等。通常是，脉状或小脉状矿石组成的铜矿体发育时，浸染型铜矿化便弱，矿体也小；反之，细脉浸染和散点浸染的铜矿体发育时，脉型铜矿化便差，矿体规模较大。

（4）元素地球化学分带。元素地球化学分带是与矿床同时形成并与矿体有着成因联系，常常出现组分分带与组分集合的现象。研究查明这种地球化学分带特征，有助于确定矿体赋存地段和判断矿床剥蚀程度，可以提高异常评价水平和预测效果。地球化学分带有：与矿床相对应的水平分带金属溶液在沉淀过程中，一部分形成矿体，另一部分则流渗到围岩中去，造成了矿床四周的原生分散晕。因此，原生晕中的组分特征应保持与矿床中矿石组分的一致性；同心环状分带这种分带往往出现在单一矿体式矿带四周，不同元素组分作同心式分带；矿体上、下盘的分带，在某些矿床中也出现过。

研究地球化学分带特征表明，矿床原生晕不但在空间位置上与矿床有着密切关联，而且，晕中元素的组分分布特征与矿体或矿床有着内在的有机联系。因此，可以认为，研究原生晕中元素组分分带分布特征，并据此规律预测找矿，获得良好的效果。

12.2.3.4 成矿叠加、继承性

矿区往往是多种成矿作用叠加和成矿继承性活动的集中区。许多矿床的形成是多成因的，它表现为矿质多来源，以及多种成矿作用和多期多阶段成矿的叠加。成矿期的间隔时间很长，

彼此有时没有明显的成因联系。成矿的继承性，是反映同种物质或金属元素在不同时代重新活动，辗转成矿，形成新的矿床类型的特点。当我们发现与某一时代有关的某类型矿床时，就必须注意在该地区是否有属于其他时代的同一种金属的其他类型的矿床存在。在岩浆演化过程中有时也表现出明显的地球化学继承性。

12.2.3.5　成矿物理化学条件

（1）地壳中成矿元素的迁移富集与元素本身特点有关，也与元素所处物理化学环境有关。后者包括温度、压力、矿液浓度、氧化还原电位、酸碱度和生物化学因素等。例如，在内生、外生、变质作用中广泛存在的扩散作用，成矿物质总是从高浓度向低浓度方向运移；在地壳发生断裂造成压力差的条件下，含矿岩浆或含矿气水溶液总是沿着断裂逐渐向压力减少的方向运移等。这些影响元素迁移富集的外在因素，可在矿物、岩石中留下大量信息，经过搜集、研究，可以为成矿预测工作提供依据。

（2）成矿温度的研究。温度直接影响成矿元素和化合物的物性状态和活动性。随着温度的升降，能加速和减缓化学反应的速度，并引起吸热或放热反应，影响成矿物质的聚集，对矿床的形成起着很大的作用。成矿温度的研究，不仅有助于阐明矿床的成因，划分成矿阶段，也有利于确定成矿时成矿溶液流动方向，探寻隐伏矿体。

（3）介质的酸碱度和氧化还原电位的研究。介质的酸碱度是元素及化合物溶解和沉淀的主要因素之一。对于了解矿床的成因和形成环境是有实际意义的。

12.2.4　隐伏矿体预测方法

生产矿区大比例尺成矿预测，到目前为止主要是采用类比法，即从已知推测未知，从分析生产矿区、矿床、矿体成矿地质背景、控矿因素、矿化信息标志入手，总结成矿规律，建立成矿模式和预测模型，确定预测评价准则，然后对矿区深部、边部、外围进行类比，作出预测。

类比理论是成矿预测的基本理论之一，类比方法是成矿预测首要的或主要的方法，其他成矿预测方法都是建立在这一方法的基础之上。相似地质环境下应有相似的矿床产出，相同的地质范围应有相近或等同的资源量。据此理论应用成矿模式指导成矿预测成为首要的方法，也是地质类比的基本依据。在大比例尺矿区成矿预测中，对深部地质环境有了基本认识，特别是应用成矿模式进行类比，对未知区的潜在矿床（矿体）远景作出推断，这是大比例尺成矿预测中，其他方法尚不能代替的关键方法。

类比法可分为地质预测法和统计预测法两大类，地质预测法主要是定性为主并辅以定量，统计预测方法主要是定量预测。地质预测法实际上包含了地、物、化预测方法，有的生产矿区已开始采用地质、统计综合预测方法，或地、物、化综合预测方法。

12.2.4.1　生产矿区地质预测方法

生产矿区成矿预测主要是对矿区边部、深部和外围进行预测，所以预测的目标主要是在这些范围内对矿体的空间定位、矿化类型、矿石质量、数量和采选加工技术条件进行预测和估价。

为了达到预测的目标，地质预测的主要途径是，从已知推未知，从单因素预测到多因素预测，从一般地质预测到以地质法为基础的地、物、化综合方法预测，从定性预测到定量预测，从点到面再面中求点进行预测。

A　单因素预测

单因素预测即从一个或几个控矿因素、控矿规律分别进行预测，通常用的是构造预测、岩体预测、地层-岩性-岩相-古地理环境预测、分带性和剥蚀保存程度、共生规律预测等，单因素预测是综合因素预测的基础。有的矿区利用单因素预测就可以找到矿，而另外一些矿区单因素预测效果不佳，必须采用多因素综合预测。

（1）矿田矿床构造预测。通过构造分析进行成矿预测，弄清控矿构造的方向性和构造类型；划分控矿构造级别，总结构造分级控矿规律，区分与判别导矿构造、配矿构造和聚矿（容矿）构造，抓住不同方向不同级别构造复合交叉地段；研究构造演化发展阶段与成矿演化发展阶段的关系；总结聚矿（容矿）构造的空间排列组合，展布形式和间隔规律，包括平、剖面的侧幕规律、分支合并规律、侧伏倾伏规律、等距与非等距规律等；查明导矿、聚矿构造面形的产状变化规律，研究成矿溶液流经和矿化局部富集的构造条件；查明各种聚矿构造的力学性质，作为推断矿体形态、产状和规模的依据；研究矿床矿体构造形态空间分带，查明成矿后的褶皱断裂的类型和性质、褶皱的长度与幅度、断层的断距，从构造判断矿床矿体的剥蚀、保存程度。在上述调查、分析、总结的基础上，建立构造控矿模型，编制矿区构造图，进行成矿预测，按构造有利程度划分预测远景地段级别。

（2）岩浆岩体预测。评价与岩浆岩有成因联系的矿床，或受岩浆岩活动改造的矿床，利用岩浆岩体预测评价都具有重要意义。隐伏岩体位置与矿区构造有关，常受构造控制，一般分布于背斜的核部，倾没端，褶皱轴转折段，横跨褶皱交汇地段，不同构造体系和不同级别、不同序次断裂复合交叉地段，所以首先通过构造分析预测。在构造预测的基础上，利用遥感地质信息，电测深数据，热力接触变质岩石分带及各带垂直厚度，钻孔和坑道中揭露脉岩条数的频率和岩石原生晕成晕元素的组成与含量等多方面信息进行预测；查明和预测隐伏岩体的顶面、侧面几何形态产状变化特征及其与矿化空间分布关系；已出露地表的岩体要根据岩相、原生流动构造、围岩包体和顶盖围岩残留体恢复岩体顶面原始形态，利用钻孔资料和控岩构造的力学性质预测岩体侧面和底面（岩床、岩盖和无根小型侵入体）的形状产状；进行岩体含矿性评价，一般从岩浆活动时代，岩石、岩相种类、岩石化学成分及其含量、特征值，岩石微量元素种类和含量，造岩矿物和副矿物等单矿物微量元素含量，岩体的热液蚀变类型及其强弱等综合信息判别；最后建立岩浆岩体控矿预测模型，编制岩浆岩分布图，进行成矿预测。

（3）根据地层、岩性、岩相、古地理条件进行成矿预测对沉积成因和层控有色金属矿山，含矿地层层位、岩性、岩相、古地理条件是重要的预测因素。研究生产矿区矿床在地层岩相剖面中的层位、岩性、岩相和古地理条件；在矿区外围无矿化的地层中进行地层地球化学工作，找出矿源层；有条件时开展矿床S、O、H、C等稳定同位素测定工作，了解成矿物质来源；选择正常的典型剖面进行岩性和岩相系统观测工作，确定地层、岩性、岩相、古地理环境与矿床（矿体）形成与分布的关系；研究含矿岩系剖面中含矿岩层及其顶底岩层的物理性质与化学性质及其与成矿的关系；研究地层、岩性、岩相地质界面的形态产状及其与成矿的关系；研究和查明成矿物质活化转移和再度聚集的条件。在这些研究基础上建立地层、岩性、岩相古地理的综合预测模型，编制地层、岩性、岩相、古地理图，进行成矿预测。

（4）根据变质作用条件进行成矿预测对于变质成因矿床应着重研究。恢复原岩岩性、岩石种类；研究变质程度、划分变质相带和变质建造及其与成矿的关系；查明变质岩中叠加褶皱、断裂构造及其与成矿关系；建立变质条件控矿模型，进行预测。

（5）研究矿床分带规律，建立分带模式，进行成矿预测矿床分带规律是生产矿区成矿预测的重要依据，分带规律包括：矿床的构造形态分带规律，矿床系列成矿规律，矿物分带规律；热蚀变分带规律及地球化学分带规律等。在掌握已知矿床的分带规律后，在成矿条件有利的远景区，开展标志带调查、矿物填图、蚀变查定、稳定同位素地质、岩石地球化学勘查等专门预测，不仅有效地预测有无盲矿体存在，而且可以及时地从定性预测转入定量预测评价。

B　多因素综合预测

多因素综合预测是用多种地质因素和地、物、化等的矿化信息，进行综合预测。这种预测需要抓住以下几个关键问题：要全面收集各种控矿因素和地质、物探、化探的矿化信息；要去粗取精，去伪存真，对控矿因素和地质、物探、化探的矿化信息进行筛选，找出对预测有用的主要因素和主要信息；在成矿理论观点上，既要重视该矿区多年来形成的观点，开阔思路，吸取最新成矿理论观点，因为不同的观点控矿因素的主次是不同的；在控矿因素中要通过综合分析研究划分出成矿因素、配矿因素和容矿因素三类，并将控矿因素划分为若干级，例如根据因素对预测的重要程度划分为最优值级、有利值级、中性值级和不利值级；要在已知矿床成矿模式的基础上，结合预测区可能获得的信息，建立预测模型。

12.2.4.2　矿区统计预测方法

矿区统计预测是用数学地质理论和方法，对成矿地质环境和地质因素的控制作用等方面的矿化信息，进行定量化和模型化，建立起矿床成矿数学模型。模型中有控矿因素必要组合和各因素控矿最有利的数值区间。通过定量对比未知区和模型区成矿特征差异圈定远景区，对远景区内进行定量预测。工作内容包括：提出矿区统计预测任务要求；收集资料和野外工作；划分统计单元，对单元内进行地质变量选择和定量；运用正确数学方法建立各种地质环境地质数学模型，对有利地段内矿体位置、数量、质量、规模、可能出现概率作出定量预测。

A　预测单元的划分

统计单元是按一定大小和形状，在地质图上划分等面积、等形状的小块。这是矿区统计预测中进行观测和取值的最基本单位。因此，要求单元划分具有统一的地质意义和划分原则。保证抽样具有随机性、代表性、独立性、分布性和在相同条件下可以进行对比。单元面积大小应根据矿区统计预测内容、研究精度和比例尺大小以及控制矿体变化性的地质条件复杂程度决定。一般控制矿体变化性地质条件复杂，控矿因素变化较大时，划分单元相对小些。单元形状根据地质变异程度，选择正方形或长方形。

模型单元是由具有代表性，工作研究程度较高的已知单元组成。通过模型单元的研究，建立起预测数学模型，开展对未知区的研究预测。在矿区统计预测中，需要选择已知有矿单元和无矿单元两个大类，进行观测与研究。作为这两类模型单元代表要求条件是：成矿地质特征与研究区（评价区）有可比性；选择模型单元在时间上和空间分布上具有代表性；对成矿特征有工程揭露，对成矿与控制关系已有一定程度研究，具有较完整的标志组合。这些单元可从研究区内选择，也可选自研究区外，单元之间可以相互毗邻，也可以均匀分布。

B　变量选取与定量

地质变量是指控制矿产形成与分布的地质条件和某一成矿特征标志所取不同数值的量。如地层、构造、岩性、岩浆岩、变质作用、地球化学场、地球物理场、遥感等方面的矿化信息标志，或用来反映地质体含矿性的一些特征参数值。由于地质现象错综复杂，因此，反映不同地质特征的地质现象也各不相同，地质变量取值数值也不同。采用定性与定量两种地质变量说明上述这些性质的差异。定性地质变量说明地质体某种属性，状态而没有数量的概念。定量地质变量不仅说明地质体的某种属性、状态，而且还有数量概念，彼此之间可以比较它们的大小，定量的表示出它们的差异性。

在矿区预测中，当确定了预测目标和预测范围后，接着就是变量的选取。变量选取一般遵照定性-半定量-定量的综合分析过程以找到与矿化密切相关的控矿因素和标志。为了获取某个地质变量的具体数值，可采用直接测定法和间接测定法。

C 地质变量筛选方法

不同的数学模型对地质变量的要求不同。如判别分析要求变量呈正态分布；回归分析要求因变量呈正态分布，各自变量和因变量之间有足够的线性相关；聚类分析要求各变量量纲一致，变量间相互独立。因此，要求在保证不损失找矿信息的前提下，原来变量间的关系不变，进行原始数据变换。变换的方法有：正态变换、统一量纲的变换、线性变换。地质变量经过预处理后，从中挑选对成矿起重要作用的变量。地质变量筛选时，应注意使变量数目达到尽可能少，同时又不损失与研究对象有直接或间接联系的主要成矿（或找矿）信息。筛选时以地质认识为基础，结合数学方法进行。筛选地质变量的常用方法有：相关系数法、信息量计算法及地质特征矢量长度分析等。

D 常用统计预测方法

常用统计预测方法有回归分析预测、判别分析法预测、聚类分析法预测等。

回归分析预测法主要用来研究矿床值与控矿因素之间的关系，通过控矿因素预测矿床值；研究矿床中各元素之间的关系，根据其他一些元素含量（储量），预测主要成矿元素含量（储量），或根据一些元素含量来预测矿体延伸；研究矿体品位与某些标志（厚度、体重等）间的关系，从而可以通过体重、厚度预测品位。

判别分析法预测，此法解决的基本问题是样品的归属问题。用这种方法可以区别矿体异常和非矿体异常；进行地质体的含矿性评价；区别矿化岩体与非矿化岩体；区别矿源层或隔水层以及区别有价值铁帽和无价值铁帽等。矿区预测中的判别分析按其方法不同分为判别、逐步判别、序判别、迭代判别等这几类分析方法。

聚类分析法预测，它是根据描述研究对象标志作为变量，从这些变量中研究对象的相似程度，从而对它们进行分类。这种分类特点是不存在事先分类的情况下进行的，能比较客观地反映研究对象本身的差别和内在联系，避免了分类的主观性和分类方案因人而异。

除以上介绍的外，还有趋势面分析法预测、因子分析法预测和逻辑信息法预测等方法。

复习思考题

12-1 简述综合地质研究的概念。

12-2 简述共生组分的研究方法。

12-3 简述矿床成矿规律研究的意义。

12-4 简述隐伏矿体的概念。

12-5 简述研究隐伏矿体的现实意义。

12-6 简述隐伏矿体的预测方法。

参考文献

[1] 侯德义，李志德．矿山地质学［M］．北京：地质出版社，2006.
[2] 徐九华．地质学（第四版）［M］．北京：冶金工业出版社，2008.
[3] 张轸．矿山地质学［M］．北京：冶金工业出版社，1995.
[4] 陈国山．采矿概论［M］．北京：冶金工业出版社，2008.
[5] 郭玉社．矿井测量与矿图［M］．北京：化学工业出版社，2007.
[6] 陈国山．金属矿地下开采［M］．北京：冶金工业出版社，2008.
[7] 侯德义．找矿勘探地质学［M］．北京：地质出版社，1984.